U0360979

氢基燃料能源技术丛书

总主编 黄 震

HYDROGEN FUEL CELL TECHNOLOGIES AND APPLICATIONS

氢燃料电池技术与应用

柴茂荣 ◎编著

内容提要

本书为“氢基燃料能源技术丛书”之一。主要内容包括氢能的基础理论，氢能发展历程和氢的安全应用场景；液氢、高压氢、金属储氢等储氢技术，氢脆的原理与安全防范方法；主要制氢、储运方法，包括传统化石能源制氢和制氢过程的二氧化碳捕集与封存技术、生物质制氢、垃圾制氢、电解水制氢和未来制氢技术等；氢燃料电池技术的工作原理、关键核心材料和零部件的技术及应用，包括催化剂、质子膜、碳纸扩散层、双极板、膜电极的开发现状、制造工艺及量产技术，评价方法等；燃料电池电堆组装技术和燃料电池发动机系统技术等。本书读者对象为从事氢能及燃料电池领域的科学工作者，也可作为研究生、本科生的高等教育教材。

图书在版编目(CIP)数据

氢燃料电池技术与应用 / 柴茂荣编著. -- 上海 : 上海交通大学出版社, 2025.1. -- ISBN 978-7-313-31893-0

Ⅰ. TM911.42

中国国家版本馆 CIP 数据核字第 2024Y8Z117 号

氢燃料电池技术与应用

QINGRANLIAO DIANCHI JISHU YU YINGYONG

编　　著：柴茂荣

出版发行：上海交通大学出版社　　地　　址：上海市番禺路 951 号

邮政编码：200030　　电　　话：021-64071208

印　　制：苏州市越洋印刷有限公司　　经　　销：全国新华书店

开　　本：710 mm×1000 mm　1/16　　印　　张：25.25

字　　数：433 千字

版　　次：2025 年 1 月第 1 版　　印　　次：2025 年 1 月第 1 次印刷

书　　号：ISBN 978-7-313-31893-0

定　　价：179.00 元

氢基燃料能源技术丛书

学术指导委员会

（按姓氏笔画排序）

氢基燃料能源技术丛书

编　委　会

总序

气候变化是当今人类面临的重大挑战，自第一次工业革命以来，化石能源的大规模利用，推动了人类社会发展和繁荣，但也产生了严重的环境污染问题，特别是气候变化问题，威胁了人类的生存和可持续发展。2023 年在阿联酋迪拜召开的《联合国气候变化框架公约》第二十八次缔约方大会（COP28）就制定"转型脱离化石燃料"的路线图达成一致，被视为"化石燃料终结之路的开启"，目前全球有 150 余个国家已宣布 2050 年前后实现零碳或碳中和。

面向碳中和目标，全球正面临一场史无前例的由化石能源走向新能源的能源绿色转型，新能源将从补充能源走向主体能源。能源绿色转型的核心是电力零碳化和燃料零碳化。利用风电、光伏发电和生物质等可再生能源制取氢基燃料，包括氢和以氢为能源载体制取的绿氨、绿色甲醇、绿色二甲醚、绿色甲烷、可持续航煤（SAF）和绿色合成燃料等，可起到新能源存储与消纳和燃料脱碳双重作用，将使燃料摆脱对石油等化石能源的依赖，实现交通、能源、建筑、工业等领域的脱碳和零碳排放。氢基燃料将成为新能源为主体的新型能源体系的重要组成部分，为国家能源安全和能源绿色转型提供全新的解决方案。

为此，我们组织了一批在氢基燃料领域具有深厚造诣和实践经验的专家学者，编写了这套"氢基燃料能源技术丛书"，内容包括光解水制氢技术、质子交换膜电解水制氢技术、固体氧化物电解水制氢技术、绿色合成氨技术、绿色甲醇合成技术、生物质气化技术、氢储运技术、氢燃料电池技术、氢基燃料发动机技术等。旨在通过这套丛书，全面系统地介绍氢基燃料技术的基础理论、关键技术、应用领域及未来发展趋势，为科研人员、工程师、政策制定者，以及相关专业研究生提供一套权威、全面、实用的知识宝库，推动氢基燃料技术的普及与应用，从而助力能源绿色转型和碳中和目标的实现。

中国工程院院士

2024 年 12 月

前 言

进入 21 世纪以来，能源危机和环境污染已经成为全球关注的两大焦点。过度开发和依赖化石能源所带来的碳排放问题引发的地球环境的恶化，地球温暖化带来的气候变化所引发的区域性飓风、暴雨、洪水、干旱、沙尘暴、森林火灾、地震等极端恶劣天气频发，给人类社会带来了一系列问题。全球范围内形成的碳中和共识及其行动，标志着以石油化石能源为主体的第三次能源革命后形成的传统发展范式开始落幕，以可再生能源为主体的低碳零碳绿色能源革命将由此兴起。

2020 年 9 月 22 日，国家主席习近平在第 75 届联合国大会上向全世界庄严承诺，中国将力争在 2030 年前实现碳达峰，在 2060 年前实现碳中和。中国的“双碳”承诺，既是中国应对全球气候变化的大国担当，也是中国以碳中和为目标推动绿色转型，发展新质生产力，全面推进建设社会主义现代化强国的战略选择。作为集新技术、新经济、新业态、新模式于一体的战略性新兴产业，氢能产业是未来实现碳达峰碳中和的重要途径之一。氢能是一种来源丰富、绿色低碳、应用广泛的二次能源，被广泛应用于交通、能源、工业等领域。在“双碳”目标下，发展氢能已上升为国家战略。2022 年，国家发展改革委、国家能源局联合印发了《氢能产业发展中长期规划(2021—2035 年)》，提出有序推进氢能交通领域示范应用。2024 年两会《政府工作报告》指出要加快氢能产业的发展。交通作为氢能应用推广的“先导领域”，对于氢能的发展意义重大。在一系列政策的加持下，中国氢能汽车市场得到快速发展，截至 2023 年底氢能汽车保有量已有 13 000 余辆，主要面向大巴车、冷藏车、快递车、矿卡、重载货运等场景开展应用。根据中国氢能联盟预计，到 2025 年，我国氢能产业产值将达到 1 万亿元；到 2050 年，氢气需求量将接近 6 000 万吨，实现二氧化碳减排约 7 亿吨，氢能在我国终端能源体系中占比超过10%，产业链年产值达到12万亿元，成为引领经济发展的新增长极。

氢能技术包括制、储、输、用四大环节，其中上游端低成本的绿色制氢技术和下游端氢燃料电池应用技术是整个技术发展瓶颈。本书借鉴我国电动汽车技术的发展经验，从氢能技术的可靠性、经济的可行性、推广使用的安全性等多方位探讨氢能技术的有效实施路径和方法。笔者查阅了大量的文献资料，探究氢能和燃料电池技术的工作原理是否能达到节省有限资源、降低成本等，实现氢能可持续性发展。根据美国能源部(DOE)和日本新能源产业技术综合开发机构(NEDO)的预测，到2040年，氢气成本将降到1.5美元/千克以下，与化石能源制氢成本相当，使用成本将低于汽、柴油的价格；氢燃料电池汽车价格达到与燃油车成本相当。人们可以预料，到那时，氢燃料电池汽车和电动汽车将实现大规模普及应用，并驾齐驱互补短板，燃油车的数量将大大下降，化石能源的消费量也将大大下降，碳中和目标的实现也逐渐成为可能。

笔者自20世纪80年代留学日本九州大学开始接触氢燃料电池这门新兴学科以来，至今历时三十余载，一直都在燃料电池贵金属催化剂、膜电极、高分子材料等相关领域耕耘和工作。计划在退休之前把自己长期在一线工作、学习的经验编写出来，为推动我国氢能和燃料电池技术的行业发展贡献一点微薄的力量，帮助高校、企业的专家、学者、研究生们的研发工作。特此编著了《氢燃料电池技术与应用》一书。

在本书编著过程中，得到了国家电力投资集团氢能科技发展有限公司、中国科学院宁波材料技术与工程研究所、上海交通大学国家电投智慧能源创新学院等单位的大力协助，在此深表感谢。在编著过程中，催化剂和膜电极章节得到了周明正博士、赵维博士、李春姬博士、常磊博士的大力支持和协助；质子膜章节得到了刘昊工程师、李丹工程师的大力支持和协助；双极板章节得到了杨培勇博士、李鹏飞工程师的大力支持和帮助；电堆制造章节得到了陆维博士、熊思江博士的大力支持和帮助；燃料电池系统章节得到了陈平博士、韩立勇工程师、李从心博士、徐文彬工程师的大力支持和协助；固体氧化膜燃料电池章节由中国科学院宁波材料技术与工程研究所的杨钧博士协助完成编写；此外，在制储氢等部分得到了李海文博士、魏蔚博士、赵宇峰博士等的指导帮助。在成书阶段，刘璐博士、王志波工程师、朗爽工程师、陈琳琳工程师、曾靖权工程师、王晓冉工程师、张雅文工程师、东京绿动电力技术研究所的吕瑞博士等完成部分资料汇集、图片制作和校对工作。在此一并表示衷心的感谢。

氢能与燃料电池技术涉及面广，又在发展初期阶段，限于知识水平，书中难免存在错误疏漏之处，敬请各位专家和读者批评指正。

大国工匠、央企杰出工程师　柴茂荣

柴茂荣

2024 年 4 月

目录

第 1 章　　氢能源概论

进入 21 世纪以来，能源危机和环境污染已经成为全球关注的两大焦点。面对气候变化、环境挑战、能源资源约束，世界主要经济体特别是发达国家纷纷制定了能源转型战略，采取更加积极的低碳政策，不断寻求低成本的清洁能源替代方案，推动经济向绿色低碳转型。在各国积极财政政策的支持下，近年来世界能源科技创新进入活跃期，能源发展正处在第三次能源革命的进程中。氢能被认为是 21 世纪最具潜力的清洁能源，未来的能源体系将向清洁低碳、以电力为核心的电氢体系转变。本章从氢能与环境、氢的主要来源和应用，以及氢能在未来能源体系中的重要作用等方面概要介绍有关氢能的相关知识内容。

1.1　氢能与环境

氢能技术从研发、制备到应用，经历了 200 多年时间，今天之所以很受重视，是应对世界气候变化的需要，亦是实现碳达峰、碳中和目标的要求。面对二氧化碳等温室气体减排要求，以及中国经济持续增长、人民生活水平提高带来的能源消费需求刚性增长，中国实现碳达峰、碳中和目标的难度可谓巨大。要避免工业产能提前停用造成的投资成本损失，就需要大力开发低碳生产工艺、技术和燃料。我国一次能源的消费结构如图 1－1 所示，虽然可再生能源的占比逐年提高，但 2022 年我国一次能源中化石能源占比仍高达 82％。预计到 2030 年中国碳排放峰值会达到 130 亿吨，到 2060 年碳中和场景下将要实现每年不超过 15 亿吨的碳排放。在这个过程中能源电力等绿色转型将成为实现碳达峰碳中和目标的核心问题，重中之重。

美国和欧盟在 2007 年前后碳排放达到峰值，其峰值分别为 59 亿吨和 51 亿吨。我国的工业化进程还远未结束，碳排放还处于增长期。我国提出的碳减排目标是到 2030 年前实现碳达峰，到 2060 年前实现碳中和。总体看来我国提出

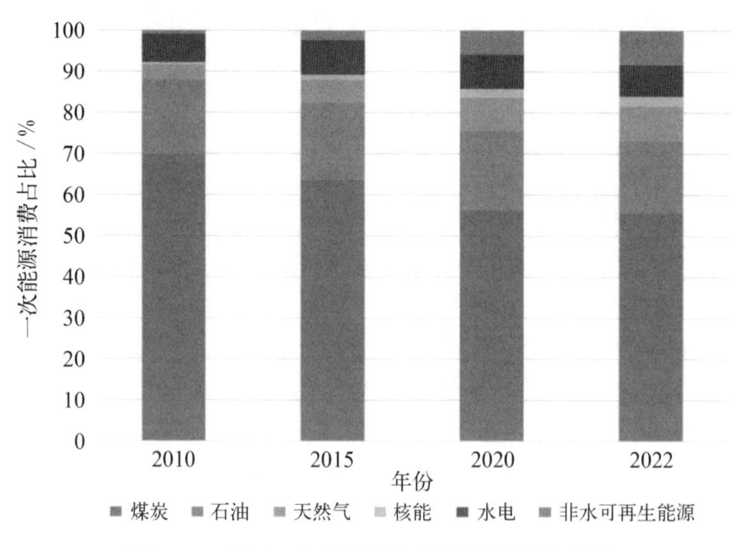

图 1-1 我国一次能源的消费结构(彩图见附录)

的碳中和目标时间点和目前多数发达国家提出的时间点基本接近或略有延后,但是我国碳中和目标是在碳排放还未达峰的状态下提出的,因此实施起来难度要远大于发达国家。2023 年我国能源消费总量为 57.2 亿吨,其中煤炭消费量占能源消费总量的 55.3%[1]。2023 年煤炭消费量为 31 亿吨标准煤,比 2022 年增长 2%左右,在总量中的占比达到 55.3%,较 2022 年下降约 0.8 个百分点。石油消费方面,经济社会常态化运行后,2023 年国内成品油消费同比增速自 2 月起逐步回升,加之国际油价自高位回落,石油消费需求得到进一步释放,全年石油消费量约为 7.67 亿吨,比 2022 年增长 10.5%左右,占一次能源消费比重为 18.2%,比 2022 年上升 0.3 个百分点。在天然气消费方面,随着国际气价明显回落,2023 年我国进口天然气规模快速增长,加之国产气供应实现较快增长,天然气行业恢复快速发展势头,预计全年天然气消费量为 3 820 亿立方米,比 2022 年增长约 6%,占一次能源消费比重为 8.6%,比 2022 年上升 0.2 个百分点。非化石能源方面,2023 年消费增速在主要品种中继续位居前列,增量主要来自太阳能、风能,核能消费增长平稳,水能消费受气候因素影响,规模较 2022 年有所降低,新能源消费规模保持两位数增长,将首次超越天然气,成为仅次于煤炭和石油的能源品种,预计非化石能源全年消费量约 10 亿吨标准煤,比 2022 年增长 7.1%,占一次能源消费比重较 2022 年上升 0.2 个百分点,达到 17.8%。在上述生产和生活领域,都可以通过发展和延伸清洁氢产业链对生产生活中的高碳行为实施不同程度的低碳替代。如通过发展可再生能源制氢可以有效减少灰氢应用,降低冶金用氢及石化行业加氢带来的碳排放;通过氢储能提高可再生能源系统稳定性,从而实现更大份额的绿电替代火电;通过氢能替代传统交通燃油促进交通绿色革命等(见图 1-2)[2]。

- 资源开发利用方式从矿藏资源消耗型向天然资源再生型转变
- 碳氢燃料的开发利用方式从高碳燃料向低碳燃料转变（加氢减碳过程）

- 化石能源低碳化、零碳能源规模化

人类的能源利用一直朝着低碳的方向在发展

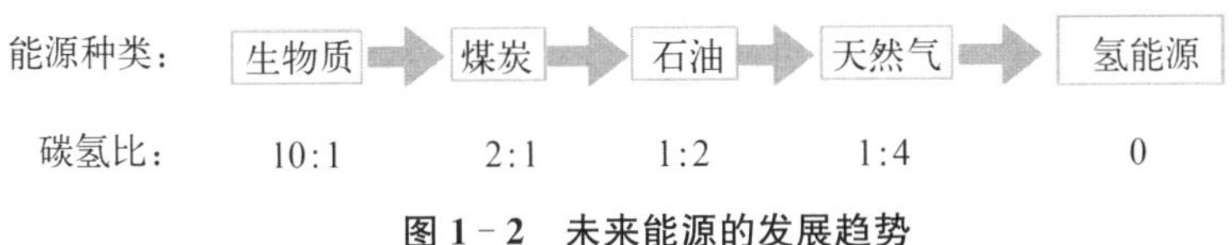

图 1-2　未来能源的发展趋势

1.2　氢的主要来源和应用

氢能来源广泛。氢元素占宇宙总质量的 75%,是地球最重要的组成元素之一。实际生产和生活中氢能有多个来源途径,一是天然气重整制氢和煤制氢气等;二是纯碱烧碱的生产过程,包括煤炭气化反应、氯碱电解副产的氢气等;三是电解水制氢,可以利用风光发电的绿电来制氢,这样的氢气在制、储、输、用等环节均是清洁的,称为绿氢。氢气便于大规模长周期储存,储存手段和形式多种多样,包括压缩储存、有机物液态储存,液化储存和固体储存等。同时,氢气可以长距离运输,其运输方式包括高压气态输运(目前常用且发展成熟)、液态输运、固态输运,以及未来规模化后可采用的经济效益高且体量大的长距离管道输送[3-4]。

氢气作为能源使用具有灵活高效、用途多样等特点,可用于储能、交通、建筑、工业等领域。氢气可以通过燃料电池转化为电能应用于交通工具;也可以直接作为燃料用于内燃机、氢汽轮机产生动力;还可以加入天然气管道中作为民用燃料使用。氢的能量密度很高,可以达到 142 MJ/kg(高位焓),是煤炭、汽油等化石能源的 3～4 倍。

氢气在使用过程中安全可控。氢气的安全性问题受社会各界普遍关注，氢气密度低，是空气密度的 1/14，扩散性与逃逸性良好，在开放环境下的利用是安全可控的。氢气一旦泄漏，会向上方逃逸，于较短时间内扩散，即使遇火引燃，也是向外着火，不会引起容器爆炸，且不会长时间地燃烧，相对于天然气和汽油其实安全性更高。但是氢气具有易燃易爆的特性，在空气中浓度在 4%～75%区间时，遇明火会爆燃。这也是目前我国仍将氢气作为易燃易爆的化学品进行管理的原因。由于其易燃易爆的特性，氢气在密闭空间内是有危险性的。但氢元素容易探测、可以采取传感器探测等技术防控，目前氢气探测装置已经投入应用，可以精准探测到密闭空间内的氢含量，而氢气在开放空间安全可靠。因此，氢气在使用中是容易保证安全的。

氢气作为能源目前主要应用于交通、军事、工业、分布式供能和储能等。近年来关于氢能应用的巨大投入点是氢燃料电池技术，在美、日、韩均有比较多的应用。通过氢燃料电池的技术路线，1 kg 氢气发电相当于 6.9 L 的汽油，4.5 L 的柴油，19.6 kW · h 的锂离子电池，氢能技术的优势不言而喻。目前，美国应用最多的是冷库叉车，现存 303 万多台，日本丰田和韩国现代乘用车都有 4 万多辆的运营数量，我国截至 2023 年 12 月氢能汽车保有量达 18 000 辆，其中中重卡的保有量占比超过 2/3，为全球最多。同时，氢能在轮船、航空等领域均有使用，还可应用于装载机、挖掘机等工程机械动力。在工业领域，氢气广泛应用于合成氨、合成甲醇、石油炼化和氢冶金等工业。氢气还可用于分布式供能，即分布式发电和热电气联供的燃料等。在氢燃料电池单独使用时，氢气的发电效率可达 50%～60%，如果再加上排放的余热供热供暖，利用效率可达 90%。使用过程完全零排放，氢气是未来理想的清洁能源。

氢气还是一种非常重要的储能手段，主要用于电力系统能量的储存。狭义上的储能主要指用电中的储能消峰，广义上是指电变氢储存后进行应用。新型电力系统构建的关键在于要有大规模、长时间储能。在电力富余时可以转换制氢，在电力不足时再通过氢气来发电调峰，实现长时连续发电调峰，也能通过大规模氢气配送跨区域进行供能。尤其是遭遇连续多天下雨无风这种极端天气，或者有自然灾害及人为因素情况下，区域或局部供电供暖会受到冲击，氢能是唯一能够解决局部基本供暖供电问题的能源。从而提高电网供电的可靠性。氢能是终端电气化的重要补充，在电气化进程中，对一些电源、电网无法涉及的地方，可以通过氢燃料电池、氢内燃机，甚至氢燃气轮机的发电技术进行发电供电。

氢气是交通、工业、能源、建筑等领域脱碳最佳选择，它可以系统性地替代相关领域的化石能源。在未来能源体系中，氢能将占据重要位置。从能源转换效率来看，一般汽油机的能源转换效率为 28%，柴油机为 38%，而采用燃料电池发电的效率高于内燃机，一般可达到 45%～65%，平均 52%，低于储能锂离子电池 90%的供电效率。但锂离子电池的电有 60%来自煤电，煤电的平均发电效率为 40%，从化石能源发电起算，锂离子电池合计效率低于用工业副产氢的燃料电池发电应用。

1.3　氢能在未来能源体系中的重要作用

在碳中和背景下，未来的能源体系是以绿电为主的新兴电力系统和以绿氢为主体的氢气供应网络体系共同组成的能源供应体系。其间，氢气和绿电的转化可以互相支撑，从而保证能源体系的安全性、可靠性。氢能既可以自成体系独立供应，也可与电融合。预测在碳中和背景下，氢能占终端能源消费总量比重将达 15%～30%，对于能源体系的重要性不言而喻[5-9]。

发展氢能对我国有着重要意义。首先发展氢能是保障我国能源战略安全的重要手段。我国是典型的贫油国，缺油少气，我国石油的对外依赖度超过 70%，天然气对外依赖度达 40%，存在潜在安全风险。总书记多次强调，能源的饭碗要端在自己的手里。氢能是保障能源安全、实现替代油气的重要手段。

氢能是实现碳中和的关键路径，也是解决风光发电间歇性波动大、电网消纳难等问题的有效途径之一。氢能是可以替代化石能源的清洁燃料，还是化工、建材等领域的清洁替代原料。在陆上和沿海风光资源较为丰富的地区，规模化风光电制氢后通过管网输送至能源需求大的发达地区，既能解决我国东西部地区资源不均衡的问题，又可助力沿海地区深度减排。

氢能是实现能源体系清洁转型的重要载体。人类到目前为止在地球上共发现了 118 个元素，能作为能源大规模使用的是碳和氢两个元素。人类历史上的每一次能源革命，从高碳的煤，到低碳的甲烷，再到零碳的氢，基本上是向清洁化、减碳加氢、提高能源密度的发展的过程。氢能就是第三次能源革命的催化剂，将形成对煤炭石油的吸收替代。

氢能是推动产业转型的重要抓手。氢能产业的发展将助力新能源、新材料、新技术的创新和突破，有望培育出更多的新兴产业，实现交通、工业、建筑、电力等传统产业的转型升级。发展氢能产业是有效带动相关高端装备制造高质量发展的手段，也是促进传统产业转型升级的关键抓手。

氢能还将改变国际地缘政治和贸易格局，将成为全球重要的低碳能源，推动大规模基础能源的跨国贸易，在此情况下，将改变中东石油在国际能源贸易中的地位。贸易格局、能源格局的改变又会推动国际地缘政治格局的改变[4]。

2021年全球氢能需求量为9 000万吨，82%的氢气由专业化生产公司制备，技术包括天然气重整、煤制氢等，其中18%是副产氢。氢气的主要使用领域中80%用于合成氨、石油炼制等(见图1-3)。我国2023年的氢气产量达3 600万吨，产量居于亚洲首位。其中63.6%通过煤化工制备，21.5%来源于工业副产氢，通过电解水方法制取的氢气约1%(见图1-4)。这些氢气约70%用于合成氨、石油炼制工业等，20%用于甲醇制造。根据国际能源机构(IEA)预估，到2030年，碳捕集、利用与封存(CCUS)技术的制氢规模将达90万吨，电解水制氢规模达到每年80万吨。到2050年，在全球要完成在20%二氧化碳减排目标下，终端用氢将占18%，全球氢能市场规模由2030年的4 000万美元上升至2050年的1.6万亿美元。

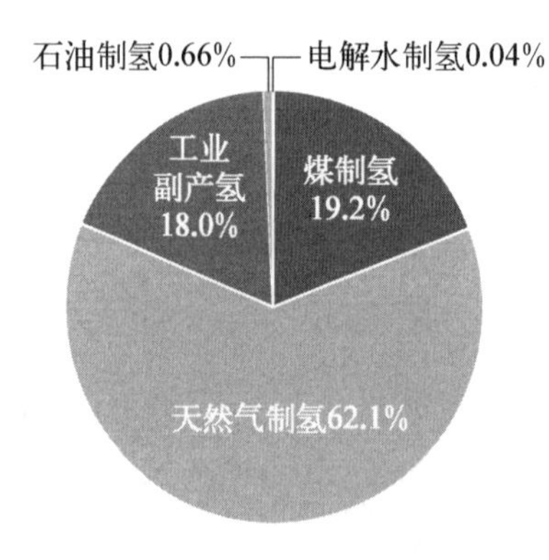

图1-3　2021年世界氢气主要来源
(数据来源：IEA，中国煤炭工业协会)

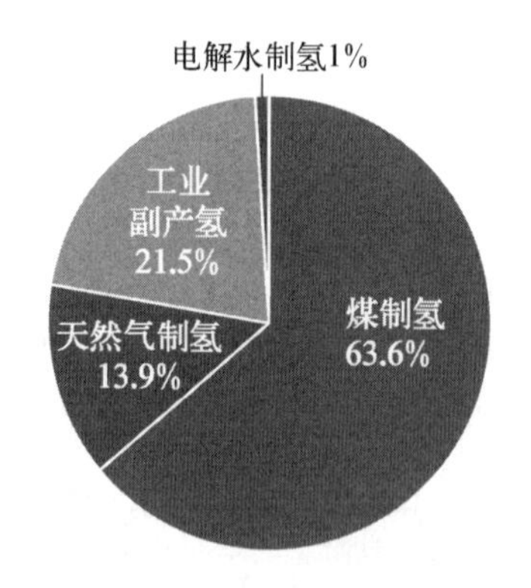

图1-4　2023年中国氢气主要来源
(数据来源：IEA，中国煤炭工业协会)

图1-5所示是主要国家及地区的氢能战略与政策，包括美国、日本、欧盟等。美国最早提出发展氢能，前期主要关注氢能储备，产业链从材料到部件等均处于领先水平，拥有丰富的应用场景，提出的目标是到2040年全面实现氢经济。日本提出氢能社会，希望利用光伏和风能制取氢气。氢能应用不局限

于交通领域，还包括工业用氢、生活用氢、建筑用氢，通过制氢解决发电供能问题。欧盟方面，发展氢能技术装备是其碳减排战略的措施之一，韩国也将氢能作为重要的经济支柱。规划层面，美国、日本、韩国、德国、欧洲国家等通过免税、财政补贴等一系列政策措施促进氢能的示范应用和发展。目前国际上氢能制、储、运技术成熟，但是制氢装备、储氢装备，以及单机规模未来仍有待提升。

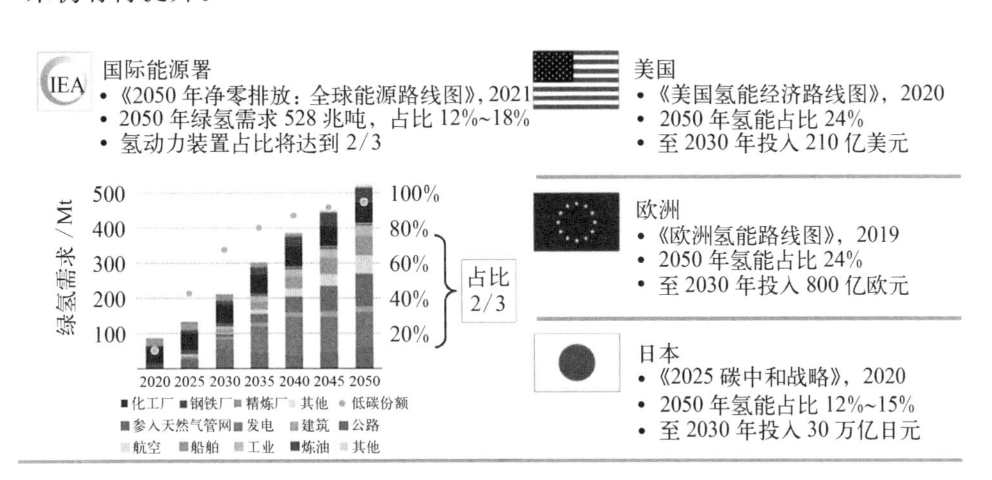

图 1-5　主要国家及地区氢能的战略和政策(彩图见附录)

(数据来源：中国工程院院刊)

为实现碳达峰、碳中和目标，我国制定出台了“1+N”一系列文件促进新能源和氢能产业的发展。在国家政策支持下，尤其是 2022 年 3 月出台《氢能产业发展中长期规划(2021—2035 年)》后，地方政府广泛响应，目前已有 30 个省市将氢能纳入“十四五”规划，制定专项政策支持氢能发展。我国氢能的示范应用，首先由财政部、工业和信息化部、科技部、国家发展改革委、国家能源局等五部委推动燃料电池汽车示范城市项目，上海、广东、京津冀、河北张家口、河南郑州共 5 个城市及城市群的项目已实施落地，分别制定了 5～10 年生产不低于 5 000 台车的示范目标，每辆车国家给予补贴 17 万元。氢能产业正在由传统的作为化工原料使用快速拓展到交通、电力、冶金等领域。氢能整体产业链和其他产业的关系如图 1-6 所示。

我国氢能整体产业链完整、市场空间大、自主化进程较快。我国氢能虽然起步较晚，但发展迅速，市场主体积极踊跃参与，截至 2023 年 10 月，97 家央企中已有 43 家进入该行业，还有部分有实力的民企、科研机构、大学也在进行前期的

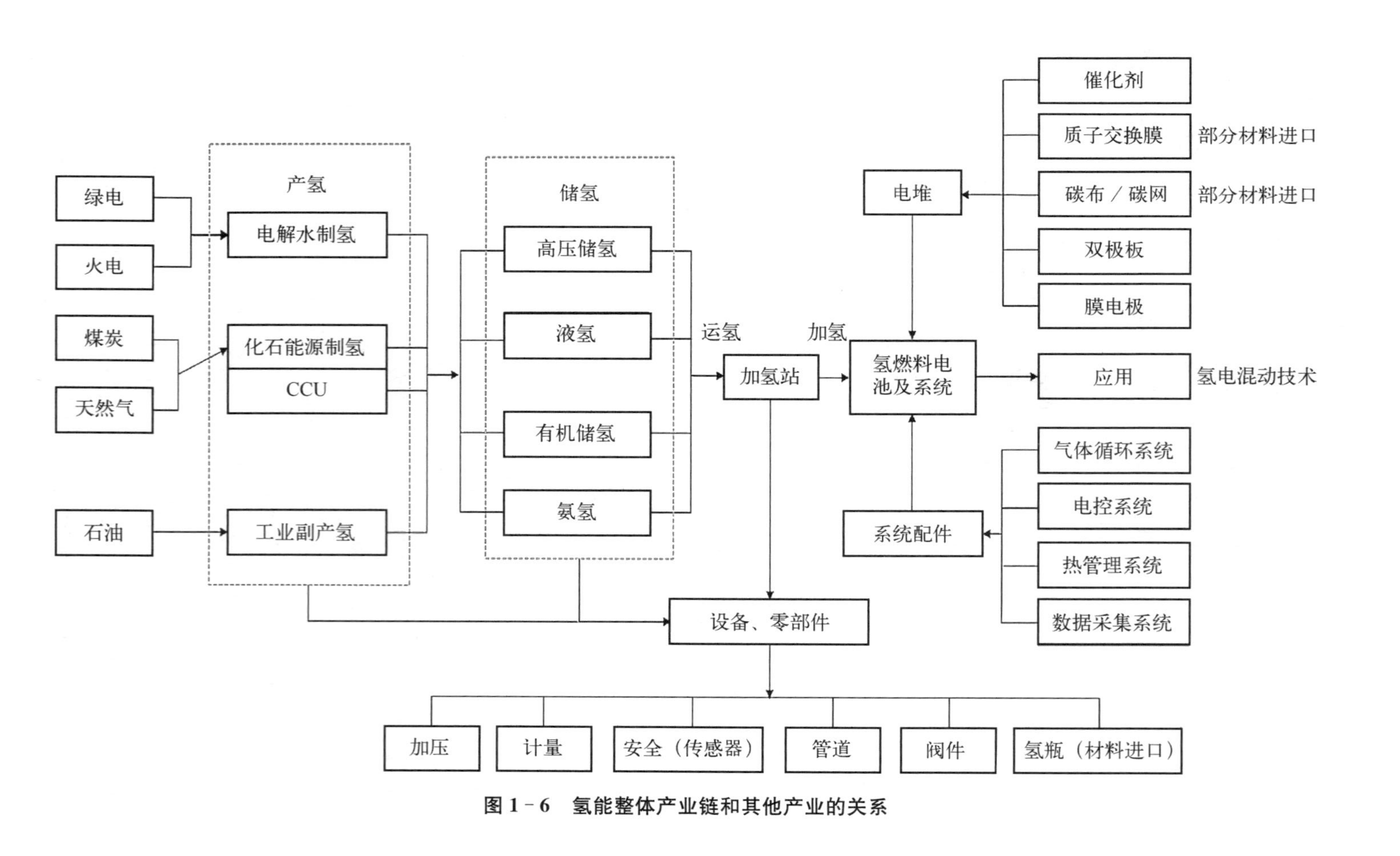

图 1－6　氢能整体产业链和其他产业的关系

科学研究。在技术方面，我国与国外的主要差距在于技术尚未规模化应用，因此成本较高、性能缺乏技术迭代，性能指标与国外先进指标相比还有差距，技术材料的主要高性能部件加工能力比较薄弱。我国氢能产业链已经基本完成布局，产能已初步具备规模化使用的能力。在储氢技术方面，目前面临的最大问题是液态储氢的化学催化剂，日本、美国、中国都在积极研发，美国已研发出能够初级示范应用的苯储氢技术。低温液态储氢的设备制造，过去我国主要依靠进口，目前已有两家小规模的示范应用企业。燃料电池技术的催化剂、质子膜、碳纸、膜电极、双极板、空压机、氢循环泵、电堆共八大件中，关键的质子膜材料和碳纸目前主要依赖于进口。

整体来看，氢能行业 2018 年处于起步期，2025 年预计突破 1 万亿规模，预计到 2030 年将进入快速发展期，2035 年之后进入成熟稳定期，2050 年之后产业规模基本达到顶峰(见图 1-7)，到 2060 年我国的氢能占终端能源体系中的比例将达到 10%～12%[10]。

能源供给侧低碳化：可再生水、风、光电日益成为一次能源的主体（2060年约70%）
能源消费侧零碳化：清洁电力和绿氢动力日益成为终端能源的主体（2060年约80%）

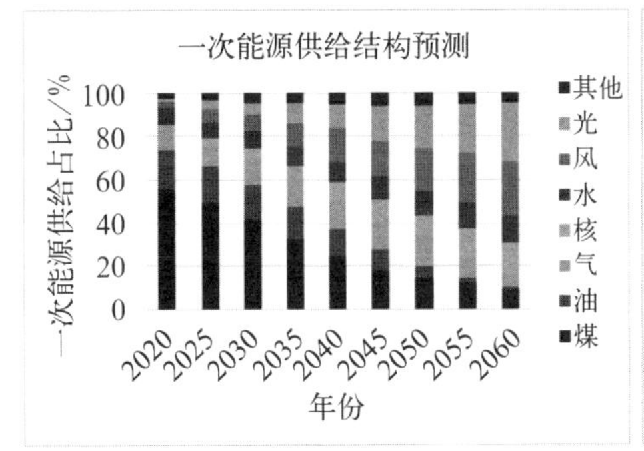

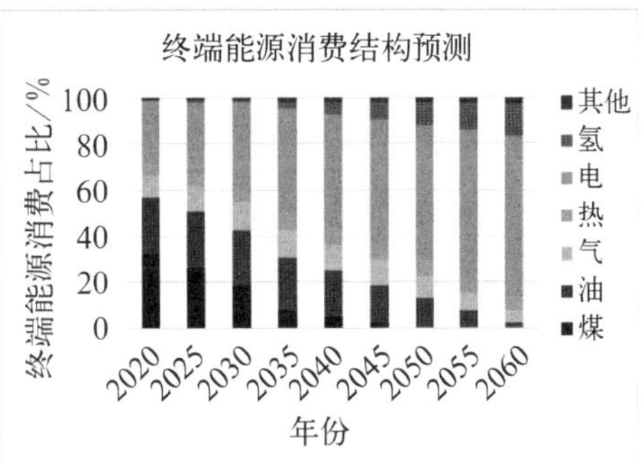

图 1-7　我国未来一次能源中可再生能源的占比以及终端能源消费中氢能的占比预测(彩图见附录)

(来源：中国电机工程学会《电力行业碳达峰碳中和实施路径研究》，2021)

【参考文献】

[1] 北京华桥新能源研究院.2021—2022 中国新能源国际发展报告[R].北京：中国新能源海外发展联盟，2022.

[2] 周波，冷伏海，李宏，等.世界主要国家未来产业发展部署与启示[J].中国科学院院刊，2021，36(11)：1337-1347.

[3] Acar C, Dincer I. The potential role of hydrogen as a sustainable transportation fuel to combat global warming[J]. International Journal of Hydrogen Energy, 2020, 45(5): 3396 - 3406.

[4] 柴茂荣,李星国,魏锁.氢能技术与产业发展趋势[J].范式变更,214 - 236, 2023.

[5] 中国汽车工程学会.世界氢能与燃料电池汽车产业发展报告[R].北京：社会科学文献出版社,2018.

[6] 水素エネルギー協会.水素エネルギー読本[M].东京：オーム社出版,2007.

[7] 今村雅人.水素エネルギーの仕組みと動向がよくわかる本[M].东京：秀和システム,2023.

[8] Al-Othman A, Tawalbeh M, Martis R, et al. Artificial intelligence and numerical models is hybrid renewable energy systems with fuel cells: advances and prospects[J]. Energy Conversion and Management, 2022,253: 115 - 154.

[9] Aminudin M, Kamarudin S, Lim B, et al. An overview: current progress on hydrogen fuel cell vehicles[J]. International Journal of Hydrogen Energy, 2023, 48(11): 4371 - 4388.

[10] 中国电机工程学会.电力行业碳达峰碳中和路径研究[R].北京：中国电机工程学会,2021.

第2章　氢能源技术及发展现状

人类对氢的研究已有500年的历史，因为氢无论是从可获得性、清洁度，还是从能量密度都堪称完美的能源。但由于氢元素比较活跃，管理难度非常高，所以这个几乎最理想的清洁能源一直都被束之高阁。氢能的规模化应用的提出则是近数十年来的事，是人类面临气候变化和能源安全做出的选择。即使这样，氢能的产业化路径也是一波三折。

从20世纪70年代能源危机开始，在过去50多年的氢能发展历程中，都是基于氢能应用端，如燃料电池汽车产业化的探索，并以燃料电池汽车为主导来构建核心零部件的供应链和供氢体系。氢气的来源包括化石能源制氢和工业副产氢，全球电解水制氢不到1%，而其中绿电制氢占比更是微乎其微。过去10年，光伏和风电成本的下降为绿氢的供应创造了条件，与此同时，光伏和风电比例的不断攀升对电网的稳定性提出了挑战，绿电制绿氢又成为稳定能源系统的重要手段。可以说，氢能和光伏、风电是相互成就的清洁能源。2023年，国内外电解槽行业几乎是同时爆发，至此，氢能的应用与绿氢的供给有了产业闭环的可能性。所以，氢能在能源结构中的比例不仅是由燃料电池汽车的推广决定的，也是由可再生能源发展力度和成本所决定的。

本章从氢能产业发展的核心驱动力和产业化条件提出关于氢能发展的必要性和必然性问题，从历史的发展中梳理出氢能发展的路径与朴实的产业经济规律，这些关键点经历100多年的技术演进，技术本身趋于成熟，尤其是过去10年，燃料电池成本大幅下降、高压储氢技术成熟、可再生能源价格平民化等才使得氢能产业化并向交通领域的应用拓展成为可能。

2.1　氢的概述

氢，化学符号为H，原子序数为1，相对原子质量为1.007 94，是元素周期表中最轻的元素。单原子氢(H)是宇宙中最常见的化学物质，占据宇宙质量的75%[1]。等离子态的氢是主序星的主要成分。氢的最常见同位素是“氕”(此名称甚少使用，符号为^{1}H)，含1个质子，不含中子。氕的相对原子质量约为1.007 8。在地球的氢元素中，氕的数量占据绝对优势，为氢元素总量的99.98%。天然氢还含极少量的同位素“氘”(deuterium)，含1个质子和1个中子。氘又称为重氢，其元素符号为^{2}H或D，其原子核具有一个质子和一个中子。氘的相对原子质量约为2.014，其数量占地球上氢元素总量的0.016%。氚(tritium)又称为超重氢，其元素符号为T或^{3}H，其原子核具有一个质子和两个中子。氚的相对原子质量约为3.016。氚的数量很少，仅占地球上氢元素总量的0.004%。此外，与氕和氘不同的是，氚具有放射性，其半衰期为12.32年。目前氚主要源于宇宙射线导致的大气层内核聚变、地壳中的核反应以及一些人为因素造成的核泄漏和核排放[2-3]。

最先记录氢气制备的科学家是帕拉塞尔苏斯(Paracelsus)，他将硫酸倒至铁粉上发现了这种气体，但当时他并不知道实验中放出气体的具体性质。后来，英国科学家亨利·卡文迪什(Henry Cavendish)用不同的金属重复了帕拉塞尔斯的实验，发现产生的气体与空气不同，其密度小且可燃，他称这种气体为“可燃性空气”，并发现其燃烧生成水。法国化学家拉瓦锡(Lavoisier)确认了卡文迪什的发现，提出用“氢气”(hydrogène)一词来取代“可燃性空气”。

氢气分子由两个氢原子通过一个σ键组成，键长约为74.14 pm。基态氢气分子的σ键由两个氢原子分别贡献一个1 s轨域的电子参与键联，并形成σ轨域。氢分子以及阳离子(H^{+})因结构简单而成为科学家在研究化学键本质时所用的重要对象。早在量子力学发展成熟整整半个世纪以前，詹姆斯·克拉克·马克士威(James Clerk Maxwell)就观察到了氢气分子的量子效应。他注意到，氢气的热容量在低于室温的温度下，开始偏离双原子气体的性质，在极低温下更像单原子气体。根据量子理论，这一现象源自分子旋转能级之间的间距。在质量尤其低的氢气分子中，能级之间的间距特别大。在低温下，较大的能级间距使得热量无法均分到分子的旋转运动上。由更重的原子所组成的双原子气体会有较小的能级间距，所以在低温下不呈现这种现象[4]。

2.1.1 哈密顿算符

类氢原子问题的薛定谔方程为

$$-\frac{\hbar^2}{2\mu}\nabla^2\psi+V(r)\psi=E\psi \tag{2-1}$$

式中，$\hbar$ 是约化普朗克常数，μ 是电子与原子核的约化质量，ψ 是量子态的波函数，E 是能量，$V(r)$是库仑位势：

$$V(r)=-\frac{Ze^2}{4\pi\varepsilon_0 r} \tag{2-2}$$

式中，ε_0 是真空电容率，Z 是原子序数，e 是单位电荷量，r 是电子离原子核的距离。采用球坐标$(r,\ \theta,\ \varphi)$，将拉普拉斯算子展开：

$$-\frac{\hbar^2}{2\mu r^2}\left\{\frac{\partial}{\partial r}\left(r^2\frac{\partial}{\partial r}\right)+\frac{1}{\sin^2\theta}\left[\sin\theta\frac{\partial}{\partial\theta}\left(\sin\theta\frac{\partial}{\partial\theta}\right)+\frac{\partial^2}{\partial\phi^2}\right]\right\}\psi-\frac{Ze^2}{4\pi\varepsilon_0 r}\psi=E\psi \tag{2-3}$$

设想薛定谔方程的波函数解 $\psi(r,\ \theta,\ \varphi)$是径向函数 $R_{nl}(r)$与球谐函数 $Y_{lm}(\theta,\ \varphi)$的乘积：

$$\psi(r,\ \theta,\ \phi)=R_{nl}(r)Y_{lm}(\theta,\ \phi) \tag{2-4}$$

氢气分子在哈密顿算符中可以表示为

$$\hat{H}=-\frac{\hbar^2}{2M}\Delta_{R_1}-\frac{\hbar^2}{2M}\Delta_{R_2}-\frac{\hbar^2}{2m}\Delta_{r_1}-\frac{\hbar^2}{2m}\Delta_{r_2}+\frac{e^2}{|R_1-R_2|}+\frac{e^2}{|r_1-r_2|}-\frac{e^2}{|R_1-r_1|}-\frac{e^2}{|R_1-r_2|}-\frac{e^2}{|R_2-r_1|}-\frac{e^2}{|R_2-r_2|} \tag{2-5}$$

式中，M 为质子的质量，m 为电子的质量，R_i 为原子核的坐标，r_i 为电子的坐标[5]。

2.1.2　氢的分子轨道

氢气分子是最小、结构最简单的分子，由两个氢原子通过一个 σ 键组成，键长约为 74.14 pm。由于每个氢原子都有 1 个 1s 轨道电子，因此，2 个氢原子各用一个 1s 轨道的电子参与键结[见图 2－1(a)]。在分子轨道图中，其可以表示为如图 2－1(b)所示，其中左侧和右侧为原本的原子轨道，中间是键结后对应的分子轨道，左侧坐标轴的纵轴代表轨道的能量，并用箭头表示该轨道中的电子，箭头方向表示电子自旋的方向。

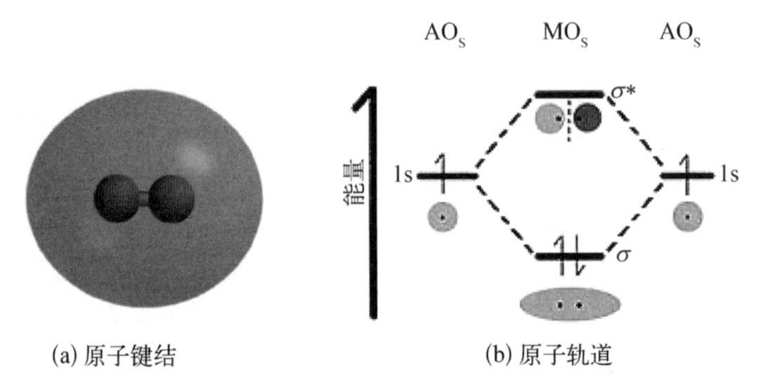

(a) 原子键结　　(b) 原子轨道

图 2-1　氢的原子轨道

当 2 个 s 轨道端对端重叠后，所形成的分子轨道为 σ 轨道，当电子填入氢气分子的 σ 轨道时，电子出现概率最高处位于两个氢原子核中心连线的中间。

相反的，两个 1s 轨道也有可能以反向的方式结合，所形成的波则互相干涉抵消，而形成反键轨道，称为 σ^*（反键）轨道，电子填入 σ^*（反键）轨道时，电子出现在两个氢原子核中心连线中间位置的概率降为 0，因此形成一个波节（见图 2-2）。σ^* 轨道的能量比 σ 轨道的高，因此在基态的情况下，电子填入氢气分子的分子轨道时，不会优先填入这个轨道。

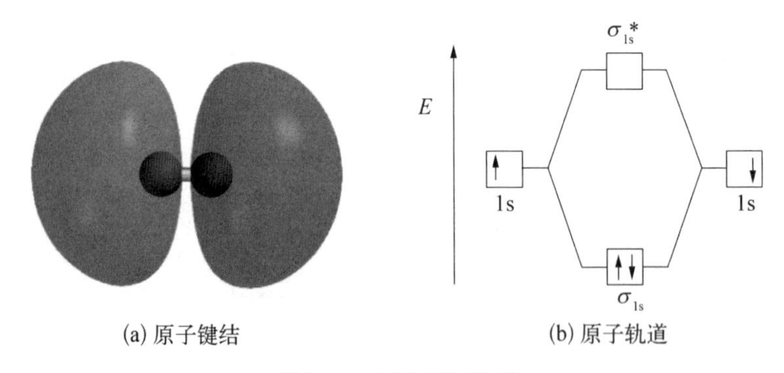

(a) 原子键结　　(b) 原子轨道

图 2-2　氢的反键轨道

在分子轨道理论中，氢气的电子排布为 $1\sigma_g^2$，其键级为(2−0)/2=1。其光电子能谱在 16～18 eV 之间有一组多重峰。

电子填入氢气分子的分子轨道时会先从低能量的 σ 轨道开始填，而 σ 轨道可以容纳 2 个电子，氢气分子共有两个电子，因此电子在基态的氢气分子将会填满 σ 轨道。

2.1.3　氢的自旋异构体

正氢（ortho hydrogen）和仲氢（para hydrogen）是分子氢的两种自旋异构体，是因分子氢中两个氢原子的原子核自旋方向有两种可能引起的。氢气由正氢和仲氢的平衡混合物组成[6]。其中正氢的两个质子自旋平行，形成三重态，分子自旋量子数为 1；仲氢的两个质子自旋反平行，形成单重态，分子自旋量子数为 0。在室温条件下，当处于热平衡态时，氢气中正氢和仲氢含量分别约占 74.87% 和 25.13%，此状态下的氢称为标准氢[7]。正氢和仲氢的平衡比例受温度影响，但由于正氢属于激发态，而非稳定态，所以无法纯化分离出来。在极低温度下，处于平衡状态的氢几乎完全由仲氢组成，如在 25 K 下仲氢的含量为 99.01%；随着温度的升高，正氢和仲氢的平衡比例趋向于 3∶1[8]。纯的正氢在液态和气态时的热力属性与混合态截然不同，这是因为两者在旋转热容上有很大的差异[9]。其他含氢分子和官能团也会有正、仲之分，例如水和亚甲基，但它们在热力学上的差别极小[10]。

在没有催化剂的情况下，正氢和仲氢之间的转换速率随着温度的升高而增加，所以急速冷却的氢会含有高比例的仲氢，且这一仲氢会非常缓慢地转变为正氢[11]。氢在冷却后的正、仲比例对液氢的制备和储存十分重要：仲氢向正氢的转化是一个放热过程，其产生的热量足以使一部分液氢蒸发并流失。在氢冷却过程中协助正、仲氢转化的催化剂有三氧化二铁、活性炭、铂石棉、稀土金属、铀化合物、三氧化二铬及某些镍化合物等[12-13]。

2.2　氢的物理化学性质

氢气是无色且密度比空气小得多的气体（在各种气体中，氢气的密度最小。在标准状况下，1 L 氢气的质量是 0.089 g，相同体积下是空气的 1/4）。因为氢气难溶于水，所以可以用排水集气法收集氢气。另外，在一个标准大气压下，温度为 −252.87℃时，氢气可转变成无色的液体；在温度为 −259.1℃时，可变成雪状固体。常温下，氢气的性质很稳定，不容易与其他物质发生化学反应。但当条件改变时（如点燃、加热、使用催化剂等），情况就不同了，如氢气被钯或铂等金属吸附后会具有较强的活性（特别是被钯吸附），金属钯对氢气的吸附作用最强。

氘(重氢)在常温常压下为无色无臭无毒可燃性气体,是普通氢的一种稳定同位素。它在通常水的氢中含量为0.013 9%～0.015 7%。其化学性质与普通氢完全相同,但质量大些,反应速度小一些。

2.2.1 氢的物理性质

氢气的主要物性参数如表2-1所示[14]。

表2-1 氢气的主要物性参数

名 称	物 性 参 数	名 称	物 性 参 数
沸点	−252.77℃(20.38 K)	熔点	−259.2℃
密度	0.089 g/L	气液容积比	974(15℃,100 kPa)
相对分子质量	2.015 7	临界密度	66.8 kg/m^3
生产方法	电解水、裂解、煤制气等	临界压力	1.313 MPa
三相点	−254.4℃	空气中的燃烧界限	4%～75%(体积)
熔化热	48.84 kJ/kg(−254.5℃,平衡态)	表面张力	3.72 mN/m(平衡态,−252.8℃)
热值	1.4×10^8 J/kg(2.82×10^5 J/mol)	折射系数	1.000 126 5(1 atm,5℃)
比热容比	$C_p/C_V=1.40$(1 atm,25℃,气体)	易烧性级别	4
易爆性级别	1	毒性级别	0

氢气具有易燃易爆的特性,当其在空气中的体积分数为4%～75%时,遇明火会爆燃。由于其易燃易爆的特性,氢气在密闭空间内是有危险性的。但其热值较天然气和汽油的低,且容易扩散,在使用过程中较天然气和汽油危害程度要小许多。

2.2.2 氢气的化学性质

氢气在常温下性质稳定,但在点燃或加热的条件下能够与许多物质发生化学反应。

氢的可燃性(可在氧气中或氯气、氟气中燃烧)：点燃不纯的氢气要发生爆炸，点燃氢气前必须验纯。相似地，氘(重氢)在氧气中点燃可以生成重水(D_2O)。在此反应中，燃烧火焰为苍白色，在光照条件下爆炸。

$$H_2 + O_2 \xlongequal{\text{燃烧}} H_2O \quad (\text{燃烧反应}) \tag{2-6}$$

同样地，氢气与氟气混合，即使在阴暗的条件下，也会立刻爆炸，生成氟化氢气体。

$$H_2 + F_2 \xlongequal{\text{燃烧}} 2HF \quad (\text{燃烧反应}) \tag{2-7}$$

2.2.2.1　氢的还原性

氢气在一定温度下，可以把金属氧化物中的氧原子置换出来，还原为金属状态，并生成水。

$$3H_2 + Fe_2O_3 \xlongequal{} 2Fe + 3H_2O \quad (\text{置换反应}) \tag{2-8}$$

$$H_2 + CuO \xlongequal{} Cu + H_2O \quad (\text{置换反应}) \tag{2-9}$$

$$3H_2 + WO_3 \xlongequal{} W + 3H_2O \quad (\text{置换反应}) \tag{2-10}$$

氢气还可以和双键或三键的化合物发生加成反应。

2.2.2.2　氢的共价化合物

虽然氢气在通常状态下不是非常活泼，但氢元素与绝大多数元素能组成化合物。已知的碳氢化合物有数以百万种，但它们无法由氢气和碳直接化合得到。氢气与电负性较强的元素(如卤素)反应，在这些化合物中氢的氧化态为+1。氢与氟、氧、氮成键时，可生成一种较强的非共价的键，对许多生物分子具有重要意义。氢也与电负性较低的元素(如活泼金属)生成化合物，这时氢的氧化态通常为−1价，这样的化合物称为氢化物。

氢与碳形成的化合物，由于其与生物的关系，通常称为有机物，研究有机物的学科称为有机化学，而研究有机物在生物中所起作用的学科称为生物化学。按某些定义，“有机”只要求含有碳。但大多数含碳的化合物通常都含有氢。这些化合物的独特性质主要是由碳氢键决定的，故有时有机物的定义要求物质含有碳氢键。

在无机化学中，H^- 可以作为桥接配体，连接配合物中的两个金属原子。这样的特性通常在 IB 族元素中体现，尤其是在硼烷、铝配合物和碳硼烷中。

2.2.2.3 氢的离子型氢化物

含有氢元素的离子化合物称为离子型氢化物。“氢化物”一词暗指氢显负价，且其氧化态为−1 价的意思。氢负离子记作 H^-，其存在是 1916 年由吉尔伯特・路易斯(Gilbert Lewis)预言的。1920 年莫斯(Moers)用电解氢化锂，在阳极产生氢气，从而证明了离子型氢化物的存在。

2.2.2.4 质子与质子酸

氢原子的氧化，即让氢原子失去其电子，可得到 H^+(氢离子)。氢离子不含电子，由于氢原子通常不含中子，故氢离子通常只含 1 个质子。这也就是为什么常将 H^+ 直接称为质子酸性离子。H^+ 是酸碱理论的重要离子。

裸露的质子 H^+ 不能直接在溶液或离子晶体中存在，这是由氢离子和其他原子、分子不可抗拒的吸引力决定的。除非在等离子态物质中，氢离子不会脱离分子或原子的电子云。但是，“质子”或“氢离子”这个概念有时也指带有一个质子的其他粒子，通常也记作“H^+”。

为了避免认为溶液中存在孤立的氢离子，一般在水溶液中将水和氢离子构成的离子称为水合氢离子(H_3O^+)。但这也只是一种理想化的情形。事实上，氢离子在水溶液中常以类似于 $H_9O_4^+$ 的形式存在。

尽管在地球上少见，具有磁性的 H_3^+ 离子(质子化分子氢)却是宇宙中最常见的离子之一。

2.2.2.5 氢的燃烧性

氢气是一种极易燃的气体，燃点只有 574℃，在空气中的体积分数为 4%～75%时都能燃烧。氢气燃烧反应的焓变为−286 kJ/mol：

$$2H_2(g) + O_2(g) \longrightarrow 2H_2O\ (l),\ \Delta H = -572\ \text{kJ/mol} \qquad (2-11)$$

氢气和空气的混合物，当氢气浓度为 4.1%～74.8%时易燃烧，18.3%～59%时易爆。纯净的氢气与氧气的混合物燃烧时会放出紫外线。

因为氢气比空气轻，所以氢气的火焰倾向于快速上升，故其燃烧造成的危害是小于碳氢化合物的。氢气可与所有的氧化性元素单质反应。氢气在常温下可和氯气反应(需要光照),氢气和氟气在冷暗处混合就可爆炸,生成具有潜在危险性的氯化氢或氟化氢。

氢气在空气中燃烧,实际上是氢气与空气里的氧气发生了化合反应,生成了水并放出大量的热。

2.2.2.6 氢脆现象

近数十年来,随着越来越多的科学技术得以发展,氢对金属材料机械退化的影响得到了越来越多的关注。在工业应用中,氢的来源是极为丰富的,例如水溶液中的腐蚀、进入潮湿输送管道的碳氢化合物、熔化和焊接过程中的污染物、电镀或阴极保护过程中的氢吸收,均加剧了机械退化问题。氢对于机械退化的影响主要表现在高强钢的断裂、铁素体不锈钢应力腐蚀开裂、核反应器中锆合金管材氢化物生成而造成的破坏等。与此同时,近年陆续推出的氢能发展规划也重点强调了氢气输运技术的重要性,因此氢对金属的影响需要重点关注。

氢在某些条件(如较高的温度和压力)下具有向金属中扩散的能力。氢被大多数金属(铁、钴、镍、铂和钯等)吸收的量随着温度和压力的升高增大。当金属冷却和压力降低时,大部分被吸收的氢析出。氢在钯中的吸附量最大,1体积的钯可以吸附800体积的氢。在1 atm下,常温下很少有氢脆现象,而当温度升高到400℃左右时,纯氢开始向纯铁中扩散,当温度升高到700℃时扩散现象十分明显,1体积的铁中可以吸收0.14体积的氢。在1 450~1 550℃温度范围内,氢的吸收量骤增,1体积铁中氢的吸收量从0.87体积增至2.05体积,这与铁转变成聚集态有关(铁的熔点为1 593℃)。

金属对氢的吸附包括分子吸附与原子吸附两种方式,这与金属本身的性质有关。吸附氢后,许多金属和合金的品质大大降低,其硬度、耐热性、流动性、导电性、磁性等一般都会发生变化。氢对于金属最重要的影响是氢脆的产生。氢脆发生于氢进入金属以后,通常被认为是严重的力学退化,表现为抗断裂能力的降低,也是一种由机械场与氢相互作用引起的延展性-脆性转变。

氢脆的第一步是氢进入金属。通常来讲,氢主要通过气固作用与液固作用进入金属,在气固作用下,氢进入金属分为三个步骤:物理吸附、化学吸附和吸收。物理吸附是金属表面和吸附剂之间的范德瓦尔斯力的结果,它是完全可逆的,通常是瞬间发生的,并伴随着焓变。化学吸附通常是缓慢的、不可逆或者缓慢可逆的，它表现为表面原子和吸附剂分子之间发生化学反应。由于涉及近程化学力，化学吸附只限于单层。吸收作为氢进入金属的最后一步，意味着化学吸附的产物进入金属的晶格中，目前普遍认为氢以 H^- 的形式进入晶格中而不是氢原子。

在液固作用下，氢进入金属的过程相对复杂。电解氢是一种常见的氢通过液固作用进入金属的方式。许多金属可以吸收氢，这种吸收为氢原子的化学或电化学解吸提供了另一种反应途径。通常只有阴极释放出的一小部分氢进入金属。氢的进入速率取决于许多变量，如金属或合金的性质与成分、热历史、机械历史、表面条件、电解质成分、阴极电流密度、电极电位、温度、压力等。其反应过程如下：

$$H_3O^+ + M + e^- \xrightarrow[k_1]{\text{缓慢}} MH_{ads} + H_2O \tag{2-12}$$

$$MH_{ads} \underset{k_{-2}}{\overset{k_2}{\rightleftharpoons}} MH_{abs} \tag{2-13}$$

$$MH_{ads} + MH_{abs} \xrightarrow{k_3} H_2 + 2M \tag{2-14}$$

式中，M 代表金属，MH_{ads} 为金属表面吸附的氢；MH_{abs} 为金属表面正下方吸附的氢；k_1、k_2、k_{-2} 和 k_3 分别为各步骤的反应速率常数。其中式(2-13)与式(2-14)是同时发生的，均发生于式(2-12)之后。由此可以看出，渗透速率应与吸附的氢原子在金属表面的覆盖面积成正比，即式(2-12)吸附的部分氢通过式(2-13)进入金属，部分可以发生析氢反应[式(2-14)]。

虽然氢脆对金属的影响基本相似，但根据氢脆产生的机制或者材料不同，氢脆可以分为有氢化物产生的氢脆与无氢化物产生的氢脆。无氢化物产生的氢脆意味着稳定的微观结构体系，即涉及体系中的金属-溶质氢效应。这种氢脆形成机制主要以氢致解离（hydrogen enhanced decohesion，HEDE）和氢致局部塑性变形(hydrogen enhanced localized plasticity，HELP)为代表，在 HEDE 模型中，氢在晶格内积累，从而降低了金属原子之间的内聚结合强度。在 HELP 模型中，固体溶液中的自由氢要么屏蔽位错与其他弹性障碍的相互作用，从而使位错在较低应力下移动，要么降低叠错能量，减少交叉滑移的趋势，从而增强塑性破坏。而有氢化物产生的氢脆主要以ⅣB 和ⅤB 族金属为代表(如钛、锆、铪、钒、铌、钽等)，这种氢脆形成机制以应力诱导氢化物形成为主，即氢化物首先在裂纹的应力场中成核，一般认为氢化物并不是由单个氢化物生长增大的，而是通过一些小的氢化物聚集而成的。

目前人们已经发现有几种化合物会促进氢从液态和气态环境进入金属中。为避免氢进入金属中，应尽量防止这几种化合物在氢的储运过程中出现，其分类如下。

（1）某些元素的化合物：磷、砷和锑（属于ⅤA族），硫、硒和碲（属于ⅥA族）。

（2）阴离子：CN^-（氰化物）、CNS^-（硫氰化物）和I^-（碘化物）。

（3）碳化合物：CS_2（二硫化碳）、CO（一氧化碳）、CH_2N_2O（尿素）和CH_2N_2S（硫脲）。

相反，采用含铬、钼、钨、钒等元素的合金钢有助于降低氢的扩散速率，可以消除氢脆带来的影响[15]。

2.3　氢气的主要用途

2.3.1　氢气的传统用途

氢气最早应用是在18世纪中叶之后，最先用于氢气球、氢气船等作为浮力上天的工具。1766年英国化学家、物理学家亨利·卡文迪什（Henry Cavendish，1731—1810年）发表了一篇名为“论人工空气”的论文，1781年采用铁与稀硫酸反应而首先制得“可燃空气”（即氢气），之后当他得知普利斯特里发现空气中存在“脱燃素气体”（即氧气），就将空气和氢气混合，发现氢气在氧气中燃烧可以生成水。La Charlière首次乘坐氢气球飞行，这也是人类第一次实现的氢气球飞行，这一次驱动物体位移应用的不是氢的能量属性，而是其“轻量”的属性和流体力学中的浮力作用。同年，安东尼·拉瓦锡（Antoine Lavoisier，1743—1794年）和法国天文学家、数学家皮埃尔·拉普拉斯（Pierre Laplace，1749—1827年）用冰量计测量了氢气的燃烧热，发现了氢气的能量属性。但氢气的大规模工业利用则是在20世纪初的合成氨工业和20世纪40年代的石油化工与石油炼制工业中，作为化工原料的大量使用。下面分别就氢气的传统用途和新用途两方面介绍其主要用途。英国大工业革命后，通过煤的水煤气化反应大量生产出氢气和一氧化碳的混合气，曾作为城市的主要气体燃料而大量使用[16]。

20世纪初，德国科学家弗里茨·哈伯（Fritz Haber）在铁催化剂的作用下，用氢气和氮气成功地合成出氨气，成为第一个从空气中制造出氨的科学家，使人类从此摆脱了依靠天然氮肥的被动局面，加速了世界农业的发展，因此获得1918年瑞典皇家科学院颁发的诺贝尔化学奖[17]。

氢气有化工原料和清洁能源的双重属性。对化工行业来说，氢气不是什么新鲜事，主要应用于炼化、合成氨、甲醇等化工产业中，在浮法玻璃、半导体加工和医学领域也有应用，其中因为产业结构，仍处于重化工业的中国是全球最大的制氢和用氢的国家。根据IEA《2023年全球氢能评论》，我国2022年的消费量约为3 300万吨氢气，比2021年增长5%；美国是第二大消费国，中东是第三大消费地区（主要用于石油炼制工业），各自约为1 200万吨氢气，2022年的需求分别比2021年增长8%和6%；欧洲是第四大消费地区，2022年需求超过900万吨氢气，比2021年增长5%；紧随其后的是印度（见图2-3）。

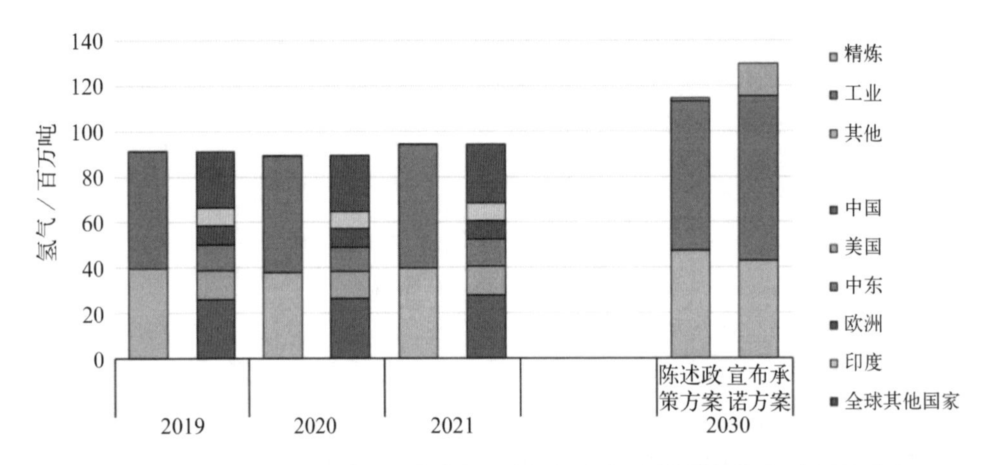

图2-3　2019—2030年政策和承诺情景中按行业和地区划分的氢需求(彩图见附录)

2021年国际市场纯氢产量超过7 500万吨/年，其中，有3 800万吨用于炼油，约3 200万吨用于合成氨，约500万吨用于合成甲醇等其他方面。工业用途中另有4 000万吨属于没有与其他气体分离的氢气，即混合氢，混合氢中大约有1 100万吨用于甲醇合成，约300万吨用于还原炼钢，另外2 500万吨用于锅炉燃料等其他方面。

原油的加氢催化重整是提高原油的汽柴油等燃油产量的重要手段，广泛应用于石油炼制、石油化工等化工领域，是目前氢气的最大用途之一[18]。20世纪40年代在德国建成了以氧化钼(或氧化铬)/氧化铝作为催化剂的催化重整工业装置，因催化剂活性不高，设备复杂，现已被淘汰。1949 年美国公布以贵金属铂作为催化剂的重整新工艺，同年 11 月在密歇根州建成第一套工业装置，其后在原料预处理、催化剂性能、工艺流程和反应器结构等方面不断有所改进。1965 年，中国自行开发的铂重整装置在大庆炼油厂投产。1969 年，铂铼双金属催化剂用于催化重整，增加了重整反应的深度，提高了汽油、芳烃和氢气等的产率，使催化重整技术达到了一个新的水平。

催化重整包括以下四种主要反应：

(1) 环烷烃脱氢；

(2) 烷烃脱氢环化；

(3) 异构化；

(4) 加氢裂化。

反应(1)(2)生成芳烃，同时产生氢气，反应是吸热的；反应(3)将烃分子结构重排，为一放热反应(热效应不大)；反应(4)使大分子烷烃断裂成较轻的烷烃和低分子气体，会减少液体收率，并消耗氢，反应是放热的。除以上反应外，还有烯烃的饱和及生焦等反应，各类反应进行的程度取决于操作条件、原料性质以及所用催化剂的类型。

催化重整原料为石脑油或低质量汽油，其中含有烷烃、环烷烃和芳烃。含较多环烷烃的原料是良好的重整原料。催化重整用于生产高辛烷值汽油时，进料为宽馏分，沸点范围一般为 80～180℃；用于生产芳烃时，进料为窄馏分，沸点范围一般为 60～165℃。重整原料中的烯烃、水及砷、铅、铜、硫、氮等杂质会使催化剂中毒而丧失活性，需要在进入重整反应器之前除去。对该过程的影响因素除了原料性质和催化剂类型以外，还有温度、压力、空速和氢油比。温度高、压力低、空速小和低氢油比对生成芳烃有利，但为了抑制生焦反应，需要使这些参数保持在一定的范围内。此外，为了取得最好的催化活性和催化剂选择性，有时在操作中还注入适当的氯化物以维持催化剂的氯含量稳定。

近代催化重整催化剂的金属组分主要是铂，酸性组分为卤素(氟或氯)，载体为氧化铝。其中铂构成脱氢活性中心，促进脱氢反应；而酸性组分提供酸性中心，促进裂化、异构化等反应。改变催化剂中的酸性组分及其含量可以调节其酸性功能。为了改善催化剂的稳定性和活性，自 20 世纪 60 年代末以来出现了各种双金属或多金属催化剂。这些催化剂中除铂外，还加入铼、铱或锡等金属组分作为助催化剂，以改进催化剂的性能。

图 2－4　石油炼化催化重整装置

催化重整是提高汽油质量和生产石油化工原料的重要手段，是现代石油炼厂中最常见的装置之一(见图2－4)。据统计，全世界催化重整装置的年处理能力已超过 350 Mt，其中大部分用于生产高辛烷值汽油组分。中国现有装置则多用于生产芳烃，生产高辛烷值汽油组分的装置也正在发展中。

到了 20 世纪 60 年代，随着航天科技的发展，氢气作为火箭发动机的燃料以及航天器中供电用燃料电池的燃料而崭露头角。火箭燃料用的氢气分为固态氢和液氢两种。燃料的固态氢粉末或者液氢通过喷射装置与氧化剂的液氧或固体氧气粉末在火箭推进器中混合燃烧产生推力，推动火箭飞向太空。氢气也作为太空舱中的电力系统的燃料电池的燃料发电，生成的纯水作为水源利用(见图 2－5)[19]。

JIMMY号飞船

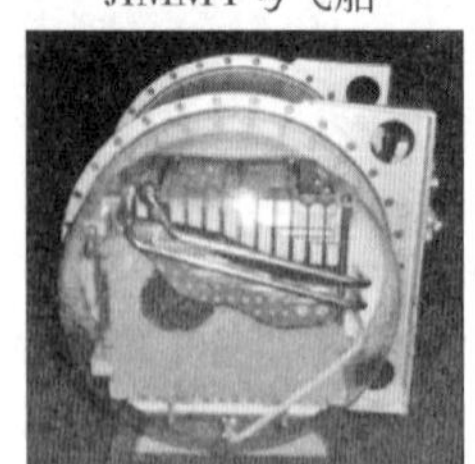

JIMMY号燃料电池(UTC)
聚对苯乙烯磺酸树脂膜，
0.56~1.4 kW，3基

图 2－5　氢气作为航天火箭燃料(氢燃料电池燃料应用在航天领域)

(资料来源：日本宇宙航空开发机构图片宣传资料)

氢气既是化工原料也是能源载体。目前，氢气的三大单一用途(包括纯氢和混合氢)分别是炼油(33%)、合成氨(27%)、合成甲醇(11%)等。其他用途的纯氢虽然占比较小，但应用领域很广泛，包括冶金、航天、电子、玻璃、精细化工等。氢气作为一种清洁的新能源载体可用于燃料电池，将太阳能、风能等可再生能源储存，未来市场前景广阔。不同应用场合对氢气纯度、杂质含量要求有显著的差异[16-19]。

这些都是传统工业领域对氢的需求，是氢的原料属性，属于存量市场，自 2015 年到 2023 年基本上没有大的变化，但我们看到一个现象是，在全球减碳目标和可再生能源消纳的驱动下，过去 80%以上煤制氢、天然气制氢的方式将逐渐被目前不到 1%的绿氢所替代，这便是目前欧洲和中国电解槽热度上升的主要原因。

2.3.2 氢气的新用途

氢气的新增需求来自能源替代，氢气的能源属性，也就是燃料电池可以发挥的交通、家用热电联产、分布式发电和储能应用。2021 年，重工业、交通运输、发电和建筑行业等新应用或氢衍生燃料生产对氢气的需求非常低，约为 4 万吨氢气(约占全球氢需求的 0.04%)。这些主要用于公路运输，尽管基数很低，但增幅显著(60%)。

国际能源署根据各国氢能规划进行预测，到 2030 年氢气的需求可能达到 1.15 亿～1.3 亿吨，其中约 25%将作为新应用和传统应用中低排放氢气的使用，预期需求在各国雄心勃勃的具体政策行动的支持下，逐步改变以刺激对氢气的需求。根据 IEA 2023 年发布的《Global Hydrogen Review》数据，2023 年一季度全球氢燃料电池汽车保有量超 6.3 万辆。韩国为氢燃料电池汽车第一大国家，截至 2023 年一季度保有量达 3.2 万辆，但销量有所放缓。其次为美国，截至 2023 年一季度保有量约 1.6 万辆。2023 年，中国燃料电池商用车终端销量总计达到 7 177 辆，同比增长了 50.1%，是全球唯一大幅增长的国家。在加氢站建设方面，中国占世界最多，有 410 座，日本韩国最近的统计数据都是 180 座左右，欧洲最多的德国是 88 座，荷兰 19 座，瑞士 15 座，法国 11 座，美国 61 座、澳大利亚 9 座[20]。

氢冶金即以氢取代碳的冶炼还原工艺，作为燃料和还原剂冶炼铁，还原产物为水，基本反应式为

$$Fe_2O_3 + 3H_2 = 2Fe + 3H_2O \tag{2-15}$$

或

$$FeO + H_2 = Fe + H_2O \tag{2-16}$$

冶金能从源头降低污染物与二氧化碳的排放量，是目前实现零碳排放的重要途径。在国际上，已经开始与超高温煤气炉和智能原子炉等氢冶炼技术密切相关技术的研究，德国钢铁生产商蒂森克虏伯（THYSSENKRUPP）已经实现了在高炉中使用氢气，2019年11月11日，蒂森克虏伯正式启动了氢能冶金的测试。据蒂森克虏伯称，这是全球范围内钢铁公司第一次在炼钢工艺中使用氢气代替煤炭。HYBRIT为瑞典的"突破性氢能炼铁技术"提供攻关项目，是全球第一个无化石燃料海绵铁中试线。该项目由三家行业巨头[瑞典钢铁集团（SSAB）、欧洲最大铁矿石生产商公司（LKAB）和欧洲最大电力生产商之一的瑞典大瀑布电力公司（Vattenfall）]合资创建的HYBRIT发展有限公司负责推进。SSAB、LKAB和Vattenfall计划打造世界上第一个拥有"无化石钢铁制造"的价值链。SSAB的目标是到2026年，通过HYBRIT技术，在世界上率先实现无化石冶炼技术；到2045年，SSAB将完全按无化石工艺路线制造钢铁[21]。

氢气的用途可能还不只是现在我们看到的化工、冶金领域的存量市场和能源领域的增量市场，世界上还有许多研究氢健康的团体，包括氢农业、氢医疗等。研究表明用氢水浇灌的草莓、土豆、水稻不仅产量大幅增加，而且口味更加鲜美，用氢水养的鱼也有同样的效果。在医学领域，氢气的还原性原理也显示出对一些疾病的临床效果，2012年来自世界12个发达国家的170名科研人员发表了近450篇氢分子医学效应论文，发现氢气对由自由基引起的62种疾病都具有良好的效果。2020年2月2日，氢氧气雾化机获批国家三类医疗器械批准文号，这是中国第一个与氢气相关的三类医疗器械获得批准。从此，氢气医学真正纳入临床医疗体系。2020年3月3日，国家卫生健康委员会办公厅与国家中医药管理局联合印发《新型冠状病毒肺炎诊疗方案（试行第七版）》，增加有条件可采用氢氧混合吸入气（氢氧比为2∶1）治疗条目。

中国科学技术大学江俊教授和王育才教授团队利用电子-质子共掺杂策略向氧化钨晶格中引入高还原性的原子氢，首次证明了生物还原性更强的原子氢能够实现氢气所不具备的广谱活性氧和氮物种清除能力。活性氧和氮物种（RONS）的过度表达与癌症、阿尔茨海默病和慢性糖尿病溃疡等多种慢性疾病的发生和发展密切相关[22]。氢疗法作为一种新兴的、前景广阔的通用型治疗手段，主要利用氢气分子选择性地消除RONS，维持细胞内氧化还原稳态，进而达到治疗相关慢性疾病的目的。从热力学和化学动力学的角度来看，生物还原性更强的原子氢有望提供优于传统氢气的广谱RONS清除能力。然而，开发一种集高效的原子氢储存、可控释放、广谱RONS清除和生物降解性于一体的先进氢治疗平台是一项巨大的技术挑战。

研究团队在前期工作基础上，进一步发现氢钨青铜相是一种非常理想的原子氢载体，其显著特征包括相对稳定的原子氢储存、温度依赖的原子氢释放以及 pH 响应的生物降解性。在慢性创面溃疡疾病模型中，固态原子氢由于其卓越的广谱 RONS 清除能力，可重塑糖尿病伤口微环境、减少炎症，进而促进胶原积累、血管新生，有效加速慢性伤口的愈合(见图 2-6)。

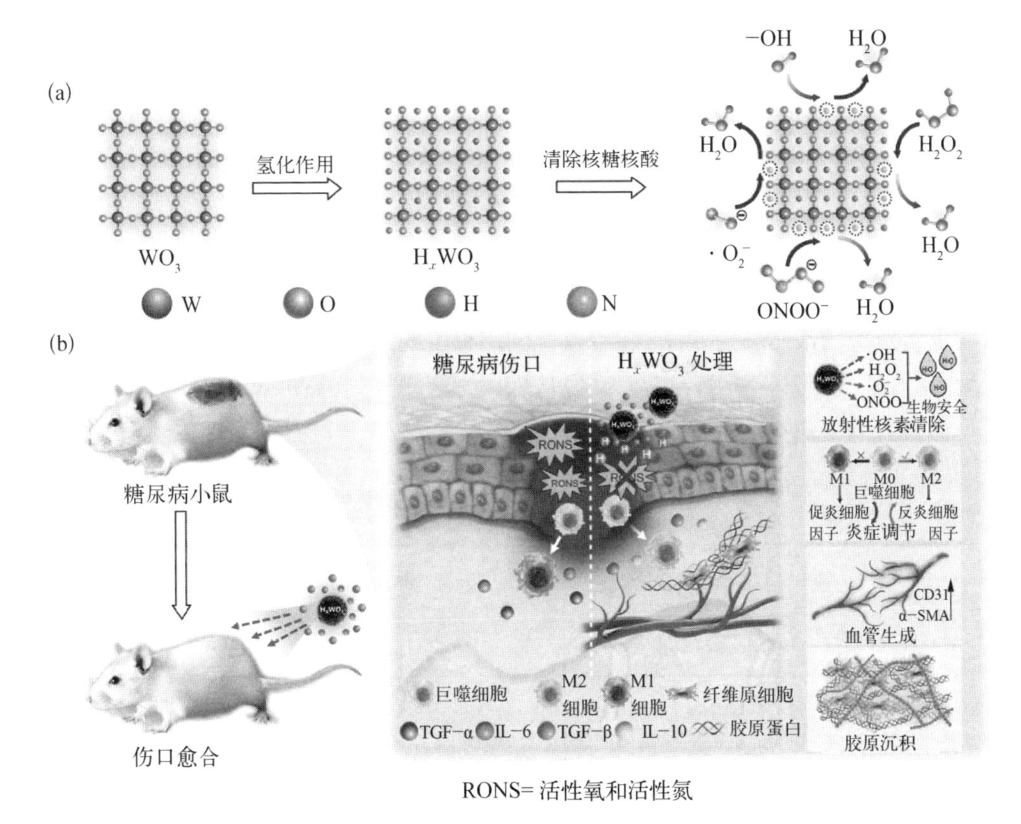

图 2-6　氢钨青铜相晶格中引入高还原性的原子氢清除活性氧和氮物种(RONS)[22]

2.4　氢气的主要来源和制造方法

制氢的方式有很多，包括化石燃料重整、分解，光解或水电解等。工业氢气主要来源于天然气、水蒸气重整和煤气化。氯碱、钢铁、焦化等工业也副产大量氢气。未来生物质、可再生能源制氢可获得无碳排放清洁氢气。氢化工原料的利用是目前最有希望实现氢能规模化利用的有效途径。2018 年，全球纯氢消费量约为 7 390 万吨，另外还有合成甲醇、金属冶炼等产品中的用氢量约为 4 200 万吨，合计用氢量达 1.15 亿吨。其中炼油及合成氨产业消费量达到纯氢总消费量的 94.3%。随着氢能在能源领域的快速发展，未来氢气的需求量将快速增长。目前我国是世界第一大氢气生产国，已连续 7 年居世界第一位，主要受价格因素影响，其中超过 95%的氢气来源于化石能源[23]。

从各种排放气中回收氢气不仅可以获得工业生产所需的氢气，从而降低生产成本增加经济效益，还可以减轻尾气排放或尾气直接燃烧所引起的环境污染。表 2-2 为常见的工业副产氢气与其中氢气含量。全球每年排出的工业副产氢气超过 2 000 万吨，可见工业副产氢气的数量是相当可观的。一方面石油化工、合成氨等众多行业需要大量的氢气作为生产原料，另一方面这些行业在生产过程中又产生了大量的含氢废气，而这些废气以往都作为燃料或直接火炬燃烧，造成氢气资源的浪费。近年来，随着氢气利用程度的不断扩大，氢气的需求日益增大，所有这些因素都激励着人们开发从炼厂含氢排放气、高炉煤气以及其他具有类似组成的工业排放气体中回收氢气的工艺。

表 2-2　常见的工业副产氢气与其中氢气含量

副产氢气源	杂质种类	氢气含量/%
天然气或石脑油的水蒸气转化气	CO_2、CO、CH_4、N_2	75～80
高炉煤气	CH_4、CO、CO_2、N_2	～60
合成氨尾气	CH_4、NH_3、Ar、N_2	70～78
煤水蒸气转化气	CH_4、CO、CO_2、H_2S	<40
炼油厂含氢尾气	$C_{1\sim4}$	65～90
天然气重整气	CO_2、CH_4、CO、N_2	～75
氯碱工业副产氢气	N_2，Cl_2，HCl	>99

国际能源署根据氢气的不同来源和制备方式，将氢气分为灰氢、蓝氢和绿氢，它们的主要区别在于制氢过程中的碳排放情况。

灰氢是通过燃烧化石燃料(如石油、天然气、煤炭等)产生的氢气,这会导致大量二氧化碳等污染物排放。灰氢的生产成本较低,技术较为简单,在全球氢气产量中占据最大份额,但碳排放量也最高。欧盟定义碳排放超过 10.1 kg CO_2/kg H_2 的氢气,一律当成灰氢使用,包括化石能源发电(火电)再电解水制氢得到的氢气。

蓝氢则是通过将天然气转化为氢气,使用碳捕集、利用与封存(CCUS)等先进技术来捕获并降低温室气体的排放。简而言之,蓝氢是在灰氢的基础上,应用 CCUS 技术,实现低碳制氢。大部分工业副产氢,包括部分炼焦厂的焦炉煤气所得到的氢气,也可归类为蓝氢。欧盟将这部分氢气的碳排放量定义为 3.4～10.1 kg CO_2/kg H_2 范围的氢气。

绿氢是利用再生能源(如太阳能、风能、核能及生物质等)制造的氢气,包括通过可再生能源发电离网直接电解水制的氢气。在生产过程中,绿氢基本没有碳排放,欧盟、日本将其定义为碳排放低于 3.4 kg CO_2/kg H_2 的氢气,美国能源部则定义碳排放低于 4.0 kg CO_2/kg H_2 的氢气为绿氢。绿氢包括部分(氯碱工业和环烃脱氢制烯烃等)工业副产氢气,因此称为“零碳氢气”。因此,灰色、蓝色和绿色代表着制氢过程的清洁程度,灰色的制备过程碳排放最多、最不清洁,而绿色的制备过程碳排放最少、最清洁。

此外,还有通过核电制取的粉氢,以及地球内部直接开采出来的白氢等。

2.4.1　电解制氢技术

电解水制氢是在直流电的作用下,通过电化学过程将水分子解离为氢气与氧气,分别在阴阳两极析出。根据隔膜不同,可分为碱水电解、质子交换膜(PEM)水电解、固体氧化物(SOEC)水电解等三种技术。

电解水技术来自航天科技,最早是为了生产航空燃料,因为航空基地很偏远,需要氢气,又不能从远处运输过去,因为保密需要也不能在当地建化工厂,所以需要就地解决氢气的来源。

工业化的水电解技术的工业应用始于 19 世纪 20 年代,当时最早实现碱性液体电解槽电解水技术,并实现工业规模的产氢,应用于氨生产和石油精炼等工业需求。19 世纪 70 年代之后,能源短缺、环境污染以及太空探索方面的需求带动了质子交换膜电解水技术的发展。同时特殊领域发展所需的高压紧凑型碱性电解水技术也得到了相应的发展。目前可实际应用的电解水制氢技术主要有碱性液体水电解与固体聚合物(SPE)水电解两类技术。固体氧化物(SOEC)水电解技术还在实验室开发研究阶段,但其制氢能量利用效率高等特点,已引起广泛的重视(见图 2-3)[24]。

2.4.1.1 水电解制氢原理

水电解制氢,顾名思义是通过电解水来制氢。水电解制氢(water electrolysis for hydrogen production)是一种较为方便的制取氢气的方法。在充满电解液的电解槽中通入直流电,水分子在电极上发生电化学反应,分解成氢气和氧气。水元素的生成必须有电力,但是根据用什么制造电力的不同,环境性、经济性、稳定性会有差异(见图 2-7 和图 2-8)。

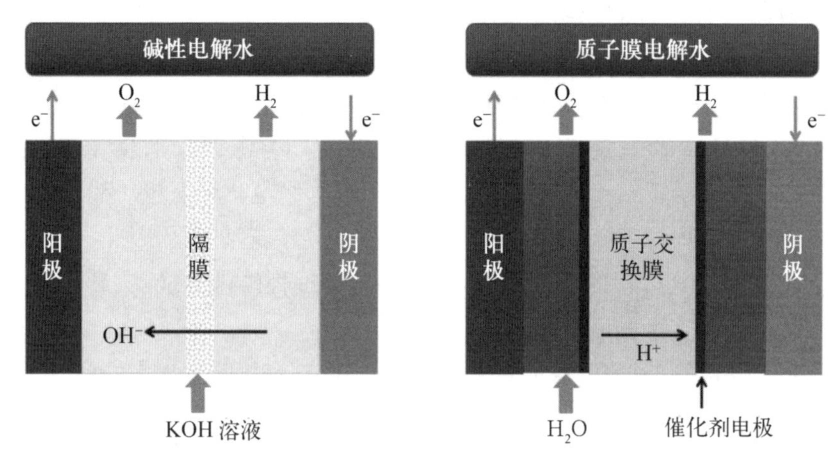

图 2-7 水电解制氢原理

燃烧焓: $H_2+\frac{1}{2}O_2=H_2O(l) \quad \Delta_f H_f=-285.85\ \mathrm{kJ/mol}$

吉布斯自由能: $H_2+\frac{1}{2}O_2=H_2O(l) \quad \Delta_f G_f=-237.13\ \mathrm{kJ/mol}$

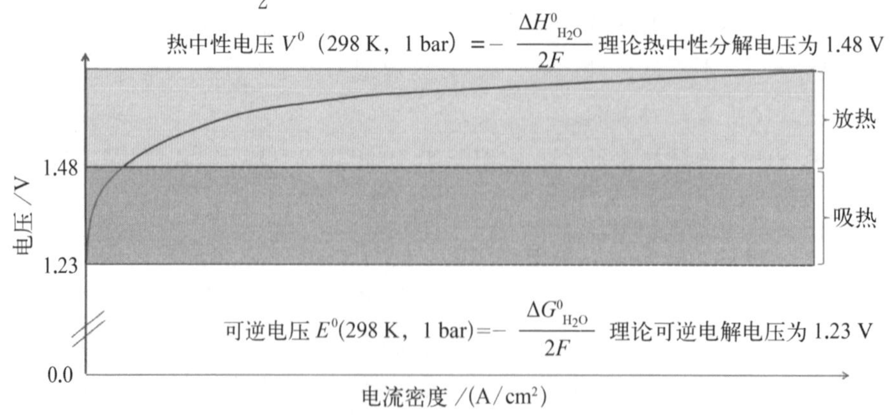

图 2-8 水电解制氢的一般极化曲线

用碱性电解水技术时，由于纯水的电离度很小，导电能力低，需要加入碱性电解质，以增加溶液的导电能力，使水能够顺利地电解成为氢气和氧气。

而质子膜电解水制氢可以使用纯水电解。通过直接电解纯水产生高纯氢气，电解池只电解纯水即可产氢。通电后，电解池阴极产氢气，阳极产氧气，氢气进入氢水分离器，氧气排入大气，氢水分离器将氢气和水分离。氢气进入干燥器除湿后，经稳压阀、调节阀调整到额定压力(0.02～0.45 MPa 可调)由出口输出[25-26]。

电解水制氢热力学平衡计算原理如表 2-3 和图 2-8 所示。

表 2-3　按能级基准定义的高位焓(HHV)和低位焓(LHV)

基准	定　　义	在标准状态下 ΔH	热中性电解电压/V	生产单位体积氢气理论能耗/(kWh/Nm^3)	ΔG	理论电压/V
HHV	生成液态水的燃烧焓为高位热值	285.85	1.48	3.54	237.13	1.23
LHV	生成水蒸气的燃烧焓为低位热值	241.82	1.25	2.94	228.57	1.18

注：能量利用效率 η，其定义为生成 H_2 产物可释放的化学能(以燃烧焓 ΔH 进行计算)与实际消耗电能之比，计算能量利用效率应指出是低位热值效率(η_{LHV}，对应生成气态 H_2O)，还是高位热值效率(η_{HHV}，对应生成液态 H_2O)，$\eta_{thermal}$ 为能量利用效率，η_{loss} 为能量损耗，E^0_{rev} 为理论电解电压。

$$\eta_{thermal}=\frac{\Delta H^0 H_2O}{\Delta G^0_{H_2O}+zF\eta_{loss}}=\frac{V^0_{tn}}{E^0_{rev}+\eta_{loss}}=\frac{1.48\ V}{U_{cell}}$$

2.4.1.2　碱性液体电解槽水电解制氢

碱性液体水电解技术是以 KOH、NaOH 水溶液为电解质，如采用石棉布等作为隔膜，在直流电的作用下，将水电解生成氢气和氧气。

阴极 HER：　$4H_2O+4e^-\longrightarrow 2H_2+4OH^-$；$E^0=-0.829\ V$　(2-17)

阳极 OER：$4OH^-\longrightarrow O_2+2H_2O+4e^-$；$E^0=0.401\ V$　(2-18)

总反应：　$2H_2O\longrightarrow 2H_2+O_2$；$E^0=1.23\ V$　(2-19)

产出的气体需要进行脱碱雾处理。碱性液体水电解于 20 世纪中期就实现了工业化。该技术较成熟，运行寿命可达 15 年。碱性电解槽以含液态电解质和多孔隔板为结构特征[27]，如图 2-9 所示。

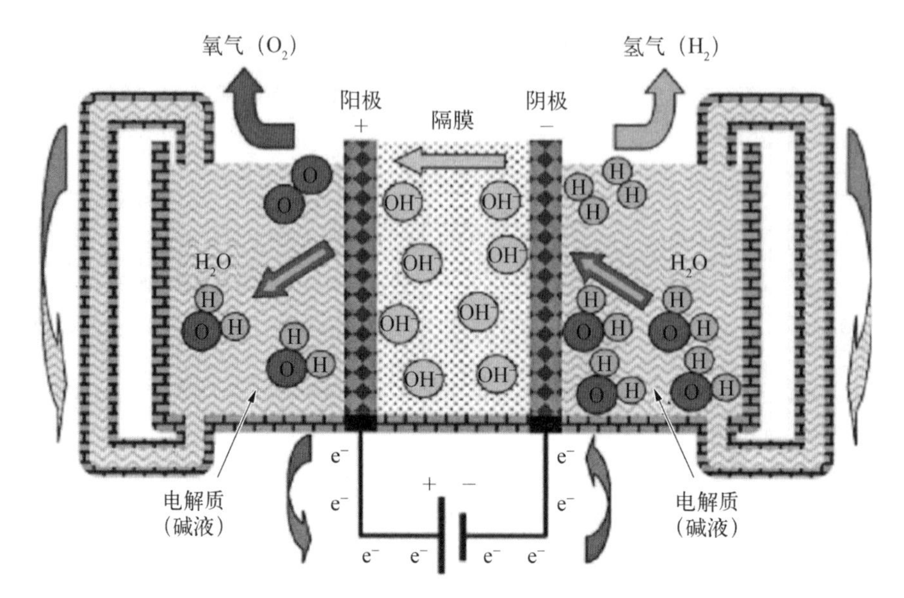

图 2－9　碱性液体水电解原理示意图

(资料来源：国家电投集团氢能科技有限公司官网)

碱式电解槽的发展可上溯至 20 世纪 20 年代，主要是为了满足工业用氢的需求。1927 年，世界第一台大型压滤式碱式电解槽装置在挪威的诺托登(Notodden)安装，由海德鲁公司(Norsk Hydro)制造，当时的产氢量规模是 10 000 m^3/h，生产的纯氢用于化肥生产试验，这是 NEL Hydrogen 的前身。这一技术到 1965 年产量规模已发展到 90 000 m^3/h(见图 2－10)。

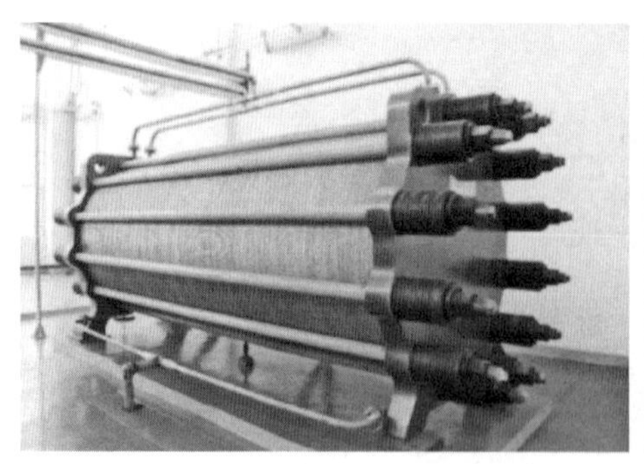

图 2－10　碱液电解槽及系统

(资料来源：国家电投集团氢能科技有限公司官网)

1939 年，世界第一台大型箱式电解槽在加拿大安装，产量规模为 17 000 m^3/h；1945 年后，世界上已经有近 10 家电解水企业。1958 年印度又安装了

26 000 m^3/h 压滤式电解槽生产装置；1960 年和 1977 年埃及分别安装了 41 000 m^3/h 和 21 600 m^3/h 压滤式电解槽生产装置。

1960 年以前，电解槽着重在安全、可靠性和操作维护方面进行改进。碱性电解槽发展主要经历了从常压到加压，从石棉隔膜到非石棉隔膜电解槽，从小规模到大规模，目前加压非石棉隔膜的兆瓦级产品成为碱性电解槽的主流。

通常，碱性液体电解质电解槽的工作电流密度约为 0.25 A/cm^2，能源效率为 60%左右。在液体电解质体系中，所用的碱性电解液（如 KOH）会与空气中的二氧化碳反应，形成在碱性条件下不溶的碳酸盐，如 K_2CO_3。这些不溶性的碳酸盐会阻塞多孔的催化层，阻碍产物和反应物的传递，大大降低电解槽的性能。此处，碱性液体电解质电解槽难以快速地关闭或启动，制氢的速度也难以快速调节，因为必须时刻保持电解池的阳极和阴极两侧上的压力均衡，防止氢氧气体穿过多孔的石棉膜混合，进而引起爆炸。如此，碱性液体电解质电解槽就难以与具有快速波动特性的可再生能源配合（见图 2-11）[25]。

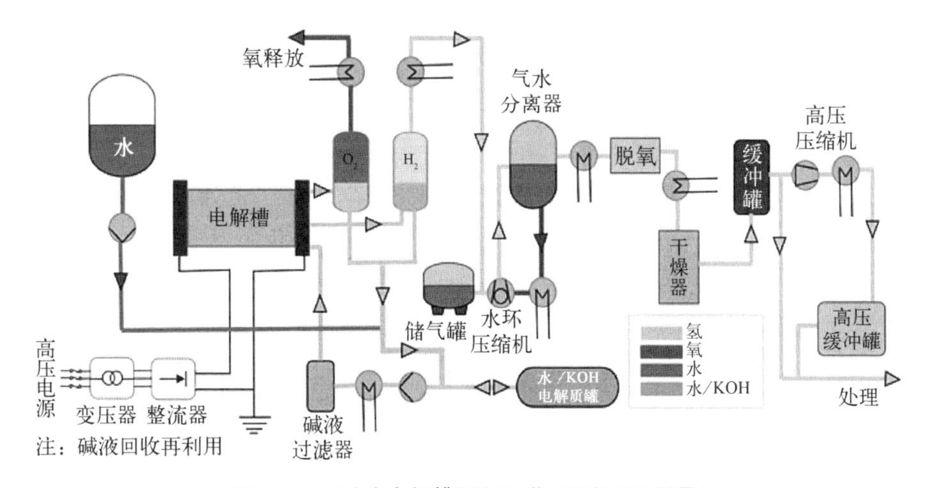

图 2-11　碱式电解槽制氢工艺图（彩图见附录）

（资料来源：国家电投集团氢能科技有限公司官网）

2.4.1.3　聚合物质子交换膜（PEM）水电解制氢

由于碱性液体电解质电解槽仍存在诸多问题需要改进，促使固体聚合物电解质（SPE）水电解技术快速发展。首先实际应用的 SPE 为质子交换膜（PEM），因而也称为 PEM 电解。以质子交换膜替代石棉膜传导质子,并隔绝电极两侧的气体,这就避免了碱性液体电解质电解槽使用强碱性液体电解质所带来的缺点。同时,PEM 水电解池采用零间隙结构,电解池体积更为紧凑精简,降低了电解池的欧姆电阻,大幅提高了电解池的整体性能。PEM 电解槽的运行电流密度通常高于 2.0 A/cm^2,至少是碱水电解槽的 4 倍以上,具有效率高、气体纯度高、绿色环保、能耗低、无碱液、体积小、安全可靠、可实现更高的产气压力等优点,被公认为是制氢领域极具发展前景的电解制氢技术之一[28]。

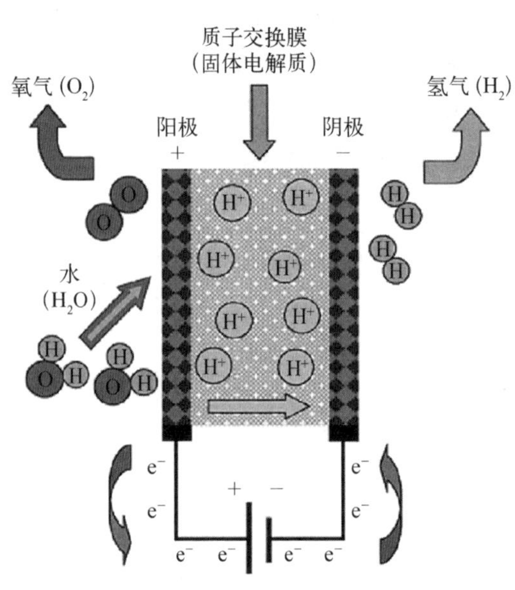

图 2-12　质子交换膜水电解制氢原理

(资料来源:国家电投集团氢能科技有限公司官网)

典型的 PEM 水电解池主要部件包括阴阳极端板、阴阳极气体扩散层、阴阳极催化层和质子交换膜等。其中,端板起固定电解池组件,引导电的传递与水气分配等作用;扩散层起集流、促进气液的传递等作用;催化层的核心是由催化剂、电子传导介质、质子传导介质构成的三相界面,是电化学反应发生的核心场所;质子交换膜作为固体电解质,一般使用全氟磺酸膜,起到隔绝阴阳极生成气,阻止电子的传递,同时传递质子的作用。质子交换膜水电解制氢原理如图 2-12 所示。

目前,常用的质子交换膜被美日等国垄断,主要产品有 Nafion® (美国杜邦 DuPont)、Dow membrane(美国道氏化学 Dow Chemical)、Flemion® (日本旭硝子 Asahi Glass)、Aciplex® - S(日本旭化成 Asahi Chemical Industry)与 Neosepta - F® (日本德山化学 Tokuyama)等。与碱性水电解相比,PEM 水电解系统无须脱碱,压力调控裕度更大。在商业化初期 PEM 的成本主要集中在 PEM 电解池本身。在 PEM 水电解池中,由扩散层、催化层与质子交换膜组成的膜电极是水电解反应发生的场所,是电解池的核心部件。提高运行的电流密度,可以降低电解的设备投资。而且,宽范围的运行电流密度更有利于配合可再生能源的波动性[29]。

理想的 PEM 电解水催化剂应具备高电子传导率、小气泡效应、高比表面积与孔隙率、长期机械与电化学稳定性、无毒等条件。满足以上条件的催化剂主要是铱、钌等贵金属或其氧化物，以及以它们为基的二元、三元合金或混合氧化物。铱、钌的价格昂贵且资源稀缺，因而迫切需要减少其用量，或用非贵金属取代含铂族金属（PGMs）催化剂。虽然目前PGMs在系统层面上的成本占比不足10%，但在能源转型的框架下电解制氢技术的大规模部署终将需要使用成本更低的材料。在PEM燃料电池技术的快速发展下，产生了具有优异活性的碳载铂纳米颗粒，其可直接用于PEM水电解电池的阴极。近年来，在对过渡金属（如镍、钴、铁和锰）的氢氧化物作为析氧反应电催化剂的研究中发现，钴基催化剂具有高活性和相对低廉的价格，是一种很有前景的替代品。

由于极化的存在，电解池的实际电解电压超过了热力学计算所获得的理论电解电压 E_{rev}。电解池的极化包括活化极化、欧姆极化与浓差极化。PEM水电解电极反应中阳极析氧反应极化远高于阴极析氢反应的极化，是影响电解效率的重要因素。电化学极化主要与电催化剂的活性相关，选择高活性的催化剂、改善电极反应的三相界面有利于降低电化学极化。且电解水反应析氢/析氧，特别是析出的原子氧具有强氧化性，对阳极侧的催化剂载体与电解池材料的抗氧化与耐腐蚀要求较高。

理想的析氧电催化剂应具有高的比表面积与孔隙率、高的电子传导率、良好的电催化性能、长期的机械与电化学稳定性、小的气泡效应、高选择性、便宜可用与无毒性等特性。满足上述条件的析氧催化剂主要是铱、钌等贵金属或其氧化物及以它们为基的二元、三元合金或混合氧化物。因为铱、钌的价格昂贵且资源稀缺，而目前的PEM电解槽的铱用量往往超过 $1\ mg/cm^2$，迫切需要减少 IrO_2 在PEM水电解池中的用量[30]。商业化的铂基催化剂可直接用于PEM水电解阴极的析氢反应，现阶段PEM水电解阴极的铂载量为 $0.4\sim0.6\ mg/cm^2$。

PEM水电解的欧姆极化主要来源为电极、膜和集流体的欧姆电阻，膜电阻是欧姆极化损失的主要来源，膜电阻随着膜厚度的增加而增加。为降低膜电阻，可选择较薄的膜以减少欧姆极化，同时需综合考虑气体的渗透与膜的降解因素，且生成气体在膜内的渗透随着电解时间与温度的增加而增加，并且反比于膜的厚度。选用导电性能优良的材料来制备电极和集流体，提高催化层和膜内的质子传导率与降低各组件的接触电阻、减小催化层的厚度有利于降低欧姆极化。而浓差极化与水的供给及产出气体的排出直接相关，受扩散层亲水、憎水特性以及流场设计的影响。PEM水电解的扩散层多采用钛基材料并进行耐腐蚀表面处理，以抵抗析氢、析氧条件下的腐蚀问题，扩散层材料本身既涉及欧姆极化，扩散层结构又与扩散极化相关,需要综合考虑。钛基材本身的成本与表面处理材料的成本在 PEM 电堆中占比较高。由于催化剂与电解池材料的成本较高,现阶段 PEM 水电解技术价格高于传统的碱水电解技术,主要途径是提高电解池的效率,即提高催化剂、膜材料与扩散层材料的技术水平。

因为 PEM 电解槽更能适应可再生能源的波动性,所以,国际市场上更多的目光都投向了这个方向。2017 年,挪威 Nel 收购美国 Proton OnSite 获取领先的 PEM 电解技术,成为世界上最大的电解槽公司;康明斯完成收购 Hydrogenics 水吉能;2019 年阳光电源与中国科学院大连化学物理研究所签订制氢产业化战略合作协议,开始大功率 PEM 电解制氢技术的产业化研究;山东赛克赛斯氢能源有限公司是国内首家从事 PEM 纯水电解制氢装备产业化的企业,自 20 世纪 80 年代,国内最早研究 PEM 电解槽,至今已有 30 多年历史。2020 年 10 月,国家电投集团下属的国氢科技和吉电股份联合成立了长春绿动氢能技术有限公司,联合开发 PEM 电解槽的关键材料和关键核心装备制造技术,于 2022 年率先突破兆瓦级 PEM 电解槽的开发,该项目成功入选中华人民共和国工业和信息部 2023 年首台套特重大装备制造技术,是国内 PEM 电解槽的龙头企业之一(见图 2-13)。

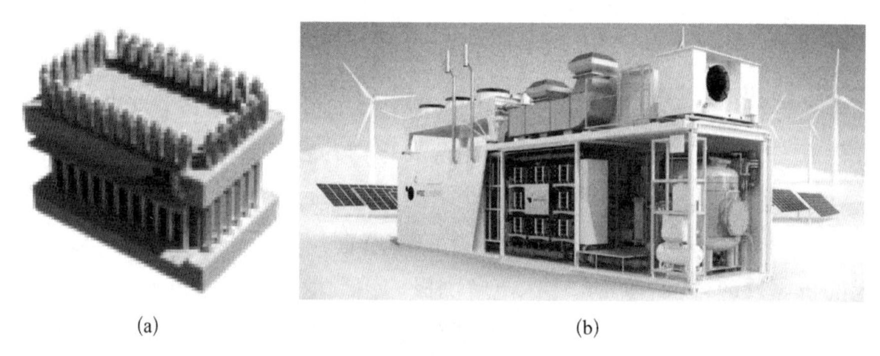

(a) (b)

图 2-13 PEM 电解水制氢电解槽(a)和装置系统(b)

(资料来源:国家电投集团氢能科技有限公司官网)

目前,PEM 水电解制氢已步入商业化阶段,但制约技术大规模发展的瓶颈在于膜电极选用被少数厂家垄断的质子交换膜,阴、阳极催化剂材料需采用铂、铱等贵金属,且电解能耗仍然偏高。

2.4.1.4 聚合物阴离子交换膜电解水制氢

阴离子交换膜(anion exchange membrane, AEM)电解水技术是另一种通过电化学反应将水分解成氢气和氧气的方法。AEM电解水制氢系统的原理主要基于利用阴离子交换膜在阳极和阴极之间形成化学反应，将水分解为氢气和氧气。这一过程涉及多个步骤，包括水分子在阳极被氧化，释放出电子和质子；这些质子通过AEM传递到阴极，与电子结合生成氢气，同时释放出氧气。这一过程不仅高效且环保，还大大提高了制氢效率，降低了能源消耗。相较于传统的电解水制氢方法，AEM电解水制氢系统具有明显的技术优势。

AEM电解水技术将传统碱性液体电解质水电解与PEM水电解的优点结合起来。AEM水电解中的隔膜材料为可传导OH^-的固体聚合物阴离子交换膜，催化剂可采用与传统碱性液体水电解相近的镍、钴、铁等非贵金属催化剂，相比PEM水电解采用贵金属铱、铂，催化剂成本将大幅降低，且对电解池双极板材料的腐蚀要求也远低于对PEM水电解的要求。

AEM电解水的基本原理如图2-14所示。

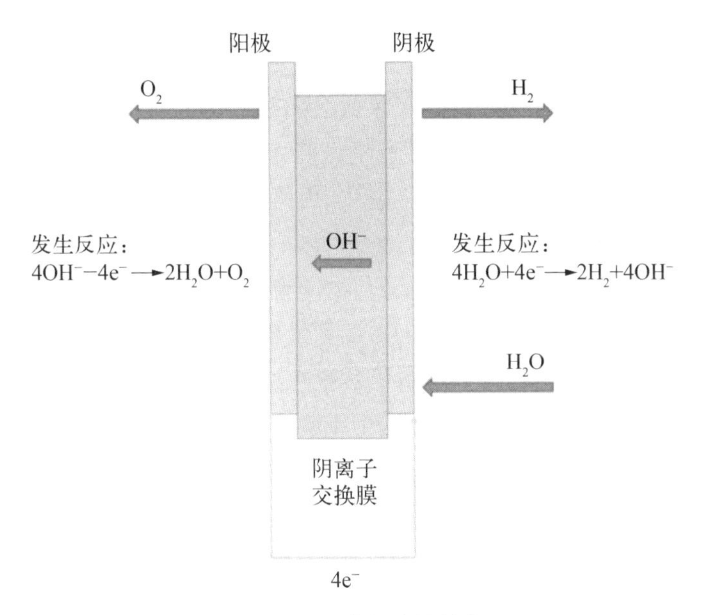

图2-14　AEM电解水的基本原理

（资料来源：国家电投集团氢能科技有限公司官网）

（1）在电解槽的阳极和阴极两端外加直流电压。

（2）水由阳极穿过AEM渗透到阴极。

（3）在阴极催化剂的作用下，水分子接收电子发生析氢反应（HER）产生氢气，氢气通过气体扩散层（GDL）释放出来。

（4）析氢反应产生的氢氧根离子（OH^-）穿过 AEM 回到阳极。

（5）OH^-在阳极催化剂的作用下发生析氧反应（OER）产生氧气，氧气通过气体扩散层与电解液一起流动释放出来。

AEM 电解水技术结合了碱性电解水（ALK）技术和质子交换膜（PEM）电解水技术的优点，相比于碱性电解水技术，AEM 技术具有更快的响应速度和更高的电流密度；而相比于 PEM 电解水技术，AEM 技术的制造成本更低。这一过程不仅实现了氢气的高效生产，同时产生的氧气可以继续利用或释放到大气中，没有任何污染环境的成分产生。因 AEM 制氢技术具有更高的导电性和耐用性，大大提高了电解效率，并具有较低的运行成本和较高的能源转换效率。

AEM 的关键原材料有阴离子交换膜、阴极材料和阳极材料等。

阴离子交换膜是 AEM 电解池中最重要的部分，直接决定着 AEM 电解设备的工作效率和运行寿命。阴离子交换膜的作用是将氢氧根离子从阴极传导至阳极。因此，构成阴离子交换膜的材料需要具备较高的阴离子传导性和极低的电子传导性。

由于在 AEM 电解设备中，局部区域会出现高碱性，在理想条件下，阴离子交换膜需要具备优秀的化学稳定性和机械稳定性。与此同时，为了隔绝阴极和阳极，防止氢气和氧气相互接触产生爆炸，阴离子交换膜必须具备极低的气体渗透性。

目前的阴离子交换膜通常选用聚合物作为其主要基础材料。由于 AEM 电解水技术还处于研发阶段，现阶段仍未找到最合适的材料，在研发中使用较多的为含芳香族结构的聚合物，这些材料仍然存在许多问题。

（1）含芳香族结构的聚合物在碱性环境中长期运行时，尤其是在加入了稀 KOH 溶液作为辅助电解质的情况下，会慢慢降解，影响 AEM 电解水设备的稳定性和系统寿命。

（2）由于氢氧根离子在阴离子交换膜中的传导性比质子交换膜中的传导性低得多，为了保持 AEM 电解池的工作效率，研发机构倾向于制作更薄的阴离子交换膜，以减少氢氧根离子传导时受到的阻力，但这也会降低阴离子交换膜的机械稳定性，使它容易出现空洞。

阴极材料和阳极材料的主要作用是催化水的分解反应，并将产生的氢气与氧气及时输出。因此，阴极和阳极材料必须具备较强的催化活性和多孔性。为了保障电极反应的顺利进行，阴极和阳极材料必须具备较高的阴离子传导性和电子传导性。

现阶段使用最多的阴极材料主要是镍，阳极材料主要是镍铁合金。铁和镍不但对水的分解有较强的催化活性，而且来源广、成本低。由于 AEM 不需要在高腐蚀性的环境下运行，因此阴阳极材料中不需要加入钌元素等贵金属催化剂和钛。这大大降低了 AEM 设备的制造成本。

目前该技术尚处于研发完善阶段，开发的阴离子交换膜仍然无法兼顾工作效率和设备寿命。因此，有关 AEM 的研究主要聚焦于开发合适高效的聚合物阴离子交换膜。其次，在实验室研发阶段，电极材料中仍然会加入少量的贵金属。因此，开发低成本且高效的非贵金属催化剂也是 AEM 研究的重点之一。现阶段的研发集中于碱性固体聚合物阴离子交换膜与高活性非贵金属催化剂。当关键材料获得突破之后，工业规模的放大则可沿用 PEM 水电解与液体碱水电解的成熟技术。国外已有企业研制出 AEM 电解槽制氢相关设备，如意大利 Acta SpA 公司、德国 Enapter 公司。主要的研发机构有美国国家可再生能源实验室(NREL)、Proton Onsite 公司、美国东北大学、宾夕法尼亚州立大学；意大利 Acta SpA 公司，德国 Enapter 公司，英国萨里大学，中国科学院厦门物质结构研究所、武汉大学等。

2.4.1.5　固体氧化物水电解制氢

固体氧化物水电解技术(SOEC)采用固体氧化物作为电解质材料，它可在 400～1 000℃的高温下工作。按照水电解公式 $\Delta G=\Delta H-T\Delta S$，当自由能 ΔG 小于 0 时电解开始，温度越高 ΔG 越小耗能越低。因而可利用热量补充电氢转换的电能消耗，电能的转换效率可接近 100%。此外，SOEC 电解不需要贵金属催化剂也是其优点之一。

通常 SOEC 操作温度在 500℃以上，高温条件有利于提高化学反应速率，因而可使用相对便宜的镍电极；同时，部分电能可通过热能提供，因而表观效率可高于 100%[31]。SOEC 目前仍处于发展阶段，但研究在过去 10 年中呈指数型增长，世界各地的公司、研究中心和大学都对这一领域表现出了兴趣，例如德国的欧洲能源研究所、丹麦的 Risø 国家实验室、意大利陶瓷科学技术研究所、德国 Sunfire 公司、美国 Idaho 国家实验室等，主要研究活动是寻找新的电解质(如氧和质子导体，甚至具有混合离子/电子电导率的电解质)和电极材料，探索电解液薄膜和电极层的新技术。

日本的三菱重工、东芝、京瓷等公司的研究团队对 SOEC 的电极、电解质、连接体等材料和部件等方面开展了研究(见图 2-15)。美国 Idaho 国家实验室、

Bloom Energy、丹麦托普索燃料电池公司、韩国能源研究所以及欧盟 Relhy 高温电解技术发展项目，也对 SOEC 技术开展了研究，研究方向也由电解池材料研究逐渐转向电解池堆和系统集成[32]。美国 Idaho 国家实验室的项目 SOEC 电堆功率达到 15 kW，采用二氧化碳和水共电解制备合成气。美国 Idaho 国家实验室与 Ceramatec 公司合作，实现了运行温度在 650～800℃范围内产物一氧化碳和氢气的定量调控[33]；他们还将电解产物直接通入 300℃含镍催化剂的甲烷化反应器，获得了体积分数为 40%～50%的甲烷燃料[34]，证实了二氧化碳/水共电解制备烃类燃料的可行性。

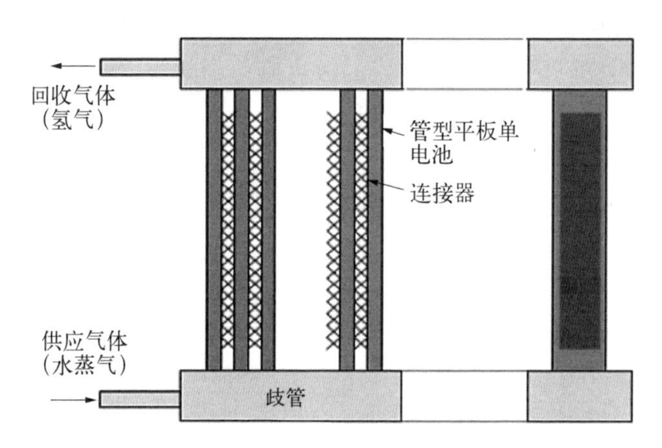

图 2-15　东芝管式平板 SOEC 制氢装置示意图

（资料来源：国家电投集团氢能科技有限公司内部资料）

德国 Sunfire 公司在 2017 年推出初期产品，在加氢站进行示范。国内的中国科学院大连化学物理研究所、清华大学、中国科学技术大学在固体氧化物燃料电池研究的基础上，开展了 SOEC 的探索。SOEC 对材料要求比较苛刻。在电解的高温高湿条件下，常用的 Ni/YSZ 氢电极中镍容易被氧化而失去活性，其性能衰减机理和微观结构调控还需要进一步研究。常规材料的氧电极在电解模式下存在严重的阳极极化和易发生脱层，氧电极电压损失也远高于氢电极和电解质的损失，因此需要开发新材料和新的氧电极以降低极化损失。其次，在电堆集成方面，需要解决在 SOEC 高温高湿条件下玻璃或玻璃-陶瓷密封材料的寿命显著降低的问题。若在这些问题上有重大突破，则 SOEC 有望成为未来高效制氢的重要途径。促进碳排放量将减少约 6×10^{9} t，为限制全球变暖的 2℃目标贡献 20%的力量。据国际氢能理事会预计，到 2050 年，氢的年需求量可能增加到当今 10 倍，供能达到约 8×10^{19} J。

氢储能技术可以实现季节性的储能。现有的工业化碱液电解技术在解决近期可再生能源的消纳中便于快速应用,PEM水电解技术替代碱液水电解技术是发展趋势。世界上发达国家先进的PEM电解水制氢产品正在向适应储能的规模化发展,逐渐替代碱液水电解,并呈现在全球可再生能源领域扩张的趋势。

2016年以来,国家发展和改革委员会与能源局相继发文,支持可再生能源制氢的发展,值此契机,我们应当加大对PEM水电解制氢技术的商业化示范,并结合商业化推广降低水电解制氢成本,促进水电解制氢与可再生能源的结合。预计未来5～10年质子交换膜水电解制氢产品将逐步进入产业化制氢市场,用于储能与工业加氢领域。在技术上,则需针对SOEC的关键材料与部件、电解池测试装置和测试方法等方面开展研究,建议鼓励基础研究与应用研究,逐步解决高温SOEC水电解技术的材料与电堆结构设计问题,逐步实现高效SOEC制氢储能的示范应用。基于可再生能源大规模消纳的电解水制氢技术有望成为电网和制氢、用氢行业的共同选择。

2.4.2　蓝氢生产及二氧化碳捕集技术

作为能源,氢能具有零污染、零碳、无次生污染等特征,是公认的清洁能源,被誉为21世纪最具发展前景的二次能源,有着极具竞争力的优势。目前,氢能依据制氢工艺所产生的碳排放程度,从高到低又可以分为灰氢、蓝氢和绿氢。

根据生产来源划分,可将氢能源划分成"灰氢""蓝氢"和"绿氢"三类。"灰氢"指的是通过化石燃料石油、天然气和煤制取氢气,制氢成本较低但碳排放量大;"蓝氢"指的是利用化石燃料制氢,同时配合碳捕捉和碳封存技术,碳排放强度相对较低但捕集成本较高;"绿氢"指的是采用风电、水电、太阳能、核电等可再生能源电解制氢,制氢过程完全没有碳排放,但成本较高。下面分5节介绍天然气制氢技术和碳捕集利用和封存技术的原理和发展现状。

2.4.2.1　天然气的水蒸气重整

天然气的水蒸气重整,有时称为水蒸气甲烷重整(steam methane reforming, SMR),是工业中大量生产氢气的最常用方法,大约占世界氢气生产总量(1998年为5 000亿立方米[35])的75%[36-37]。在工业中,氢气被用于合成氨和其他化学品[38]。在高温(700～1 100℃)和金属基(镍)催化剂催化的条件下,水蒸气与甲烷反应产生一氧化碳和氢气。在常用的铁钴镍催化剂中,镍基催化剂活性最高,钴基次之,铁基催化剂最差。由于贵金属及钴等成本高,工业上主流催化剂是镍基催化剂。水蒸气与甲烷反应式如下：

$$CH_4 + H_2O \rightleftharpoons CO + 3H_2 \quad (\Delta H = 206\ \text{kJ/mol}) \tag{2-20}$$

催化剂需要具有比较高的比表面积和耐热性，因为在高的工作温度下反应气体的扩散是限制速率的因素。常见的催化剂载体形状包括有辐条的车轮、齿轮，有孔的环等。除了表面积较大外，这些形状设计所带来的压降也较小，这在反应炉环境中是有利的[39]。

在相对较低温度下（采用铜或铁催化剂），一氧化碳和水蒸气会发生"水煤气变换"(water-gas shift)反应，以得到更多的氢气，同时控制毒性较高的可燃气体一氧化碳的排放：

$$CO + H_2O \rightleftharpoons CO_2 + H_2 \quad (\Delta H = -41\ \text{kJ/mol}) \tag{2-21}$$

第一个反应（式 2-20）是强吸热反应（$\Delta H = 206$ kJ/mol），而第二个反应（式 2-21）却是轻度放热的（$\Delta H = -41$ kJ/mol），因而从能量利用率和制氢效率两方面，将制氢工艺直接推进到第二个反应直至完全结束是有利的。但许多甲醇或合成气的生产工艺，即费托合成反应（Fischer-Tropsch process），用一氧化碳作为原料与氢气反应合成甲醇等，一般只到第一个反应为止。

从过程的机理来说，甲烷在镍基催化剂催化下裂解，形成碳化镍，碳化镍不太稳定，可以继续与高温水蒸气反应，生成合成气。在此过程中，水与甲烷的进料比例（水碳比）非常重要。如果水碳比过小，碳化镍的碳就会析出，形成碳丝。形成的碳丝不但会导致催化剂的活性位被覆盖失活，而且会逐渐占据催化剂颗粒间的孔道，使床层空隙率变小，气速变大，压降急剧上涨，对原料气体压缩机的安全工作产生威胁。也可以在催化剂存在条件下，通入一定量的空气与天然气发生催化氧化反应，生成合成气，再制备氢气。它是一类强放热过程，能耗低。但在高温下氧气参与的反应、产物选择性控制及热量管理分别是催化剂难题及工程难题。可作为催化剂除碳再生过程交替使用。

天然气制氢的工艺流程通常包括以下几个步骤：

(1) 预处理。天然气经过减压阀调节至一定压力，然后通过天然气分离器缓冲，并由压缩机压缩到一定压力，如 2.7 MPa。如果是城市管道天然气等，常常需要脱硫处理。天然气脱硫技术分为物理吸收法、化学吸收法和氧化法三种。物理吸收法是采用有机溶剂作为吸收剂，加压吸收 H_2S，再经减压将吸收的 H_2S 释放出来，吸收剂循环使用，该法以环丁砜法为代表；化学吸收法是以弱碱性溶剂为吸收剂，吸收过程伴随化学反应过程，吸收 H_2S 后的吸收剂经增温、减压后得以再生，热砷碱法即属化学吸附法；氧化法是以碱性溶液为吸收剂，并加入载氧体作为催化剂，吸收 H_2S，并将其氧化成单质硫，氧化法以改良蒽醌二磺酸(ADA)法和栲胶法为代表。

(2) 蒸汽转化。预处理后的天然气进入蒸汽转化炉，在催化剂的作用下，与工业蒸汽按一定比例混合，进行蒸汽转化反应，生成一氧化碳和氢气。

(3) 变换反应。转化气中的一氧化碳和水继续反应，生成二氧化碳和氢气。

(4) 提纯和分离。变换气经过换热、冷凝、汽水分离后，通过程序控制将气体依次通过装有特定吸附剂的吸附塔，利用变压吸附(PSA)技术升压吸附氮气、二氧化碳、甲烷和一氧化碳，纯化产品氢气，一段吸附法氢气纯度一般可达到99.9%，再经二段吸附法继续提纯至99.999%以上。

蒸汽重整制氢从1926年开始应用至今，是目前技术较为成熟、工业应用最广的天然气制氢方法。甲烷的转化率可达85%，是天然气重整制氢方法中转化率最高的。其缺点是耗能高，生产成本高，设备昂贵，制氢过程中产生大量一氧化碳，需要先经过变换反应，然后脱除二氧化碳等多个后续步骤才能得到高纯度的氢气。

我国年生产3 200万吨的氢，大约1/3是通过天然气的蒸汽重整，60%通过煤的水煤气化获得。而全世界2014年氨产量为1.44亿吨，其使用的氢大约70%来自天然气蒸汽重整。

这个蒸汽重整过程与炼油厂中石脑油的催化重整是相当不同的，不可混淆，后者也会生成大量的氢，但同时还有高辛烷值的汽油[40]。

2.4.2.2　二氧化碳捕集和封存技术

生物质热分解制氢以及煤炭、天然气等有机化合物蒸汽重整制氢，是目前工业制氢的主要方法之一。但其生产过程中会产生大量的二氧化碳，这些氢气被国际氢能协会归类为灰氢。如果将生产过程中产生的二氧化碳通过碳捕集的方法回收后生产的氢气归类为蓝氢。

二氧化碳捕获和封存(carbon capture and storage，CCS)技术，是指把二氧化碳从工业或能源释放源端分离出来，输送到一个封存地点，并长期与大气隔绝的过程。为应对日益严峻的全球气候变化形势，《巴黎协定》提出将全球平均气温较前工业化时期的上升幅度控制在2℃以内，并努力限制在1.5℃以内。国际能源署(IEA)在《能源技术展望报告2017》中指出，要在21世纪末实现升温幅度控制在2℃的气候目标，CCS技术需贡献14%的二氧化碳减排量，如果考虑更低的升温幅度，2060年能源行业的需要达到净零排放，21世纪末升温幅度1.75℃，CCS技术则需要贡献32%的二氧化碳减排量[41]。政府间气候变化专门委员会(IPCC)在《全球温升1.5℃特别报告》中专门强调了在21世纪中叶实现二氧化碳净零排放的重要性，提出除碳是实现净零排放以及补偿超过1.5℃所需的净负排放的必要措施，在有限超过或不超过1.5℃的大多数情景下(有限超过1.5℃指升温幅度在回降之前曾超过1.5℃)，都涉及CCS技术的大量运用，唯一无须运用CCS的情景则要求人类行为发生最根本的转变。因此CCS技术对于实现全球气候目标具有重要意义。

CCS是二氧化碳深度减排的重要途径，但不同方式的捕获和封存潜力、实施难度和社会经济效益差别很大。随着CCS技术的发展以及认识的不断深化，我国于2006年在北京香山会议首次提出二氧化碳捕获、利用与封存技术(carbon capture, utilization and storage, CCUS)，引入了二氧化碳资源化利用技术。CCUS技术提纯捕获的二氧化碳后，投入新的生产过程进行循环再利用，将二氧化碳资源化，不仅可以实现碳减排，还能产生经济效益，所以更具有现实操作性。经过多年的发展，CCUS技术已在全球范围内得到接受与使用(见图2-16)。

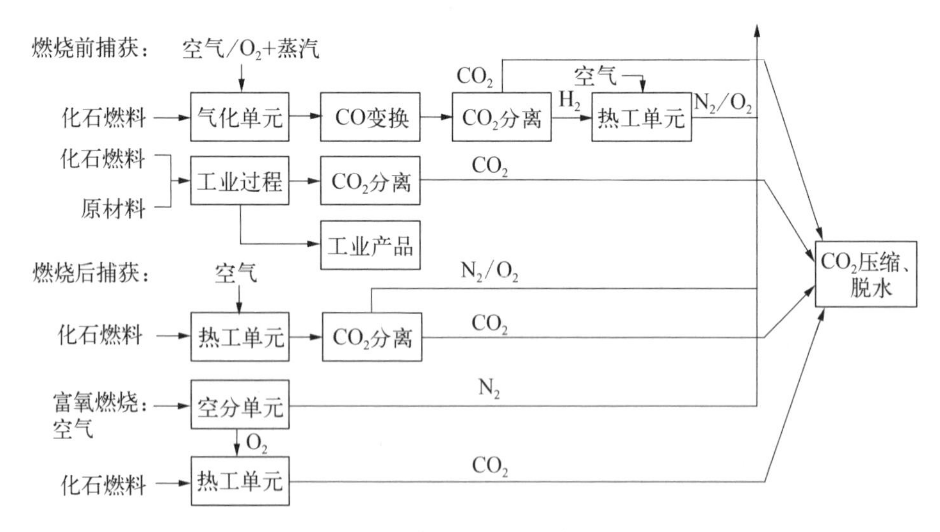

图2-16 主要二氧化碳捕集路径

燃烧前捕获是利用煤气化和重整反应，在燃烧前将燃料中的含碳组分分离出来，转化为以氢气、一氧化碳为主且含有二氧化碳的水煤气，然后利用相应的分离技术将二氧化碳从中分离，氢气作为清洁燃料使用。

2.4.2.3　二氧化碳的综合利用技术

目前，二氧化碳的资源化利用方式主要有物理利用、化工利用、生物利用和矿化利用。二氧化碳的物理利用主要包括食品、制冷、发泡材料等行业，只是延迟了二氧化碳的释放时间，最终还是要排入大气，这里不再详述。

二氧化碳的资源化的化工利用主要是指在能源、燃料以及大分子聚合物等高附加值含碳化学品方面。以氢气和二氧化碳为原料合成的有机产品可以分为以下几个方面：

(1) 合成气：二氧化碳与甲烷在催化剂作用下重整制备合成气，其中 H_2/CO 比值为 1，更适合费托合成与烯烃生产等用途。目前研究主要集中在催化剂的选择上，以提高二氧化碳的转化率和目标产物的选择性。

(2) 低碳烃：二氧化碳与氢气在催化剂的作用下可制取低碳烃，主要挑战在于催化剂的选择。有研究建立串联式催化剂体系，在接近工业生产的反应条件下，低碳烯烃的选择性可达到 80%～90%。美国碳科学公司(CSI)研究甲烷与二氧化碳的干法重整，设计催化剂体系，使其转化为汽油和其他易用燃料，转化率可达 92%[42]。

(3) 各种含氧有机化合物单体：以氢气与二氧化碳为原料，在一定温度、压力下，通过不同催化剂作用，可合成不同的、以甲醇为主的醇类、醚类以及有机酸等。另外二氧化碳与环氧烷烃反应可合成碳酸乙烯酯和碳酸丙烯酯(锂电池电解液主要成分)，碳酸乙烯酯可与甲醇反应得到碳酸二甲酯(DMC)，与氢气反应制成乙二醇、甲醇等高附加值化工产品。此类技术较为成熟，均已实现了较大规模的化学利用[43]。

(4) 高分子聚合物：在特定催化剂存在下，二氧化碳与环氧化物共聚合成高相对分子质量聚碳酸酯，脂肪族聚碳酸酯具有资源循环利用和环境保护的双重优势，我国脂肪族聚碳酸酯的生产和应用取得了较大进展。另外以二氧化碳为原材料制成聚氨酯的技术条件也基本成熟，已有工业示范装置[44]。

2.4.2.4　CO_2 矿化封存技术和地质封存技术

二氧化碳矿化封存技术主要是指模仿自然界二氧化碳矿物吸收过程，利用天然硅酸盐矿石或固体废渣中的碱性氧化物，如 CaO、MgO 等将二氧化碳化学吸收转化成稳定的无机碳酸盐的过程。而二氧化碳矿化利用是指利用富含钙、镁的大宗固体废弃物(如炼钢废渣、水泥窑灰、粉煤灰、磷石膏等)矿化二氧化碳联产化工产品，在实现二氧化碳减排的同时得到具有一定价值的无机化工产物，以废治废、提高二氧化碳和固体废弃物资源化利用的经济性，是一种非常有前景的大规模固定二氧化碳利用路线。目前已开发出基于氯化物的二氧化碳矿物碳酸化反应技术、湿法矿物碳酸法技术、干法碳酸法技术以及生物碳酸法技术等。我国在钢渣、磷石膏矿化利用技术方面取得了重要进展[45]。

传统二氧化碳地质封存是指利用地下适合的地质体进行二氧化碳深部封存，封存介质包括深部不可采煤层、深部咸水层和枯竭油气藏等。二氧化碳地质封存利用是指将二氧化碳注入上述地质体内，利用地下矿物或地质条件生产或强化有利用价值的产品，同时将二氧化碳封存，对地表生态环境影响很小，具有较高的安全性和可行性。在二氧化碳地质封存利用技术中，CO_2 - EOR 技术成熟，已有数十年的应用历史，是目前唯一达到了商业化利用水平，同时实现二氧化碳封存和经济收益的有效办法。在正常情况下，在二氧化碳强化采油及封存过程中，二氧化碳发生大量泄漏的可能性很小，不会对油田及周边环境产生负面影响。

2.4.2.5 中国 CCUS 技术的应用

在相关政策推动下，我国 CCUS 技术已取得长足进步，根据《中国二氧化碳捕集、利用与封存(CCUS)报告(2019)》[40]，截至 2019 年 8 月，国内共开展了 9 个纯捕集示范项目、12 个地质利用与封存项目，其中包含 10 个全流程示范项目。除此之外，国内还开展了数十个化工、生物利用项目[46]。

我国二氧化碳捕集示范项目主要在火电、煤化工、天然气处理以及甲醇、水泥、化肥生产等行业，包括燃烧前捕集、燃烧后捕集和富氧燃烧捕集。目前已建成数套十万吨级以上的二氧化碳捕集示范装置，其中最大的捕集能力可以达到 80 万吨/年。中国科学院大连化学物理研究院(以下简称大连化物所)李灿院士等提出了液体阳光的概念，并于 2020 年在兰州开发区建设投产了太阳能光伏电解制氢，与火电厂捕集的二氧化碳化合生产 1 500 吨/年的甲醇示范项目。火电行业包括 9 个燃煤电厂碳捕集示范项目，其中有 6 个常规电厂燃烧后捕获项目、2 个 IGCC 电厂燃烧前捕获项目以及 1 个富氧燃烧项目，碳分离技术均采用化学吸收法，以醇胺吸收法为主。二氧化碳排放浓度较高的煤化工示范项目则采取物理吸收法，以低温甲醇法和变压吸附法为主。天然气处理过程中伴生气分离亦是采用化学吸收法，以 MEA 作为吸收剂。

我国 CCUS 示范项目的运输环节以罐车运输为主，仅有中石油吉林油田 CCS - EOR 示范项目铺设了 20 千米的管道，输送二氧化碳至采油区进行驱油作业。目前我国罐车运输和内陆船舶运输已经成熟，管道运输正在建立健全相关标准体系和安全控制技术体系。

在火电行业，除了胜利燃煤电厂的就近用于胜利油田以提高石油采油率之外，其余项目捕获的二氧化碳主要用于工业或食品领域。煤化工、天然气处理、化工生产等工业分离过程则以 CO_2 - EOR 为主，用于提高石油采收率。我国地质利用和封存项目类型主要包括 CO_2 - EOR、CO_2 - ECBM、咸水层封存以及地浸采铀等，其中 CO_2 - EOR 已实现商业化，地浸采铀也已经大规模工业利用。从整体上看，二氧化碳利用方面以地质封存利用为主，化工利用和生物利用的二氧化碳量较少。

2020 年 9 月，中国在联合国大会上向世界宣布了 2030 年前实现碳达峰和 2060 年前实现碳中和的目标。要达成该目标，未来气候经济下的能源系统在高效稳定、灵活便捷的基础上，还需满足绿色低碳的要求，这就要求必须改变现有以煤炭为主的高碳能源和电力结构，转向清洁能源为主的多元化、低碳能源结构。在目前我国能源消费结构中，化石能源在一次能源消费中占比高达 85%，煤电仍是保障我国电力安全和电力供应的主力，发电量占比高达 60.8%，使得我国二氧化碳排放水平居高不下。即使 2030 年实现碳达峰目标，非化石能源占一次能源消费占比将达到 25%左右，非化石能源电力比例达到 50%，仍有超过半数的能源生产需要依赖化石能源。如果单纯依赖传统路径，如节能减排、提高能效等已达世界先进水平的技术方式，无法有效地实现现有的温室气体减排目标，其脱碳过程需要 CCUS 技术的配合才能够实现。因此 CCUS 技术是我国应对气候变化必不可少的技术手段，具有特殊的战略意义。

2.4.3　太阳能光解直接制氢技术

氢能，作为二次能源，具有清洁、高效、安全、可储存、可运输等诸多优点，已普遍被人们认为是一种最理想的新世纪无污染的绿色能源，因此受到了各国的高度重视。通过光催化反应直接制取氢气，是人类社会一直追求的方向。本节简单介绍光催化技术的最新进展。

2.4.3.1　光分解技术简介

1972 年，东京大学的藤岛昭(Akira Fujishima)因为与导师本多健一(Keichi Honda)采用 TiO_2 光电极和铂电极组成光电化学体系使水分解为氢气和氧气，从而开辟了半导体光催化这一新的领域。半导体光催化开始研究只是为了实现光电化学太阳能的转化，之后研究的焦点转移到环境光催化领域。1977 年 Frank S N

等首先验证了用半导体 TiO_2 光催化降解水中氰化物的可能性，光催化氧化技术在环保领域中的应用成为研究的热点。20 世纪 80 年代初期，以 Fe_2O_3 沉积 TiO_2 为光催化剂，成功地采用氢气和氮气光催化合成氨，引起了人们对光催化合成的注意。1983 年，芳香卤代烃的光催化羰基化合成反应的实现，开始了光催化在有机合成中的应用。光催化开环聚合反应、烯烃的光催化环氧化反应等陆续有报道，光催化有机合成已成为光催化领域的一个重要分支[47]。

早期光化学家认为光是一种特殊的、能够产生某些反应的试剂。早在 1843 年 Draper 发现氢与氯气在气相中可发生光化学反应。1908 年 Ciamician 利用地中海地区强烈的阳光进行各种化合物光化学反应的研究，只是当时还不能鉴定反应产物的结构。到 20 世纪 60 年代上半叶，已经有大量的有机光化学反应被发现。20 世纪 60 年代后期，随着量子化学在有机化学中的应用和物理测试手段的突破(主要是激光技术与电子技术)，光化学开始飞速发展。现在，光化学的普遍理解是分子吸收 200～700 nm 范围内的光，使分子到达电子激发态。由于光是电磁辐射，光化学研究的是物质与光相互作用引起的变化，因此光化学是化学和物理学的交叉学科。相较于热化学，光催化有机合成反应的特点如下：

(1) 光是一种非常特殊的生态学上清洁的“试剂”；

(2) 光化学反应条件一般比热化学要温和；

(3) 光化学反应能提供安全的工业生产环境，因为反应基本上在室温或低于室温下进行；

(4) 有机化合物在进行光化学反应时，不需要进行基团保护；

(5) 在常规合成中，可通过插入一步光化学反应大大缩短合成路线。因此，光化学在合成化学中，特别是在天然产物、医药、香料等精细有机合成中具有特别重要的意义。

光催化反应可以分为两类，分别是降低能垒(down hill)和升高能垒(up hill)反应。光催化氧化降解有机物属于降低能垒反应，此类反应的 $\Delta G<0$，反应过程不可逆，这类反应中在光催化剂的作用下引发生成 O_2^-、$HO_2\cdot$、OH^- 和 H^+ 等活性基团。水分解生成氢气和氧气则升高能垒反应，该类反应的 $\Delta G>0$ ($\Delta G=237$ kJ/mol)，此类反应可将光能转化为化学能。

水的光解反应式为

$$2H_2O \xrightarrow{h\nu} 4H^+ + O_2 + 4e^- \tag{2-22}$$

$$4H^+ + 4e^- \longrightarrow 2H_2 \tag{2-23}$$

要使水分解释放出氢气，热力学要求作为光催化材料的半导体材料的导带电位比氢电极电位 E_{H^+/H_2} 稍负，而价带电位则应比氧电极电位 E_{O_2/H_2O} 稍正。光解水的原理如下：光辐射在半导体上，当辐射的能量大于或相当于半导体的禁带宽度时，半导体内电子受激发从价带跃迁到导带，而空穴则留在价带，使电子和空穴发生分离，然后分别在半导体的不同位置将水还原成氢气或者将水氧化成氧气。Khan 等提出了作为光催化分解水制氢材料需要满足以下条件：高稳定性，不产生光腐蚀；价格便宜；能够满足分解水的热力学要求；能够吸收太阳光(见图 2-17)。

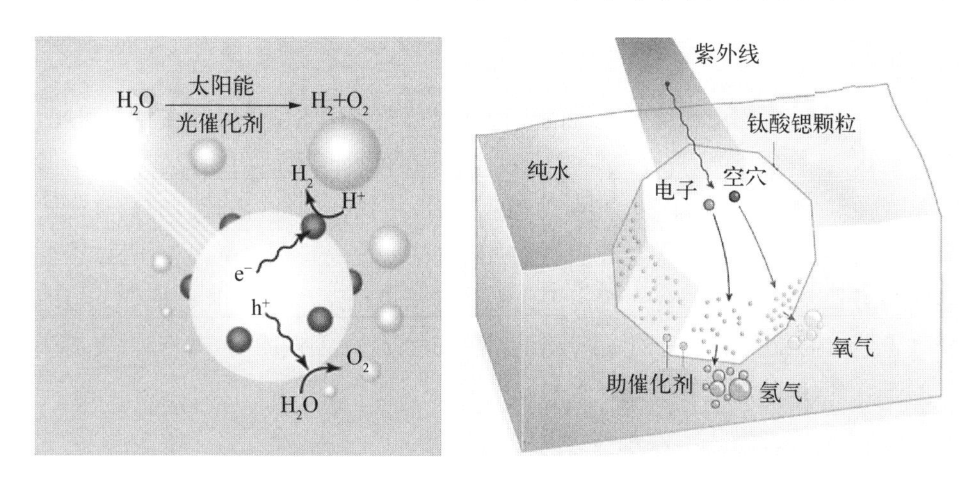

图 2-17　光催化直接分解水的原理及技术

2.4.3.2　光分解催化剂

迄今为止发现的光催化剂主要有以下几种类型。

1) 钽酸盐

钽酸盐有 $ATaO_3$(A=Li, K), $A_2SrTa_2O_7 \cdot nH_2O$ (A=H, K, Rb)等，虽然化学成分不同，但它们的晶体结构类似，共同点是都具有八面体 TaO_6。Kato H 等对钽酸盐系列的 $LiTaO_3$、$NaTaO_3$、$KTaO_3$ 的光催化活性进行了研究，发现无负载的 $LiTaO_3$、$NaTaO_3$ 在紫外光的照射下均取得了较好的光催化效果，而负载 NiO 的 $NaTaO_3$ 在紫外光的照射下，其分解水的活性显著提高，量子效率达到了 28%[48]。

2) 钛酸盐

在钛酸盐这类化合物中，TiO_8 八面体共角或共边形成带负电的层状结构，带正电的金属离子填充在层与层之间，而扭曲的 TiO_8 八面体被认为在光催化活性的产生中起着重要作用。

3）多元硫化物

ZnSeS类化合物能够形成固溶体，且能隙较窄，许云波等采用化学共沉淀法制备了掺杂铜、铟的 ZnSeS 光催化剂，研究发现：在 ZnSeS 中掺杂铜、铟的摩尔分数为 2%时其光吸收性能最好，最大吸收边红移至 700 nm；在紫外光照射下该催化剂光分解水产氢的量子效率达到 4.83%；催化剂具有良好的热稳定性和光学稳定性，反应 100 h 其产氢性能没有衰减。具有立方晶型的 $ZnIn_2S_4$，其带宽为 2.3 eV，具有可见光响应特征，且稳定性良好，可用作光催化材料。

迄今为止，人们所研究和发现的光催化剂和光催化体系仍然存在诸多问题，如光催化剂大多仅在紫外光区稳定有效，能够在可见光区使用的光催化剂不但催化活性低，而且几乎都存在光腐蚀现象，需使用牺牲剂进行抑制，能量转化效率低，这些阻碍了光解水的实际应用。光解水的研究是一项艰巨的工作，虽然近期取得了一些进展，但是还有很多工作需要进一步研究，如研制具有特殊结构的新型光催化剂、新型的光催化反应体系，对提高光催化剂性能的方法进行更加深入的研究等，这些都是今后光解水的研究重点。

2.4.4 生物质及垃圾制氢

由于环境问题关注度的高涨，作为二氧化碳排放少的可再生能源制取的氢燃料越来越受到青睐。作为最有效吸收利用太阳能的方法，利用生物质制氢可以说是最环保的制氢方法。另外，作为生物质的一种，如果将生活垃圾用于氢气的制取，既能节约焚烧生活垃圾所需的能源，减少二氧化碳的排放，又能得到零碳排放的氢气，应该可作为大力推进的绿氢制造方法[49]。

在制浆造纸、生物炼制以及农业生产过程中，会产生许多生物质“下脚料”或废弃物，通过制氢技术可将这些废弃物转化再利用。以生物质为原料制取氢气具有节能、环保、来源丰富的优点，主要包括化学法与生物法。化学法又细分为气化法、热解重整法、超临界水转化法以及其他化学转化方法。生物法可细分为光解水制氢、光发酵制氢、暗发酵制氢以及光暗耦合发酵制氢。

2.4.4.1 生物质热解制氢

生物质热解制氢，是指生物质在反应器中在隔绝氧气或只通入少量空气的条件下，热分解制取氢气的工艺。

其工艺流程要点如下：

(1) 通过隔绝空气的第一次热解，将占原料主要部分的挥发物质析出转变为气态；

(2) 将残留的木炭移出，对气体产物进行二次高温裂解，使相对分子质量较大的重烃(焦油)裂解为氢气、甲烷等气体，并彻底消灭焦油；

(3) 对热解气体进行重整，将其中的甲烷和一氧化碳转换为氢气；

(4) 产出的富氢气体可以直接用于高温碳酸盐等类型的燃料电池，成为一种高效清洁的分布型发电系统，或用变压吸附、膜分离技术等分离出纯氢气，在工业上有广泛用途。过程相对简单且成本低。

生物质受热分解的过程称为热解，得到气、液、固三相产物。热解与气化的区别在于是否加入气化剂。在热解过程中，持续高温会促进焦油生成，焦油黏稠且不稳定，由于低温不易气化，高温容易积炭堵塞管道、影响反应进行。因此可通过调整反应温度和热解停留时间来提高制氢效果，但产氢量依然很低，因此需要将热解产生的烷烃、生物油进行重整来提升制氢效果。

植物、秸秆、牛粪等主要成分是纤维素$(CH_2O)_n$，其中氢的占比是 2/30，质量分数约为 6.67%。它可以通过在 300～600℃的温度下热解得到含氢约 50%的混合物，再通过分离提纯得到氢气，残留物(主成分为炭素)作为生物发电厂燃料使用；也可以通过微生物发酵等得到富氢气体，再经分离提纯得到可供燃料电池使用的氢气(见图 2-18)。

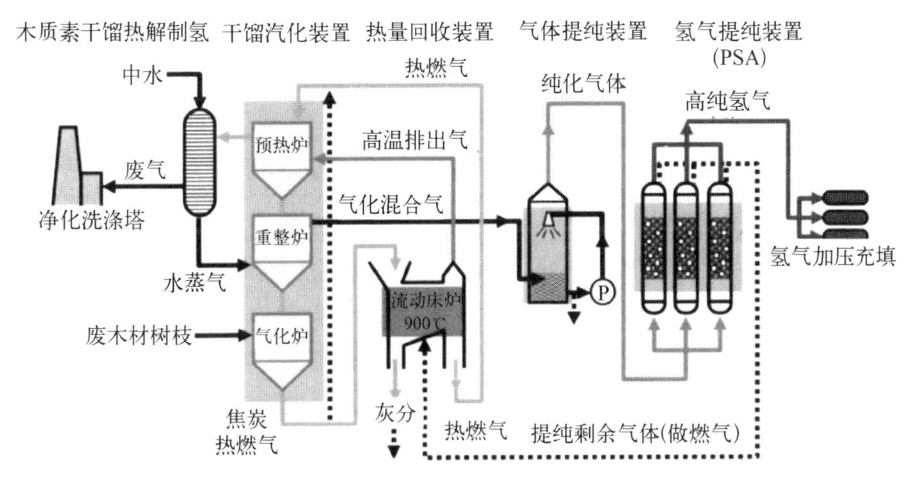

图 2-18　生物质热解制氢工艺流程

(图片来源：译自 NEDO 内部资料)

2.4.4.2 超临界水转化法生物质制氢

当温度处于 374.2℃、压力在 22.1 MPa 以上时，水具备液态时的分子间距，同时又会像气态时分子运动剧烈，成为兼具液体溶解力与气体扩散力的新状态，称为超临界水流体。超临界水制氢是指生物质在超临界水中发生催化裂解制取富氢燃气的方法。

该方法中生物质的转化率可达到 100%，气体产物中氢气的体积含量可超过 50%，且反应中不生成焦油等副产品。富氢气体再经分离提纯得到可供燃料电池使用的氢气。与传统方法相比，超临界水可以直接湿物进料，具有反应效率高、产物氢气含量高、产气压力高等特点，产物易于储存、便于运输（见图 2-19）。

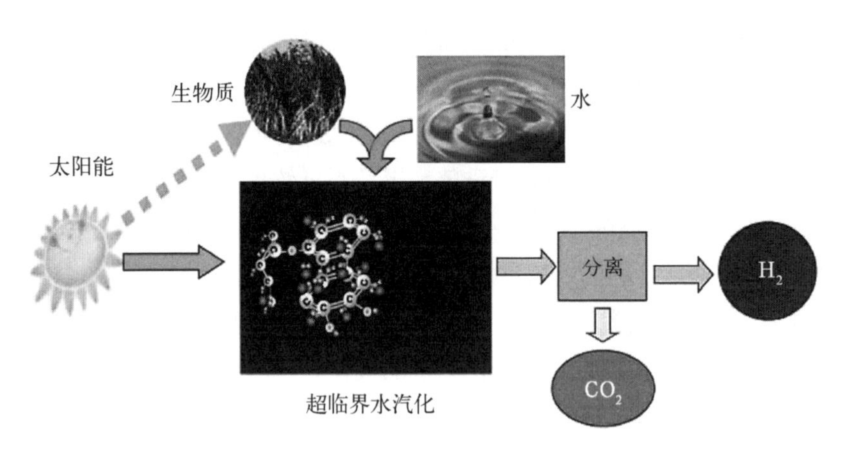

图 2-19 超临界水转化法制氢

2.4.4.3 生物质发酵制氢

从回收生物垃圾提取氢气，第一步需要通过发酵得到沼气（甲烷含量为 70%～80%），甲基酵母原本就是作为富含有机物污水的生物质处理净化技术而发展起来的。得到的甲烷经过分离、脱硫等处理后，送入甲烷水蒸气重整装置得到富氢混合气（含氢混合物），再经 PSA 装置等分离净化，得到 99.999%～99.999 9% 的氢气供加氢站作为燃料电池的燃料使用，分离得到的副产物二氧化碳等可做他用（见图 2-20）。

日本株式会社应微研的堀内勋等[50]发现了氢气发生微生物，它可以将生物质发酵直接产生氢气而不是生成甲烷，为生物质制氢打开了一条新的路径。不过，这种微生物发酵产氢速度很慢，需要进一步改善培育制氢微生物的活性。

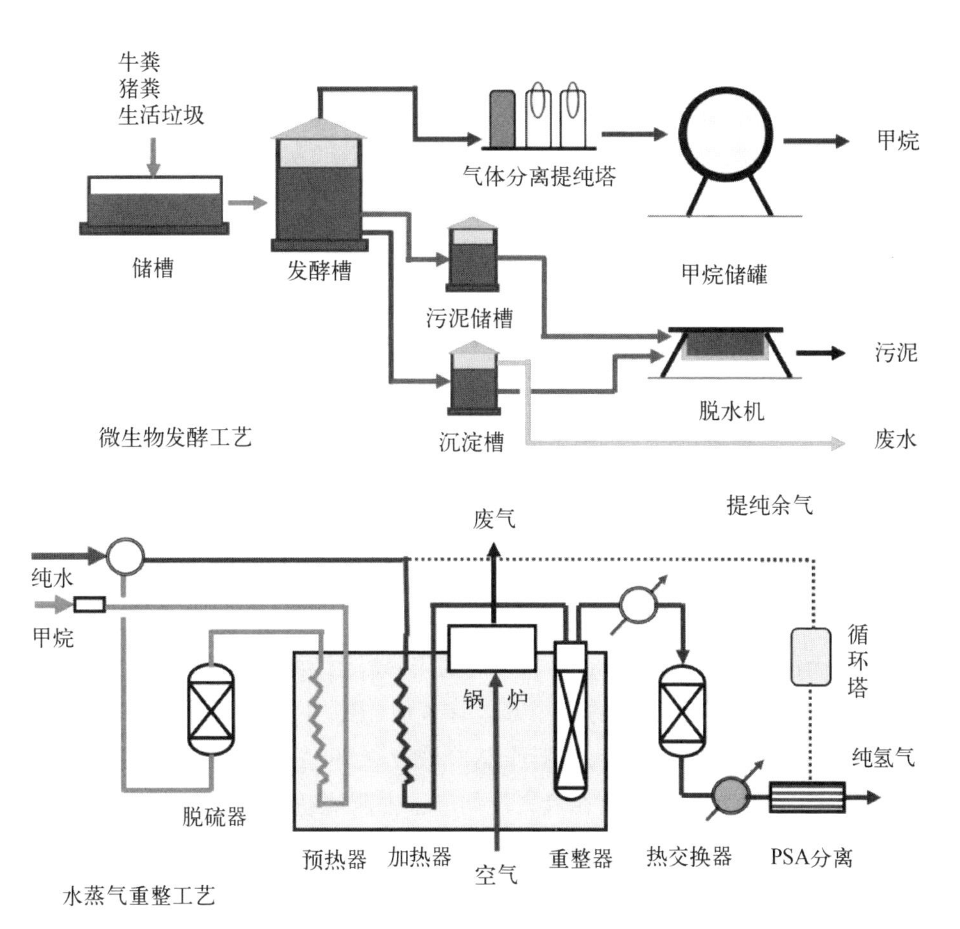

图 2－20　生物质发酵重整制氢工艺路线

（资料来源：译自 NEDO 内部资料）

2.5　氢的储运与安全

氢能的使用主要包括制氢、储存和运输、应用等方面，而决定氢能应用关键的是安全高效的氢能储运技术。氢气的体积能量密度只有天然气的三分之一左右。为了作为能源使用，提高氢气的储运密度及安全性是当前的主要目标。目前我国氢气储运方式以高压气态为主，随着技术的进步和氢能的广泛应用，预计未来液态储运和管道储运方式将得到发展。

2.5.1 氢的液态储存技术

液态储氢是将氢气压缩后深冷到 20.43 K 以下使之成为液态，然后存入特制的绝热真空容器（杜瓦瓶）中保存。液态储氢的优点是储氢密度高，为常温常压下气态氢的 800 多倍，体积储氢密度可达 70 kg/m^3，在长距离运输时经济性更好且易扩容，但液化过程能耗高，折合每千克氢气液化的耗电约 13 千瓦时，且侵入热量会造成每天约 1％的汽化损失。液氢的应用始于航空航天的需要，在相同质量下具有最大的比推力，是最理想的火箭推进剂燃料。同时，由于液氢的温度低至－253℃，除了氢气之外其他气体都会凝固分离，因此液氢汽化可以获得 6 N 以上的超纯氢气，作为重要的工业气体，应用于金属加工、化学合成、粉末冶金、电子工业和规模集成电路芯片生产等。随着氢能汽车发展和对高纯氢燃料的规模化，美国、欧洲和日本相继把液氢用在了加氢站。在美国，33.5％的液氢用于石油化工电子行业，18.6％用于航空航天，超过 10％用于燃料电池车，且这一比例还在不断提高[51]。

氢气无法在常温下通过压缩液化，需要先降温至其临界温度（－240℃）以下才能够液化。可以液化氢气的制冷方法有多种，主流的氢气液化技术一般有三种方式：J－T 节流液化循环、氦膨胀制冷液化循环、氢膨胀制冷循环（预冷型 Claude 系统）。各种制冷方法在氢气液化过程中所能达到的效率和适用的规模如表 2－4 所示。

表 2－4　不同制冷方法适用的氢气液化规模和㶲① 效率

氢气液化规模/(kg/d)	制 冷 方 法	㶲效率/％
＜34	预冷型 J－T 节流	3.0～3.4
	磁制冷	
	低温制冷	
34～850	氦膨胀制冷	4.4～7.4
	氢膨胀制冷	21
＞850	氢膨胀制冷	＞50

① 㶲，又称为有效能。代表物质理论上可以无限转换为任何其他能量形式的那部分能量。

目前适合工业化液氢生产技术的是氦膨胀制冷环和氢膨胀制冷循环。对于液化规模达到5 t/d及以上的大规模液氢工厂，一般采用预冷型氢透平膨胀机制冷循环。

常温下氢气由75%的正氢和25%的仲氢组成，随着温度的降低，正氢缓慢向仲氢转化。正氢在向仲氢转化的过程中会释放热量引起液氢的汽化，采用催化方法实现正仲氢快速转化和提高正仲氢转化率，是实现液氢工业生产和储存的关键技术。液氢产品中的仲氢含量应不少于95%，大规模氢储运时要求仲氢含量不少于98%。

液氢工厂的生产规模是决定液氢成本的关键因素，随着规模扩大，液化所需的单位能耗和工厂建设所需的单位投资都会显著降低。林德公司和德国慕尼黑工业大学联合研究结果显示：5 t/d及以下规模，氢液化单能耗超过10 kW·h/kg；而当液化规模达到50 t/d时能耗可降低至6.4～7.4 kW·h/kg范围内；规模扩大至150 t/d时能耗可降低至6 kWh/kg。这是因为极大规模氢液化时，不仅可采用更多级的预冷与冷能回收，以及氮膨胀制冷、MRC混合工质制冷等更高效的预冷工艺来节省能耗，还可实现更高效的绝热效率和正仲氢转化率，以减少液氢汽化损失和提高液化率。

当极大规模氢液化生产成为可能时，液氢产业链最令人诟病的液化能耗大幅降低，液氢在运输和加注环节的优势才得以凸显，从而使液氢可以作为汽车燃料推广应用（见图2-21）。

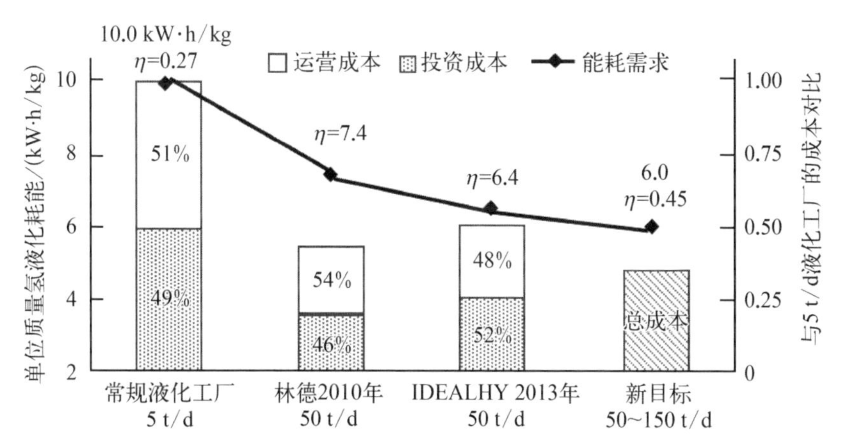

图2-21 不同规模的液氢工厂单位液化能耗与成本对比[15]

（资料来源：国富氢能资料）

液氢的密度为 71 g/L,不仅远高于压缩氢气,而且在相同有效装载容积下液氢罐的重量比高压储氢装备轻得多,因此液氢比高压氢更适合大规模、远距离运输,具有更高的运输效率和更低的运输费用。高密度的液氢储存和液氢泵增压远低于气态氢压缩机增压的能耗,使液氢储氢型加氢站比高压储氯型加氢站具有更高的效率和更低的运营费用,同时可保证全产业链氢燃料的品质纯度[15]。

先进的液氢储运技术包括液氢储罐、大型液氢球罐、液氢罐式集装箱、液氢公路罐车与铁路罐车等。随着大规模氢液化和液氢进出口需求的提升,海上长距离运输的液氢船技术也在不断发展。

液氢储罐分别用于液氢储氢型加氢站和氢液化工厂。加氢站用的液氢储罐一般不超过 70 m^3,储氢量不超过 4.5 t,而液氢工厂用的液氢储罐容积从数百到数千立方米不等。球型储罐的表面积最小、蒸发损失少,在美国和俄罗斯的大型液氢工厂应用广泛。美国国家航空航天局(NASA)最大的液氢球罐直径达到 25 m,容积为 3 800 m^3,可储存 240 t 液氢,采用冷能回收与真空玻璃微球绝热相结合来降低液氢的蒸发损失。而俄罗斯 1 400 m^3 的液氢球罐则采用高真空多层绝热技术,日蒸发率低至 0.13%。

在液氢运输领域,美国 Gardner 公司代表了全球最先进的设计制造水平,容积从 5 m^3 到 113 m^3 不等,系列化产品种类包括罐箱、罐车以及车用、船用燃料罐等,已累计生产包括液氢容器在内的产品约 4 000 台,全球市场占有率超过 60%。另外,德国林德(Linde)公司、俄罗斯 CryoMash-BZKM、JSC 深冷机械公司、日本岩谷产业等也是主要的液氢储运装备企业。

液氢与类似的液化天然气(LNG)的物性比较结果如表 2-5 所示。

表 2-5 液氢与液化天然气(LNG)的物性对比

项　目	单　位	液　氢	LNG
相对分子质量		2	16
沸点	K	20.27	111.63
蒸发潜热	kJ/kg	447	510
	kJ/m^3	31 600	216 200

续　表

项　　目	单　位	液　氢	LNG
沸点时液体密度	kg/m^3	70.8	422.6
标准状态气体密度	kg/m^3	0.089 9	0.717
标准状态气体黏度系数	Pa・s	8.75×10^{-6}	11.0×10^{-6}
高位发热量	kJ/kg	142 000	55 600
	* 气态(kJ/Nm^3)	12 750	39 840
	MJ/m^3	10.9	23 600

从表 2-5 可以看出,氢气的发热量与甲烷的相比,同等重量下约为 3 倍,同等容积下约为 1/3。以液体的单位容积来看,蒸发热是甲烷的 1/7。考虑到液氢的特性,常温和沸点的温度差是甲烷的 1.5 倍,相对蒸发速度较 LNG 快约 10 倍。因此,为了保持与 LNG 储罐同等的隔热性能,必须采用如下高隔热结构的杜瓦瓶。

(1) 采用高真空多层绝热与液氮冷屏相结合的绝热结构,如图 2-22 所示,这种组合绝热形式适用于小型液氢、液氦等杜瓦瓶,能够将容器外壁面温度从 300 K 降至 77 K,使辐射热流减少到原来的 1/150～1/200,从而大幅降低蒸发损失,具有绝热性能优良、预冷量小、时间段稳定等优点,但结构复杂、制造困难、重量轻、体积大,需要消耗液氮冷源,逐渐被多屏绝热替代[52]。

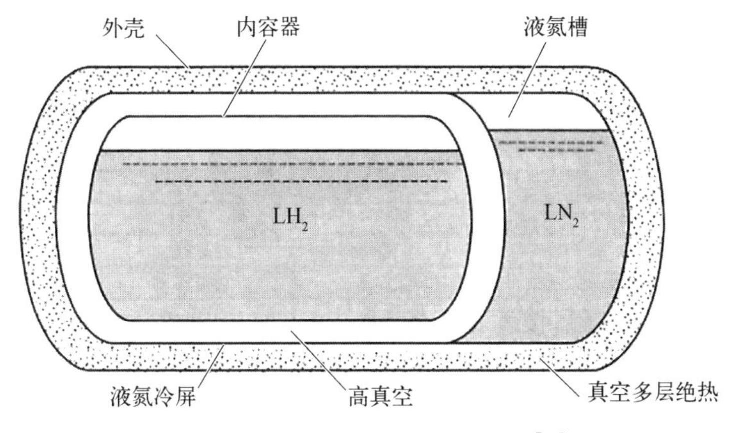

图 2-22　液氮冷屏液氢容器示意图[15]

(2) 采用多层绝热与蒸汽冷却屏相结合的绝热结构,金属屏与冷蒸发气体排出管相连,利用冷蒸汽的显热冷却防辐射屏,降低冷屏温度,抑制辐射换热,以提高绝热效果。冷屏不仅可以作为多层绝热的防辐射屏,也可作为蒸汽冷却屏,有助于消除多层绝热的纵向导热,因此具有绝热效率高、热容量小、重量轻、热平衡快等优点。

(3) 采用多层绝热与多屏绝热相结合的绝热结构,在容器颈部安装翅片,分别与各传导屏连接,屏与屏之间仍缠绕多层绝热材料,热量通过绝热材料时一部分被金属屏所阻挡并传导至颈管,被排出的冷蒸汽带走,从而达到降低漏热的目的,具有重量轻、成本低、抽真空容易等优点。一般屏的数量越多,其绝热效果越好,但屏的数量过多容易使结构变得复杂,工艺难以实现,制作成本增加,因此液氢杜瓦瓶多屏绝热通常为 10 屏。

目前液氢杜瓦瓶使用较少,仅在科研机构、医院、化工厂等有少量需求,因此国内外液氢杜瓦瓶生产厂家也较少。美国 Cryofab 公司生产的 CLH 系列液氢杜瓦瓶采用高真空多层绝热与蒸汽冷却屏相结合的绝热技术,液氢蒸发率能够达到最低漏热标准,内外胆主体材料采用 304 不锈钢,配有脚轮更加方便移动,同时配有高精度流量液氢阀门。

随着氢能的发展,新能源汽车也经历着变革,为满足高续航、轻量化的储氢要求,对车载液氢杜瓦瓶也开展了大量的研究工作。与常规液氢杜瓦瓶不同的是,车载液氢杜瓦瓶更加注重使用安全性能,包括过载、振动、真空失效、火烧、撞击等测试工作,这就决定了车载液氢杜瓦瓶的支撑结构、绝热形式以及增压方式与常规液氢杜瓦瓶有差异。目前国内外对车载液氢杜瓦瓶也进行了大量开发工作。林德(Linde)公司为城市公交车建造了一个液氢储存系统,质量储氢比约为 7.1%,总保持时间超过 100 h,并且绝热性能优异;宝马(BMW)公司开发的车载液氢容器可使用 13.5 kg 液氢驱动 2 100 kg 的汽车行驶 580 km,但对环境热量过于敏感;Air Liquide 公司设计的铝合金液氢杜瓦瓶,日蒸发率低于 3%;中国航天科工六院 101 所为福田液氢重卡设计了一款 500 L 液氢储存装置,续航里程可达 1 000 km,可满足重卡长续航行驶需要,有效拓宽了氢能重卡的应用场景。

2.5.2 高压气态储氢技术

高压气态储氢是指在氢气临界温度以上,通过高压压缩的方式储存气态氢。主要优点是储存能耗低、成本低(压力不太高时)、充放氢速度快,在常温下就可进行放氢。由于上述优点，高压气态储氢已成为成熟的储氢方式[53]。

目前大规模储氢应用的方法大多数采用高压气态储氢方式。全球有关储氢技术的申请最早出现于 1967 年，此后针对储氢技术的研究也有所增加，直至今日，从钢瓶到复合材料气瓶的研制成功，实现了储氢向产品结构合理、重量轻的巨大转变。

2003 年 1 月 28 日，时任美国总统布什在国情咨文中提到的“freedom FUEL initiative”与 2002 年发表的“freedom CAR initiative”制定了到 2020 年让大多数美国国民拥有燃料电池汽车的目标。这些计划在提高能源安全保障的同时，对环境方面也将做出巨大贡献。一方面，freedom FUEL initiative 的目标是“开发燃料电池汽车及发电设施所需的氢气制造、储存、运输技术及基础设施”。另一方面，“freedom CAR”以“不牺牲选择车辆的自由，不依赖外国石油，无有害排放，价格合适，具备车辆的全部功能，以开发轿车、卡车为目标，让燃料电池开发成为重点技术。”

燃料电池汽车(fuel cell vehicle, FCV)的燃料储存是目前压缩氢的储存方式。高压氢气方式的燃料电池汽车包括乘用车、大型客车和中重卡车，已在国内外以一定规模的数量普及。第一个高压加氢站于 2001 年在日本大阪建成。2012 年经济产业省发表了在日本建设 100 个高压加氢站的 FCV 实证项目计划，到目前为止已建设 160 多个加氢站。我国也于 2010 年在上海世博会期间建成了第 1 个 35 MPa 高压加氢站。到目前为止已建设 380 个加氢站，成为全球加氢站最多的国家。

目前我国已具备 35 MPa 车用铝内胆纤维全缠绕高压氢气瓶的设计、制造能力，同时具备批量化生产规模。而国际上燃料电池汽车的研发和示范都在向 70 MPa 的车载储氢方向发展，因此迫切需要开发具有自主知识产权的 70 MPa 储氢瓶、加氢机和高压组合阀等关键零部件，以进一步降低加氢储氢技术成本，进一步为打造我国的氢基础设施产业链、大规模推广应用氢能、建设氢基础设施奠定良好基础。

储氢瓶材料是解决氢脆和抗高压的关键技术，要求内胆临氢材料抗氢脆，外层材料抗高压且抗爆炸，要求材料具有高强度并且不会产生碎片，同时降低氢气储运成本并实现储氢容器的轻量化。

目前成熟的储气瓶有四种基本类型：Ⅰ型瓶是钢制气瓶，Ⅱ型瓶是在钢制内胆环向缠绕纤维的气瓶，Ⅲ型瓶是铝制内胆交叉全缠绕碳纤维材料的气瓶，Ⅳ型瓶是树脂内胆交叉缠绕的气瓶。无论Ⅲ型瓶还是Ⅳ型瓶，这里一个非常重要的材料就是碳纤维。

20世纪70年代到80年代间,日本东丽工业公司(Toray Industries)开发了性能极优异的聚丙烯腈纤维,占据了碳纤维技术的领导地位。1970年东丽工业公司与美国联合碳化物公司(UCC)签署了技术互换协议,把美国带回了碳纤维制造的前沿,并合作生产了T300碳纤维。随着碳纤维在各行各业的渗透和广泛应用,东丽工业公司也于2003年最终拿到了美国波音公司长达50年的订单。东丽工业公司从技术发明到稳定盈利,耗时长达50年。至此,碳纤维开始向各个领域渗透,包括天然气Ⅲ型瓶、Ⅳ型瓶都用到碳纤维材料,高压气体安全问题有了良好的解决方案。我们在实验室或化工车间看到的细长的瓶子就是Ⅰ型瓶,因为壁很厚、很重所以不适合大规模储运,从Ⅰ型瓶到Ⅳ型瓶,也就是从钢到铝,到树脂内胆,有两个功能改变。第一个功能改变是越来越轻,运输成本下降;第二个功能改变是产生氢脆的概率越来越小。外壁采用碳纤维缠绕同样有两个功能,第一个还是轻量化,第二个是增加气瓶抗压力的强度,这都是由碳纤维材料的性质决定的。而采用缠绕工艺还有一个最重要的防风险功能,即使气瓶因为压力而爆裂,也只是从纤维的裂缝里逃逸出来,不会形成钢瓶爆炸的飞片。碳纤维材料具有广泛的应用空间,但这是一个从军用领域开始应用的材料,供不应求的市场和较高的技术门槛使得这种材料的价格不太亲民。

20世纪90年代初布伦瑞克公司成功研发出用于储氢瓶内胆的复合材料,高密度聚乙烯,这种材料使用温度范围较宽,不会发生氢脆,延伸率高达700%,冲击韧性和断裂韧性较好。在这一材料的支持下,Ⅳ型瓶技术应运而生,目前,美国、加拿大、日本、中国等国家都已掌握70 MPa复合储氢罐技术。当然,氢气的安全不仅是高压,液氢技术的安全管理也非常重要。在国际市场,美国AP、法国法液空和林德气体是全球重要的液氢供应商,目前在全球布局,我国的液氢技术主要来自航天军工发射体系,目前这一技术已经进入产业化进程。重要的是对保温材料和密封件的要求比较高,防止挥发和泄漏。其他氢气储运的方式安全性管理的难度就相对比较低了。

高压气态储氢技术主要有如下几种方式。

1) 35 MPaⅢ型瓶储氢技术

35 MPaⅢ型瓶储氢技术主要以气瓶作为容器通过高压压缩的方式储存氢气,35 MPa碳纤维缠绕瓶由内至外包括铝合金内胆、纤维缠绕层、外保护层。内胆主要作为储存氢气的容器,纤维缠绕层为主要承压部分。

内胆通过冲压、拉深及旋压、收口等工序制成，内胆制造完成后，在内胆的外侧缠绕碳纤维，通过合理的缠绕程序及固化制度，最终完成储氢气瓶的加工。

2）70 MPa Ⅲ型瓶储氢技术

70 MPa Ⅲ型储氢气瓶的结构与35 MPa Ⅲ型储氢气瓶的基本相同，包括铝合金内胆、纤维缠绕层、外保护层。与35 MPa Ⅲ型储氢气瓶相比，相同外形尺寸70 MPa Ⅲ型储氢气瓶的缠绕层厚度更厚。70 MPa Ⅲ型储氢气瓶的使用环境温度为−40～85℃，其爆破压力不低于工作压力的2.25倍，充装次数为7 500次。2016年，国内的沈阳斯林达公司已成功研制出70 MPa Ⅲ型纤维全缠绕高压储氢气瓶，大大提高了氢燃料电池汽车的续航里程。

3）70 MPa Ⅳ型瓶储氢技术

70 MPa Ⅳ型瓶由内胆、纤维增强层、外保护层等部分构成。内胆材料为聚乙烯塑料，内胆的加工成型一般采用旋转成型(滚塑)、注塑、吹塑工艺。纤维增强层是连续的玻璃纤维或碳纤维浸渍树脂，按照铺层设计工艺缠绕在内胆上，然后通过固化处理得到复合材料层(见图2-23)。

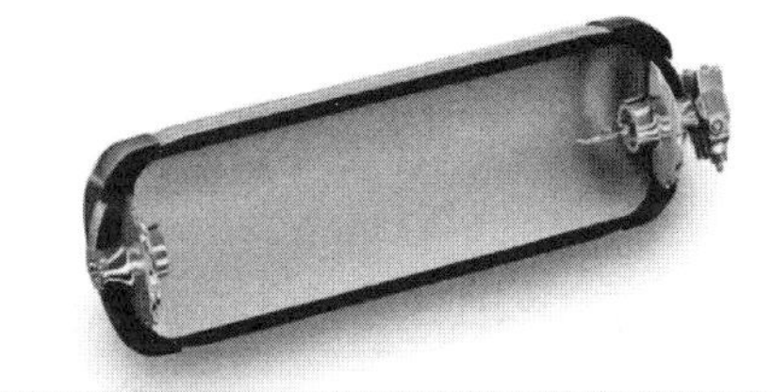

图2-23　丰田Mrai采用的70 MPa Ⅳ型瓶

（资料来源：丰田宣传资料）

70 MPa Ⅳ型瓶的应用是燃料电池汽车提高续航里程、减少储氢瓶占地空间的关键性技术，也是燃料电池汽车乘用车可以推广的核心所在。更重要的是，从铝制内胆的Ⅲ型瓶到塑料内胆的Ⅳ型瓶，制造过程工序从三十多道变成三道，成本也将大幅下降。

2.5.3　有机液态储氢技术

液态有机物储氢技术(LOHC)原理是借助某些烯烃、炔烃或芳香烃等不饱和液体有机物和氢气的可逆反应、加氢反应实现氢气的储存(化学键合),借助脱氢反应实现氢气的释放,质量储氢密度为5%～10%,储氢量大,储氢材料为液态有机物,可以实现常温常压运输,方便安全。

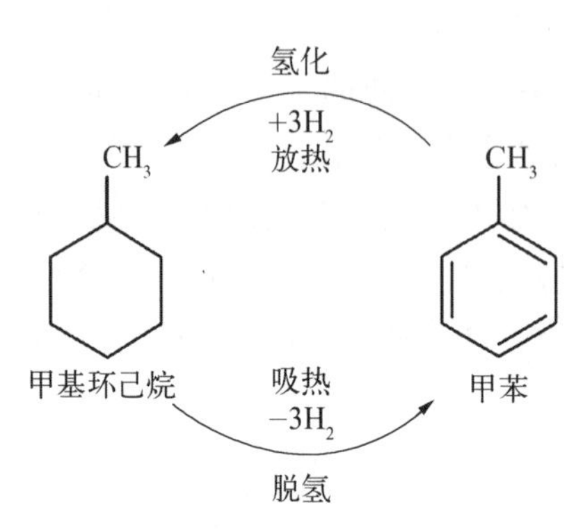

图2-24 有机液体储氢原理

原则上,每个不饱和化合物(具有碳碳双键或三键的有机分子)在氢化过程中都可以吸收氢。有机液体储氢技术借助某些烯烃、炔烃或芳香烃等储氢剂和氢气产生可逆反应实现加氢和脱氢。在LOHC中,氢化学键结合到有机烃载体分子上(氢化),并可以通过逆向过程(脱氢)释放出来(见图2-24)[54]。

常见的LOHC系统诸如甲基环己烷(MCH)、二苄基甲苯(DBT)或十氢萘/萘酚等,通常在一个相当宽松的标准条件下以液体形式存在,无论是氢化形式还是脱氢形式,它都与常规化石燃料(如柴油)具有相似的物理性质。鉴于其与常规液体燃料的物理相似性,在现有基础设施内LOHC具有容易使用和方便运输的潜力。

有机液体储氢的关键在于选择合适的储氢介质。选择有机物储氢介质重点考虑的性能指标包括如下几个方面:

(1) 质量储氢和体积储氢性能高;

(2) 熔点合适,常温下为稳定的液态;

(3) 成分稳定,沸点高,不易挥发;

(4) 脱氢过程中环链稳定度高,不污染氢气,释氢纯度高,脱氢容易;

(5) 储氢介质本身的成本;

(6) 循环使用次数;

(7) 低毒或无毒,环境友好等。

烯烃、炔烃、芳烃等不饱和有机液体可作为储氢材料,但从储氢过程的能耗、储氢量、储氢剂、物性等方面考虑,以芳烃特别是单环芳烃做储氢剂为佳。有机液体储氢、脱氢工艺流程如图2-25所示,工艺流程比较复杂,需要安全稳定的场所和采取必要的安全措施。

传统有机液体氢化物难以实现低温脱氢,导致难以大规模应用和发展。因此有人提出用不饱和芳香杂环有机物作为新型储氢介质,其中咔唑和乙基咔唑是典型代表。咔唑主要存在于煤焦油中,可通过精馏或萃取等方法得到,常温下

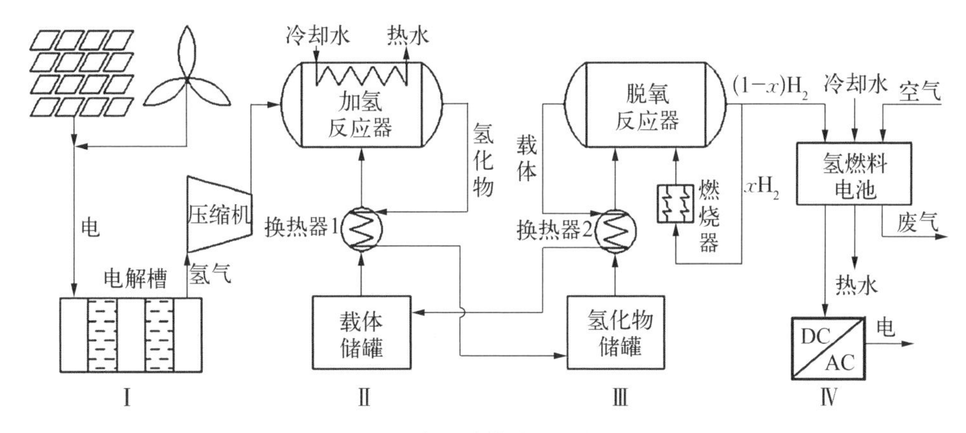

图 2 - 25　有机液体储氢工艺流程图

（图片来源：三井金属矿业株式会社资料）

为片状结晶。研究表明，咔唑可在 250℃下加氢、在 220℃下脱氢。乙基咔唑常温常压下也是无色片状晶体，可以在 130～150℃下快速加氢，在 150～170℃下脱氢，是较为理想的储氢介质。国内氢能源的液态有机储氢技术很可能采用了乙基咔唑作为储氢介质。

2.5.4　固体材料储氢技术

氢能是未来能源最佳选择之一。氢能的利用涉及氢气的储存、输运和使用。储氢合金是一种新型合金，在一定条件下能吸收和放出氢气，循环寿命和安全性能优异，并可用于大型电池，尤其是电动车辆、混合动力电动车辆、高功率应用等。自 20 世纪 60 年代中期发现 $LaNi_5$ 和 FeTi 等金属间化合物的可逆储氢作用以来，储氢合金及其应用研究得到迅速发展。储氢合金能以金属氢化物的形式吸收氢，是一种安全、经济而有效的储氢方法。金属氢化物不仅具有储氢特性，而且具有将化学能与热能或机械能相互转化的机能，从而能利用反应过程中的焓变开发热能的化学储存与输送，有效利用各种废热形式的低质热源。因此，储氢合金的众多应用已受到人们的特别关注[55]。

2.5.4.1　储氢合金的概要

氢气和很多金属都可以发生反应生成金属氢化物。例如，镁、钛和镧分别生成 MgH_2、TiH_2 和 LaH_2 等稳定的金属氢化物。此外，铁和镍在高温、高压下也能与氢气反应生成金属氢化物，但它们的氢化物不稳定，反而使金属结构强度等发生破坏，俗称氢脆现象。在生成稳定或不稳定氢化物的金属合金中，有的具有与氢气可逆反应的能力。其中，在常温常压的作用下，与氢气发生反应，以金属氢化物的形式储存氢气，而在加压、减压或者加温等条件下，容易放出氢气，因此称为“储氢合金”。

固态储氢是指利用储氢合金材料等对氢气的物理吸附和化学吸附作用将氢气储存在固体材料中。物理吸附机制是指通过范德华力将氢分子可逆地吸附在比表面积高的多孔材料。在化学吸附机制中，氢一般是以离子键或共价键与其他元素结合，生成金属氢化物等材料，在一定条件下可逆地吸收和释放氢气（见图 2－26）。

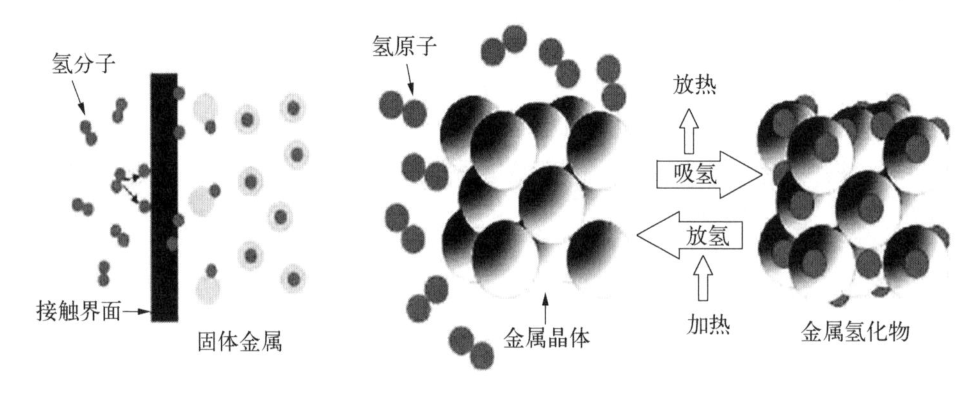

图 2－26　固态合金储氢原理

（资料来源：三井金属矿业株式会社资料）

根据吸附原理的不同，一般将固态储氢材料分为物理吸附储氢材料和化学吸附储氢材料（见图 2－27）[56]。物理吸附储氢材料包括碳基材料（如石墨、活性炭、碳纳米管）、无机多孔材料（如沸石）和金属有机骨架化合物（MOFs）等。化学吸附储氢材料主要包括金属氢化物（如 LaNiH、MgH）、配位氢化物（如 NaAlH）、化学氢化物（如 NH、BH）等，目前以金属氢化物最为成熟由于大多数物理吸附类材料在较低的温度下才能达到一定的储氢密度，常温常压下吸氢量很低，因此限制了其应用。

图 2－28 是 La－Ni 二元合金体系中氢的金属间化合物的生成焓变化。随着金属镍的组分比例增加，形成金属间氢化物的不稳定性也相应增加（ΔH 增加）。图 2－29 是 LaNi 系合金的氢气平衡压-组成等温线。镧的比例较大的

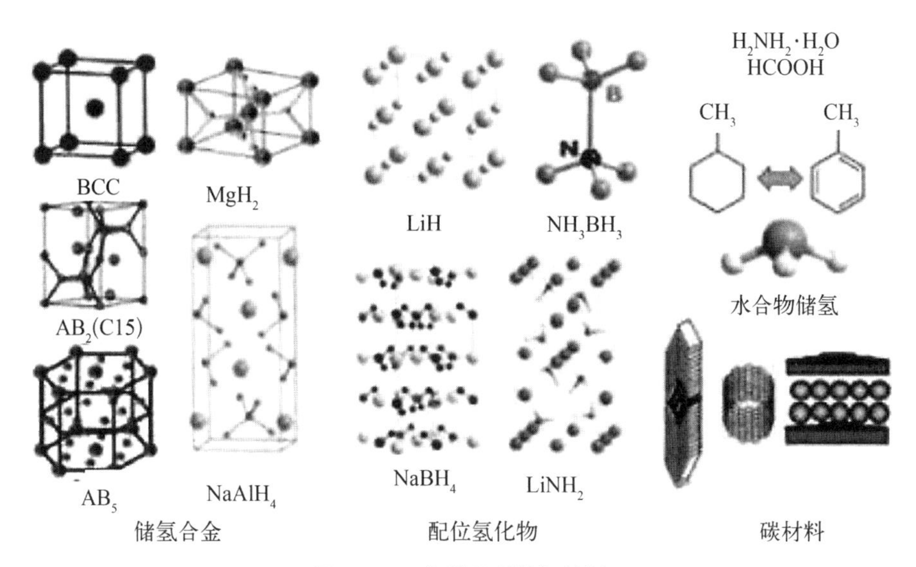

图 2－27　化学吸附储氢材料

（资料来源：三井金属矿业株式会社资料）

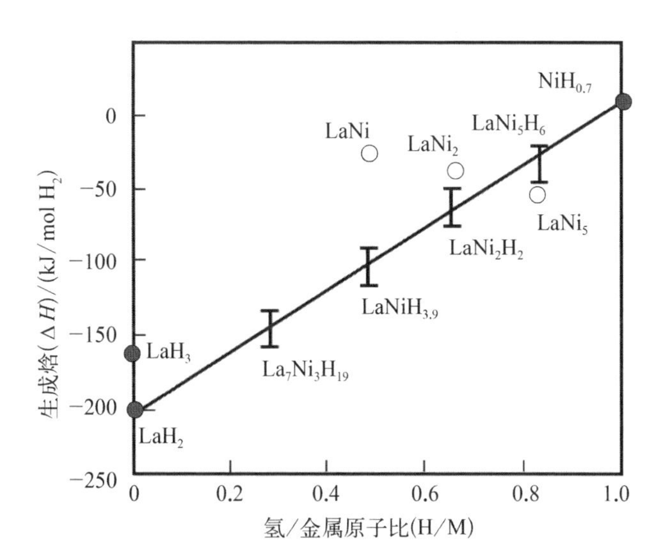

图 2－28　La－Ni 二元系金属间化合物(○)与氢化物(●、I)的生成焓变化(Δ*H*)

$LaNi_5$ 和 $LaNi_2$ 等金属间的场合，氢化合物有稳定化的趋势。随着镧的氢化量增加，与镍间合金的不均衡化及非晶态比例增加，可逆性的储氢量减少。固态储氢与其他储氢方式相比，最显著的两个优势就是体积储氢密度高与安全性能好。固态储氢具有非常高的体积储氢密度，以 MgH_2 储氢为例，MgH_2 在常压下具有金红石型 α-四方晶型结构，在 0.39～5.5 GPa 和 3.9～9.7 GPa 下分别转变为 γ-正交相和 β-立方相（见图 2-30），理论研究表明，在较高的压力下还可以形成另外两种正交结构（δ 相和 ε 相）[56]，其体积储氢密度可达 106 kg/m^3，为标准状态下氢气密度的 119 倍，70 MPa 高压储氢的 2.7 倍，液氢的 1.5 倍。但它的缺点是放氢温度很高。在 5 GPa 下，不同吸氢放氢循环次数后，应变对 MgH_2 脱氢温度的影响如图 2-30 所示（a）差示扫描量热法（DSC）和（b）热量（TG）分析。

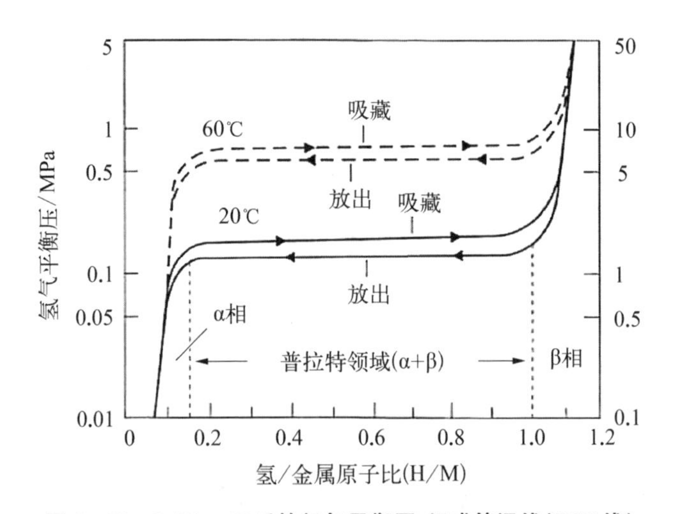

图 2-29　$LaNi_5$-H 系的氢气平衡压-组成等温线（PCT 线）

表 2-6 列出了迄今为止研究开发出的主要储氢合金物性参数。大多数是如上所述形成稳定氢化物的元素 A 和不稳定氢化物的元素 B 组合的金属间化合物。其中，具有代表性的储氢合金是稀土改良型 $LaNi_5$ 的 AB_5 型稀土类合金，以钛和锆为主成分的 Rabeth（奥氏体）合金，低成本的钛铁系合金，储氢量最大的镁系合金等。Mg_2Ni 自 20 世纪 60 年代开始就被作为储氢材料广泛研究应用。最近，Ti-V-Mn 系列和 Ti-V-Cr 系列等具有体心立方（bcc）晶格的固体合金因其质量分数高达 3% 的储氢量、较低的脱氢温度而备受关注。

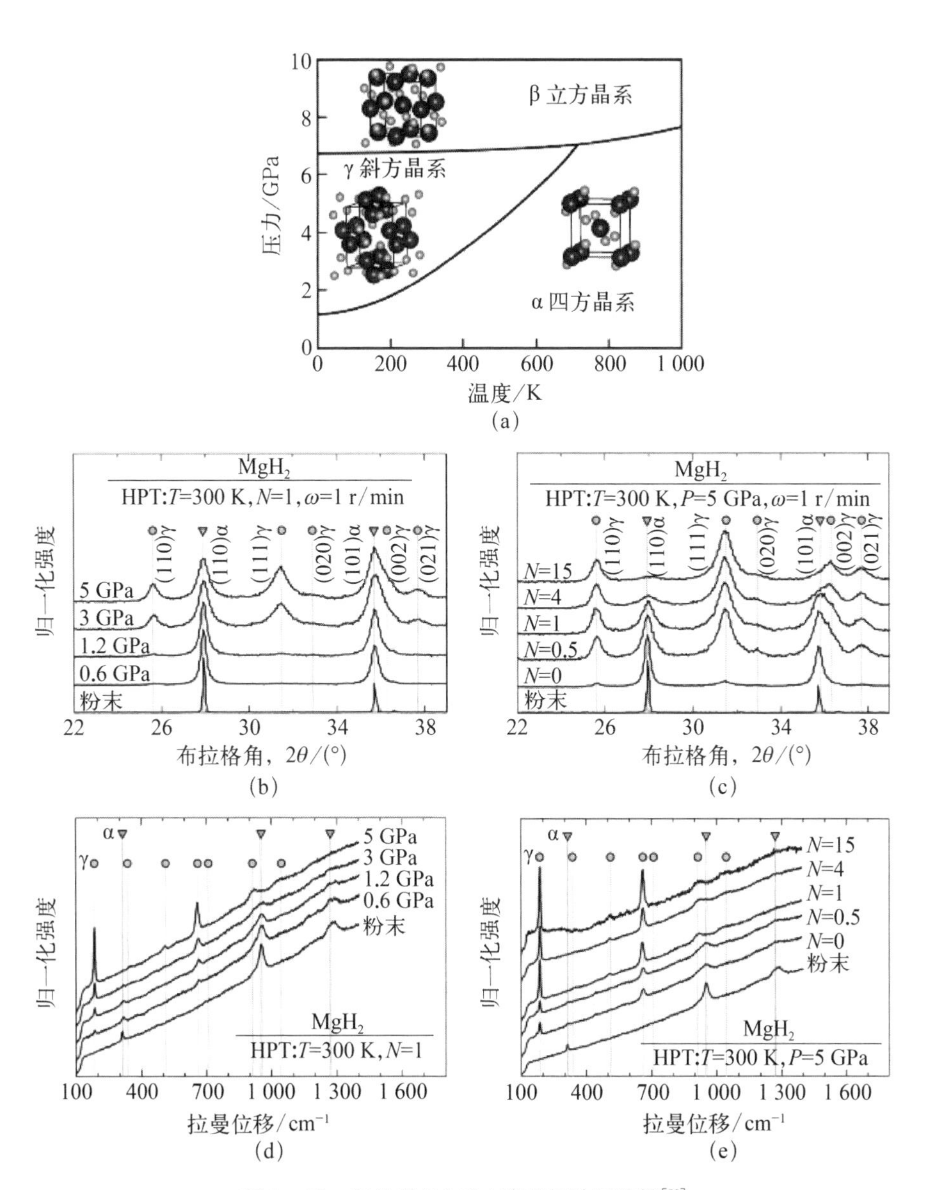

图 2-30　氢化镁(MgH_2)的吸氢放氢特性[58]

(a) MgH_2 的理论压力-温度相图；(b)，(d) 不同压力下初次吸氢后的 XRD 和拉曼光谱；(c)，(e) 5 GPa 压力下吸 XRD 谱和拉曼光谱随放氢次数的变化比较。

表 2-6 主要储氢合金物性参数

结构式	合 金	氢气吸藏量/%(质量分数)	氢气平衡压(温度)/MPa (℃)	氢化合物生成热/(kJ/mol H_2)
AB_5	$LaNi_5$	1.4	0.4(50)	−30.3
	$MmNi_5$	1.4	3.4(50)	−26.4
	$CaNi_5$	1.2	0.4(50)	−33.5
AB_2	$TiMn_{1.5}$	1.8	0.7(20)	−28.5
	$TiCr_{1.8}$	2.4	0.2～0.5(−78)	−20.2
	$ZrMn_2$	1.7	0.1(210)	−38.9
	ZrV_2	2.0	1×10^{-9}(20)	−200.8
AB	TiFe	1.8	1.0(50)	−23.0
A_2B	Mg_2Ni	3.6	0.1(253)	−64.4
固溶体	$V_{74.5}Ti_{10}Cr_{12.5}Mn_3$	2.8	0.2(40)	−38.0

注：Mm 代表 La、Ce 等稀土混合物。

20 世纪 60 年代后期开始的 10 年间，人们发现了 $LaNi_5$、$TiMn_2$、TiFe、Mg_2Ni 等金属间化合物，以及 Ti-V 类固溶体合金等具有代表性的合金体系。20 世纪 90 年代，储氢合金作为镍氢电池的负极在日本开始投入实用化，镍氢电池的能量密度高达镍镉电池的 1.5～2 倍，应用于丰田汽车的混合动力车系用电池。最近，作为加氢站的储氢装备以及氢气纯化装置，小型燃料电池汽车的储氢瓶等的应用也受到关注。

同时，金属氢化物储氢材料极为丰富，包括镁系、钛系、钒系、稀土系及锆系等。其中，镁系合金凭借储氢量高、原料丰富、价格低廉以及释放氢气纯度高的特点，是当下研究最多的储氢材料，被认为是最有产业化发展前景的固态储氢材料之一。

2.5.4.2 储氢合金的组成、结构和特性

表 2-7 列出了各种储氢媒介和各种金属氢化物的质量氢密度、体积氢密度

的比较。金属氢化物的体积氢密度比液体氢和固体氢的都要高很多。这就是利用储氢合金可以高体积密度储氢的理由。在表 2－7 的金属氢化物中，氢原子存在于金属原子形成的晶格的缝隙中（晶格间位置）。实际上氢原子的电子和金属原子的电子是一体的，氢离子（H^+）进入晶格间位置，但是因为电子聚集在氢离子的周围，所以氢在晶格间位置的区域内几乎是中性的状态。根据对金属氢化物的结构分析的结果，网格间的氢原子相互之间的距离不超过 0.21 nm，它比氢分子的范德瓦耳斯半径 0.348 nm 还要小，所以在金属氢化物的情况下，单位体积的氢原子密度会升高。一个合金是否适用于储氢材料，主要看氢气平衡压力，储氢化合物的稳定性，氢气在吸藏合金里的吸附状态、氢原子的格子间距离的大小、合金的构成元素和氢的化学亲和性等有关。以下以这些 AB_5 型稀土类储氢合金为例叙述。

表 2－7　各种储氢媒介和各种金属氢化物的质量储氢密度及体积储氢密度

储 氢 媒 介	质量储氢密度/%（质量分数）	体积储氢密度/(kg/m^3)
常压氢气（0℃，0.1 MPa）	100.0	88.7×10^{-3}
液态氢气（－253℃）	100.0	70.8
MgH_2	7.6	110.2
VH_2	3.8	171.0
$V_{74.5}Ti_{10}Cr_{12.5}Mn_3$	2.9	～130
Mg_2NiH_4	3.6	93.6
$TiFeH_{1.9}$	1.8	98.5
$LaNi_5H_6$	1.4	98.6
$NaAlH_4$	7.5	70.6
高压氢气（15 MPa，47 L）	1.2	16.4

代表性的 AB_5 型稀土类储氢合金 $LaNi_5$ 是能与氢形成稳定氢化物的元素 A 镧和与氢形成不稳定氢化物的元素 B 镍组成的金属间化合物。稀土元素镧能够与氢形成稳定的氢化物（LaH_3），而镍在 25℃时与氢形成氢化物（NiH）时则

需要 340 MPa 的高压。

此外，在镍比例比较大的 $LaNi_5$ 的场合，接近常温常压的情况下，可以可逆地吸氢放氢，形成的氢化物在温度为 25℃、压力为 2.2 MPa 左右形成稳定的吸氢和 60℃、常压的放氢特性（见图 2－31）。所有样品在 610～720 K 时均表现出放热脱氢峰，并有明显的质量损失。α 微粉的初始脱氢温度约为 690 K，HPT 循环后脱氢温度降低，15 次循环后达到约 610 K。低温脱氢主要是由于 γ 相形成的热力学效应，部分是由于纳米颗粒形成的动力学效应[57]。

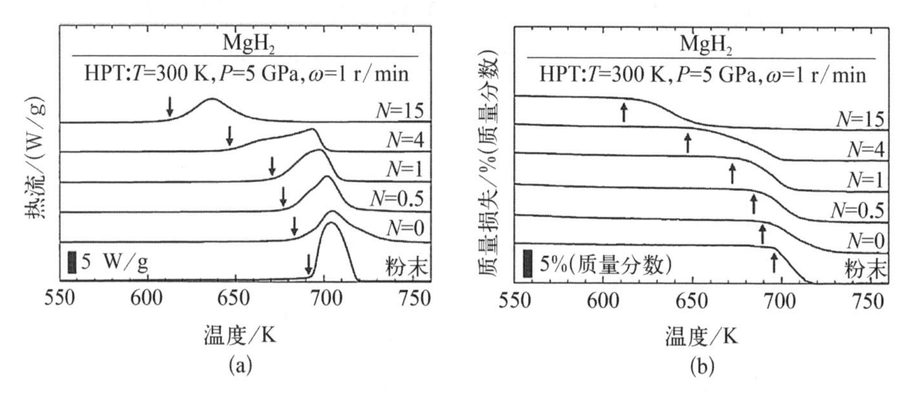

图 2－31　MgH_2 在 5 GPa 下的 TG 质量损失（箭头表示脱氢温度）

(a) DSC 热流；(b) 不同循环 HPT 处理。

固态储氢也可在常温常压下进行，Ti－V－Mn 系合金在 293 K、1.3 MPa 下即具有较好的吸放氢特性。图 2－32 展示了 3 种合金的 P－C－T 结果。一方面，虽然 $Ti_{20}Mn_{20}V_{60}$ 等钛和钒含量较大的合金显示了较大的最大储氢量，bcc 构造特有的 P－C－T 特性，有效氢吸放量差、滞回性特性不佳。而 $Ti_{40}Mn_{50}V_{10}$ 这种低钒含量、Ti/Mn 比低于 1 的合金，虽然最大储氢量小，但滞回性特性良好，显示出 C14 拉贝斯结构特有的 P－C－T 特性。另一方面，像 $Ti_{40}Mn_{30}V_{30}$ 这样 C14 拉贝斯结构和 bcc 结构的混相，最大储氢量虽然介于 $Ti_{20}Mn_{20}V_{60}$ 和 $Ti_{40}Mn_{50}V_{10}$ 之间，从与 bcc 结构的合金同等的氢压即开始储氢，并且得到了平台部分消失的 P－C－T 特性（见图 2－32）[58]。

氢占位率的大小与平衡氢压有很大关系。也就是说，如果氢的占位变小，氢原子就很难进入，平衡氢压力就会变高。反之，如果变大，平衡氢压力就会降低。由于使用昂贵的纯镧在成本方面难以实用化，因而促使了镧、铈、镨、钕等稀土类的混合物（简称 Mm）的 AB 型储氢合金的开发。不过，含有比镧重的稀土元素

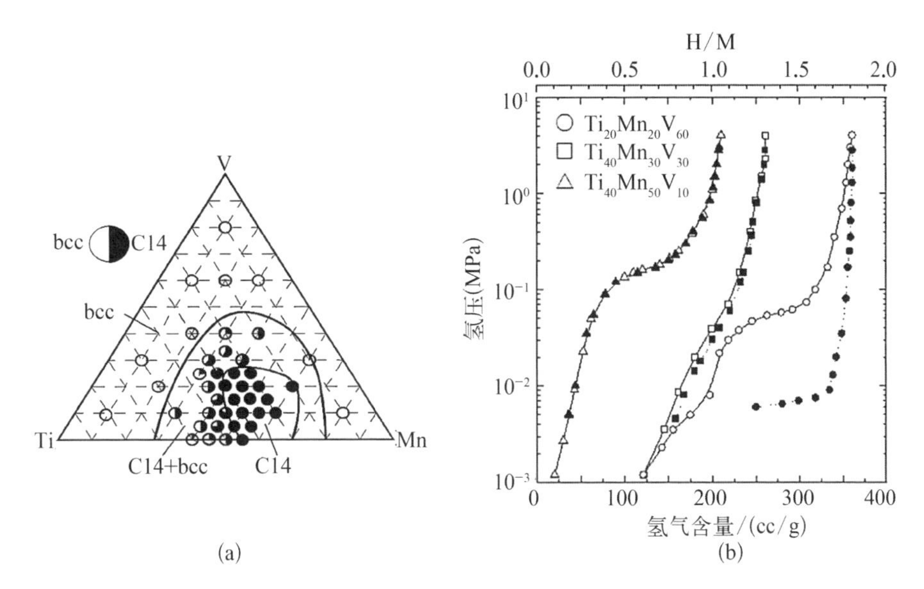

图 2-32　不同 Ti-Mn-V 合金的晶体结构与等温线(其中开闭符号分别为吸收和脱吸)

(a) 不同 Ti-Mn-V 合金在 1 373 K 热处理时的晶体结构;(b) $Ti_{20}Mn_{20}V_{60}$、$Ti_{40}Mn_{30}V_{30}$ 和 $Ti_{40}Mn_{50}V_{10}$ 在 293 K 下的 PC 等温线。

在 Mm 中,由于它们产生镧收缩效应,平均原子半径变小,合金的格子体积减小,使得氢的平衡压上升到 $LaNi_5$ 的约 6 倍。因此,$LaNi_5$ 利用镍的一部分可以用其他元素置换,用原子半径大的元素置换镍金属,扩大晶格,以降低氢气的平衡水压。在氢吸藏合金中,一般来说,在合金的结晶结构相同的情况下,随着晶格体积的增加使氢化物变得稳定,氢气平衡压下降。另外,像 $Ti_{40}Mn_{30}V_{30}$ 这样 C14 拉贝斯结构和 bcc 结构的混相,最大储氢量虽然介于 $Ti_{20}Mn_{20}V_{60}$ 和 $Ti_{40}Mn_{50}V_{10}$ 之间,从与 bcc 结构的合金同等的氢压即开始储氢,并且得到了 platato 部分消失的 P-C-T 特性(见图 2-32)。这为交通应用场景的储罐提供易密封条件,在突发事件下即使发生氢瓶损坏也不易发生氢气泄漏,为交通推广采取安全措施赢得宝贵时间[58]。

2.5.5　氢气的储运与安全

氢气的来源和用途比较明确,而且应用端和制氢端成本下降路线也非常清晰,但氢气作为能源与传统工业用氢有很大的不同,传统工业用氢基本上是在应用场地制氢,比如煤制氢、天然气制氢或工业副产氢都是在化工园区制取并应用,氢气运输的工作量并不大,氢气的安全性问题也容易解决。但氢气作为能源，应用端分散，而且可再生能源制氢主要在光伏和风电比较便宜的地区，而氢气的大规模使用则主要集中在工业和经济发达的东部沿海地区，氢气的安全性使用问题以及储存和运输就变得非常重要。本节集中讨论氢气的储运和应用场景下的安全性问题。

2.5.5.1　氢气的安全性

氢气的安全性问题一直被人们关注，大家对其往往有氢气遇明火、高温就会发生爆炸的印象。其实，爆炸主要是氢气和空气混合后造成的，纯氢气本身并不会发生爆炸。作为燃料的氢气，一般浓度达到 99.99%以上，此时没有与空气或氧气的接触，氢气是安全的。氢气的性质也决定了其在工业中的安全性。迄今为止，人类使用氢气已经超过 120 年，全球的化工厂、炼油厂每年使用的氢气超 7 000 万吨，因氢气引起的安全事故所占比例极低。

氢气在开放的大气中，很容易快速逃逸，而不像汽油蒸气挥发后滞留在空气中不易疏散。有人做过试验，两辆汽车分别用氢气和汽油作为燃料，然后进行泄漏点火试验(见图 2－33)。由图可见，点火 3 s 后，高压氢气产生的火焰直喷上方。而

(a)

(b)

图 2－33　(a) 氢气汽车和汽油汽车的燃烧对比实验；(b) 高压氢气瓶的燃烧实验

(资料来源：日本 JARI 资料)

汽油由于比空气重，则从汽车的下部着火。到 1 min 时，氢气作为燃料的汽车只有漏出的氢气在燃烧，汽车本身没有大问题；而汽油车则早已成为一个大火球，完全烧光。这说明了氢气汽车要比我们现在普遍使用的汽油车安全得多[59-60]。

表 2－8 是氢气与相似气体甲烷、丙烷的安全性等物理性质比较，从表中可以看到，与我们常用的天然气、液化石油气(LPG)相比，氢气比热容值低，燃烧发热量低，比甲烷和 LPG 安全。氢气引火温度较低，特别是点燃需要的最小能量小，为保证安全要避免与空气接触[59]。

表 2－8　氢气与相似气体甲烷、丙烷的安全性等物性比较

物　　性	单位	氢气	甲烷	丙烷
化学式	—	H_2	CH_4	C_3H_6
相对分子质量	—	2.015 8	16.043	44.096
密度	空气＝1	0.069 5	0.55	1.52
气态密度(常压，20℃)	kg/m^3	0.083 8	0.651	1.87
液态密度(常压，沸点)	kg/m^3	71	423	582
临界温度	℃	－239.9	－82.6	96.7
临界压力	MPa	1.298	4.506	4.25
临界密度	kg/m^3	30.1	162.8	217.0
沸点	℃	－252.9	－161.5	42.0
三重点	℃	－259.2	－182.5	－187.7
蒸发潜热(沸点)	kJ/kg	446	510	426
溶解潜热(三重点)	kJ/kg	58.2	58.5	95.0
定压比热容(C_p)(常压，25℃)	kJ/(kg·℃)	14.4	2.31	1.67
定容比热容(C_V)(常压，25℃)	kJ/(kg·℃)	10.2	1.72	1.46
黏度(常压，20℃)	Pa·s	8.8×10^{-6}	10.8×10^{-6}	8.1×10^{-6}

续 表

物　　性	单位	氢气	甲烷	丙烷
热传导率(常压,20℃)	W/(m·K)	0.182	0.034	0.021(50℃)
总发热量/高发热量	MJ/m^3	12.8	40	101.9
GCV/HHV	MJ/kg	142	55.9	51.8
真发热量/低发热量	MJ/m^3	10.8	35.9	93.6
GCV/HHV	MJ/kg	120.0	50.1	47.6
发火温度	℃(空气中)	572	580	460
	℃(氧气中)	450		
爆发范围	%(体积分数,空气中)	4.0～75.0	5.0～15	2.0～10.5
	%(体积分数,氧气中)	4.5～94.0	5.0～60	2.0～53
爆轰范围	%(体积分数,空气中)	18.3～59	6.5～12	2.6～7.4
	%(体积分数,氧气中)	15.0～90		
扩散系数(常压,20℃,空气中)	m^2/s	6.1×10^{-5}	1.6×10^{-5}	1.2×10^{-5}
声速(0.101 MPa,25℃)	m/s	1.308	449	724(1.01 MPa)
最小起燃能量	MJ	0.02	0.28	0.25
爆炸放出能量	MJ/m^3	9.3	32.3	94.3
理论混合比(空气中)	%(体积分数)	29.53	9.48	4.03
火焰温度	℃(空气中)	2 045	1 875	2 112
	℃(氧气中)	2 660		
最大燃烧速度(0.1 MPa)	m/s(空气中)	2.65	0.4	0.43
	m/s(氧气中)	14.36	3.9	3.9

续 表

物　　性	单位	氢气	甲烷	丙烷
水中溶解度(常压，20℃)	mL(气体)/L	18.2	33	35.8
树脂的透过系数(单位如下*)	聚三氟化乙烯(PCTFE)	聚四氟化乙烯(PTFE)	聚氨酯(尼龙6)	
氢气	56.4×10^{-10}	1.08×10^{-10}	90～110	
甲烷		66×10^{-10}		

* 树脂的透过系数单位：PCTFE，PTFE（cm^3 at cm/cm^2/selatm），Nylon6（$cm^2/100$ in^2/mil/24h/25℃）

数据来源：NEDO 编制，水素の物性と安全ガイドブック。

由于氢焰的辐射率小，只有汽油、空气火焰辐射率的1/10，因此氢气火焰周围的温度并不高。有文章指出，氢气在后备厢位置燃烧，而汽车后玻璃安然无恙，窗内温度还不到20℃。氢气燃烧不冒烟，生成水，不会污染环境。氢气也有对安全不利的特点。例如氢气着火点能量很小，不论在空气中或者氧气中，都很容易点燃。根据文献报道，在空气中氢气的最小着火能量仅为0.019 mJ，在氧气中则更小，仅为0.007 mJ。如果用静电计测量化纤上衣摩擦而产生的放电能量，该能量比氢气和空气混合物的最小着火能量还大好几倍，这足以说明氢气的易燃性。

氢气的另一个危险性是它和空气混合后的燃烧浓度极限的范围很宽，按体积比计算其范围为4%～75%，因此不能因为氢气的扩散能力很大而对氢气的爆炸危险放松警惕。氢气爆炸范围宽，起爆能量低，但也并不意味着氢气比其他气体更危险。由于空气中可燃性气体的积累必定要从低浓度开始，因此，就安全性来讲，爆炸下限浓度比爆炸上限浓度更重要。丙烷的爆炸下限浓度就比氢气的低，因此，从爆炸的容易性来说，丙烷比氢气更危险。

只要在受限空间中做好氢气的实时监控及通风等防护措施，就能安全使用。氢气点火能量低、燃烧和爆炸区间宽、燃点只有574℃，当发生高压氢气泄漏时，由于负焦耳-汤姆逊效应，泄漏口容易发热引发氢气自燃，故长期以来氢气被作为危险化学品管理。

但氢气的燃烧和爆炸下限体积浓度差值达到14.3%，远高于汽油的0.1%和天然气的1.0%，因此不会如汽油和天然气般燃烧后容易引起爆炸；而且氢气的爆炸下限体积浓度为 18.3%，远高于汽油的 1.1%和天然气的 6.3%；氢气燃烧时，单位体积发热量和单位体积爆炸能分别为汽油的 5.27%和 4.57%，造成的危害后果远小于汽油；氢气火焰上升较快，危险性也远低于同等条件下的汽油和天然气火焰。此外，现阶段氢气浓度传感器响应速度达秒级，灵敏度可达 ppm[①] 级，大幅提高了氢气泄漏的可探测性。

因此，结合氢气泄漏后容易向上逸散的特点，只要在受限空间中做好实时监控及通风等防护措施，就能够安全可靠地开展氢能应用。

氢气使用需要注意的点如下：

(1) 它是易燃气体，无色无味，火焰无色，燃烧时没有任何气味发生，泄漏时很难发现，需要加装多个氢气传感器；

(2) 与空气或氧气的混合气体的可燃范围非常广（空气中氢气的混合比例在 4%～75%的范围内是可燃的）；

(3) 点燃所需的能量很小，小小的火花即可引燃，用氢场所和加氢站等需要严格的防静电措施；

(4) 常压下，液态氢的温度 252.9℃（20 K）非常低，液氢加注时要防冻伤；

(5) 氢气极易扩散、泄漏和逃逸，需要加装氢气传感器检测泄漏；

(6) 液态氢非常容易蒸发，挥发的液氢很快变成气体，所以必须按气态氢的安全规范对待。

安全使用氢气，最基本的原则就是不要泄漏。为及时发现泄漏情况，在氢气的使用中会设很多传感器。即使真的发生泄漏，本身较轻的氢气也会快速向上扩散，只要把氢气使用环境上面的空间打开，或在开放的空间里，氢气的使用仍然是安全的。可以说，在安全性上氢气比汽油和天然气更有保障。

2.5.5.2 氢气运输

氢气的运输通常根据储氢状态的不同和运输量的不同而不同，主要有气氢输送、液氢输送和固氢输送 3 种方式。

气态输运分为长管拖车和管道运输 2 种，长管拖车运输压力一般为 45 MPa，我国长管拖车运输设备产业较为成熟，但在长距离大容量输送时，成本较高，整体落后于国际先进水平（85 MPa）。而将来的管道运输，包括天然气掺

---

① 业内习惯用 ppm 做浓度单位，表示百万分之一。

氢是实现氢气大规模、长距离输送的重要方式。

目前，以高压氢气为燃料的氢燃料汽车的实用化正在迅速发展，但高压氢气的输送渠道并不畅通，加氢站布局也没有跟上。需要充分研究高压氢气的储运技术，包括高压加氢站和移动式撬装站的设置布局密度、加(充)氢速度和时间。特别是在汽车领域，为了增加每次填充后的行驶距离，要求车载容器更加高压化，与此相对应的加氢站也需要更加高压的储氢设备。

另外，在所有的加氢站规划中，安全距离等法规要求对加氢站的设置设备距离和设置面积等的影响很大，直接影响加氢站的成本，成为加氢站普及的巨大阻碍。固定式加氢站和移动式撬装站的结合也许是加氢站快速普及的有效方式之一。

目前国内高压氢气的运输主要使用多个高压瓶组连成的集装格为一体氢气运输卡车(见图 2 - 34)。为了增大容量，将数十个高压储氢容器集中在一起，用固定在车厢上的辊和托盘进行大容量输送。按照道路安全法，运送氢气的容器大小、压力、数量等都有法规限制，目前国内陆路运氢单车最大量不得超过 500 kg，最大压力不得超过 45 MPa[61]。

图 2 - 34　搭载高压氢气瓶组集装格(C - FRP)的运氢卡车

(资料来源：氢能促进会资料)

液态输运适合远距离、大容量输送，可以采用液氢罐车或者专用液氢驳船运输。采用液氢输运可以提高加氢站单站供应能力，日本、美国已经将液氢罐车作为加氢站运氢的重要方式之一。图 2 - 35 所示是川崎重工开发的万吨排量液态氢运输船，从澳大利亚运送到日本。每次可运氢气 125 吨，耗时 5～6 天。据 NEDO 预测，到 2050 年，日本需要进口 1 500 万～2 000 万吨氢气作为一次能源使用，因而，液氢运输远远不能满足需求，正在考虑用其他手段比如液氨、尿素等输氢手段。

图 2-35 川崎重工液氢运输船

（资料来源：川崎重工，NEDO 资料）

固氢输送是通过金属氢化物储存的氢能可以采取更加丰富的运输手段，驳船、大型槽车等运输工具均可以用来运输固态氢。

300 km 以上的运输距离，运输成本排序为 LOHC<LH_2(液氢槽车)<氢气管道<管束车；50 km 以内氢气管道运输成本较低，因此适合小规模运输，例如化工厂区氢气管道和孤岛微电网内氢气运输等场合。液态输运更适合长距离、大规模输氢，像跨省运输，将制氢中心的氢运输至消费中心这类情况。

目前国内氢气基本上采用就近用氢，一般采用高压长管拖车，美国液氢储运比较成熟。虽然氢气不是有限资源，但各地氢能资源禀赋不同，氢气的成本也相差很大，国内富氢地区主要在三北(东北、华北北部、西北)地区，而用氢则在珠三角、长三角地区，氢能贸易已经在用氢地和富氢地之间展开，长途运输需要采用更加安全和便宜的运输方式，日本尝试用液氢和有机液态化合物方式从澳大利亚、文莱、非洲等地远洋运输氢气，并研究以液氨的方式运输。

管道运输对产氢和用氢比较集中且距离适当的项目中具有经济性，目前，全球输氢管道总长约为 5 050 km，其中美国的氢能管道网络建设最为发达，约为 2 700 km，占 50%左右，欧洲 1 770 km。我国已建成纯氢输氢管道 5 条共 106 km，其中玉门油田输氢管道 5.77 km、巴陵—长岭输氢管道 42 km、济源—洛阳输氢管道 25 km、金陵—扬子输氢管道 32 km、宁东基地首条入廊氢气管道 1.2 km；筹建再建管道 745.57 km，其中定州—高碑店 164.7 km、辽通纯氢示范应用 7.8 km、达茂—工业园区氢管道工程 159.07 km、乌兰察布—燕山石化 400 km 管道正在建设中。

对于氢能制、储、运过程中的安全性问题，大连化学物理研究所李灿院士提出“液态阳光”的概念，让二氧化碳和氢气反应生成甲醇，将有效解决氢气储存问题。甲醇是非常好的液体氢载体，它的安全性和便捷性都是极佳的，将为边远地区难以上网的弃风、弃光、弃水等可再生能源提供消纳渠道，还将成为除特高压输电之外，另一种规模化输送能源的途径。

天然气掺氢是一种发挥现有基础建设的减碳方案，如果不考虑大比例掺氢，现有的管道也可以掺入一部分氢气，德国天然气配送主管道系统的掺氢上限为10%，法国为6%，意大利为5%，澳大利亚为4%，中国大陆目前的标准为3%。国家电投集团2020年建成的朝阳—沈阳天然气掺氢示范项目，掺氢7%，已安全运行3年多，取得了大量的实验数据，为以后的大规模推广使用提供了参考依据。

如果调整输氢管道节点的压缩机、阀门、管接头等材料可以提高掺氢的比例，有专家称，以我国天然气消费量计算，如掺氢比例为10%(体积比)，每年可消纳1 700多亿度绿电。

2.5.6　加氢站等基础设施建设

加氢站作为氢能应用的重要保障，是氢燃料电池汽车实现商业化的关键基础设施，加氢站的建设数量和普及程度决定了氢燃料电池汽车的商业化进程。

加氢站之于燃料电池汽车，犹如加油站之于传统燃油汽车、充电站之于纯电动汽车，是支撑氢能产业链发展必不可少的基础。

2.5.6.1　加氢站用氢的来源

加氢站用的氢气来源广泛，一般来源于大型化工企业的副产氢经提纯得到符合燃料电池汽车标准的高纯氢。然后通过长管拖车运送高压氢气或者通过液氢运输车输送到加氢站使用，也可以在加氢站现场制造氢气，提纯、加压后提供给加氢站作为气源。目前大部分的氢气由天然气或LPG、石脑油、灯油等通过水蒸气重整制得；也有部分来自生物质发酵、干馏、重整等得到的混合气中提取，还有部分来自钢铁厂的焦化副产氢，以及氯碱工业的副产氢等。电解水制氢只占很少一部分。而站内制氢一般通过电解水方式制取，它的电力来自附近的光伏风电场站的清洁电力，再附加利用夜晚等峰谷电力，以得到低廉的氢气。

2.5.6.2 加氢站系统

加氢站的系统会因利用的氢源而改变。无论哪种氢气来源，首先需要把运送至加氢站的纯氢压缩到 40 MPa 的高压储存在蓄压容器中，然后通过自动循环的管道和加氢枪连接加注到 35 MPa 的车载储气瓶中使用。

图 2－36 所示分别为压缩氢储存型和液氢储氢型的典型氢气供应系统。一般蓄压器连接 2 bank 或 3 bank，设定目标压力后自动充填，当蓄压器侧和车侧的氢气容器的压力达到平衡(充满)时，转入下一个高压容器的自动填充方式。

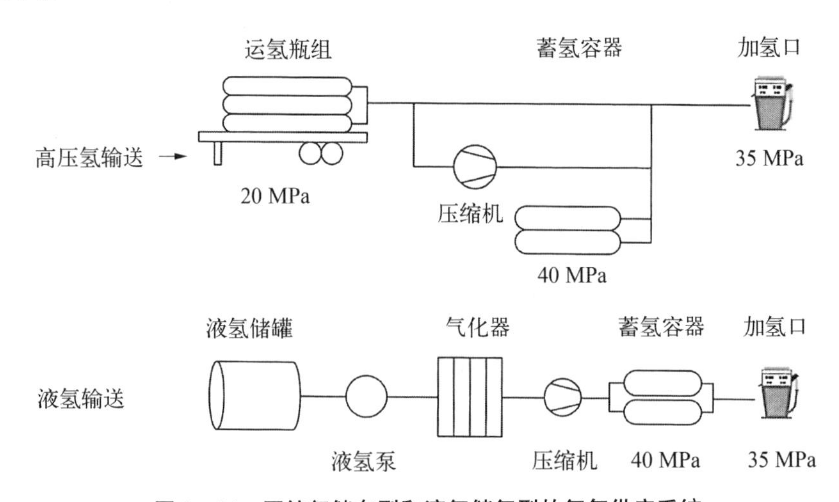

图 2－36 压缩氢储存型和液氢储氢型的氢气供应系统

2.5.6.3 加氢站的主要设备

目前的加氢站主要是高压压缩氢气加氢站，根据供氢方式的不同，加氢站各系统的设备略有差异，但大致相同。加氢站的主要设备有卸气柱、压缩机、储氢罐、加氢机、管道、控制系统、氮气吹扫装置以及安全监控装置等，其核心设备是压缩机、储氢罐和加氢机。这些设备需要在高压状态下工作，材料需要防氢脆。氢气容易泄漏，且是易燃易爆的可燃性气体，加氢站设备造价高，一套装置通常需要千万元以上的造价，在商业化基础上大规模推广应用需要大幅度降低成本。此外，与当地城市环境和谐共生的外观造型是必要的(见图 2－37)，压缩机等设备的低噪声化开发也是当前的课题。另外，对于 70 MPa 的储氢容器，压缩机、蓄压滤器、滤器等高压部分的压力需要提高到 84 MPa。

图2-37　位于北京大兴区的加氢站

目前加氢站使用的压缩机主要有隔膜式压缩机和离子式压缩机两种。隔膜式压缩机因无须润滑油润滑，从而能够获得满足燃料电池汽车纯度要求的高压氢气。但隔膜式压缩机在压缩过程中需要采用空气冷却或液体冷却的方式进行降温。离子式压缩机能实现等温压缩，但因技术尚未成熟，没有大规模使用。

储氢罐是加氢站的核心设备之一，在很大程度上决定了加氢站的氢气供给能力。加氢站内的储氢罐通常采用低压(20～30 MPa)、中压(30～40 MPa)、高压(40～75 MPa)三级压力进行储存。有时氢气长管拖车也作为一级储气(10～20 MPa)设施，与储氢罐共同构成加氢站的四级储气(见图2-38)。

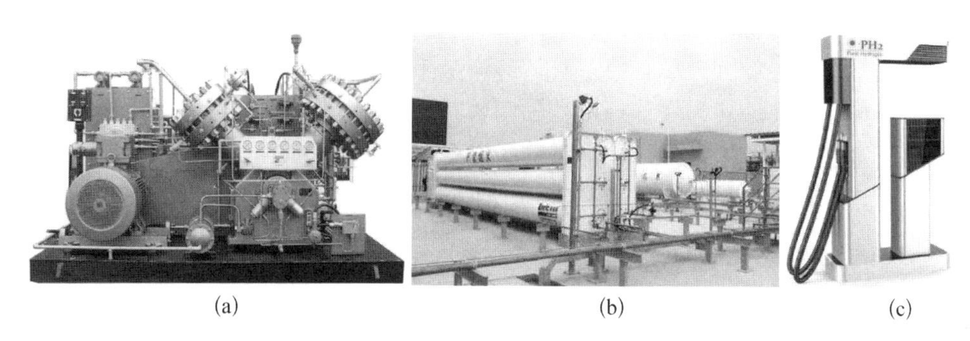

(a)　(b)　(c)

图2-38　加氢站的(a) 压缩机；(b) 储氢罐；(c) 加氢机

加氢机是实现氢气加注服务的设备，加氢机上装有压力传感器、温度传感器、计量装置、取气优先控制装置、安全装置等。当燃料电池汽车需要加注氢气时，若加氢站采用4级储气的方式，则加氢机首先从氢气长管拖车中取气；当氢气长管拖车中的氢气压力与车载储氢瓶的压力达到平衡时，转由低压储氢罐供气；以此类推，然后分别是从中压、高压储氢罐中取气；当高压储氢罐的压力无法将车载储氢瓶加注至设定压力时，则启动压缩机进行加注。加注完成后，压缩机按照高、中、低压的顺序为三级储氢罐补充氢气，以待下一次的加注。这样分级加注的方式有利于减少压缩机的损耗(见图 2-38)。

根据国家标准《加氢站技术规范》(GB 50516)，根据加氢站储氢罐总容量和单罐容量，将单纯加氢站分为三级，具体如表 2-9 所示。我国在氢能加注方面成绩斐然，到 2023 年底，已累计建成加氢站超过 350 座，约占全球数量的 40%，加氢站数量位居世界第一。根据《节能与新能源汽车技术路线图 2.0》规划，到 2025 年，我国加氢站的建设目标为至少 1 000 座，到 2035 年加氢站的建设目标为至少 5 000 座[62]。

表 2-9　加氢站的分级标准

等级	储氢罐容量/kg	
	总容量 G	单罐容量
一级	$4\,000 < G \leqslant 8\,000$	$\leqslant 2\,000$
二级	$1\,000 < G \leqslant 4\,000$	$\leqslant 1\,000$
三级	$G \leqslant 1\,000$	$\leqslant 500$

2.5.6.4　加氢站的安全措施

氢是易燃易爆的可燃气体，与甲烷、LPG 相比，因着火温度低(530℃)、起燃所需体积小(0.02 mL)、爆炸极限范围广(4%～75%)、燃烧速度快(2.65 m/s)等性质而被视为高危险性气体。加氢站的安全对策如下：

(1) 加氢站内所有装置、设备都要保持开放状态并强制通风；

(2) 涉氢装置的温度、压力等都需装备传感器进行故障自动检测、氢气泄漏自动检测、地震等振动自动检测及紧急停止系统；

(3) 涉氢设备与其他设备中间设置安全挡板；

(4) 对氢填充连接器的氢泄漏进行自动检测；

(5) 设置火焰感测器、安全阀、紧急停止按钮，设置防冲撞栅栏，确保安全距离；

(6) 站内严禁使用明火；

(7) 氢气填充时需防止静电，雷雨时禁止填充；

(8) 氢气填充时的车辆必须熄火停车。

2.6　氢气作为能源的主要应用领域及市场前景

从 20 世纪 60～70 年代通用汽车将燃料电池航天发射技术用于汽车动力开始，人们开启了对氢气替代能源探索的产业化进程，氢能作为一种清洁高效的新能源，由于其灵活高效、清洁低碳、应用广泛，正在成为全球争相发展的未来能源新星。日本、美国多个国家及欧盟制定氢能发展战略，储氢、运氢、加氢等氢能基础设施建设加快，氢燃料电池在商用车等领域率先开展示范应用。碳中和战略是推动氢能发展的主要动力，随着氢能技术突破和规模化应用，氢能全产业链将迎来发展爆发期。

2.6.1　氢能储存

目前在储能领域，抽水蓄能系统占据绝对主导，电化学储能、氢能储能、飞轮储能等新的储能技术也在不断发展。氢能能量密度高，运行维护成本低，可同时适用于极短或极长时间供电的能量储备，是少有的能够储存上百吉瓦时(GW・h)以上并可以跨季度甚至跨年度的大规模长时间储能形式，被认为是极具潜力的新型大规模储能技术。相对而言，电池只是一个短周期、高频率、分布式的储能装置。

根据国际氢能委员会预计，到 2050 年氢能将承担全球 18%的能源终端需求。《欧盟氢能战略》提出，在 2024 年之前可再生能源绿色制造氢达到 100 万吨，2030 年达到 1 000 万吨。中国的氢能和燃料电池发展了 20 年，现在也正处于向规模产业化发展的阶段，未来 5 年应该会有大规模的发展，而且国家的补贴政策也即将开始，这将给氢能发展带来很大动力。

大规模利用可再生能源富余电力制氢，即电转气(P2G)技术已为市场普遍看好。风电、光伏发电止网受限时，利用富余的可再生能源进行制氢，并作为备用能源储存下来；在负荷高峰期发电并网，提高新能源的消纳能力，减少弃风、弃光，增强电网可调度能力并确保电网安全。未来随着规模化的氢储能系统的应用，可利用储氢实现跨季调峰等应用。国家发改委《2020—2035 氢能发展中长期规划》也明确提出 2035 年我国可再生能源制绿氢将达到 200 万吨规模应用。

2.6.2　集中发电/分布式发电

氢能发电主要分为如下两种场景。

1) 分布式发电

利用燃料电池开展分布式发电，被视为电网削峰填谷的一种解决方案，具备四大优点。一是稳定性好，不受天气、时间和区域影响；二是发电效率高，理论成本低；三是天然气属于低碳清洁能源；四是与现有加气站等基础设施相匹配。

目前，全球燃料电池分布式发电主要由美国、韩国和日本三个国家推动。其中，美国以 Bloom Energy 为代表，主要发展固体燃料电池（SOFC）大型商用分布式发电；韩国以斗山集团为代表，主要发展磷酸燃料电池（PAFC）大型商用分布式发电；日本以松下、东芝和大阪煤气等为代表，主要发展质子交换膜燃料电池（PEMFC）小型家用分布式发电。

氢燃料电池在大型数据中心等领域辅助供能方面有较大的应用前景。众多知名数据中心开始追求 100%可再生能源供电目标，光伏等新能源加上储能系统供电成为数据中心的新型解决方案，氢燃料电池与不间断供电系统（UPS）结合，可以帮助数据中心实现节能管理。

2) 冷热电联供

相比天然气发电，利用氢燃料发电是替代火力发电的一种更佳的低碳化方案。在技术上，首先可以从氢燃料与天然气混燃发电开始突破，开发利用余热进行甲基环己烷（MCH）、氨等氢载体的脱氢反应技术，高效脱氢工艺可进一步降低成本，与此同时加快脱硝燃烧器和非喷淋脱硝技术的开发。2020 年小型纯氢燃料热电联产的发电效率已提高到 27%，到 2030 年有望全面实现商业化应用。

利用氢燃料电池也可以实现冷热电联供。近期，由东方氢能、东方锅炉与华电集团四川分公司三方联手打造的 100 kW 级商用氢燃料电池冷热电联供系统已正式交付，它打通了制氢、氢气发电、供热制冷等环节，进一步拓宽氢能示范应用领域，开辟可再生能源制氢及氢能综合利用的新路径。

2.6.3 氢动力汽车

氢燃料电池汽车是氢能高效利用的最有效途径，当前全球多个国家都在积极布局氢燃料电池汽车产业链。在新一轮的氢能浪潮中，应用的发展重点首先是在现在普遍使用燃油作为能源的交通运输领域。这是由如下因素造成的：

(1) 氢能作为零碳能源燃料在运输领域的作用至关重要，是对使用电力的补充。

(2) 氢能用于交通运输领域，不仅可减少二氧化碳的排放，而且有利于消除空气污染，并提高能源供应的安全性。

(3) 现在交通工具使用的工业副产氢的成本已经低于燃油。绿氢的成本也在不断下降,在不久的将来也会低于燃油。

电动汽车的应用在远距离重载的情况下受到了很大的限制。这是因为追求续航里程意味着在车辆上装载更多的电池,在给定的车辆载重量下电池的重量会限制有效载荷,同时充电耗时也是绕不开的问题。像电气化铁路那样的公路电气化又会带来高昂的基础设施建设成本,并且对于不那么频繁的路线通常不具成本效益。壳牌公司对于未来公路货运发展趋势的预测调查显示,氢气被绝大多数调查者视为全球公路货运的主要能源,而现在使用充电电池的纯电动汽车是短途小型车辆最经济有效和最环保的解决方案[63]。

2.6.3.1　氢燃料电池汽车

氢燃料电池汽车作为一种真正意义上的"零排放,无污染"载运工具,是未来新能源清洁动力汽车的主要发展方向之一。氢燃料电池汽车的进一步研发与量产化,必将成为全球汽车工业领域的一场新革命。燃料电池汽车与其他类型车辆(传统内燃机汽车、由蓄电池单独驱动的纯电动汽车和油电混合动力汽车)的最大不同点是其独特的动力系统。它是由"氢燃料电池发电系统、氢气供应系统和电动机驱动系统"代替传统内燃机汽车动力系统的"发动机和燃油系统",与使用充电电池的纯电动汽车相比,氢燃料电池汽车的优势是续航里程长、加注时间短。电动汽车现在所用充电电池系统的能量密度只有150 Wh/kg左右,而车载氢气系统的能量密度则远超1 000 Wh/kg。氢燃料电池汽车加注氢只需数分钟,而纯电动汽车的快速充电则需要数十分钟[64]。

截至2023年底,我国累计接入燃料电池车超13 000辆,TOP10企业累计接入12 000辆,占比达88.3%。从技术发展看,近年来氢燃料电池汽车功率逐年提升,2018年大多为30 kW,2019年集中在40～50 kW,2020年大多为60～80 kW,目前以80～240 kW为主。燃料电池系统成本也从2018年的10 000元/kW下降到2023年底的3 000元/kW以下,预计到2025年可达到1 500～2 000元/kW。

氢燃料电池整车市场,不同于国外,我国以客车、重卡为主的商用车成为主流市场。在氢能客车渗透率不断提高的同时,重卡成为新的市场重点(见图2-39)。中国现在的燃油重卡每年消耗1亿多吨柴油,如果全部用氢能重卡替代,每年的用氢量为1 000多万吨。中国现在每年生产3 000多万吨的氢气,主要来源于煤炭的水煤气化和甲烷的水蒸气重整,以及氯碱工业、焦化工业的副产氢，按热值换算成本远低于油气，目前主要用于生产氨和甲醇，其次是炼油和其他有机化学品的生产。这些副产氢经提纯后完全可以满足重卡等的能源平价需求。此外，在当前补贴条件下，燃料电池重卡已经进入平价区域，燃料电池因高能量密度、长续航里程、运营阶段零排放的特点，成为重载领域电动化的最优方案。

图 2-39 氢能主要应用场景一览

国内氢燃料电池汽车市场需求旺盛，预计未来主体需求逐步从商用车向乘用车转化。由于不同地区能源结构差异和氢能特性，燃料电池和纯电动车将进入长期共存、互为补充的应用局面。根据中国氢能联盟预计，2050 年中国氢燃料电池产量达到 520 万辆/年。相关内容在下一章后将详述。

2.6.3.2 氢燃料发动机

近期，中国工信部研究推动将氢气内燃机纳入氢能发展战略，氢气内燃机有望成为新赛道。氢燃料发动机通过使用汽油发动机所用的燃料供应和喷射系统改进而来的氢气喷射系统产生动力。氢燃料内燃机可以在传统发动机的基础上进行改造，适应性强，更适用于重载、非道路、建筑和专用商用车。

20 世纪 70 年代后，德国、日本、美国、中国都有氢内燃机的技术投入。2007 年，宝马推出迄今为止氢内燃机汽车最接近量产的产品 Hydrogen 7。近年来，福特、丰田等汽车公司也积极推动氢燃料发动机研发。英国工程机械制造巨头

JCB 发布了一款氢燃料活塞发动机，在成本、重量上都比传动的电机、电池或燃料电池更有优势。

2.6.4 氢动力船舶

从技术层面看，氢燃料电池在船舶领域应用具有三大优势，相较传统燃油船舶与动力电池船舶均有占优。氢燃料电池船舶基础技术成熟但成本高昂，船舶用氢燃料电池模组实现从 200 kW 扩展至兆瓦级，电能效率突破 55%。

目前氢能船舶领域还没有成熟的商用船只，技术研发正积极实现降低成本和全环节技术链条整合，围绕氢燃料电池船舶推动完整产业链的形成。自 2018 年以来，中国相继出台多项政策，从技术研发、落地推广等角度推动氢燃料电池船舶发展，2023 年 11 月，国内首艘入级中国船级社氢燃料电池动力船“三峡氢舟 1 号”，在湖北宜昌顺利完成首航。标志着氢燃料电池技术在内河船舶应用实现零的突破，对加快交通领域绿色低碳发展具有示范意义。“三峡氢舟 1 号”总长 49.9 m、型宽 10.4 m、型深 3.2 m，乘客定额 80 人，主要采用氢燃料电池动力系统，氢燃料电池额定输出功率 500 kW，最高航速 28 km/h，续航里程可达 200 km，交付后用于三峡库区及三峡和葛洲坝两坝间交通、巡查、应急等工作。

预计 2030 年氢燃料电池系统改造船数量和新建氢燃料电池船舶数量将分别达到 400 艘和 200 艘。

除了上述氢燃料电池发电系统驱动的氢能船舶之外，还有氢气或者富氢燃料作为燃料通过燃料发动机或者燃气轮机作为驱动动力的船舶。

日本《绿色增长战略》提出，到 2050 年将现有传统燃料船舶全部转化为氢、氨、甲醇、液化天然气（LNG）等低碳燃料动力船舶，促进面向近距离、小型船只使用的氢燃料电池系统和电推进系统的研发和普及；推进面向远距离、大型船只使用的氢、氨燃料发动机以及附带的燃料罐、燃料供给系统的开发和实用化进程。

2024 年 5 月 23 日，国内首台甲醇双燃料低速机 6G50ME－C9.6－LGIM＋EGRBP 交机仪式在中国船舶集团中船发动机有限公司成功举行，标志着中船发动机成为国内最早具备甲醇双燃料低速机持续交付能力的制造企业。该机将被安装在广船国际有限公司为 HAFNIA 船东建造的 49 500 载重吨化学品/成品油船上。

2.6.5 氢动力航空

航空业每年排放 9 亿吨以上的二氧化碳,氢能是实现并发展低碳航空的主要途径。氢能在飞机上的应用有以下四种途径：直接在燃气轮机中燃烧,通过燃料电池用于推进或非推进能源系统,燃料电池和燃气轮机的混合动力组合,氢基合成燃料。

氢气可以与二氧化碳结合,产生一种不需要改变现有飞机基础设施的“过渡”燃料。考虑到航空部门的低资产周转率,氢基燃料是航空业在 2050 年前实现有意义脱碳的主要途径。目前,全球排名前十大的机场都在探索或已经部署了加氢基础设施,用于辅助交通和物流。

对于通勤类客机和支线客机,燃料电池推进是最节能、最环保、最经济的选择。针对短程客机,混合动力(氢气燃烧和燃料电池)可能为最佳方案。欧美中短途的小型氢动力飞机项目正在兴起。针对远程客机,合成燃料可能是更具成本效益的脱碳解决方案。

空客公司已制定氢能源飞机技术路线图：2021 年进行地面演示;2023 年氢燃料技术验证机首飞;2024 年确定氢燃料飞机选型;2025 年氢燃料验证机首飞;2035 年氢燃料飞机交付;将氢燃料推广应用到空客全系产品,包括直升机产品;在大型客机上采用氢能源。

2.6.6 建筑供热

与天然气相比,氢气密度较低,单位质量的燃烧热远大于天然气;氢气更容易点燃且其火焰速率要远快于天然气;氢气在空气中扩散系数高,不易造成扩散后的聚集进而危险性降低。

在现有天然气管道中掺杂氢气,满足建筑领域供热需求,同时减少碳排放量。近中期实施中低比例掺氢,在氢气浓度(体积最高为 10%～20%)相对较低的情况下,无须对基础设施和终端应用进行重大改变,投资成本较低。若混合比例为 5%,每年将减少约 20 万吨二氧化碳排放。

我国天然气掺氢尚处于研发试验阶段,国家电投集团于 2020 年首次在辽宁朝阳进行了天然气管道掺氢示范运营实验。天然气中掺氢比例为 7%,掺氢速度为 400 Nm^3/h,已经安全运营了 3 年多,使用状态稳定。

【参考文献】

[1] 北京师范大学无机化学教研室.无机化学[M].4 版.北京：高等教育出版社,2003.

[2] 格林伍德 N N,厄恩肖 A.元素化学(上册)[M].北京:高等教育出版社,1984.
[3] Miessler G L, Tarr D A. Inorganic chemistry[M]. 3rd ed. London: Prentice Hall. 2003.
[4] Berman R, Cooke A H, Hill R W. Cryogenics [J]. Annual Review of Physical Chemistry, 1956, 7: 1-20.
[5] Elliott H L. The stability of matter: from atoms to stars [J]. Bulletin (New Series) of the American Mathematical Society, 1990, 22,1: 1-49.
[6] 阎守信,陆果.低温试验的原理与方法[M].北京:科学出版社,1985.
[7] Tikhonov V I, Volkov A A. Separation of water into its ortho and para isomers[J]. Science, 2002, 296(5577): 2363-2368.
[8] 天津大学无机化学教研室.无机化学丛书(第一卷)[M].北京:科学出版社,1990.
[9] Hritz J CH, 6-Hydrogen (PDF). NASA glenn research center glenn safety manual [R], Document GRC-MQSA.001. NASA. 2006.
[10] Shinitzky M, Elitzur A C. Ortho-para spin isomers of the protons in the methylene group [J]. Chirality, 2006, 18(9): 754-756.
[11] Yu M Y, Sibileva R M, Strzhemechny M A. Natural ortho-para conversion rate in liquid and gaseous hydrogen[J]. Journal of Low Temperature Physics, 1997, 107(1-2): 77-92.
[12] 低温工学協会編.低温工学ハンドブック[M].東京:オーム社,1993.
[13] Scott R B, Denton W H, Nicholls C M, et al. Technology and uses of liquid hydrogen [M]. Oxford: Pergamon Press, 2013.
[14] 朱洪法,催化剂手册[M].北京:金盾出版社,2008.
[15] 魏蔚,胡忠军,严岩.液氢技术与装备[M].北京:化学工业出版社,2023.
[16] 水素エネルギー協会.水素エネルギー読本[M].东京:オーム社,42, 2007.
[17] Georama K K. 2020 Gas Review[R]: Tokyo, 2020.
[18] 斎藤勝裕.知っておきたいエネルギーの基礎知識[M].东京:ソフトバンク クリエイティブ出版,2010.
[19] 日本宇宙航空研究開発機構.日本宇宙航空研究開発機構 2017 年度報告書[R]: 2018.
[20] IEA, Global Hydrogen Review 2023[R], IEA, 2023.
[21] 张建良.氢冶金初探[M].北京:冶金工业出版社,2021.
[22] Luo M, Wang Q, Zhao G, et al. Solid-state atomic hydrogen as a broad-spectrum RONS scavenger for accelerated diabetic wound healing[J]. National Science Review, 2023, 2 (11): nwad269.
[23] Mazloomi S K, Sulaiman N. Influencing factors of water electrolysis electrical efficiency [J]. Renewable and Sustainable Energy Reviews, 2012, 16: 4257-4263.
[24] Marini S, Salvi P, Nelli P, et al. Advanced alkaline water electrolysis[J]. Electrochimica Acta, 2012, 82: 384-391.
[25] 日本水素エネルギー協会.水素エネルギーの辞典[M].东京:朝倉書店,2019.
[26] 日本経済産業省.エネルギー白書 2019[R].东京:日経印刷,2019.
[27] Marini S, Salvi P, Nelli P, et al. Advanced alkaline water electrolysis [J]. Electrochimica Acta, 2012, 82: 384-391.

[28] Buttler A，Spliethoff H. Current status of water electrolysis for energy storage，grid balancing and sector coupling via power-to-gas and power-to-liquids：a review[J]. Renewable and Sustainable Energy Reviews，2018，82：2440 - 2454.

[29] 西川尚人.燃料技術の技術[M].东京：東京電機大学出版局，2010.

[30] Park S，Shao Y，Liu J，et al. Oxygen electrocatalysts for water electrolyzers and reversible fuel cells：status and perspective[J]. Energy & Environmental Science，2012，5(11)：9331 - 9344.

[31] Gómez S Y，Hotza D. Current developments in reversible solid oxide fuel cells[J]. Renewable and Sustainable Energy Reviews，2016，61：155 - 174.

[32] Hartvigsen J，Elangovan S，Frost L，et al. Carbon dioxide recycling by high temperature co-electrolysis and hydrocarbon synthesis[J]. The Electrochemical Society，2008，12(1)：625 - 637.

[33] Stoots C，O'Brien J，Hartvigsen J. Results of recent high temperature coelectrolysis studies at the Idaho National Laboratory[J]. International Journal of Hydrogen Energy，2009，34(9)：4208 - 4215.

[34] IEA. Energy technology perspective[R]. Paris：IEA，2017.

[35] Ogden J M. Prospects for building a hydrogen energy infrastructure[J]. Annual Review of Energy and the Environment，1999，24：227 - 279.

[36] 汪寿建.天然气综合利用技术[M].北京：化学工业出版社，2003.

[37] Trim D L. Catalysts for the control of coking during steam reforming[J]. Catalysis Today，1999，49(1)：3 - 10.

[38] Shenqyang (Steven) Shy. The Hydrogen Economy[N]：2006 - 03 - 23.

[39] Alessandra F，Elisabete M A. Production of the hydrogen by methane steam reforming over hickel catalysis prepared from hydrotalcite precursors[J]. Journal of Power Sources，2005，142：154 - 159.

[40] Johnsen K，Ryu H J，Grace J R，et al. Sorption-enhanced steam reforming of methane in a fluidized bed reactor with dolomite as CO_2 - acceptor[J]. Chemistry Energy Scrence，2006，61(4)：1195 - 1202.

[41] 柴茂荣.ガス分離用多孔質無機膜の開発およびメタン水蒸気改質反応への応用に関する研究[D].福冈：九州大学，1994.

[42] 章文.碳科学公司开发出利用二氧化碳使甲烷重整的催化剂技术[J].石油炼制与化工，2011，42(3)：100 - 110.

[43] 吴素芳.氢能与制氢技术[M].杭州：浙江大学出版社，2014.

[44] Jiang S，Cheng H，Shi R，et al. Direct synthesis of polyurea thermoplastics from CO_2 and diamines [J]. ACS Applied Materials & Interfaces，2019，11(50)：47413 - 47421.

[45] 叶云云，廖海燕，王鹏，等.我国燃煤发电 CCS/CCUS 技术发展方向及发展路线图研究[J].中国工程科学，2018，20(3)：80 - 89.

[46] 生态环境部环境规划院气候变化与环境政策研究中心.中国二氧化碳捕集、利用与封存(CCUS)报告(2019)[R].北京：生态环境部，2019.

[47] Rao K K，Cammack R，et. al. Hydrogen as a fuel：learning from nature[R]. Taylor &

Francis, London and New York, 2001: 201 - 230.
[48] 刘大波,苏向东,赵宏龙.光催化分解水制氢催化剂的研究进展[J],材料导报,2019(S2),11 - 16.
[49] 広島大学工学部松村幸彦など：バイオマスの超臨界水ガス化一研究の現状と特来展望一[C].2002,日本：化学工学会第 35 回秋季大会,2002.
[50] 生物系廃棄物リサイクル研究会.生物系廃棄物のリサイクルの現状と課題[M].东京：NTS 出版,1999.
[51] 中国标准化研究院.中国氢能产业基础设施发展蓝皮书[R].北京：中国标准化研究院,2016.
[52] NEDO 水素燃料電池実証プロジェクト(JHFC)[R]：日本,日刊工業新聞社,2015.
[53] 马全胜,王文义,卢钊钧.复合材料全缠绕储氢气瓶研制及应用进展[J].高科技纤维与应用,2023,48(3)：13 - 19.
[54] N E D O,水素エネルギー白書[R].日本：日刊工業新聞社,2015.
[55] 廖小珍,刘文华,马紫峰.贮氢合金进展[J].稀有金属,2001,2：139 - 143.
[56] Vajeeston P, Ravindran P, Kjekshus A, et al. Pressure-induced structural transitions in MgH_2[J]. Physical Review Letters, 2002: 89 - 92.
[57] Jai I P, Lai C, Jain A. Hydrogen storage in Mg[J]. International Journal of Hydrogen Energy, 2010, 35: 5133 - 5144.
[58] Guéguen A, Joubert J M, Latroche M. Influence of the C_{14} $Ti_{35.4}V_{32.3}Fe_{32.3}$ laves phase on the hydrogenation properties of the body-centered cubic compound $Ti_{24.5}V_{59.3}Fe_{16.2}$[J]. Journal of Alloys and Compounds, 2011, 509: 3013 - 3018.
[59] 新エネルギー・産業技術総合開発機構.サブタスク5 液体水素輸送・貯蔵技術の開発報告書第Ⅲ編液体水素貯蔵設備の開発[R].日本：NEDOホームページ.1996.
[60] 新エネルギー・産業技術総合開発機構.サブタスク5 液体水素輸送・貯蔵技術の開発報告書第Ⅲ編液体水素貯蔵設備の開発[R].日本：NEDOホームページ,1997.
[61] 中国汽车工程学会.世界氢能与燃料电池汽车产业发展报告[M].北京：社会科学文献出版社,2018.
[62] 广东省新能源汽车技术创新路线图编委会.广东省新能源汽车技术创新路线图(第一册)[M].北京：机械工业出版社,2022.
[63] 柴茂荣,氢能汽车发展现状与未来展望[J].中国石化,2024,5：37 - 40.
[64] 郝东,燃料电池汽车产业的热点问题及对策建议[J].中国石化,2024,5：41 - 44.

第 3 章　氢燃料电池技术及应用

氢燃料电池是一种将化学能直接转换成电能的能源转换装置。与传统的发电方式不同，燃料电池通过阴阳极的氧化还原反应产生电能（图 3 - 1）。根据反应介质的不同，燃料电池可分为碱性燃料电池、质子或聚合物交换膜燃料电池、磷酸燃料电池、熔融碳酸盐燃料电池及固体氧化物燃料电池。与其他类型的燃料电池相比，质子交换膜燃料电池具有清洁无污染、可持续性、工作温度范围合适、启动速度快、功率效率高及电热循环性能优越等优势，在车用动力等领域展现出巨大的应用前景。式（3 - 1）～式（3 - 3）是质子交换膜燃料电池的反应式，氢气在阳极生成质子和电子，质子通过质子膜传递到阴极与空气传导来的氧气反应生成水并回收电子，在单元外形成电子回路，形成电流并放出电能。第 2 章所提到的电解水的反应，恰好是燃料电池的逆反应过程。

阳极：　$$2H_2 \longrightarrow 4H^+ + 4e^- \tag{3-1}$$

阴极：　$$O_2 + 4H^+ + 4e^- \longrightarrow 2H_2O \tag{3-2}$$

反应式：　$$2H_2 + O_2 \longrightarrow 2H_2O \quad E_0 = 1.23\ \text{V} \tag{3-3}$$

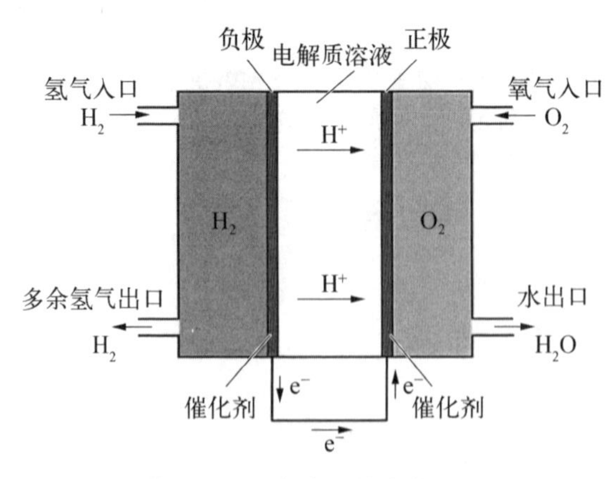

图 3 - 1　燃料电池的发电原理

燃料电池的工作原理是 H^+(又称质子)在电解质中移动,电子在单元外部流动,产生电流。电解质膜对于电子电流是绝缘体。离子在电池内部流动(内环)和电子在电池外部流动(外环)是燃料电池、锂电池、水电解等电化学装置的共同特点,可以说其工作原理基本相同。

燃料电池和电池的区别主要在于能否连续性工作。燃料电池是从外部连续提供反应物(燃料和氧化剂),生成物向外部连续排出,持续产生电流发电做功,是发电装置。而电池是消耗内部储存的能量,需要先充电储存能量。因此电池只能在一定时间内放电做功。如果用于车载,从续航里程来说,理论上只要装载的氢气量足够多,其续航里程可以足够远,因而,燃料电池优于锂电池[1-2]。

3.1　燃料电池的分类

根据反应介质的不同,燃料电池可分为分别基于氢氧化钾、磺酸质子交换膜、浓磷酸、熔融的锂-钠碳酸盐或锂-钾碳酸盐及固体氧化物等离子导体介质的碱性燃料电池、质子或聚合物交换膜燃料电池、磷酸燃料电池、熔融碳酸盐燃料电池及固体氧化物燃料电池,如表3-1所示[3]。

表3-1　不同种类燃料电池的工作特性

燃料电池种类	碱性燃料电池	熔融碳酸盐燃料电池	磷酸燃料电池	固体氧化物燃料电池	质子交换膜燃料电池
电解质	氢氧化钾溶液	熔融碳酸盐	磷酸	固体氧化物	全氟磺酸膜
导电离子	OH^-	CO_3^{2-}	H^+	O^{2-}	H^+
工作温度/℃	50～200	650～700	～220	500～1 000	室温～100
燃料	纯氢	天然气、沼气及煤气	氢气和天然气	天然气、沼气和煤气	氢气、天然气和甲醇

与其他类型的燃料电池相比,由于其具有清洁无污染、可持续性、工作温度范围合适、启动速度快、功率效率高及电热循环性能优越等优势,PEMFC在车用动力等领域展现出巨大的应用前景。PEMFC汽车的研发最早可追溯到20世纪90年代,通用汽车公司首次在美国展示第一辆PEMFC概念车,标记着PEMFC汽车的起源。随着PEMFC汽车相关技术的不断发展,目前PEMFC汽

车在商业化方面已经取得巨大的进步。特别是 2015 年以来，丰田、本田以及现代等主要汽车制造公司已经陆续推出面向市场的 PEMFC 汽车，标记 PEMFC 汽车已经开始进入商业化阶段[4-6]。

氢燃料电池的原理，时间上早于迈克尔·法拉第(Michael Faraday)发现的电磁感应发电原理(1831 年)，于 1801 年由英国的汉弗里·戴维(Humphry Davy)提出，并于 1839 年由英国的威廉姆·格罗夫(William Grove)制成原理样机成功发电[见图 3-2(左)]。

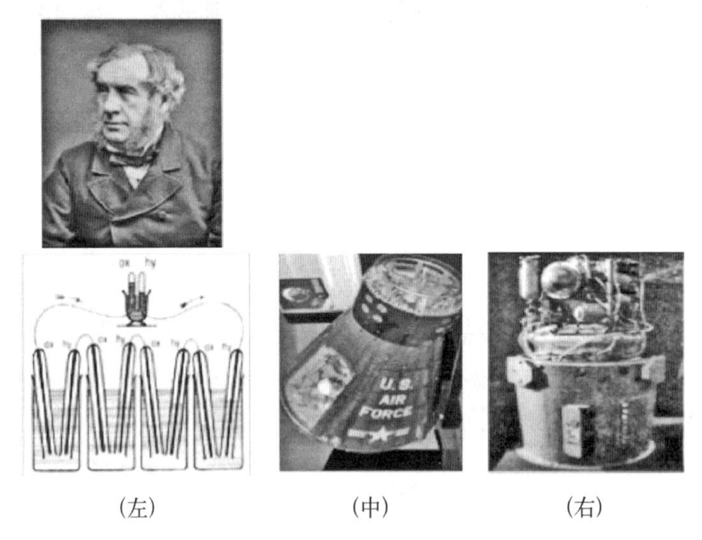

(左)　　(中)　　(右)

图 3-2　威廉姆·格罗夫燃料电池图(左)；美国吉米号(中)；阿波罗航天飞机上搭载的燃料电池(右)

(图片来源：三井金属矿业株氏会社资料)

燃料电池从原理发现到应用，则要到沉寂了 120 年后的宇宙航天时代。美国吉米号和阿波罗航天飞机上使用了氢氧燃料电池作为发电装置提供电源[见图 3-2(中)(右)]。因为宇宙飞船携带的氢气和氧气燃料，为燃料电池提供了有利条件。该燃料电池使用氢氧化钾溶液作为电解质，铂金箔作为电极使用，经济性和功率、体积功率密度等都与今天不可同日而语。

到目前为止，已实现工业化应用的燃料电池，根据使用的电解质不同，可区分为固体高分子型燃料电池(polymer electrolyte fuel cell, PEFC)、固体磷酸型燃料电池(phosphoric acid fuel cell, PAFC)、熔融碳酸盐型燃料电池(molten carbonate fuel cell, MCFC)和固体氧化物燃料电池(solid oxiside fuel cell, SOFC)等四种。按工作温度区分，燃料电池又分为常温(PEFC，－40～90℃)、中温(PAFC,150～250℃)、高温(MCFC,600～700℃;SOFC,800～1 000℃)等类别。从目前的技术程度上来看,实现商业化应用的主要是固体高分子燃料电池(PEFC)和固体氧化物燃料电池(SOFC)两种,已被广泛应用于交通、电源等领域,是目前最主要的燃料电池类型。本章主要介绍这两种燃料电池的技术和原理[7-8],最后再对其他几种燃料电池做简单描述。

3.2　固体高分子质子膜燃料电池

PEMFC 系统通常由 PEMFC 电堆、燃料供应系统、氧气供应系统、冷却系统、控制系统以及其他辅助部件组成。作为 PEMFC 系统的重要组成部分,PEFC 电堆主要由多个单体电池以堆叠的方式构造而成(见图 3-3)[9-10]。

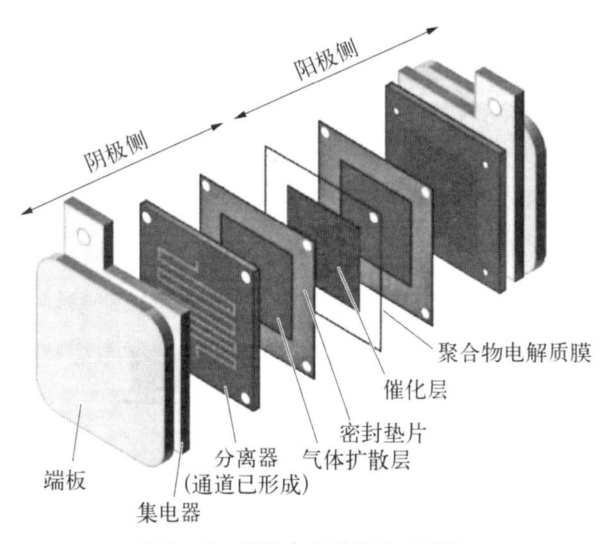

图 3-3　燃料电池的结构示意图

(资料来源:国氢科技)

PEFC 是由质子交换膜、正极涂层、负极涂层、气体扩散层、双极板组成的叠层结构。其中电解质膜及相邻催化层组成的膜电极(MEA),是最核心的功能组件。氢气通过双极板流场通道经气体扩散层到达正极涂层的铂催化剂表面,在铂催化剂的作用下,分解为两个质子并放出两个电子;质子经质子交换膜转移到负极涂层的铂催化剂的表面,与通过双极板流场通道经气体扩散层到达负极涂层铂催化剂表面的空气中的氧气,以及通过外层电路传导来的两个电子发生化学反应生成水，产生电流(电能)。各部件经过定位孔多层堆叠，施加 1 MPa 左右的面压用螺杆装配成型，称为燃料电池电堆(stack)。日本燃料电池实用化推进协议会(FCCJ)规范化了测试用标准燃料电池单堆，它是由纵×横=5 cm×5 cm 大小的膜电极，碳纸扩散层和边框组成的单电池，装入带有标准石墨刻槽流道组成的夹具中以测试各种性能(见图 3-4)[11-12]。

图 3-4　实验室测试用 PEMFC 标准夹具
(资料来源：国氢科技)

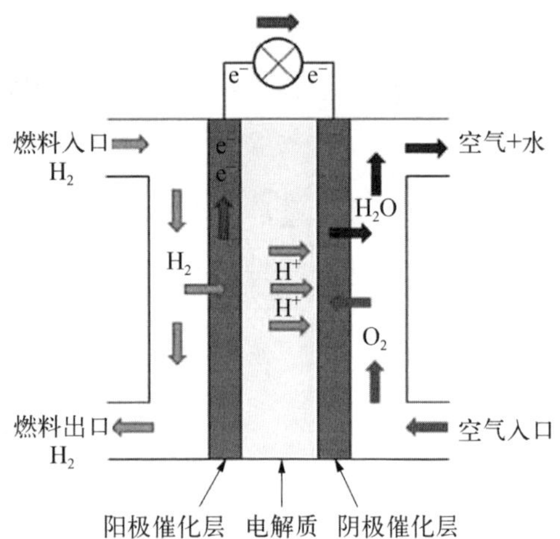

图 3-5　固体高分子燃料电池的工作原理
(资料来源：国氢科技)

固体高分子燃料电池的工作原理如图 3-5 所示。供给氢气的电极叫燃料极(阳极，anode)，供给氧气或空气的电极叫空气极(阴极，cathode)，进行式(3-4)和式(3-5)的电化学反应，直接提取电能(发电)[4,10]。

燃料电池是电化学过程，如式(3-4)和式(3-5)所示，电化学反应是在相距较远的阳极(氢气极)、阴极(氧气极)下进行的。这两式合起来与燃烧反应式(3-5)相同。阴极、阳极的电化学方程式(3-4)和式(3-5)相加，实际上与燃料电池接续的负载电阻的电能转换所产生的热量相当，其能量为($-\Delta H$)。因此，也可理解为燃料电池的输入能量为($-\Delta H$)。

阳极：$$2H_2 \longrightarrow 4H^+ + 4e^- \quad (3-4)$$

阴极：$$O_2 + 4H^+ + 4e^- \longrightarrow 2H_2O \quad (3-5)$$

电池反应 $$2H_2 + O_2 \longrightarrow 2H_2O \quad \Delta H^0 = 285.8\ \mathrm{kJ/mol} \quad (3-6)$$

为了求取燃料电池的最大效率，需要求取输入$-\Delta H$ 所做出的最大功为

W_{max}，也就是理论上可以从燃料电池中得到的最大的电功 W_{max}。根据热力学第二定律，在可逆、等温、等压等条件的束缚下，W_{max} 为

$$W_{max} = -\Delta H - (-T\Delta S) = -\Delta G \tag{3-7}$$

式中，ΔS、ΔG 分别是熵和吉布斯自由能的变化，T 表示燃料电池的温度。

供给燃料电池 1 mol 的氢气，标准状态下理论发热量 $\Delta H^0 = 285.8$ kJ/mol。标准状态下燃料电池吉布斯自由能 $\Delta G^0 = \Delta H^0 - T\Delta S^0 = 237.2$ kJ/mol。

因而，标准状态下固体高分子燃料电池的理论效率为

$$\begin{aligned}\eta_{FC\ max} &= W_{max}/(-\Delta H) = [-\Delta H - (-T\Delta S)]/(-\Delta H) \\ &= 1 - (-T\Delta S)/(-\Delta H) = 0.83\end{aligned} \tag{3-8}$$

即

$$\eta_{FC\ max} = \Delta G^0/\Delta H^0 = 0.83 \tag{3-9}$$

也就是说，氢燃料电池的最大发电效率为 0.83，这是燃料电池效率极限值。

燃料电池的最大效率公式的形式与卡诺循环发动机的效率形式相似。在指定高温 T_H、低温 T_L 热源温度的情况下，卡诺循环发动机的理论热效率为

$$\eta_{Engine\ Carnat} = 1 - Q_L/Q_H = 1 - T_L/T_H \tag{3-10}$$

受绝对温度(273.15 K)加算的影响，发动机输入端来自高温热源 T_H 的热 Q_H，在满足热力学第二定律条件下把 Q_H 的一部分热量转换为功 W_{max}，将一部分热 Q_L 作为低温热源(T_L)排出。而燃料电池则以焓变 ΔH 作为输入，在满足热力学第二定律的同时，将其中一部分作为功 W_{max}，另一部分作为熵热($-T\Delta S$)排出。而熵热($-T\Delta S$)远小于 Q_L，所以燃料电池的效率(式 3.8)远高于卡诺循环发动机效率(式 3.10)。

在通常情况下，燃料电池的实际效率最高也就 50%左右，比上面计算的最大效率 $\eta_{FC\ max}$(83%)要低很多，其原因是内部阻抗产生的不可逆损失。因此这里我们有必要熟悉一下电源系统能源转换设备，也就是输入输出的电压换算。因为燃料电池领域是用电压换算损耗的，所以有必要习惯电压计算法。

这里也以引擎为例。通常，对于电能使用单位(W)。如果输入 E_{in}的燃料的燃烧热为摩尔燃烧焓变化[$-\Delta H$(J · mol^{-1})]与燃料的摩尔流量[J_{fuel}(mol · s^{-1})]的乘积。则

$$\begin{aligned}&E_{in} = (-\Delta H) \times J_{fuel} \\ &(\mathrm{J \cdot mol^{-1}}) \times (\mathrm{mol \cdot s^{-1}}) = (\mathrm{W})\end{aligned} \tag{3-11}$$

燃料电池无论是输入还是输出的能量都是电压和电流的乘积。当燃料按摩尔流量 J_{fuel} (mol·s^{-1})连续输入[$-\Delta H$(J·mol^{-1})]到燃料电池中连续发电,燃料电池的总发电量等于电压 $V_{\Delta H}$ 乘以 I_{fuel} 的乘积。单位转换过程具体如下:

标准状态下,1 mol 的氢气分子数量相当于 1 阿伏伽德罗常数(N_A)为 6.022×10^{23},氢气 1 mol 可释放出 2 个电子;1 eV=1.602×10^{-19} J;1 mol 的氢气通过燃料电池放出的理论电流 $I=n\cdot F=n\cdot N_A\cdot e=2\times96\ 500$(A) [13-14]。

则燃料电池的理论电压为

$$E_0=\Delta G^0/n\mathrm{F}=1.23\ \mathrm{V} \tag{3-12}$$

实际流量下燃料电池的电压则为

$$\begin{aligned}E_{in}&=(-\Delta H)\cdot J=[(-\Delta H)/n\mathrm{F}](n\mathrm{F}J_{fuel})\\&=V_{\Delta H}\times I_{fuel}\\&[(\mathrm{J}\cdot\mathrm{mol}^{-1})/(-)(\mathrm{C}\cdot\mathrm{mol}^{-1})]\\&\times[(-)(\mathrm{C}\cdot\mathrm{mol}^{-1})(\mathrm{mol}\cdot\mathrm{s}^{-1})]=(\mathrm{V})\times(\mathrm{A})\end{aligned} \tag{3-13}$$

F 是法拉第常数,n 是与电化学反应式相关的电子数。由上面式(3-4)和式(3-5)知 $n=2$。

用相当于焓变的电压值可计算出燃料电池的电化学反应进行式(3-4)和式(3-5)的电压值。如果压力和温度是标准状态,这里也可以使用液态水的标准生成焓。

$$E_{max}=\Delta H^0/n\cdot F=1.48\ \mathrm{V} \tag{3-14}$$

根据式(3-9)中燃料电池的最大效率类推,由式(3-15)计算燃料电池实际的工作效率:

$$\eta_{FC\ practical}=V_{cell}/V_{\Delta H} \tag{3-15}$$

式中,V_{cell} 是实际的输出电压,称为单电池电压。固体高分子燃料电池的运转条件为常温常压状态,如果实际的输出电压为 0.6 V,则实际工作效率按式(3-15)计算为 41%。

固体高分子燃料电池电流电压特性可由固体高分子燃料电池的电流电压(IV)极化曲线表示(见图 3-6)。它非常清晰地表述了燃料电池的实际输出电压以及不可逆能量损耗的关系。图的左侧是各个能量关系,表述了 ΔH、ΔG 和能量损耗 $T\Delta S$ 的位能。右边表示的是燃料电池的各极化条件对燃料电池的影响。当燃料电池和外部负荷完全电切断即负荷电流为零时的电压称为开路电压(open circuit voltage, OCV),OCV 也就是理论上起动电动势 $V_{\Delta G}$。当负载电流逐渐增大时,单元电压 V 逐渐下降直至为 0 V。燃料电池的效率随着负载电流的增加而降低[9-10]。燃料电池的极化主要分为以下三种:

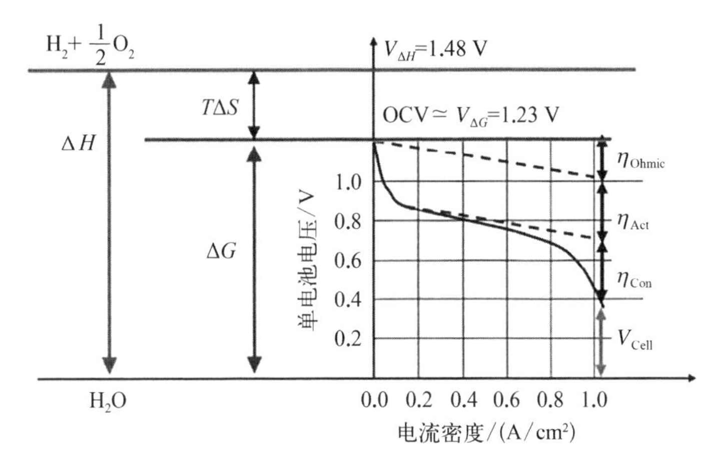

图 3-6　固体高分子燃料电池的电流电压(*IV*)极化曲线

(资料来源:国氢科技)

(1) 欧姆极化(η_{Ohmic}):这是由于电子传导和质子传导的阻力造成的,如接触电阻、电阻和质子传输速度等。与其他的极化过电压缩比相对比较容易控制。它与离子的传导率相关,如果电解质膜的含水低,质子膜离子传导阻力大,欧姆极化过电压就大。

(2) 电化学极化(η_{Act}):这是由于电极与反应物和产物的电子转移的阻力造成的。在低电流时,它是主要的极化形式。从传统化学反应速度式可以看到,升高温度可以加快化学反应的速度。同样地,电化学反应也可以通过提高温度来提高反应速度,因此,PEFC 的浓差极化过电压缩比较大。

(3) 浓差极化(η_{Con}):这是由气体向催化剂表面扩散的速度决定的,同时还受到排水速度的影响。浓差极化过电压 η_{Con} 是由反应物和生成物的扩散速度阻力引起的电压下降。提高供氢速度和供氧速度,让生成的水快速排出,提高进出口压力差等都可以减少浓差极化过电压。

在不同的电位区域,这三种极化形式可能占主导地位,但它们都对燃料电池的性能和稳定性产生影响。如果将负载电流乘以各极化电压,就得到由负载电流的过电压引起的热量。这种热量是伴随着不可逆损失而产生的热损失[15-16]。

在燃料电池的研究开发中，降低欧姆极化过电压和电化学极化过电压直接关系到提高燃料电池工作效率，是降低能耗的主要任务。提高催化剂活性和耐久性是主攻方向之一。单纯地增加催化剂层的贵金属载量，可以提高其性能，但这意味着增加成本。通过引入贵金属纳米结构的担载分散方法，载体导入大孔介孔等结构，以及通过合金化、载体石墨化处理等，来提高催化剂的活性。这将在第 4 章详述。

3.3 固体氧化物燃料电池

固体氧化物燃料电池(solid oxide fuel cell, SOFC)属于第三代燃料电池，是一种在中高温下直接将储存在燃料和氧化剂中的化学能高效、环境友好地转化成电能的全固态化学发电装置，是几种燃料电池中理论能量密度最高的一种，被普遍认为在未来是会与质子交换膜燃料电池(PEMFC)一样得到广泛普及应用的一种燃料电池。

固体氧化物燃料电池具有燃料适应性广、成本低、能效高、环境友好等技术优势，是各发达国家及国际能源公司高度关注的战略储备技术。固体氧化物燃料电池技术在油气工业中具有广泛的应用场景，可以开展以天然气为原料的 SOFC 热电联供替代柴油机发电减少碳排放，还能利用煤炭地下气化合成气、工业副产氢、炼厂变压吸附(PSA)解吸气进行发电，此外还可以利用热电联供系统在加氢站内联产氢气和电力实现天然气高效、清洁利用。固体氧化物燃料电池能够提供一种灵活、可靠、高效、低碳的分布式能源发电及供热解决方案，亟须开展相关科学研究工作。

3.3.1 工作原理

以氢气作为燃料气 SOFC 为例，其工作原理如图 3-7 所示，其中氧离子传导单电池工作电极反应方程式如下[式(3-16)～式(3-18)]：

阳极：
$$H_2 + O_2^- \longrightarrow H_2O + 2e^- \tag{3-16}$$

阴极：
$$\frac{1}{2}O_2 + 2e^- \longrightarrow O^{2-} \tag{3-17}$$

总反应：
$$H_2 + \frac{1}{2}O_2 \longrightarrow H_2O \tag{3-18}$$

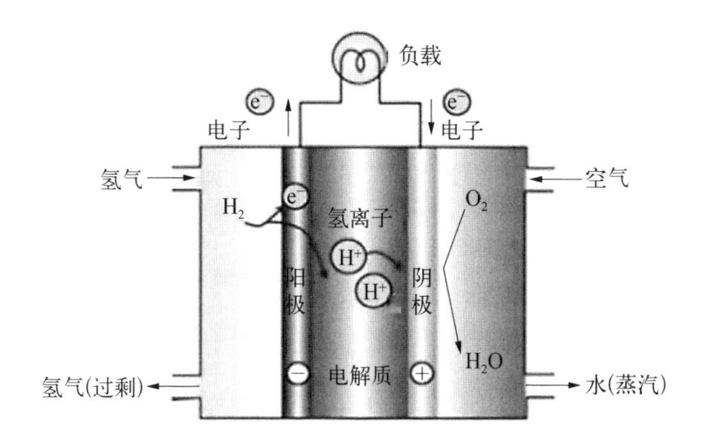

图 3-7　质子传导型 SOFC 工作原理示意图

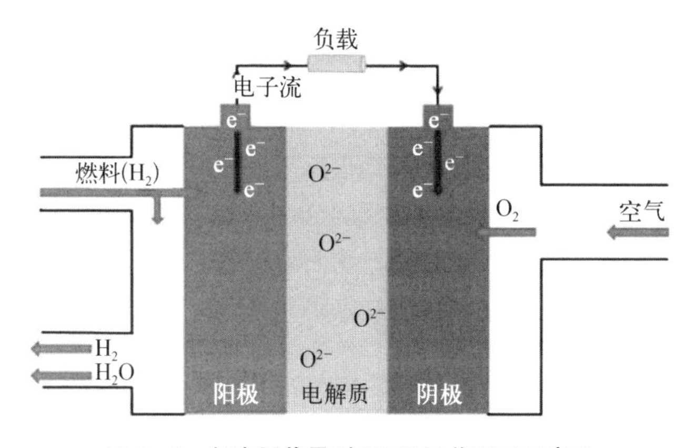

图 3-8　氧离子传导型 SOFC 工作原理示意图

由图 3-8 可知，整个电池结构包含阳极、电解质、阻隔层、阴极。其中电解质只传输离子而不导电子，要求达到一定的致密度以防止阴阳极气体直接反应从而保证电池一定水平的开路电压(OCV)。开路电压是指当电池不负载或未成闭合回路时阴阳极 O^{2-} 扩散动力平衡时的电动势，燃料电池的开路电压可由能斯特(Nernst)公式(3-19)计算得到

$$E = E^{*} + \frac{RT}{2F}\ln\left(\frac{p_{H_2} p_{O_2}^{\frac{1}{2}}}{p_{H_2O}}\right) \tag{3-19}$$

式中，E^{*} 为理想状态下的理论电动势，也称能斯特电动势，在标准状况下 SOFC 的电动势与 PEMFC 相同也为 1.23 V；R 为气体摩尔常数，等于 8.314 J/(K·mol)；F 为法拉第常数，等于 96 485.3 C/mol。

3.3.2 SOFC 关键材料简介

SOFC 单电池结构包含阳极、电解质、阻隔层和阴极，再通过密封材料和连接件材料将多片单电池堆叠组装后形成电池堆。其中阴极和阳极提供电化学反应场所并传输电子(部分材料可传输离子和电子)，电解质和阻隔层传导离子。连接件主要起连接一块单电池阳极侧和另一块单电池阴极侧的作用，而密封材料是单电池堆叠后与金属外壳形成密闭系统防止燃料气外漏的关键材料。由于 SOFC 运行温度通常在 600℃以上，这些关键材料在运行时易产生多种复杂问题，如热膨胀、化学相容性、化学稳定性、催化活性和电导率等，在研发和选择材料种类时需综合考虑材料的各种适用条件并不断优化[17-18]。

阳极燃料气若为氢气，则阳极材料将氢气传输至阳极三相界面，失去电子变为 H^+，与从阴极三相界面经电解质相传输来的 O^{2-} 反应生成的水和未利用的多余气体从多孔阳极的孔隙运送至电池外，电子移动形成的电流经集流层传导至与阳极侧接触的金属夹具后流入负载。若燃料气为一氧化碳或甲烷，其单电池反应式分别如下：

$$CO + O^{2-} \longrightarrow CO_2 + 2e^- \tag{3-20}$$

$$CH_4 + H_2O \longrightarrow CO + 3H_2 \tag{3-21}$$

$$CH_4 + O_2 \longrightarrow CO + H_2O + H_2 \tag{3-22}$$

3.3.2.1 阳极材料

作为燃料气体氧化反应的场所，阳极材料应具备以下几点特征：

(1) 较高的电导特性，以保证电子在三相界面的传输能力；

(2) 对燃料的催化活化性能，以促进加快燃料在阳极层反应速度；

(3) 还原气氛下的长期耐久性，以防止气体中杂质造成的硫毒化或电堆金属外壳中腐蚀性成分对其的损伤；

(4) 与电解质适应的热膨胀匹配性，以防止两相剥离导致与 O^{2-} 反应受阻，电池内阻增大；

(5) 较高的通孔孔隙率，以利于燃料气输送。

对于阳极支撑型电池，应具备较高的机械强度，当燃料气为烃类、醇类或其他含碳燃料时，阳极材料需要具备一定的积碳抑制能力，因长期高温下阳极侧的积碳会导致电池性能衰减。

经典的燃料电池采用铂贵金属、铜、镍、钴、石墨、不锈钢等作为可满足导电性能的阳极材料，人们同时也发现这些材料在抗氧化性能等方面存在严重不足且纯镍难以维持多孔性以及与电解质不匹配，目前较多人采用将金属和陶瓷材料如镍基材料与掺钇氧化锆（YSZ）电解质颗粒复合电极作为阳极材料，该电极具备诸多优点，如通过 YSZ 的均匀分布可抑制阳极颗粒长大，同时镍的存在可增加反应活性位点，从而减小电池内阻。但该材料仍存在碳沉积情况。诸多研究者也正致力于寻求最佳的阳极材料，如近几年出现的 Ni－SDC、Ni－GDC、Ni－LSGM 及无镍阳极 CuZn－NSDC。这几种材料各有优缺点：Ni－SDC 阳极处积碳，但 SDC 有利于去除积碳；Ni－GDC 阳极有积碳但中低温下阻抗比 Ni－SDC 的小；Ni－LSGM 阳极功率密度高但机械强度不足；CuZn－NSDC 阳极具有优良的电导性和功率密度但其阻抗偏大。短期内镍基阳极材料仍难以被取代。

3.3.2.2　电解质材料

电解质材料是 SOFC 关键材料中尤其重要的一种，其致密度、电导率和热匹配直接影响电池的性能。作为电解质材料需要满足以下特征：

（1）根据 SOFC 的工作原理，电解质材料必须致密不漏气从而防止燃料气与氧气直接接触发生反应，电解质密度要高于 96％的相对密度；

（2）在 650℃的操作温度下，电解质的电导率至少要达到 10^{-2} S/cm 的电学性能；

（3）无论在氧化气氛还是还原气氛下，电解质材料必须保持长期稳定性；

（4）目前 SOFC 的操作温度普遍较高，为 600～800℃，所以电解质材料的热膨胀系数必须与阳极和阴极相匹配，一般膨胀系数差值必须小于 1.0 ppm/K；

（5）电解质材料必须有一定的强度可以抵抗热循环。

SOFC 电解质材料大体可分为钙钛矿结构材料、质子导体材料和萤石结构材料三类。钙钛矿结构的电解质是向 ABO_3 型的氧化物中引入低价态的阳离子，使 A 或 B 位的阳离子被取代产生大量的氧空位，从而具有氧离子传导能力的一类材料。最早用作 SOFC 电解质的钙钛矿材料是 $La_{0.8}Sr_{0.2}Ga_{0.83}Mg_{0.17}O_{2.815}$（LSGM）。最初，LSGM 被发现时，因其在中温区具有略高于掺杂氧化铈材料的氧离子电导率及在还原性气氛中稳定性好的特点，而受到广泛关注，被认为是最有前景的一类中温 SOFC 用电解质材料。但随着研究的深入，LSGM 材料暴露出了其高温下与被广泛使用的镍基阳极材料化学相容性差的问题。高于 1 300℃时，

LSGM 与 NiO 相互作用会生成高阻抗相增大电池内阻，LGSM 材料本身还会产生氧化铈基固体氧化物电解质在中温不会出现的电子电导现象，造成漏电，损害电池性能。目前钙钛矿结构材料的研究主要集中在改善其与镍基阳极材料的高温相容性及薄膜制备方面。

质子导体电解质是一种可以传导氢离子的材料，在电池运行过程中从阳极一侧传导 H^+ 或含有 H^+ 的正电荷，如 H_3O^+ 和 NH_4^+，到阴极发生电化学反应。高温质子导体一般是具备质子电导的陶瓷，通常用于质子陶瓷燃料电池(PCFC)。目前关于质子陶瓷导体的研究主要以高温氧化物质子导体为对象，如掺杂的氧化铈。无机酸质子导体的研究体系相对更多，如含氧酸盐体系中的硫酸盐、磷酸盐和硝酸盐体系及卤化物体系。质子导体作为 SOFC 电解质材料并非主流研究方向，一方面其侧重质子电导与 PEMFC 相近，同时燃料更多样化的优势并未充分发挥出来；另一方面，相比于氧离子导体型 SOFC 电解质，其研究更复杂，所以目前 SOFC 采用的电解质基本是氧离子导体。

图 3-9 的萤石结构材料电解质包含 ZrO_2 基电解质、CeO_2 基电解质、Bi_2O_3 基电解质。ZrO_2 在不同温度下晶体结构会有不同，从低温到高温晶体结构从单斜晶系转变为正方晶系再转变为立方晶系。晶体结构的变化会造成体积的变化，通过添加不同量的相稳定剂可以改变相转化温度，从而使得正方晶相可以保存至低温。例如：ZrO_2 掺杂 3 mol% Y_2O_3(3YSZ)有良好的机械强度，ZrO_2 掺杂 8 mol% Y_2O_3(8YSZ)有良好的离子导电性。还可以在 ZrO_2 中掺杂不同量的钪元素也有类似的效果。添加元素阳离子的半径与锆离子半径越接近，电学性能会越优异。CeO_2 单位晶胞中 Ce^{4+} 位于立方体角和面心上，每个四价铈离子周围围绕着 8 个氧离子。在 RDC 系列的电解质中，Ce^{4+} 将会被三价或者二价离子替换从而引入氧空位。随着掺杂离子的增加，氧空位的浓度会不断提高，并且直接影响材料的离子电导率。当材料内部氧空位的浓度到达一定水平后，材料的离子电导率达到峰值不会再增加。因为形成了超晶格结构，影响了氧空位的移动从而提高了氧离子传导的活化能。与 ZrO_2 和 CeO_2 相比，Bi_2O_3 因为晶格内氧空位浓度比较高，所以高温时离子电导率高于 CeO_2 和 ZrO_2。但是 Bi_2O_3 也有自身的缺点，高温容易升华，容易被氢气还原，当温度低于 730℃时，由于晶体结构的转换电导率会大幅度下降。在应用方面，Bi_2O_3 材料作为电解质还是面对很大的挑战。钙钛矿型电解质活化能比较低，有利于离子传导，但是容易与阳极和阴极发生反应增加电阻影响电学性能。对于不同的电解质材料，活化能是评价材料电化学性能的关键因素。

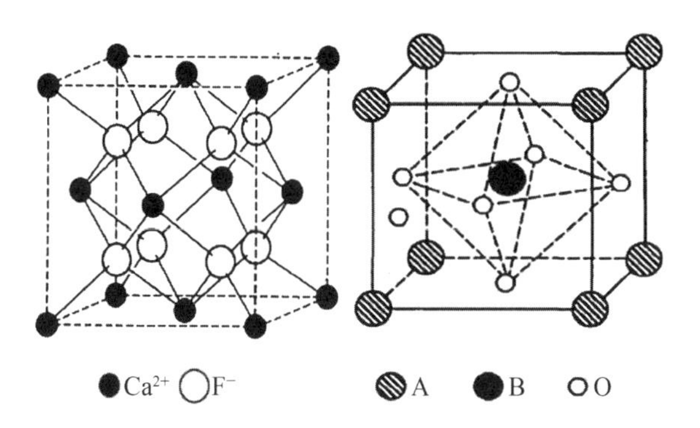

图 3-9　CaF_2 立方萤石结构(左)和 ABO_3 型钙钛矿结构(右)

目前,YSZ 是比较成熟的电解质并且已经商业化应用,但是 YSZ 的运行温度为 800～1 000℃。较高的运行温度会带来诸多问题,例如降低电池耐久性,增加了电池连接板和其他电极材料的成本。所以,许多研究方向转向了中温电解质,例如 Gd 掺杂 CeO_2 形成的 $Ce_{0.9}Gd_{0.1}O_{1.95}$(GDC),Sm 掺杂 CeO_2(SDC)和 Sm、Nd 共掺杂 CeO_2(SNDC)。RDC 在高温还原气氛下,Ce^{4+} 会被还原成 Ce^{3+} 造成电子泄漏从而影响开路电压(OCV)。为了解决这一问题,通常使用 YSZ 与 GDC 双层电解质结构,YSZ 可防止电子泄漏,GDC 防止常用的钙钛矿阴极与 YSZ 反应生成绝缘相影响电池的性能。

3.3.2.3　阻隔层

当含锶元素的阴极材料与锆基电解质在同一电池单元时,高温烧结或运行时存在锶偏析到电解质界面发生反应生成 $La_2Zr_2O_7$ 或 $SrZrO_3$ 绝缘相,从而增加电池内阻、降低电池放电性能。因此需要在电解质和阴极之间添加一层阻隔层。阻隔层一般具有以下几种特征:

(1) 较高的离子电导率;

(2) 与阴极和电解质具有适宜的热匹配性;

(3) 具有热稳定性和化学稳定性,不与阴极或电解质反应生成绝缘杂质相。

目前主流的阻隔层是 CeO_2 基材料,如氧化钆掺杂氧化铈(GDC)、氧化钐掺杂氧化铈(SDC)、钐钕共掺杂氧化铈(SNDC)等。但有效减弱锶偏析现象的同时会带来商业化成本提升的新问题,开发和研究新型无阻隔层阴极材料也成为新的方向之一。

3.3.2.4　阴极材料

阴极是氧气还原反应发生的场所,起着收集并传导电流的作用,阴极材料对

SOFC的性能具有重要影响。阴极反应的主要位置为空气—电解质—阴极三相界面，可细分为以下几种基元反应。

(1) 氧分子的吸附与解离：$O_2(g) \longrightarrow 2O_{ad}$ 或 $O_2 + e^- \longrightarrow O^-_{2\ ad}$；

(2) 氧原子表面扩散并得到电子：$O_{ad} + e^- \longrightarrow O^-_{ad}$；

(3) 氧原子生成晶格氧原子(氧离子)，同时可能扩散：$O^-_{ad} + e^- + Vo^{\cdot\cdot} \longrightarrow Oo^{\times}$；

(4) 表面氧原子在TPB上生成氧离子：$O_{TPB} + e^- + Vo^{\cdot\cdot} \longrightarrow Oo^{\times}$；

(5) 氧原子从阴极扩散到电解质。

在薄膜类电解质的SOFC中，阴极材料极化电阻(R_p)约占电池总电阻的65%(550～800℃)，因此寻找和研制新型阴极材料是发展中低温固体氧化物燃料电池(IT-SOFCs)的关键所在，如图3-10所示。作为SOFC阴极材料，需具备以下几个特征：

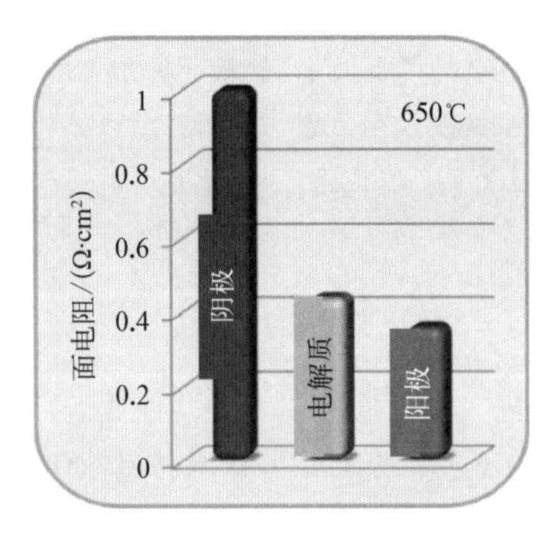

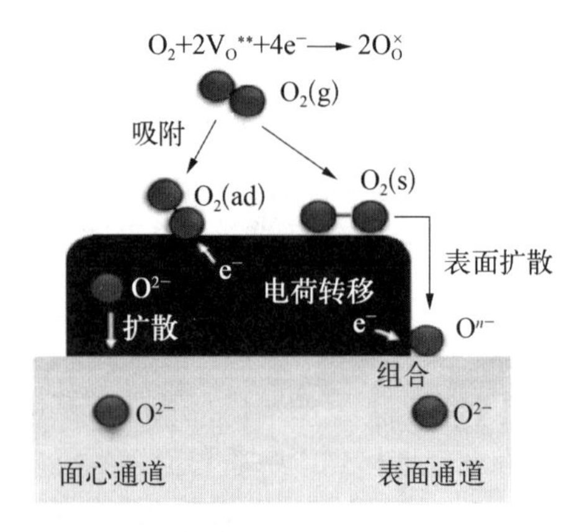

图3-10 电池各材料面电阻占比及工作原理图

(1) 较高的离子和电子传输特性：同时具备较高离子电导率和电子电导率的材料称为混合离子-电子导体(MIEC)，离子电导率和电子电导率越高，则电子和离子传输动力越好，极化电阻越小；

(2) 良好的热稳定性和化学稳定性：阴极材料在一定温度下长期运行需保持一定的氧传输能力并且不与其他组分发生化学反应生成绝缘相；

(3) 较高的电化学催化活性：电催化活性高，则氧离子传输速度快；

(4) 适宜的热膨胀匹配性：电极材料在一定温度时会发生形变行为(热收缩或热膨胀)，阴极材料需要和电解质阻隔层相近(较理想差值为1 ppm/K)的热膨胀系数。

阴极的类型：阴极材料种类主要是钙钛矿型、层状铁酸盐氧化物、层状铜氧化物、类钙钛矿结构、尖晶石结构、金红石结构、铋基氧化物以及质子导体电解质阴极等。各种阴极材料的分类如下：

（1）钙钛矿型：LSM、LSCF、LSC、SSC、BSCF；

（2）层状铁酸盐氧化物：$Sr_2Fe_2O_5$、$Sr_4Fe_6O_{12+\delta}$、$Ba_{1.6}Ca_{2.3}Y_{1.1}Fe_5O_{13}$；

（3）层状铜氧化物：$YSr_2Cu_2MO_{7+\delta}$；

（4）类钙钛矿结构：$(La,Sr)_{n+1}M_nO_{3n+1}$（$n=1\sim3$，M=Fe，Co，Ni）；

（5）尖晶石结构：$Mn_{1.5}Co_{1.5}O_4$；

（6）金红石结构：$Ir_{0.5}Mn_{0.5}O_2$；

（7）铋基氧化物：$Bi_4V_2O_{11}$。

阴极材料制备方法：阴极材料粉体的合成方法有固液复合法、乙酸丙烯酸法、高温固相法、Pechini法、溶胶凝胶法、柠檬酸络合法、燃烧合成法等。主要阴极材料制备方法如下。

（1）固液复合法：将金属盐原料与去离子水按一定比例混合于聚四氟乙烯或玛瑙球磨罐，按一定比例加入球磨珠后放入球磨机以某转速球磨一定时间，经烘干溶液中的水后，煅烧可得粉体，合成时可添加表面活性剂改变粉体形貌。该方法普适性高且合成的粉体质量高，但因需要消耗球磨珠而成本增加、工艺复杂。

（2）乙酸丙烯酸法：乙酸盐原料与丙烯酸单体的混合溶液经加热搅拌合成纳米粉体的过程称为乙酸丙烯酸法（acetic-acrylic method）。乙酸丙烯酸法与柠檬酸络合法、溶胶凝胶法原理类似但又不完全相同，该方法采用的是同时具有烯键和羧基的丙烯酸（C_2H_3COOH）单体作为络合剂，在80～90℃水浴合成过程中丙烯酸的羧基与乙酸盐中的金属离子络合，加上烯键自身聚合，形成网络结构对金属离子产生物理空间阻隔，能合成出高质量纳米粉体。其中丙烯酸的用量（或丙烯酸与金属离子的摩尔比，L/M值）作为重要参数可影响粉体各方面质量，合成时也可添加表面活性剂改变粉体形貌。该方法合成工艺简单，成本较低，得到的粉体分散性好且粒径小，也证实能实现工业大批量生产，但该方法普适性低，部分类型的粉体合成不适用于该方法。

（3）高温固相法：所有金属盐原料直接接触或与酒精混合一定时间后烘干并高温煅烧合成粉体。该方法作为传统的制粉工艺，成本低、能耗大，但效率低。

（4）Pechini法：也称原位聚合法，粉体合成时某些弱酸与阳离子能形成螯合物，它们起着聚酯的作用，并可与多元醇聚合，形成固体聚合物树脂。该方法因有机物膨胀伴随废气排放等对环境不友好。

(5) 溶胶凝胶法：金属盐原料与去离子水混合后在 80～90℃水浴搅拌一定时间，去离子水蒸发后经烘干煅烧所制备的粉体。该方法工艺简单，但产品纯度不高。

(6) 柠檬酸络合法：又称柠檬酸-EDTA 法，合成过程中起作用的主要是四元化合物 EDTA 与多种金属离子产生络合反应，经高温煅烧后随着有机物挥发而形成目标粉体。

(7) 燃烧合成法：又称自蔓延高温合成法，主要是利用甘氨酸、尿素等燃料作为还原剂、硝酸盐溶液作为氧化剂产生氧化还原反应得到目标粉体。该方法产品纯度高、工艺简单，但普适性小、过程控制困难。

目前，诸多学者正尝试寻找新的阴极材料以加速 SOFC 商业化进程，阴极材料筛选主要为寻找氧还原反应(oxygen reduction reaction, ORR)活性高的材料，即表面交换系数 K^* 高(由氧 P 带中心值决定)，K^* 值越高，O_2 分裂越快 ($O_2+4e^- \longrightarrow 2O^{2-}$)，并入阴极速度也越快。而 K^* 值与所选氧化物性质有关，其影响因素如下所示：

(1) 点缺陷能，即氧空位和氧间隙；

(2) 扩散和表面交换的活化能；

(3) 功函数；

(4) 低温析氧反应(OER)；

(5) 氧化物面电阻(ASR)。

以结构为 $A_{1-x}A'_xB_{1-y}B'_yO_3$ 的钙钛矿为例，① 若 B 位固定，A 位元素若含稀土元素，则 P 带中心值低；若含碱土元素，系统氧化加剧导致费米能级下移，则 P 带中心值较高。② 若 A 位固定，B 位在同一周期从左至右，右端后过渡金属电负性强，P 带中心值趋于增加。若使 K^* 值最大化，则 A 位上应有碱土元素如钙、锶、钡等，B 位上应有锰、铁、钴、镍等后过渡元素，但此方案易出现稳定性较低的问题。对于稳定性，A 位上碱土元素比稀土元素低，B 位上铁、钴、镍在氧还原(ORR)条件下会使钙钛矿失稳。一般来说，为提高稳定性，最好选择是在 A 位加稀土元素，B 位加第ⅢB 族到第Ⅷ族的 d 区过渡金属元素。

总的来说，高活性高稳定性的材料可能为 A 位含碱土元素和稀土元素混合物，B 位含后过渡金属和较少 ORR 活性元素混合。

燃料电池的单电池理论电压为 1.2 V，而实际操作时仅为 0.8 V 左右，要使 SOFC 在实际使用中达到尽可能高的电压，须将多片单电池串联成燃料电池电堆，而电堆系统的组装和单电池的测试离不开连接件。两个电池单元堆叠时其中一个单电池的阳极与另一相邻单电池的阴极直接接触会导致电池短路，连接件材料可用来避免这一问题的发生，传导电子还可以避免燃料与氧化剂直接接触。连接体在燃料电池成本中占比50%甚至更高，因而开发和研究低成本、高性能的连接件是推动SOFC商业化的重要手段，其所具备的特征主要如下。

(1) 较高的电子传导率：反应条件下降低欧姆电阻从而降低电堆功率密度因电池串联产生的折损。

(2) 化学稳定性和热稳定性：反应条件下不与其他相邻组件发生化学反应，高温下自身机械性能好，具有一定的抗积碳、抗氧化硫化性能。

(3) 适宜的热匹配性：反应条件下与相邻组件具有适宜的热膨胀系数匹配性以保证与其他材料接触良好。

(4) 成本低廉：低成本、易加工是SOFC产业化的关键因素。

(5) 气密性：具有一定的致密性从而保证相邻电池单元的气体之间的阻隔效果。

目前市场主流和研究学者关注较多的连接件材料主要分为陶瓷连接体和金属连接体。研究较多的陶瓷连接材料为$LaCrO_3$及其改性化合物，但因其烧结性能差、阳极侧导电不足等明显缺陷逐渐被$SrTiO_3$基材料取代。金属连接材料主要包含铁基不锈钢(如SUS430和SUS441)、镍基合金(Ni-Cr合金等)和铬基合金(如Cr-Fe合金等)，它们的抗氧化性和导电性能都比较良好，而铁基不锈钢机械强度较低，镍基合金热膨胀系数较高，铬基合金加工难、成本高且六价铬挥发严重，需对这些材料加以改性才有利于商业化应用。除此之外，为保持连接体的稳定性，连接体防护涂层的研究也迎来了较多关注，如混合稀土氧化物涂层、钙钛矿涂层、尖晶石涂层等。

燃料电池密封材料主要是在单电池测试组装与电堆系统组装时将电池单元密封在金属夹具内，密封材料需具备一定的浸润性、黏着性、气密性、绝缘性以及高温稳定性。目前主流的密封材料是不同类型的玻璃粉及其改性物、云母片以及高温密封胶。

3.3.3 SOFC电池结构

单个SOFC具有三层：多孔阳极和被致密电解质膜隔开的多孔阴极。根据承担维持电池力学性能组件的不同(每个电池组件的相对厚度不同)，可将电池结构分为电解质支撑或电极支撑的 SOFC,如图 3-11 所示。就处理技术而言,电极支撑的电池比电解质支撑的电池要求更高。然而,电极支撑结构现在应用更广泛。例如,对于管状结构,西门子采用阴极支撑结构,对于平面结构,大多数工业团队采用阳极支撑结构。电极支撑结构的主要优点在于它提供了更薄的电解质层,从而降低了电解质的欧姆电阻,这使得 SOFC 可以在较低的温度下运行,尤其是对于阳极支撑的平面结构。

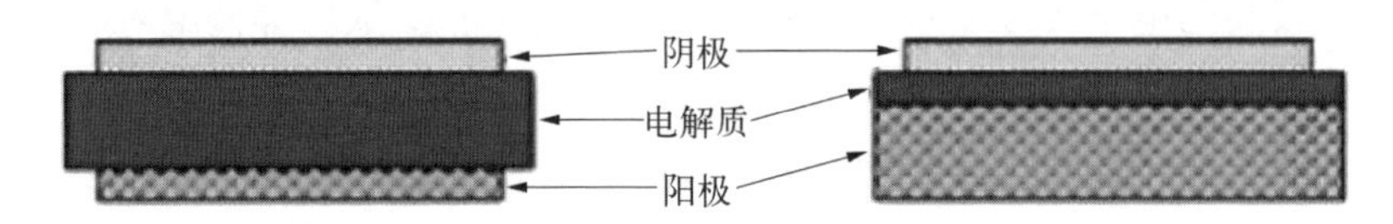

图 3-11　电解质支撑的 SOFC(左)和阳极支撑的 SOFC(右)的横截面示意图

作为一种全固态技术,固体氧化物燃料电池的结构设计,主要包括平板型(电解质支撑、阳极支撑、金属支撑等)、管型和平管型,如图 3-12 所示。其中平板型结构电池,是当前商用 SOFC 所采用的最广泛的结构。平面 SOFC 通常比管状 SOFC 薄,并且由于互连和单元之间的平面接触界面,集流更容易,功率密度高,但密封难度较大;传统的管状 SOFC 具有很强的机械强度,易于密封,但很难收集电流,且功率密度偏低;为了兼容两者优势,科学家发明了平管型电池结构。三种结构各自的优缺点如下。

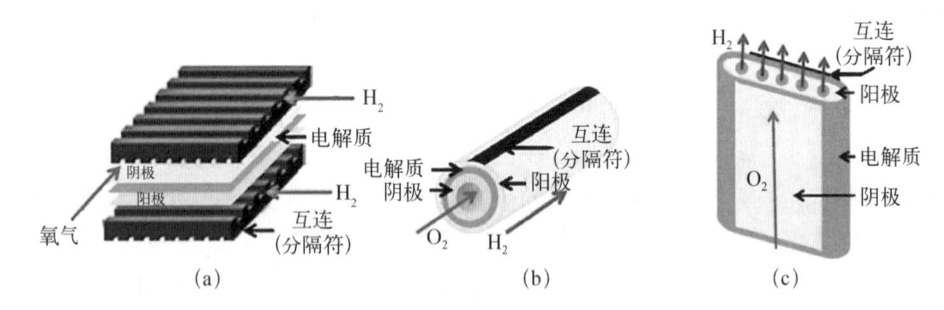

图 3-12　SOFC 的三种常见结构:(a) 平板式;(b) 管式;(c) 平管式

注:分隔符相当于 PEMFC 的集流板。

平板型:结构简单,单元沿电流方向连接,从而最大限度地减小了电流路径的长度;欧姆电阻较低,从而导致了高功率密度。同样,可以应用简单且低成本的方法,例如丝网印刷和流延。但是,气密密封难度较大,因为在电池(四个侧面)周围需要相对大量的密封材料。另外,由电池和电池堆的材料之间不同的热膨胀系数引起的机械降解也是亟须解决的问题。

管型：原始设计使用多孔陶瓷管状基材。沿着管，先沉积圆柱形阳极，再沉积电解质、阴极和互连件。在最近的设计中，有时会颠倒该过程。优点在于管的两端仅需要少量的气密密封。而且，由于互连被合并到电池中，所以电池相对容易地捆在一起并被构造成大的堆叠。然而，电解质和电极沉积工艺复杂且成本高，使得制造成本偏高。由于从一个电池的阳极到下一电池的阴极的电子路径很长，因此这种设计的缺点是功率密度相对较低。

平管型：与平面设计相似，可提供高功率密度。另外，仅需密封管的两端，因此电池结构易于密封。

相比于其他种类的燃料电池，拥有更加广泛的燃料选择范围是 SOFC 最显著的优势之一。除去 SOFC 可以直接利用的氢气或甲醇，SOFC 还能够通过直接内部重整(direct internal reforming, DIR)或外部重整利用甲烷、乙醇等碳氢燃料，或者是通过催化裂解利用氨燃料(见表 3-2)。

表 3-2　各种 SOFC 常用燃料的热值及密度(0℃，1 atm)

燃料名称	高热值(HHV)/(MJ/kg)	低热值(LHV)/(MJ/kg)	密度/(g/L)
氢气(气态)，H_2	142.1	120.2	0.089 88
甲烷，CH_4	55.63	50.2	0.716
甲醇，CH_3OH	22.7	20.0	791
乙醇，C_2H_5OH	29.85	26.9	789
柴油，$C_{\sim13}H_{\sim24}$	—	41.4	—
氨气，NH_3	—	18.7	—
车用尿素(AdBlue)	—	3.4	—
液化气	50.2	46.6	508

3.3.4　SOFC 的主要应用场景

SOFC 主要应用于分布式发电、多合一供电供能补给站等，其主要应用场景如下所述。

3.3.4.1　分布式 SOFC 发电系统

分布式 SOFC 发电系统是最重要的产品之一。针对工商业园区、高能耗企业、中大型社区，热电冷三联产的多目标分布式供能系统是大有前景的发电方式，其在生产电力的同时，也能提供热能或同时满足供热、制冷等方面的需求[19-20]。

3.3.4.2 多合一能源补给站

以新建或已有加油站、天然气加气站为基础，利用基于碳氢燃料的SOFC发电，余热可以供热给重整器，通过重整、分离提纯能实现氢气的供应，也可以利用SOFC的反向模式实现高温电解制氢。该多合一能源补给站将加气站、充电站、加氢站结合在一起，是电动汽车、氢燃料电池汽车发展过程中解决基础设施建设问题的可选方案。

3.3.4.3 SOFC增程器/APU电源

目前纯电动汽车的一次续航里程与传统内燃机汽车相比差距较大，通过增程器给电池充电，可以提升续航里程。SOFC因能量密度高，并且可以直接利用LNG、醇类等液态燃料非常适合应用于汽车增程器。除此之外，SOFC也适用于飞机、轮船、潜艇等交通工具的辅助动力装置(APU)电源，在发动机未启动工作时提供电能。

3.3.4.4 SOEC高温电解设备

固体氧化物电解池(solid oxide electrolyzer cell, SOEC)进行的是SOFC的逆过程，可以高温电解水蒸气和二氧化碳制得氢气、一氧化碳、氧气、合成气($CO+H_2$)以及其他有机物工业原料气体、混合气体等。核电站、钢厂、化工厂等行业在生产过程中会排放含有丰富热能的二氧化碳和水蒸气，风光弃电、核电站空余负荷等废弃资源可以提供SOEC需要的电能，进而将热能和电能转化为工业原料气体或燃料进行利用。SOEC高温电解设备在储能与工业资源回收利用等方面具有巨大的市场应用前景。

3.3.5 国内外研究开发现状和发展趋势

经过数十年的发展，固体氧化物燃料电池存在多种技术路线，从电池结构角度而言，主要包括平板型(电解质支撑、阳极支撑、金属支撑等)、管型和平管型，其中平板型结构电池功率密度高，但密封难度较大；管型结构电池易于密封，但功率密度偏低[21-22]。为了兼容两者优势，日本科学家发明了平管型电池结构。固体氧化物燃料电池虽然技术路线多种多样，从产业化应用角度看，解决其核心技术电堆的一致性、可靠性等问题是SOFC应用成功的关键[23-24]。

在平板型结构电池技术路线中，以美国清洁能源公司(Bloom Energy)开发的基于电解质支撑型平板式电池的系统尤为典型。近十年来，该公司应用该技术路线研制的产品，为美国谷歌、易贝、沃尔玛等公司提供了3 000多套大功率发电系统(见图3-13)，是目前全球最大的SOFC生产商[25-27]。

图3-13　美国清洁能源公司的SOFC供电系统与电解质平板型电池

在管型结构电池技术路线中，以日本三菱重工公司开发了管式结构的电堆和系统为典型代表(见图3-14)[25,28]。采用该技术路线结构电池，三菱重工公司研制了10 kW级模块的管型电池堆，又以10 kW级为模块集成了250 kW的SOFC发电系统。然而由于制造难度较大、电流收集困难以及单位面积电流密度较低等问题，在商业化方面进展缓慢，但不失为一种大规模静态发电的可靠方式，是目前继美国BE公司后又一发展大功率发电系统的先进代表。

图3-14　日本三菱重工250 kW发电系统与管式结构电池

功率为 700 W～20 kW 的小型燃料电池热电联供系统也一直是各国 SOFC 研发中的热点[29-31]。多年来，在深入分析平板型与管型结构电池的基础上，日本京瓷公司发明了基于阳极支撑型的平管型结构电池技术路线。2012 年，京瓷公司与日本爱信精机合作开发出了第一款商业化 700 W 家用热电联供系统（见图 3-15），可以同时输出电力与热水，热电联供效率超过 90%。2016 年，利用这种技术进行扩展，他们将系统功率提高到了 3 kW[32]。

图 3-15　日本爱信精机 700 W-CHP 系统与京瓷平管式结构电池堆

综合上述国际商业化较为成功的公司案例，我们发现他们采用的电池结构有一个共性，即近似对称性（见图 3-16），这表明对称性结构具有更为优越的稳定性。我国当前主流技术路线为传统平板型阳极支撑电池，其主要由 Ni-YSZ/YSZ/LSCF（等）之类的材料组成，属于典型的不对称的板式结构[33]。当 SOFC 在高温下还原运行时，各组成之间细微的热膨胀差异都将导致不对称板式结构的崩溃，形成板式的翘曲，进而出现电解质在界面处的贯穿开裂现象。因此，这种不对称性结构的破坏，将导致电池在运行过程中极易发生寿命的快速衰减，这也是当前不对称结构没有更大范围推广应用的原因之一。此外，SOFC 要想实现电池的应用，更重要的是亟须将若干个能量有限的单体电池通过串联或并联组合成电池堆的形式，得到所需能量的输出[20-21]。

表 3-3 和表 3-4 分别为国际上运行较为成功的电池及其电堆特性。从图中可以看出，电池通常可达上万小时而依然保持稳定，而电堆普遍使役寿命在 3 000 h 左右，且能量密度更低。这可能是因为电池集成电堆后，更大的功率运行释放出更多的热量，导致部件高温疲劳失效[18,34]。

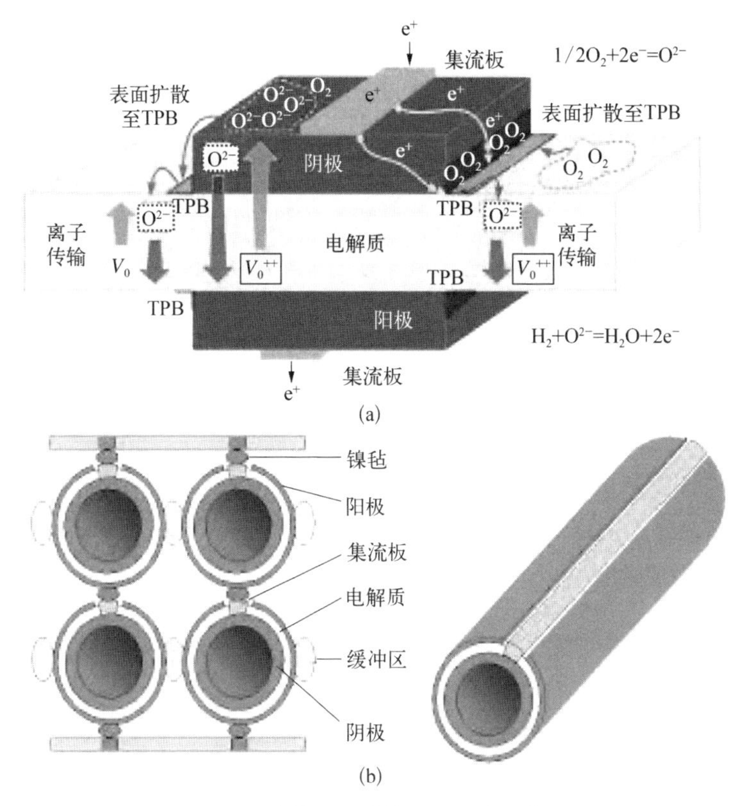

图 3-16 国际上较为成功的不同电池结构共性对比

(a) 美国清洁能源公司电池结构；(b) 日本三菱重工公司电池结构

注：TPB (triple phase boundary)，指电子传导相、离子传导相和气孔的交界处，为电化学反应发生的区域。

表 3-3 不同类型结构电池运行寿命对比

电池类型	管式 SOFC (MHPS)	平板管式 SOFC (京瓷)	平板管式 SOFC(日本 gayici)	一体烧结形 SOFC(村田制作所)	平板型 SOFC(日本特殊陶瓷)	小型管式 SOFC (TOTO)
运行温度/℃	900	750	750	750	700	700
电流密度/(A/cm^2)	0.15	0.2	0.23	0.35	0.2(0.52)	0.21
空气极构成	LSCM / YSZ	LSF系 / YSZ	LSCF / YSZ	LSCF / ScSZ	LSCF / YSZ	LSCF / LSGM

续 表

电池类型	管式 SOFC（MHPS）	平板管式 SOFC（京瓷）	平板管式 SOFC（日本 gayici）	一体烧结形 SOFC（村田制作所）	平板型 SOFC（日本特殊陶瓷）	小型管式 SOFC（TOTO）
空气极衰减率	4～9 mV −0.1%	12～22 mV −0.1%	32～68 mV −0.1%	33～79 mV −0.1%	17～34 mV −0.1%	25～58 mV −0.1%
抵抗值衰减率	46～55 mV 0%	111～122 −0.1%	98～117 mV −0.2%	98～117 mV −0.2%	44～62 mV −0.3%	75～78 mV −0.0%
燃料极衰减率	11～17 mV 0%	7～11 mV −0.0%	6～19 mV −0.1%	4～10 mV −0.0%	13～20 mV −0.1%	27～36 mV −0.1%
衰减速率	−0.1%/14 000 h	−0.2%/10 000 h	−0.5%/8 000 h	−2.6%/3 000 h	−0.6%/10 000 h	−0.5%/10 000 h
备注	10 号机	2012 号机	2012 号机	2012 号机	2012 号机	2012 号机
衰减机理揭示，预测	铬中毒引起的空气极衰减很好	9 000 h 以后空气极有少量衰减	在进行初期阶段的衰减			

测试达到 9 万小时　测试达到 4 万小时　需要进一步改善

表 3－4　不同类型结构电池对应的电堆运行对比

电池类型	澳洲 CFCL now Solid Power	海克斯	弗劳恩霍夫 IKTS/Plansee	京瓷	美国 Solid Power	德国 Sunfire	美国 TOFC	佛吉亚/Versa
初始功率	2 kW	1.2 kW	850 W	700 W	1 kW	650 W	1.5 kW	15 kW
电池数量	4×51	60	30	n/a	72	30	75	96
工作温度/℃	750	850	810	750	800	850	725	700
电池类型	ASC－P	ESC－P	ESC10－P	ASC－HC	ASC－P	ESC2－P	ASC－P	ASC－P
电池活性面积	49 cm^2	100 cm^2	127 cm^2	n/a	50 cm^2	128 cm^2	144 cm^2	550 cm^2
电源/电池面积	0.2 W/cm^2	0.22 W/cm^2	0.24 W/cm^2	n/a	0.28 W/cm^2	0.2 W/cm^2	0.2 W/cm^2	0.31 W/cm^2

续　表

电池类型	澳洲 CFCL now Solid Power	海克斯	弗劳恩霍夫 IKTS/Plansee	京瓷	美国 Solid Power	德国 Sunfire	美国 TOFC	佛吉亚/Versa
初始电压/电池	0.85 V	0.78 V	0.8 V	n/a	0.8 V	0.72 V	0.88 V	0.85 V
燃料电池发电效率	65.80%	85%	60.85%	n/a	60.75%	65.85%	60.75%	60.75%
功率衰减	1.5%/kh	0.3%/kh	0.7%/kh	<0.4%/kh	1.5%/kh	1%/kh	0.9%/kh	1.3%/kh
平均运行(服务)寿命/kh	4.8	3.30	3.20	3.30	3.10	3.20	3.14	3.15
热循环功率损耗(10次循环)	0.4%	<0.05%	<0.05%	<0.05%	<0.05%	<0.05%	n/a	n/a

我们国家 SOFC 发展始于八五期间(1991—1995),经过数十年的发展,在部分领域也取得了较大的进展,比如材料与电池研究基本达到了与国际先进水平相当,如宁波索福人能源科技有限公司(以下简称宁波索福人)批量化研制的传统不对称结构阳极支撑型单电池在 750℃下的平均功率密度约为 0.6 W/cm²,第三方检测结果显示电池的衰减速率≤0.3%/1 000 h(见图 3-17)。

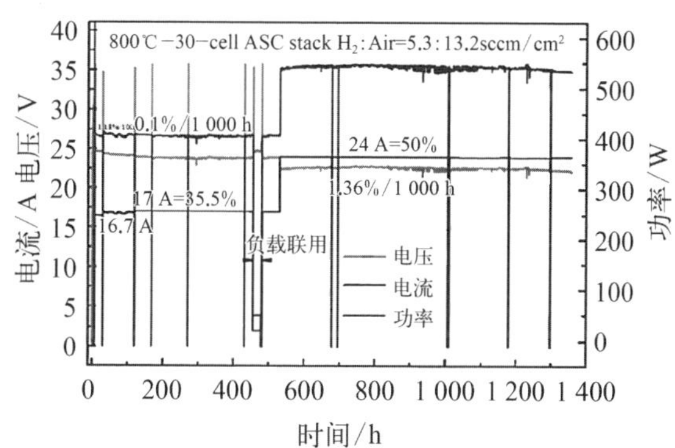

图 3-17　宁波材料所及索福人研制的第一代电堆模块(左)及其运行性能测试原图(右)

基于这种传统平板型结构电池技术路线，宁波索福人与中国科学院宁波材料技术与工程研究所(以下简称宁波材料所)进一步实现了电堆的模块批量化，其研制的 500 W 级 LSM 阴极材料的模块电池堆功率密度在 800℃时约为 0.2 W/cm²，衰减速率≤1.5%/1 000 h。基于连接板的耐受性与输出性能的提高，宁波材料所进一步研制了可在 750℃下运行的 LSCF 阴极材料的电堆，并对其开展了耐久性性能测试。结果显示，LSCF 电堆在 51%的电效率下衰减速率约为 4.32%/1 000 h，如图 3-18 所示。发现当采用该结构电池时，电池具有相对更为稳定的性能，小型模块化电堆也具备一定的稳定性。但当组成电池堆阵列时，发现其寿命会急剧衰减。研究发现，主要是因为热失衡引起部件损坏所致[33]。

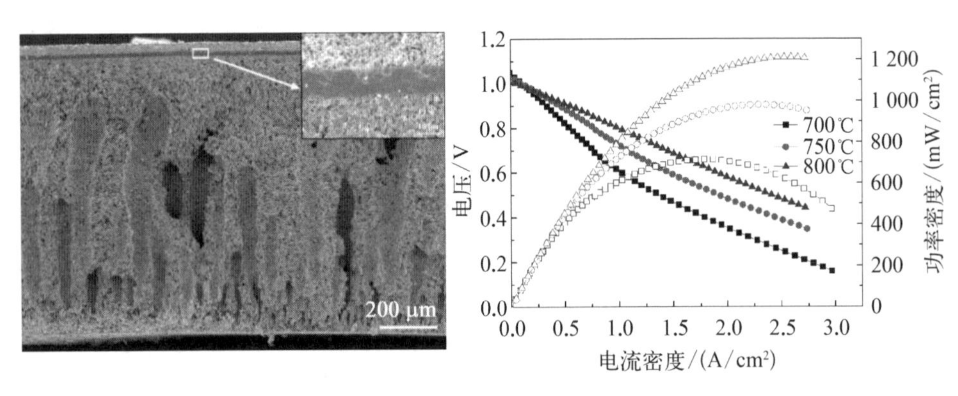

图 3-18　中国科学技术大学的直孔电池结构与输出性能测试结果

中国科学技术大学陈初升团队开发了相转化制备燃料电池技术，批量制造具有独特直孔结构的平板型 SOFC 单电池，功率密度达到了 1.2 W/cm²，如图 3-18 所示。此外，华中科技大学、上海硅酸盐研究所、大连化学物理研究所以及中国科学技术大学等相关团队也在千瓦级电堆方面取得了一些进展[35-37]。

我国在传统不对称结构电池方面已取得了较大的进展，接近了国际先进水平。但就电堆的可靠性而言，特别是其在多燃料碳基环境下面临更为严峻的问题，亟待研究突破[38]。SOFC 通常在 600～800℃的中高温区工作。由于在实际运行过程中，SOFC 的输出功率会根据需求而变化，导致实际运行温度会在 600～800℃之间浮动，极端时候会降低到 550℃或者升高至 900℃[39]。同时，受气体流场、电流收集、电池结构不均衡等多方面因素影响，在出现电流集中和热集中等问题时，局部温度甚至会升至 1 000℃[40]。这种不同区域存在的温差和由于工况变化造成的温度波动，都会在 SOFC 的部件上产生热应力，成为导致

SOFC 发生部件性能衰退、破坏和失效的诱因[34,41-42]。因此，亟须开展针对复杂运行工况下 SOFC 性能的衰退行为与机理，结合热、电、化学多场耦合模拟仿真计算，提出有效对策，提升 SOFC 的发电性能、效率、耐久性和可靠性[43-46]。

3.4　其他燃料电池简介

到目前为止，除了以上介绍的固体高分子质子膜燃料电池（PEMFC）和固体氧化物电解质燃料电池（SOFC）外，按开发使用的顺序排列，还有碱性燃料电池（alkaline fuel cell, AFC）、固体磷酸型燃料电池（phosphoric acid fuel cell, PAFC）、熔融碳酸盐型燃料电池（molten carbonate fuel cell, MCFC）和直接甲醇燃料电池（direct methanol fuel cell, DMFC）等四种，本节逐一做简单介绍。

3.4.1　碱性燃料电池

碱性燃料电池（alkaline fuel cell, AFC）是第一个燃料电池技术的发展的产品技术。早在 20 世纪 50 年代在美国航空航天局的太空计划中，为航天器上生产电力和水的需求而开发。最早应用在吉米号（JIMMY）航天飞机上。在众多类型的燃料电池中，碱性燃料电池（AFC）技术是最成熟的。从 20 世纪 60 年代到 80 年代，国内外学者深入广泛地研究并开发了碱性燃料电池。但是在 80 年代以后，由于新的 PEMFC 燃料电池技术的出现，使用了更为便捷的固态电解质而且可以有效防止电解液的泄漏，AFC 逐渐褪去了其原有的光彩。成本分析表明，与 PEMFC 相比，AFC 系统用于混合动力电动车有一定的优势，这些优势体现在阴极动力学和降低欧姆极化方面，碱性体系中的氧化还原反应（ORR）动力学比酸性体系中使用铂催化剂的 H_2SO_4 体系和使用银催化剂的 $HClO_4$ 体系都要更高。同时，碱性体系的弱腐蚀性也确保了 AFC 能够长期工作。AFC 中更快的 ORR 动力学使得非贵金属以及低价金属，例如银和镍作为催化剂成为可能，这也使得 AFC 与使用铂催化剂为主的 PEMFC 相比具有竞争力。特别是近年来随着高分子聚合物碱性 AEM 膜材料的开发成功，对碱性燃料电池的研究逐渐复苏。

3.4.1.1　碱性燃料电池工作原理

碱性燃料电池使用的电解质一般为水溶液或稳定的氢氧化钾基质，且电化学反应也与氢氧根（OH^-）从阴极移动到阳极与氢气反应生成水和电子略有不同。这些电子是用来为外部电路提供能量的，然后才回到阴极与氧气和水反应生成更多的羟基离子。

负极反应： $$2H_2 + 4OH^- \longrightarrow 2H_2O + 4e^- \tag{3-23}$$

正极反应： $$O_2 + 2H_2O + 4e^- \longrightarrow 4OH^- \tag{3-24}$$

总反应： $$2H_2 + O_2 \longrightarrow 2H_2O \tag{3-25}$$

碱性燃料电池的工作温度和质子交换膜燃料电池（PEMFC）的工作温度基本相同，大约为 80℃。因此，它们的启动也很快，但其电流密度却只相当于 PEMFC 的电流密度的 1/10，在汽车中使用显得十分困难。不过，它们是燃料电池中生产成本最低的一种电池，因此可用于小型的固定发电装置。相比质子交换膜燃料电池，碱性燃料电池对能引起催化剂中毒的一氧化碳和其他杂质更加敏感。此外，其反应原料中不能含有二氧化碳，因为二氧化碳能与氢氧化钾电解质反应生成碳酸钾，降低电池的性能，因此很难在空气环境下工作。

3.4.1.2 碱性燃料电池阳极催化剂

电催化剂是燃料电池的关键组成部分，其性能高低直接决定了燃料电池的工作性能。燃料电池对电催化剂的基本要求如下：

(1) 对电化学反应具有很高的催化活性，能够加速电化学反应的进行。

(2) 对反应的催化作用具有选择性，即只对反应物转化为目标产物的反应具有催化作用，对其他副反应并无催化作用。

(3) 具有良好的电子导电性，有利于电化学反应过程中电荷的快速转移，从而降低电池内阻。

(4) 具有优良的电化学稳定性，从而保证其使用寿命。碱性体系的弱腐蚀性使得很多材料可用于碱性燃料电池阳极电催化剂，如铂基、钯基、金基及低价金属的非贵金属催化剂等[47]。

3.4.1.3 碱性燃料电池阴极催化剂

碱性燃料电池阴极主要为氧还原反应（ORR），由于反应中牵涉到 4 个电子的转移步骤，还有 O—O 键的断裂，易出现中间价态粒子，如 HO_2^- 和中间价态含氧物种等问题，因此 AFC 中阴极的氧化还原反应是一个很复杂的过程。目前关于 ORR 的真实反应途径尚不清楚，研究人员普遍认为主要有以下两种途径：

（1）直接四电子途径：　$O_2 + 2H_2O + 4e^- \longrightarrow 4OH^-$　(3-26)

（2）二电子途径：　$O_2 + H_2O + 2e^- \longrightarrow HO_2^- + OH^-$　(3-27)

$HO_2^- + H_2O + 2e^- \longrightarrow 3OH^-$　(3-28)

从动力学理论上说，碱性体系中的氧还原反应（ORR）速率要比酸性体系中的更快一些。正是由于碱性体系中 ORR 速率较酸性体系中的更快，使得大量的材料得以用作 AFC 阴极催化剂，主要包括铂基、钯基、银基以及非贵金属催化剂等。

到目前为止，关于碱性体系中催化剂的性能衰退机制尚无相关研究，如有需要可参考 PEMFC 催化剂的相关研究工作。

3.4.2　磷酸燃料电池

磷酸燃料电池（PAFC）是最早实现商业化的一种燃料电池。正如其名，这种电池使用液体磷酸为电解质，通常位于碳化硅基材中，用多孔性聚酯材料作为隔膜材料。磷酸燃料电池的工作温度要比质子交换膜燃料电池和碱性燃料电池的工作温度略高，通常为 150～200℃，但仍需铂电极催化剂来加速反应。相较质子交换膜燃料电池其阳极和阴极上的反应相同，但由于其工作温度较高，所以其阴极上的反应速度更快。

磷酸燃料电池（PAFC）自从 20 世纪 60 年代在美国开始研究以来，越来越广泛地受到人们重视，许多国家投入大量资金用于支持项目研究和开发。在美国，能源部（DOE）、电力研究协会（EPRI）以及气体研究协会（GRI）三个部门在 1985—1989 年投入 PAFC 研究的开发经费高达 1.22 亿美元。日本政府部门在 1981—1990 年用于 PAFC 的费用也达到 1.15 亿美元。意大利、韩国、印度等国家和中国台湾地区也纷纷组织 PAFC 的研究开发计划。世界上许多著名公司，如东芝、富士电机、西屋电气、三菱、三洋以及日立等公司都参与了 PAFC 的开发与制造工作。相对于其他类型的燃料电池，PAFC 在商业化上技术进步较快，美国国际燃料电池公司（IFC）与日本东芝公司联合组建的 ONSI 公司早在 1980 年就试制成功 200 kW 的磷酸燃料电池并投入商业化固定式发电装置，销售达到数百台的规模，在 PAFC 技术上处于世界领先地位。但由于存在一些亟待解决的课题：电池比功率太低，体积、重量都很大难以用于燃料电池汽车等移动电源领域，需进一步延长使用寿命，以及需要降低制造成本等，20 世纪 90 年代以后逐渐被后来居上的固体高分子燃料电池（PAMFC）所取代[13-14]。

PAFC用于固定式发电包括两种情形：分散型发电厂，容量为10～20 MW，安装在配电分站；中心电站型发电厂，装机容量在100 MW以上，也可以作为中等规模热电厂。PAFC电厂比起一般发电厂具有如下优点：即使在发电负荷较低时，依然保持高的发电效率；由于采用模板结构，现场安装，简单、省时，且电厂扩容容易。1991年，东芝与IFC联合为东京电力公司建成了世界上最大的11 MW PAFC装置。该装置发电效率达41.1%，能量利用率为72.7%。

3.4.2.1 磷酸燃料电池的特点

磷酸燃料电池较高的工作温度也使其对杂质的耐受性较强，当其反应物中含有1%～2%的一氧化碳和百万分之几的硫化物时，磷酸燃料电池可以照常工作。磷酸燃料电池的效率比其他燃料电池的低，约为40%，其加热的时间也比质子交换膜燃料电池的长。虽然磷酸燃料电池具有上述缺点，它们也拥有许多优点，例如构造简单，稳定，电解质挥发度低等。磷酸燃料电池可用作公共汽车的动力。在过去的20多年中，大量的研究使得磷酸燃料电池能成功地用于固定电源的应用，已有许多发电能力为0.2～20 MW的工作装置被安装在世界各地，为医院、学校和小型电站提供动力。它采用磷酸为电解质，利用廉价的碳材料为骨架。它除了以氢气为燃料外，还有可能直接利用甲醇、天然气、城市煤气等低廉燃料，与碱性氢氧燃料电池相比，最大的优点是它不需要二氧化碳处理设备。磷酸型燃料电池已成为发展最快的，也是最成熟的燃料电池，它代表了燃料电池的主要发展方向。

3.4.2.2 磷酸燃料电池的工作原理

如图3-19所示，电池中采用的是100%磷酸电解质，其常温下是固体，相变温度是42℃。氢气燃料被加入阳极，在催化剂作用下被氧化成质子，同时释放出两个自由电子。氢质子和磷酸结合成磷酸合质子，向正极移动。电子向正极运动，而水合质子通过磷酸电解质向阴极移动。因此，在正极上，电子、水合质子和氧气在催化剂的作用

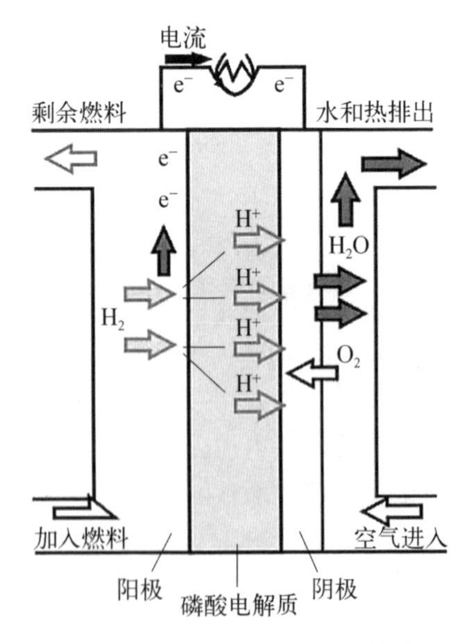

图3-19 固体磷酸燃料电池的结构示意图

下生成水分子。

具体的电极反应如下所示。

负极反应：$$H_2 \longrightarrow 2H^+ + 2e^- \quad (3-29)$$

正极反应：$$O_2 + 4H^+ + 4e^- \longrightarrow 2H_2O \quad (3-30)$$

总反应：$$O_2 + 2H_2 \longrightarrow 2H_2O \quad (3-31)$$

磷酸燃料电池一般在 200℃左右工作，采用铂作为催化剂，效率可达到 40%以上。由于不受二氧化碳限制，磷酸燃料电池可以使用空气作为阴极反应气体，也可以采用重整气作为燃料，这使得它非常适合用作固定电站。

3.4.3　熔融碳酸盐燃料电池

熔融碳酸盐燃料电池(molten carbonate fuel cell, MCFC)，是由多孔陶瓷阴极、多孔陶瓷电解质隔膜、多孔金属阳极、金属极板构成的燃料电池，其电解质是熔融态碳酸盐。MCFC 的优点在于工作温度较高，反应速度较快；对燃料的纯度要求相对较低，可以对燃料进行电池内重整；不需贵金属催化剂，成本较低；采用液体电解质，较易操作。不足之处在于，高温条件下液体电解质的管理较困难，在长期操作过程中，腐蚀和渗漏现象严重，降低了电池的寿命[48]。

3.4.3.1　熔融碳酸盐燃料电池的工作原理

MCFC 的电解质为熔融碳酸盐，一般为碱金属锂、钾、钠、铯的碳酸盐混合物，隔膜材料是 $LiAiO_2$，正极和负极分别为添加锂的氧化镍和多孔镍。

MCFC 的电池反应如下：

阴极反应：$$O_2 + 2CO_2 + 4e^- \longrightarrow 2CO_3^{2-} \quad (3-32)$$

阳极反应：$$2H_2 + 2CO_3^{2-} \longrightarrow 2CO_2 + 2H_2O + 4e^- \quad (3-33)$$

电池反应：$$O_2 + 2H_2 \longrightarrow 2H_2O \quad (3-34)$$

MCFC 的工作原理如图 3-20 所示。

由式(3-32)～式(3-34)可知，MCFC 的导电离子为 CO_3^{2-}，二氧化碳在阴极为反应物，而在阳极为产物。电池实际工作过程中二氧化碳在循环，即阳极产生的二氧化碳返回阴极，以确保电池连续工作。通常采用的方法是将阳极室排出来的尾气经燃烧消除其中的氢气和一氧化碳，再分离除水，然后将二氧化碳返回到阴极循环使用。

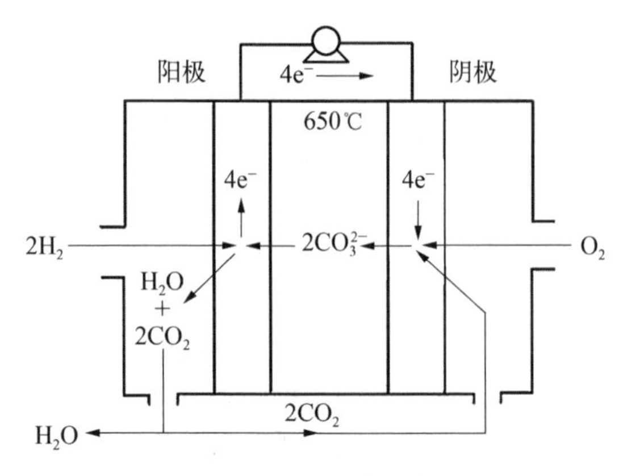

图 3-20　MCFC 的工作原理

MCFC 的结构示意图如图 3-21 所示。MCFC 组装方式：隔膜两侧分别是阴极和阳极，再分别放上集流板和双极板。MCFC 电池组的结构如图 3-22 所示，按气体分布方式可分为内气体分布管式(a)和外气体分布管式(b)。外分布

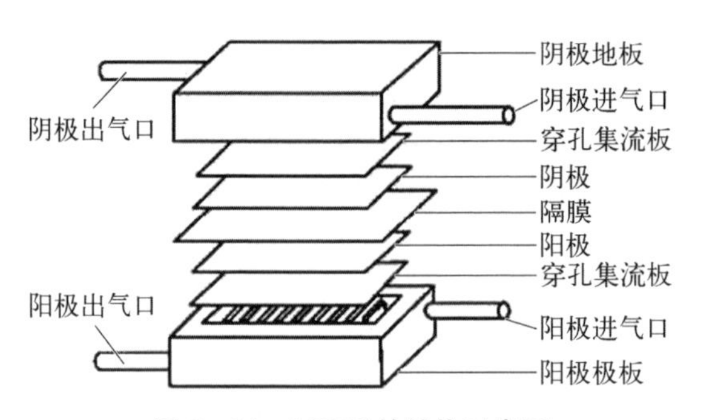

图 3-21　MCFC 的结构示意图

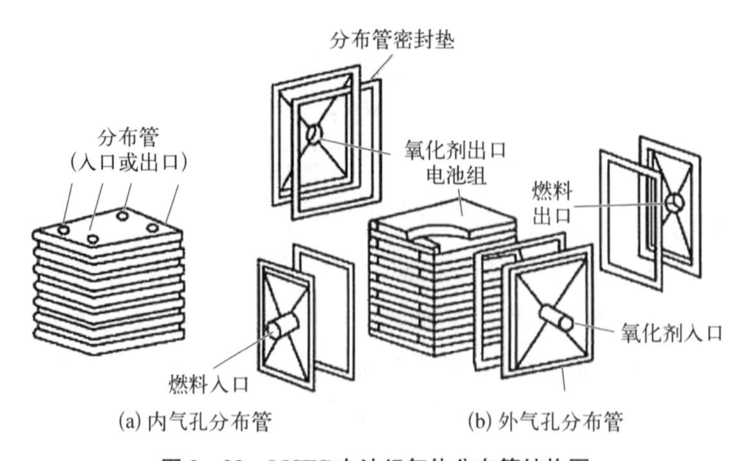

图 3-22　MCFC 电池组气体分布管结构图

管式电池组装好后，在电池组与进气管间要加入由 $LiAlO_2$ 和 ZrO_2 制成的密封垫。由于电池组在工作时会发生形变，这种结构导致漏气，同时在密封垫内还会发生电解质的迁移。鉴于它的缺点，内分布管逐渐取代了外分布管，它克服了上述的缺点，但要牺牲极板的有效使用面积(图 3－22)。在电池组内氧化气体和还原气体的相互流动有三种方式：并流、对流和错流。

3.4.3.2　熔融碳酸盐燃料电池的特点

熔融碳酸盐燃料电池的主要特点如下。

(1) 熔融碳酸盐燃料电池的优点：熔融碳酸盐燃料电池可以采用非贵重金属作为催化剂，降低了使用成本。能够耐受一氧化碳和二氧化碳的作用，可采用富氢燃料。用镍或不锈钢作为电池的结构材料，材料容易获得并且价格便宜。熔融碳酸盐燃料电池为高温型燃料电池，余热温度高，余热可以充分利用。

(2) 熔融碳酸盐燃料电池的缺点：以 Li_2CO_3 及 K_2CO_3 混合物做成电解质，在使用过程中会烧损和脆裂，降低了熔融碳酸盐燃料电池的使用寿命，其强度与寿命还有待提高。在整个化学反应过程中，二氧化碳要循环使用，从燃料电极排出的二氧化碳要经过催化燃烧除氢气的处理后，再按一定的比例与空气混合送入氧电极，二氧化碳的循环系统增加了熔融碳酸盐燃料电池的结构和控制的复杂性。

MCFC 未来在建立高效、环境友好的 5～10 MW 的分散电站方面具有显著优势。MCFC 以天然气、煤气和各种碳氢化合物为燃料，可以实现减少 40％以上的 CO_2 排放，也可以实现热电联供或联合循环发电，将燃料的有效利用率提高到 70％～80％。

3.4.3.3　熔融碳酸盐燃料电池的主要材料

MCFC 的材料包括电极材料、隔膜材料和双极板材料。

1) 电极材料

MCFC 的电极是氢气、一氧化碳氧化和氧气还原的场所，MCFC 的电极必须具备两个基本条件：

(1) 保证加速电化学反应，必须耐熔盐腐蚀；

(2) 保证电解液在隔膜、阴极和阳极间的良好分配，电极与隔膜必须有适宜的孔度相配。

MCFC 的阳极电催化剂先后经历了银、铂、镍的过程，目前主要采用 Ni－Cr

合金或 Ni - Al 合金。采用镍取代银和铂是为了降低电池成本，而演变为镍合金是为了防止镍的蠕变现象。

MCFC 的阴极材料有 NiO、$LiCoO_2$、$LiMnO_2$、CuO 和 CeO_2 等，由于 NiO 电极在 MCFC 工作过程中会缓慢溶解，同时还会被从隔膜渗透过来的氢气还原而导致电池短路，所以 $LiCoO_2$ 等新型阴极材料正逐渐取代 NiO。

2）隔膜材料

隔膜是 MCFC 的核心部件，必须具备高强度、耐高温熔盐腐蚀、浸入熔盐电解质后能阻气和具有良好的离子导电性能。MCFC 的隔膜材料是 $LiAlO_2$，$LiAlO_2$ 粉体有三种晶型，分别为 α 型（六方晶系）、β 型（单斜晶系）和 γ 型（四方晶系）。外形分别为球形、针状和片状，密度则分别 3.400 g/cm^3、2.610 g/cm^3 和 2.615 g/cm^3。

3）双极板材料

MCFC 的双极板有三个主要作用：

（1）隔开氧化剂（氧气或空气）与还原剂（天然气、重整气）；

（2）提供气体流动通道；

（3）集流导电。

MCFC 的双极板材料主要为不锈钢和各类镍基合金。

3.4.4 直接甲醇燃料电池

直接甲醇燃料电池（direct methanol fuel cell，DMFC）属于低温燃料电池，采用质子交换膜做固体电解质，甲醇作为燃料，其工作原理和结构与质子交换膜燃料电池的基本相同。相关技术不断进步，工业化和实用化前景日益明朗，显示出较好的发展势头。DMFC 单电池主要由膜电极、双极板、集流板和密封垫片组成。由催化剂层和质子交换膜构成的膜电极是燃料电池的核心部件，燃料电池的所有电化学反应均通过膜电极来完成。质子交换膜的主要功能是传导质子阻隔电子，同时作为隔膜防止两极燃料的互串。催化剂的主要功能是降低反应的活化过电位，促进电极反应迅速进行。使用较多的是铂基负载型催化剂，如 Pt/C 催化剂或 PtM/C 合金催化剂等[49]。

直接甲醇燃料电池的工作原理如式（3 - 35）～式（3 - 37）所示。

阳极：$$CH_3OH + H_2O \longrightarrow CO_2 + 6H^+ + 6e^- \tag{3-35}$$

阴极：$$1.5O_2 + 6H^+ + 6e^- \longrightarrow 3H_2O \tag{3-36}$$

总反应： $$CH_3OH + 1.5O_2 \longrightarrow CO_2 + 2H_2O \tag{3-37}$$

从阳极通入的甲醇在催化剂的作用下解离为质子，并释放出电子，质子通过质子交换膜传输至阴极，与阴极的氧气结合生成水。在此过程中产生的电子通过外电路到达阴极，形成传输电流并带动负载。与普通的化学电池不同的是，燃料电池不是一个能量储存装置，而是一个能量转换装置，理论上只要不断地向其提供燃料，它就可向外电路负载连续输出电能。

直接甲醇燃料电池使用甲醇水溶液或蒸汽甲醇为燃料供给来源，不需通过甲醇、汽油及天然气的重整制氢以供发电。相对于质子交换膜燃料电池(PEMFC)，直接甲醇燃料电池(DMFC)具备低温快速启动、燃料洁净环保以及电池结构简单等优点。这使DMFC可能在便携式电子产品应用中发挥作用。这种电池的期望工作温度为120℃，比标准的质子交换膜燃料电池的略高，其效率大约是40%左右。其缺点是当甲醇低温转换为氢气和二氧化碳时要比常规的质子交换膜燃料电池需要更多的铂催化剂。直接甲醇燃料电池使用的技术仍处于其发展的早期，但已成功地显示出可以用作移动电话和笔记本电脑的电源，将来还具有为指定的终端用户服务的潜力。如果想把DMFC发展成为一项成功的燃料电池技术，需要开发出两种关键材料：电极催化剂和电解质膜，这也是DMFC面临的两个巨大挑战。DMFC的商业化受到两个条件的限制，其中一个主要原因是甲醇阳极反应的动力学速度比氢气要缓慢很多；另一个原因是甲醇会透过电解质膜，在阴极上发生氧化反应，降低了电池电压和燃料的利用率。因此，必须研究和开发新的阳极催化剂，有效地提高甲醇的电化学氧化速度；研究和制备低甲醇透过的电解质膜以及耐甲醇的阴极催化剂，这样，才能使直接甲醇燃料电池在运输领域、便携式工具和分布式电站等方面的实用化取得显著的进步。

【参考文献】

[1] 弗朗诺·巴尔伯.PEM燃料电池：理论与实践(原书第二版)[M].李东红，译.北京：机械工业出版社，2016.

[2] 衣宝廉.燃料电池原理、技术、应用[M].北京：化学工业出版社，2003.

[3] 詹姆斯，拉米尼，安德鲁著.燃料电池系统：原理，设计，应用[M].2版.朱红，译.北京：科学出版社，2006.

[4] Hasegawa T, Imanishi H, Nada M, et al. Development of the fuel cell system in the Mirai FCV[R]. SAE Technical Paper. 2016.

[5] Tanaka S, Nagumo K, Yamamoto M, et al. Fuel cell system for Honda CLARITY fuel

cell[J]. E Transportation, 2020, 3: 100046 - 100054.
[6] Walters M, Wick M, Tinz S, et al. Fuel cell system development[C]. SAE International Journal of Alternative Powertrains, 2018, 7(3): 335 - 350.
[7] Zhao J, Liu H, Li X. Structure, property, and performance of catalyst layers in protonexchange membrane fuel cells[J]. Electrochemical Energy Reviews, 2023, 6(1): 13.
[8] Yang D, Tan Y, Li B, et al. A review of the transition region of membrane electrode assembly of proton exchange membrane fuel cells: design, degradation, and mitigation[J]. Membranes, 2022, 12(3): 306 - 312.
[9] 迈克尔・艾克林,安德烈・库伊科夫斯基.聚合物电解质燃料电池：材料和运行物理原理[M].张明,万成安,文陈,白晶莹,译.北京：化学工业出版社,2019.
[10] 西川尚男.燃料電池の技術[M].日本：东京电机大学出版,2010.
[11] 日本自動車研究所等.新エネルギー・産業技術総合開発機構(NEDO)固体高分子形燃料電池実用化推進技術開発基盤技術開発「セル評価解析の共通基盤技術」,セル評価解析プロトコル[R].日本自動車研究所,平成24年12,2012.
[12] 橋正好行,沼田智昭,守谷憲造,等.燃料電池材料性能評価用JARI標準セルの開発[J].自動車研究,2003,12：77 - 81.
[13] 一般社団法人.燃料電池開発技術情報センター編.燃料電池技術[M].東京：日刊工業新聞社,2014.
[14] 柳父悟,西川尚男.エネルギー変換工学[M].東京：東京電機大学出版局,2004.
[15] James Larmine, Andrew Dick. Fuel cell systems explained (Second Edition)[M]. John Wiley & Sons Ltd. 2003.
[16] 電気化学会.電気化学便覧 (第6版)[M].日本：丸善出版,2013.
[17] Stambouli A B, Traversa E. Solid oxide fuel cells (SOFCs): a review of an environmentally clean and efficient source of energy[J]. Renewable Sustainable Energy Reviews, 2002, 6: 433 - 455.
[18] Huang K, Singhal S C. Cathode-supported tubular solid oxide fuel cell technology[J]. Journal of Power Sources, 2013, 237, 84 - 97.
[19] Williams M C, Strakey J P, Surdoval W A. The U.S. Department of Energy, Office of Fossil Energy Stationary fuel cell program[J]. Journal of Power Sources, 2005, 143: 191 - 196.
[20] Adams T A, Nease J, Tucker D & Barton P I. Energy conversion with solid oxide fuel cell systems: a review of concepts and outlooks for the short and long-term[J]. Industrial Engineering Chemistry Research, 2013, 52: 3089 - 3111.
[21] 侯丽萍,张暴暴.固体氧化物燃料电池的系统结构及其研究进展[J].西安工程大学学报,2007,21：267 - 270.
[22] Singhal S C. Solid oxide fuel cells for stationary, mobile, and military applications[J]. Solid State Ionics, 2002, 152: 405 - 410.
[23] Song S, Han M, Sun Z. The progress on research and development of tubular solid oxide fuel cell stacks[J]. Chinese Science Bulletin, 2013, 58: 2035 - 2045.

[24] Song S D, Han M F, Sun Z H. The recent progress of planar solid oxide fuel cell stack [J]. Chinese Science Bulletin, 2014, 59: 1405 - 1412.
[25] Gandiglio M, Lanzini A, Santarelli M. Large stationary solid oxide fuel cell (SOFC) power plants[J]. Green Energy and Technology, 2018: 233 - 261.
[26] Bloom energy-official website[N]. Retrieved from http: //www. bloomenergy. com/. January 10, 2017.
[27] New Jersey board of public utilities New Jersey's clean energy program—CHP program[N]. Retrieved from http: //www.njcleanenergy.com/chp. January 10, 2017.
[28] Mitsubishi Hitachi power systems launches new integrated fuel cell and gas turbine hybrid power generation system[N]. https: //www. mhps. com/news/20170809. html. Jane 8, 2018.
[29] George R A. Status of tubular SOFC field unit demonstrations[J]. Journal of Power Sources, 2000, 86: 134 - 139.
[30] Zhang L, Xing Y, Xu H, et al. Comparative study of solid oxide fuel cell combined heat and power system with multi-stage exhaust chemical energy recycling: modeling, experiment and optimization[J]. Energy Conversion and Management. 2017, 139: 79 - 88.
[31] Hiroki I. Efforts toward introduction of SOFC - MGT hybrid system to the market[J]. Mitsubishi Heavy Industries Technical Review, 2017, 54: 69 - 72.
[32] KYOCERA develops first 3-kilowatt solid oxide fuel cell[N]. https: //global. kyocera. com/news-archive/2017/0702_bnf o.html.KYOCERA, 2017.
[33] Guan W B, Wang W G. Electrochemical performance of planar solid oxide fuel cell (SOFC) stacks: from repeat unit to module[J]. Energy Technology, 2015, 2: 692 - 697.
[34] Chen D, Xu Y, Hu B, et al. Investigation of proper external air flow path for tubular fuel cell stacks with an anode support feature[J]. Energy Conversion and Management, 2018, 171: 807 - 814.
[35] Jie L, Long C, Tong L, et al. The beneficial effects of straight open large pores in the support on steam electrolysis performance of electrode-supported solid oxide electrolysis cell[J]. Journal of Power Sources, 2018, 374: 175 - 180.
[36] Yang J, Wei H, Wang X, et al. Study on component interface evolution of a solid oxide fuel cell stack after long term operation[J]. Journal of Power Sources, 2018, 387: 57 - 63.
[37] Yang J, Yan D, Huang W, et al. Improvement on durability and thermal cycle performance for solid oxide fuel cell stack with external manifold structure[J]. Energy, 2018, 149: 903 - 913.
[38] Cocco D, Tola V. Use of alternative hydrogen energy carriers in SOFC - MGT hybrid power plants[J]. Energy Conversion and Management, 2009, 50: 1040 - 1048.
[39] Guan W B, Ma X, Wang W G. Investigation of impactors on cell degradation inside planar SOFC stacks[J]. Fuel Cells, 2012, 12: 1085 - 1094.

[40] Yu R, Guan W B, Zhou X D. Probing temperature inside planar SOFC short stack, modules, and stack series[J]. JOM, 2017, 69: 247 - 253.

[41] Singhal S C. High-temperature solid oxide fuel cells: fundamentals, design and applications[J]. Materials Today, 2002, 5: 55 - 73.

[42] Wang F, Miao F X. In situ investigation of anode support on cell performance reduced under various temperatures for planar solid oxide fuel cells[J]. Fuel Cells, 2015, 15: 427 - 433.

[43] Suzuki M, Shikazono N, Fukagata K, et al. Numerical analysis of coupled transport and reaction phenomena in an anode-supported flattube solid oxide fuel cell[J]. Journal of Power Sources, 2008, 180: 29 - 40.

[44] 田川博章.固体酸化物燃料電池と地球環境[M].東京: アグネ承風社,2019.

[45] Dong S K, Jung W N, Rashid K, et al. Design and numerical analysis of a planar anode-supported SOFC stack[J]. Renewable Energy, 2016, 94: 637 - 650.

[46] Ilbas M, Kumuk B. Numerical modelling of a cathode-supported solid oxide fuel cell (SOFC) in comparison with an electrolyte-supported model[J]. Journal of the Energy Institute, 2018, 92: 682 - 692.

[47] 姜义田.碱性燃料电池铂、钯基催化剂的制备及性能研究[D].哈尔滨: 哈尔滨工业大学,2012.

[48] 翟秀静,刘奎仁,韩庆.新能源技术[M].北京: 清华大学出版社.2005.

[49] 章俊良,蒋峰景.燃料电池原理・关键材料和技术[M].上海: 上海交通大学出版社,2014.

第4章　燃料电池催化剂原理及应用

质子交换膜氢燃料电池(proton exchange membrane fuel cell, PEMFC)是通过电化学反应将化学能直接转化为电能的装置。促使阴阳两极发生电化学反应的介质为燃料电池的电催化剂。作为PEMFC的重要组成部分之一,催化剂通常在电堆成本占比中达到50%以上。对于具有缓慢动力学的阴极氧气还原反应(oxygen reduction reaction, ORR),仍然需要大量贵金属铂催化剂来提高催化效率,保证PEMFC具有足够的性能输出,实现PEMFC的高效、稳定运行。铂催化剂通常通过降低颗粒尺寸来增加活性位点,但在PEMFC长期运行过程中催化剂容易因其高表面能引发Ostwald熟化,导致铂催化剂发生团聚和脱落现象。因此,构建低成本、高效ORR催化剂是推动PEMFC实现商业化发展的关键。

4.1　燃料电池催化剂的基础

燃料电池电催化剂的作用是降低反应的活化能,提高氢气和氧气在电极上的氧化还原反应速率。电催化剂是氢燃料电池内部关键材料之一,直接决定着电池的输出能力与稳定性。然而,阴极ORR本身反应动力学非常缓慢,其过电位较高,需要加入催化材料来加速反应进行[1-2]。作为活化电极反应、提升反应速率、决定反应路径的关键材料,ORR催化剂的活性直接影响了PEMFC的输出电流/电压和能量转换效率。因此,ORR催化剂的性能对燃料电池的性能起着举足轻重的作用。如图4-1所示,基础的ORR催化反应路径有以下两种:一种是氧气在催化剂表面被吸附,形成吸附态氧气分子(O_2, ads)后直接被还原为水的四电子转移路径;另一种是低效率的2×2电子转移路径,该反应路径有H_2O_2中间体的产生[3]。为了让燃料电池达到更高的能量效率,同时避免能毒化质子膜的H_2O_2中间产物的产生,通常希望氧化还原反应过程是通过直接四电子反应路径进行。贵金属铂系材料因为具备高的四电子还原路径选择性和良好的分子吸附解离行为，以及对电极上氧化还原反应具有较低的过电势和较高的催化活性，成为最常用的燃料电池催化材料。但是铂在地球上的储量有限，价格较贵，限制了 PEMFC 的进一步发展和普及。

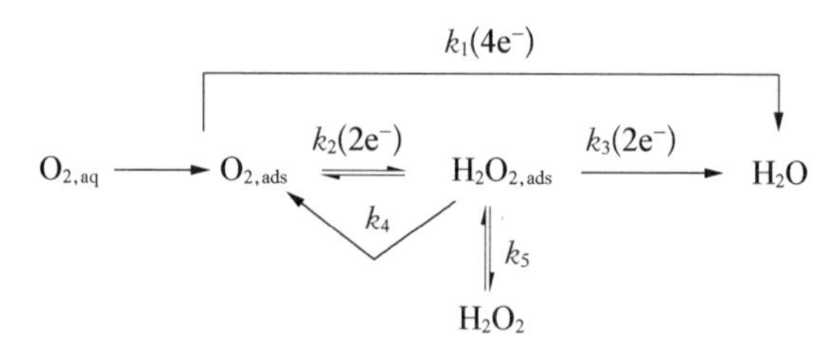

图 4-1　基础的 ORR 路径[3]

4.1.1　铂基催化剂

大量的实验和理论研究表明，ORR 的过电势与反应中间物种的结合强度有关[4]。为了进一步研究 ORR 催化性能与 O^* 结合能之间的关系，Jens Kehlet Norskov 课题组通过密度泛函理论（DFT）计算，得到了不同金属表面的氧结合能与 ORR 活性之间的关系“火山图”[见图 4-2(a)][5]。

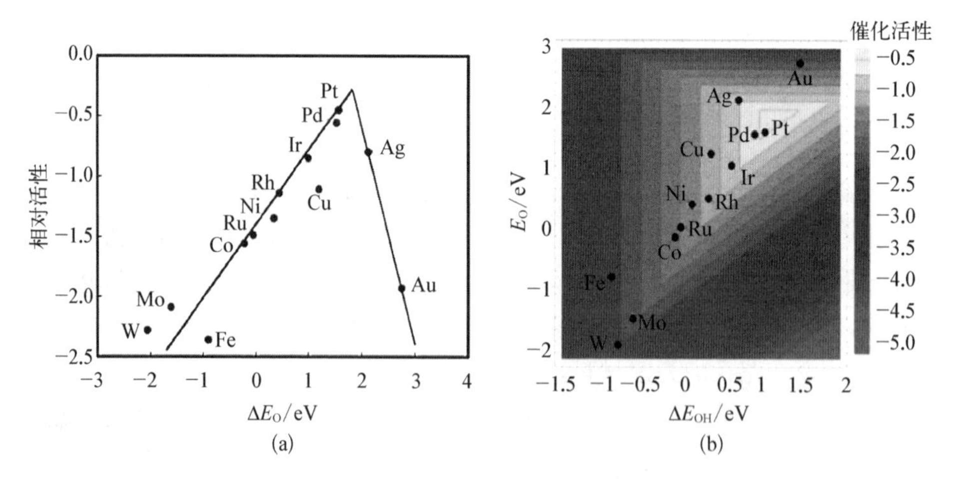

图 4-2　(a) 理论计算得到的 ORR 催化性能与 O^* 结合能的火山关系图以及(b) ORR 催化性能与 OOH^*、O^*、OH^* 结合能的关系图[5]**（彩图见附录）**

根据金属单质的 ORR 催化性能火山关系图可知，与其他金属相比，贵金属铂更接近火山图顶端。因此，在理论上铂金属是当前理想的燃料电池电极催化剂。另外，由图 4-2(b)可知，金属原子与 ORR 过程中产生的 OOH^*、O^* 和 OH^* 等中间体的结合强度是决定 ORR 催化活性的关键[6-7]。例如，金属钌与氧的结合性最强，但是其 ORR 催化性能不是最好的，这是由于过强的结合导致 O^* 和 OH^* 的解吸附变难引起的。金属金则由于与氧的结合能力太弱，以至于影响 O_2 分子中 O═O 键的裂解以及电子/质子的转移，结果其倾向于采用 2×2 电子转移路径，导致其 ORR 催化性能较差。对于贵金属铂，因其具有特殊的 d 轨道电子结构而展示出适中的 O_2 分子吸附和解离特性，进而表现出较高的 ORR 活性[8]。

4.1.2　Pt/C 催化剂

铂金属虽然具有较高的 ORR 活性，但纯铂的利用率很低，极大地增加了成本。因此，为了尽可能高效地利用铂，通过在碳载体上负载小尺寸的铂粒子作为催化剂，不仅增加了铂的利用率，同时也减少了铂原子的团聚和脱落，从而延长了铂的使用寿命[9]。

理论上，粒子尺寸越小越好，但研究表明，由于 2 nm 以下的铂粒子的表面吉布斯能较高，易发生溶解损耗，导致催化活性随粒子增大呈现先升高后降低的规律。稳定性方面，当催化剂粒径在 3 nm 以上时，催化剂稳定性随着粒径增大表现出增强的特点。所以，粒径为 2.5～3 nm 的催化剂表现出最佳的性能[10]。为此，将 3 nm 左右极小的铂纳米晶分散于大比表面积的载体（炭黑、碳纳米材料、石墨烯以及多孔金属材料）上，不仅可以最大化利用铂，而且载体与铂原子产生强相互作用还可以减缓纳米晶的迁移，从而抑制它们的团聚[10]（见图 4-3）。

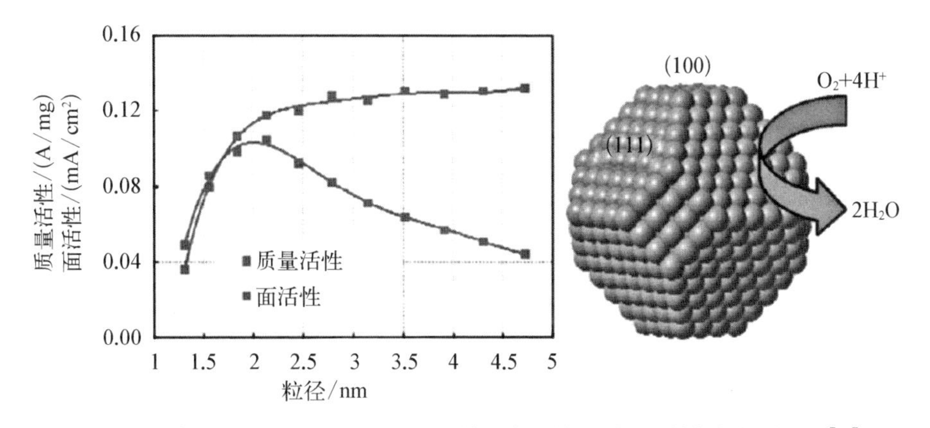

图 4-3　在 0.93 V 时，Pt/C 催化 ORR 的位点活性和质量活性与粒径的关系[10]

4.1.3 铂基合金催化剂

根据 Norskov 等的研究结果可知，尽管 Pt(111)靠近热力学火山的顶部，但很明显，最优 ORR 金属催化剂的 OH^* 吸附能应弱于 Pt(111)晶面的吸附能[见图 4-2(a)][5]。受此研究的启发，有些工作者尝试将非贵金属 M 与铂合金化(Pt-Co、Pt-Ni、Pt-Fe、Pt-Cu 等)，通过与 3d 过渡金属电子的相互作用，如配体效应[11]、应力效应[12]和几何效应[13]，使得铂原子 d 带中心偏离本征费米能级，从而削弱了铂与含氧中间体的结合能，进而提高铂催化的活性并降低铂的用量。例如，Stamenkovic 等通过研究了不同过渡金属与铂的 Pt_3M 型合金的活性表面电子结构和 d 带中心及其对应的催化活性，对比发现 Pt_3M 合金的催化活性相较铂有明显提升。并且该研究还发现 Pt_3M 的催化活性与 d 带中心成火山型关系(见图 4-4)，其中 Pt_3Co 表现出最佳的活性[14]。

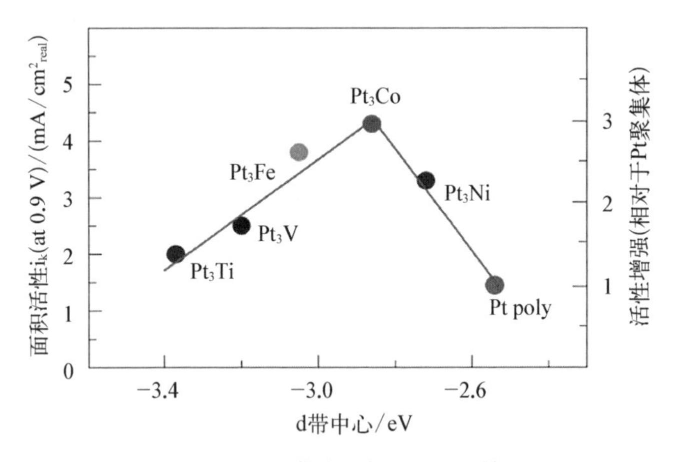

图 4-4 d 带中心与面积比活性

此外，由于燃料电池的工作电压为 0.6～1.0 V，且工作环境为强酸性，该条件下 3 d 过渡金属极易被氧化、溶解流失，其不仅会导致金属间各种效应的消失，从而直接影响催化活性，还会致使质子交换膜不稳定，最终影响燃料电池的性能。为此，对铂基合金进行恰当的后处理(如脱合金和热处理)显得尤为重要(见图 4-5)。脱合金可以使铂合金表面附近的 3 d 过渡金属溶出而构筑具有 1～2 nm 铂覆盖层的多孔性“骨架”结构。随后通过实施热处理，铂原子被隔离到表面，然而过渡金属原子移动到亚层，使铂原子成为紧密堆积的铂表面纳米薄层结构(Pt-skin)，从而使合金优于 Pt/C 的催化活性和耐久性[15]。

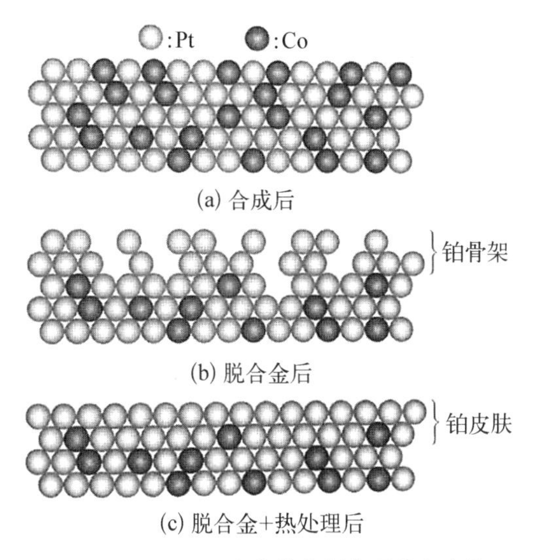

图 4-5　Pt-Co 合金催化剂表面状态变化

4.1.4　铂基核壳结构催化剂

电催化反应通常发生在纳米粒子的表面，铂基纳米颗粒催化剂只有表面原子才能与电解质接触并发生反应，因此铂的利用率较低。核壳技术是在由非铂原子构成的核粒子上形成铂的薄层。铂原子存在于粒子表面，可以有效提高其利用率[16]。同时在铂基核壳电催化剂中，由于核壳之间的晶格失配，厚度有限(小于 6 个原子层)的铂壳可能存在表面应变，使得表面 Pt-d 带中心移动，改变铂与含氧物种的相互作用，提高氧化还原催化活性[17-18]。

对铂基合金进行热处理、酸浸和电化学方法处理，可以获得具有多个原子层的铂基核壳结构催化剂。Jinhua Yang 等[17]首次报道了具有二十面体形态的单分散核壳 AgPd@Pt 催化剂的合成，并探究了它们在室温和中温条件下的 ORR 活性。AgPd 核的 Ag 组分对于构建核壳纳米粒子的多重孪晶结构至关重要，Pd 组分的作用是可以有效减弱 Ag 对 Pt 层的拉伸应变效应，形成适于氧吸附的表面结构和电子结构，提高活性，如图 4-6(a)～(c)所示。

铂基核壳结构催化剂的合理设计是诱导表面应变效应以促进燃料电池阴极上氧化还原反应缓慢动力学的有效方法。然而，在电池长期循环运行过程中，通常会发生内核浸出现象导致铂基核壳结构催化剂的耐久性不理想，这一点极大程度上限制了它们的实际应用。为提高此类催化剂的结构稳定性，传统策略主

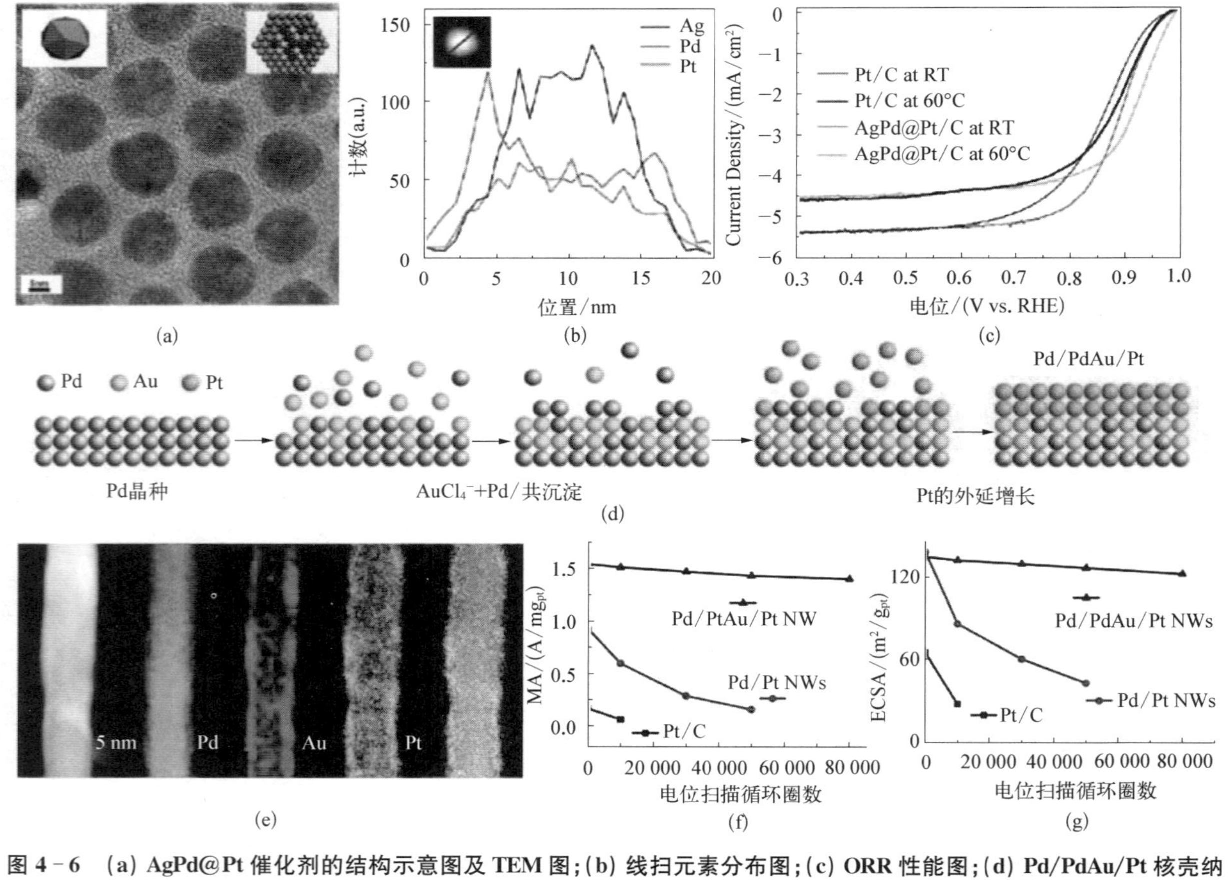

图 4-6 (a) AgPd@Pt 催化剂的结构示意图及 TEM 图;(b) 线扫元素分布图;(c) ORR 性能图;(d) Pd/PdAu/Pt 核壳纳米线合成结构示意图;(e) STEM-EDS 图;(f) 不同循环圈数下的 MA 变化趋势图;(g) ECSA 变化趋势图

要通过加厚铂壳来更好地稳固内核，但这种方式在一定程度上牺牲了铂催化剂的电化学比表面积和质量活性，不利于成本降低。理想的铂基核壳催化剂应在即使只含有单层铂原子壳层时，依然能在循环催化中保持结构的完整性。要实现这种活性和稳定性的兼容，关键在于提升内核材料本身的抗腐蚀性以及增强内核与铂壳层间的界面作用，从而抑制内核原子和外壳铂原子在电催化过程中的溶解和迁移。如图 4-6(d)～(g)所示，郭少军课题组[19]开发了一种将 Pd-Au 合金夹在一维 Pd/Pt 中间的核壳纳米线结构的方法，可以极大提高亚纳米级铂壳的催化稳定性。所得 Pd/PdAu/Pt 核壳纳米线的 ORR 质量比活性为 1.54 A/mg_{Pt}，面积比活性为 1.15 mA/cm^2，均高于 Pd/Pt 核壳催化剂，并分别是商业 Pt/C 催化剂的 9.1 倍和 4.4 倍。

4.1.5 形状可控的铂基催化剂

PEMFC 阴极中使用最广泛的铂基催化剂是碳负载的球形铂及铂合金纳米粒子，它们的活性比普通的铂高 2～3 倍[20]。为了进一步降低铂的载量并保持 PEMFC 的整体性能，研究者已经开发出具有独特形状的铂基纳米粒子催化剂。这些催化剂的 ORR 质量活性通常是铂的 10 倍以上。目前的形状控制催化剂主要可分为纳米多面体、纳米框架、一维纳米结构和其他特殊形状。

纳米多面体具有较高的比表面积，可充分暴露活性点，以提高催化效率。其合成主要受热力学因素控制，如溶剂、温度和 pH 值[21]。2007 年，Stamenkovic 等证明了 Pt_3Ni(111)单晶扩展表面的 ORR 的比活性优于 Pt(111)(10 倍)和商业 Pt/C(90 倍)。Pt_3Ni(111)类似于三明治结构，外层和内层富含铂，而中间层富含镍。铂原子发生表面偏析导致 d 带中心下降，这减弱了反应中间体 OH 在铂表层的吸附，有助于提高催化活性(见图 4-7)[21]。此外，Norskov 团队认为 d 带中心越低，抗氧化性越高，这对于提高催化剂的稳定性十分必要[22]。因此，d 带中心的降低可以有效提高催化剂的综合性能。

纳米框架催化剂的独特设计使表面上暴露的铂原子数量增加，开放的 3D 中空结构使其具有高活性的阶梯状铂原子。此外，由于它们具有高度均匀的晶化表面，使其表面原子不易溶解而具有更高的耐久性。因此，纳米框架催化剂是膜电极组件(MEA)规模化制备中非常有前途的高耐久性催化剂之一。Yang 团队[23]将 $PtNi_3$ 多面体转变为包裹在两个铂原子层中的 3D Pt_3Ni 纳米框架方面取得了重要突破，在氧化还原反应过程中表现出优异的活性和耐久性(见图 4-8)[24]。

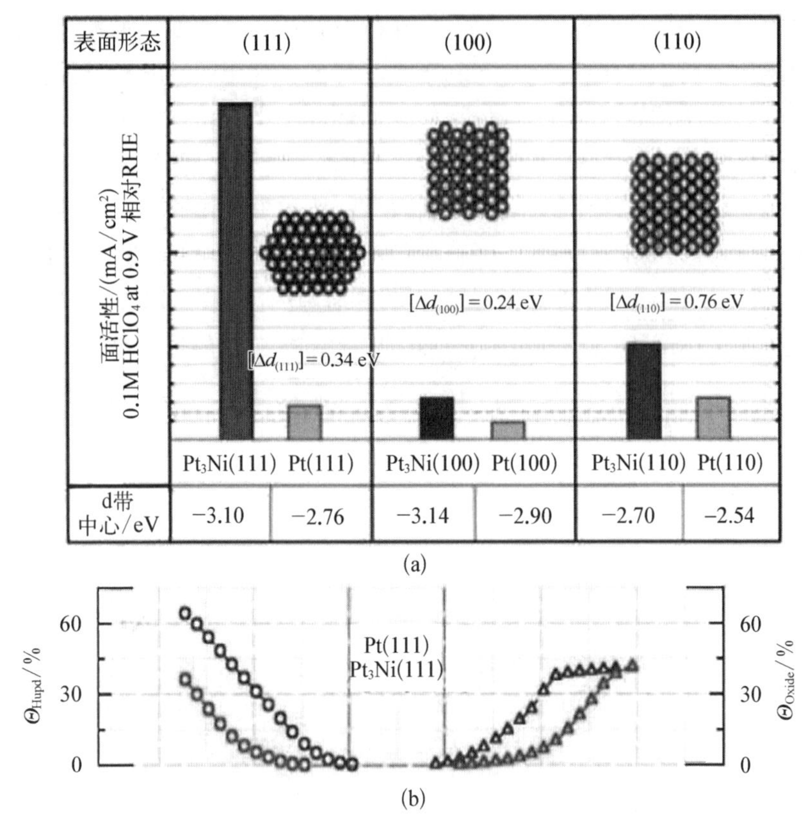

图 4-7 (a) 表面形貌和电子状态对 ORR 动力学的影响;(b) 通过循环伏安法计算的 $Pt_3Ni(111)$(红色曲线)和 Pt(111)(蓝色曲线)的吸附物覆盖率图[21](彩图见附录)

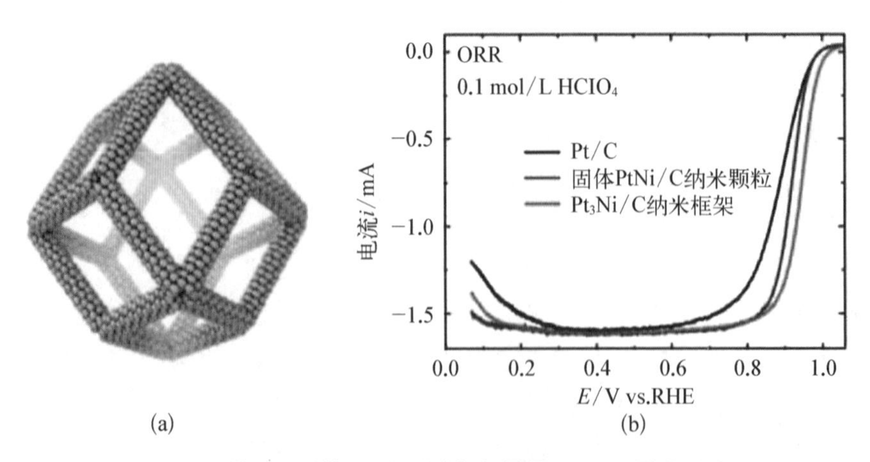

图 4-8 (a) 热处理后的 Pt_3Ni 纳米框架暴露 Pt(111) 晶面;(b) Pt_3Ni 纳米框架的线性扫描伏安法(LSV)曲线[23](彩图见附录)

铂基纳米线(NW)和纳米管(NT)是沿着晶核的某个方向生长的一维纳米结构。一维纳米结构可以减少电极和催化剂界面处的嵌入点,以充分利用催化剂。同时,粒子之间界面数量的减少可以增强电子传输。归因于以上两个方面,一维铂基纳米结构,尤其是铂基纳米线(PtNW)和纳米管(PtNT)显示出较好的 ORR 活性。Li 等[25]通过使用无模板方法制备 PtNW/C,并在 1.5 kW 燃料电池中表现出比 Pt/C 更好的活性和稳定性。这对于铂基纳米线催化剂在 MEA 上的规模化应用,是一项有意义的研究。Yan 团队证实,即使在高温、强酸条件下,铂纳米管也非常适合用作 ORR 催化剂(见图 4-9)[24]。

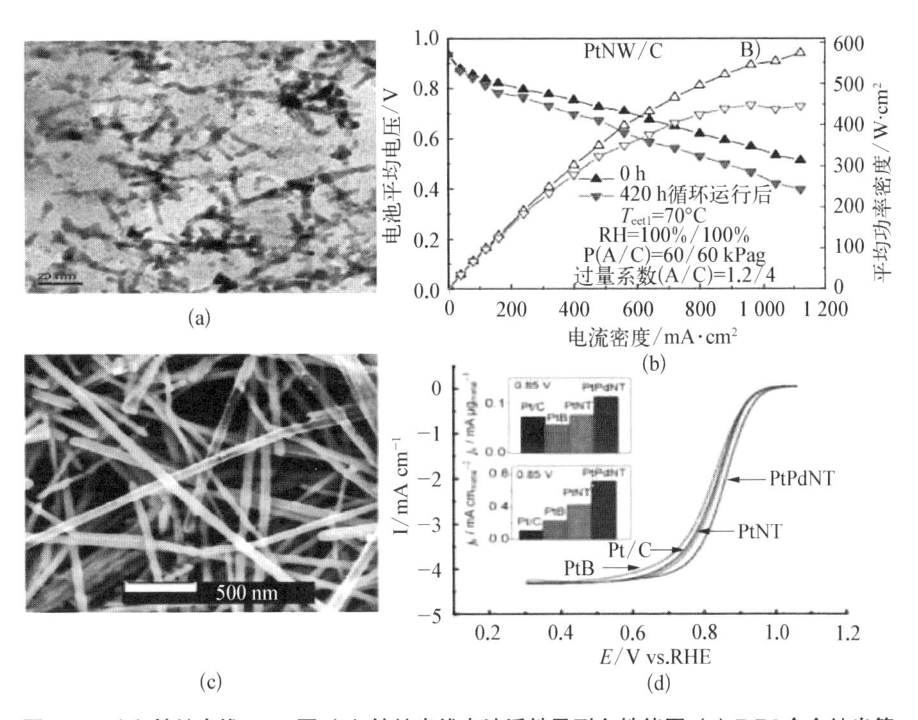

图 4-9　(a) 铂纳米线 TEM 图;(b) 铂纳米线电池活性及耐久性能图;(c) PtPd 合金纳米管 SEM 图;(d) PtPd 纳米管、铂纳米管、铂黑、Pt/C 活性对比图[24-25]

4.2　燃料电池催化剂的技术及应用

质子交换膜燃料电池是通过电化学反应将化学能直接转化为电能的装置,这中间起核心作用的物质是催化剂和质子交换膜。其中,燃料电池的电催化剂是促使阴阳两极发生电化学反应的最核心的介质材料，它位于质子交换膜的两侧，起到降低电极反应活化能、提高氢和氧在电极上的氧化还原反应速率的作用，直接决定着燃料电池的输出能力与稳定性，是燃料电池运行保障的关键材料。

贵金属材料铂具有良好的分子吸附解离行为，以及对电极上氧化还原反应具有较低的过电势和较高的催化活性，成为最常用的燃料电池催化剂主活性材料。但铂储量有限，价格昂贵，电化学稳定性较差，且易被毒化，这些问题严重制约了 PEMFC 的应用与发展。本节主要介绍铂基催化剂的现状和动向，以及铂催化剂的回收技术等。

4.2.1 燃料电池催化剂的现状和发展趋势

铂在碳载体上的高度分散是催化剂设计的一个很重要因素，可以提高铂的利用率、降低用量，在催化剂设计时必须综合考虑碳载体的类型、疏水性、表面官能团等因素。在催化剂制备过程中，通常需要优化催化剂负载过程，对碳载体结构、表面性质进行处理，这些处理过程都会影响铂催化剂的分散性。碳材料具有价格低廉、孔结构丰富、比表面积大、电导率和表面性质可调等特性，是作为催化剂载体的理想材料之一。但是商用的炭黑抗电化学腐蚀性差，对铂的利用效率低，影响催化剂的活性和稳定性。因此，需要研究开发能够均匀负载、高效利用铂、抗电化学腐蚀性强且导电性好的碳载体，进而实现 PEMFC 的大规模应用。研究表明，介孔碳、碳纳米管、石墨烯、活性炭、碳气凝胶和杂原子掺杂碳材料等新型碳载体具有独特的结构和优异的性质，可以提高 PEMFC 的性能同时延长寿命。

目前，丰田公司铂合金介孔碳载催化剂的质量比活性已经达到 0.75 A/mg，铂担载量进一步下降到 0.20 mg/cm^2(0.15 mg/kW@0.67 V)。随着燃料电池汽车的进一步应用和普及，燃料电池用铂的总量将迅速增加，但全球已探明的铂资源量仅为 2.8 万吨左右。在燃料电池领域，通过铂回收可解决部分需求，低铂化和无铂催化剂或将成为未来燃料电池催化剂的研发趋势(见表 4-1)。

表 4-1 日本新能源・产业技术综合开发机构(NEDO)发布的 2020 年催化剂性能现状及 2030 年性能目标[26]

名　　称	单位	2020 年现状	2030 年目标
铂族金属含量(两电极)	g/kW	0.18	0.105
铂族金属负载(两电极)	mg/cm^2	0.25	0.16

续　表

名　　称	单位	2020 年现状	2030 年目标
质量比活性(100℃,100%RH)	A/mg	>0.5	0.95
ECSA	m^2/g	>55	>60
初始催化活性的损失 30 000 圈@0.6~0.9 V 方波	%	<40	<20
催化层传质阻力	s/m	18.1@80℃,80%RH	<10@80℃,80%RH
催化层厚度(阴阳极合计)	μm	7.4	<6.0
电解质膜厚	μm	8.5	<5.0
无铂金属催化剂活性	A/cm^2	0.016	>0.044

为降低铂在膜电极上的担载量,美国能源部(DOE)提出到 2025 年达到 0.125 g/kW 的指标。对于纯铂,由于其 d 键中心靠近费米能级,中间产物如 OH_{ads} 在铂表面具有较强的吸附能力,导致催化活性位减少,因此需要提高铂原子的利用率。目前,较普遍的方法是采用其他金属原子(如铁、铬、钴、镍、铜等)元素掺杂改变催化剂中铂的原子间距,使铂的 d 键中心发生偏移,形成铂基双金属(或三金属)催化剂,通过改变铂原子的电子结构提高铂的利用率和还原氧的催化活性。铂基合金或核壳催化剂电催化活性可达 Pt/C 的 4 倍,如 PtCo、PtNi 等催化剂。例如美国通用汽车(GM)研发的 PtNi、PtCo 合金催化剂具有较高的氧还原质量比活性,PtNi 为 0.75 A/mg Pt、PtCo 为 0.6 A/mg Pt,超过了 2017 年 DOE 的质量比活性指标 0.44 A/mg Pt。同时,这两种催化剂也达到了电位循环稳定性要求的指标,在 30 000 圈电位循环后,其质量比活性大于 0.26 A/mg Pt。美国 3 M 公司合成了阵列导电纤维/PtCoMn 核壳催化剂,成功地将铂载量降至 0.25 mg/cm^2 (0.19 g/kW)。尽管上述研究的铂基催化剂的催化性能优异,但其批量化生产还未实现,仍需要进一步研究。

国外企业在产业化方面处于领先地位,已经能够实现批量化生产,而且性能稳定。目前,较为成熟的燃料电池催化剂仍是 Pt/C 或铂基合金催化剂。Pt/C 催化剂的国外主流供应商为日本田中贵金属和英国庄信万丰(Johnson Matthey)。日本田中贵金属开发的具有优异性能和耐久性的 Pt/C 催化剂,已经应用于丰田燃料电池车第一代 Mirai 和本田燃料电池车第一代 Clarity，在燃料电池催化剂国际市场中份额占据首位。另外，由其开发的 PtCo/C 催化剂也开始在丰田燃料电池车第二代 Mirai 的阴极催化剂上使用。庄信万丰自 20 世纪 90 年代就开始研究燃料电池及各部件，2000 年成立燃料电池材料公司，开发产品包括 Pt/C、PtRu/C 催化剂以及铂黑等产品，主要用于氢和甲醇燃料电池。根据 DOE 数据，目前丰田汽车第二代 Mirai 燃料电池催化剂铂含量达到 0.175 g/kW，本田 FCV 燃料电池催化剂铂含量降至 0.125 g/kW。

与国外相比，国内燃料电池催化剂技术尚处于实验室研制及开发阶段，还未形成有竞争力的产业化产品，大部分产品需求依赖进口。近几年，国内部分企业已经开始燃料电池催化剂的产业化布局。云南贵金属集团与上汽集团联合攻关，积极实现国产催化剂的开发和大批量产业化。目前开发的燃料电池阳极和阴极材料全系列铂含量 30%～70%的 Pt/C 催化剂性能已达到国际同类产品先进水平，正在研发的 PtCo/C、PtNi/C 和 PtRu/C 系列新型合金催化剂，短期内将有望实现产业化。武汉喜玛拉雅光电科技股份有限公司与清华大学签订技术成果转让合同，并成立了清华喜玛拉雅燃料电池产业化基地，在燃料电池催化剂领域攻克了燃料电池催化剂量产技术，Pt/C 催化剂主要包括质量分数为 40%、50%、60%、70%几种规格，产能达到 1 200 克/天的规模，并具备大规模工业化生产条件。国家电力投资集团有限公司(简称国家电投)旗下的国氢科技采用高石墨化的介孔碳载体制备的铂催化剂和三元合金催化剂，其催化质量比活性可达传统 Pt/C 的 3 倍以上；耐久性能在 30 000 圈@0.6～0.9 V 方波循环后活性仅下降 20%；并已实现 10 千克/周以上的批量生产。产品已成功应用于 2022 年北京冬奥会的接驳大巴车。200 辆燃料电池车在历时 1 个多月的冬奥会上，总运行里程达 90 万千米，克服高寒、山地、雪道、爬坡等苛刻环境，以零事故零故障的成绩圆满地完成了冬奥会保障任务。

考虑到铂金的昂贵和稀有，未来燃料电池催化剂的研发及产业化的发展趋势之一是最大限度地降低铂用量。目前，铂用量已由 10 年前的 0.8～1.0 g/kW 降至目前的 0.2～0.25 g/kW，近期目标是到 2025 年铂用量降至 0.1 g/kW 左右，同时希望能进一步降低至传统内燃机尾气净化器贵金属用量水平(＜0.05 g/kW)。降低质子交换膜燃料电池铂用量，除了提高催化剂的催化活性之外，还可以寻找替代铂的催化剂。这方面未来主要的研究方向是铂单原子层催化剂、铂合金催化剂、铂核壳结构催化剂、形貌可控的铂合金催化剂，以及非铂催化剂替代，包括钯基催化剂和非贵金属催化剂(见表 4-2)。

表 4-2　未来燃料电池用电催化剂发展趋势

名　称	定　　义	优　　点	举　　例
铂单原子层催化剂	铂单原子层的核壳结构催化剂	是一种有效降低铂用量，提高利用率，同时改善催化剂的 ORR 性能的方式	在金属（金、钯、铱、钌、铑等）或非贵金属表面欠电位沉积一层铜原子层，然后置换成致密的铂单原子层
Pt-M 合金催化剂	铂与过渡金属合金催化剂	通过过渡金属催化剂时铂的电子与几何效应，在提高稳定性的同时，质量比活性也有所提高，同时降低了贵金属的用量，使催化剂的成本大幅降低	如 PtCo/C、PtPd/C、PtNi/C 等二元合金催化剂
铂核壳催化剂	利用非铂材料为支撑核、表面贵金属为壳的结构	可降低铂用量，提高质量比活性，是下一代催化剂的发展方向	化学还原制备 PtCo 合金，利用脱合金（dealloyed）方法制备的 PtCo/C 核壳电催化剂，质量比活性可达 Pt/C 的 4 倍
形貌可控的 Pt-M 催化剂	控制活性组分为一定形貌的结构	提高活性组分的原子利用率	如 PtNi 单晶八面体结构催化剂，活性可以提高到 Pt/C 的 10 倍以上
铂纳米管电催化剂	有序碳层上的单晶铂纳米线、规则铂纳米晶等	对氧化还原具有较高的比活性，且解决了碳载体的耐久性问题，铂溶解和膜化学侵蚀的损耗更小	3 M 纳米薄膜催化剂（NSTF）
非贵金属催化剂	主要包括过渡金属原子簇合物、过渡金属螯合物、过渡金属氮化物等	降低成本	如碳载氮协同铁电催化剂 Fe/N/C，在电压不小于 0.9 V 时，与铂载量为 0.4 mg/cm^2 的戈尔电极性能相当

4.2.2　贵金属铂的回收技术

铂具有良好的电化学活性，是用于 PEMFC 燃料电池催化剂的优选。但铂储量有限，价格昂贵。全球已探明的铂资源量仅为 2.8 万吨左右。在燃料电池领域，通过铂回收可解决部分需求，低铂化和无铂化将成为未来燃料电池催化剂的研发趋势。膜电极组件（MEA）的高成本阻碍了质子交换膜燃料电池

(PEMFC)的商业化，PEMFC 中 MEA 的关键材料主要是贵金属铂催化剂、全氟磺酸膜和碳纸等。铂在自然界中的储量少，价格昂贵，出于降低成本、节约资源及保护环境等目的，充分回收并再利用含铂关键材料，是很有必要的。

从废催化剂中提取铂的方法主要有干法回收和湿法回收两种。干法回收包括高温熔炼、氯化挥发和金属捕集法等，湿法回收包括载体溶解法、活性组分溶解法和全溶法等。为了浓缩和提纯浸出液中的铂，目前采用的方法主要有沉淀法、水解法、溶剂萃取法和离子交换树脂法等。催化剂中铂的含量、组成、存在形式等对回收工艺的设计和选择很重要。针对贵金属含量高的催化剂，可以使用沉淀分离法和溶剂提取法回收大部分贵金属，然后用离子交换树脂法从低浓度金属溶液中进行回收。对于催化剂量多或贵金属含量较少的回收物，需考虑回收效率和经济性，不仅需要湿法，还需与干法相结合。在燃料电池催化剂的贵金属回收中，通常采用现有技术的组合来实现。例如有人用有机溶剂分离 Pt/C 催化剂与质子交换膜，将洗涤干燥后的 Pt/C 催化剂置于 600℃下马弗炉中处理，使碳全部氧化得到铂渣，再用热的王水溶解铂渣，得到 H_2PtCl_6 溶液[62]。

质子交换膜燃料电池中膜电极(MEA)关键材料的回收，关键是高效地将催化剂层与全氟磺酸膜分离，完整地提取出催化剂层中的铂。理想的回收方法应简单、高效且对环境友好。在回收过程中，应尽量减少使用有机溶剂和氧化剂，避免燃烧的过程，以免产生有害废液或有害气体。考虑到燃料电池催化剂中广泛使用贵金属，构建、运用贵金属催化剂的收集、分类、分解、回收体制是十分必要的。

4.3 高性能高耐久燃料电池催化剂的开发

质子交换膜燃料电池的实际性能不仅取决于催化剂的单位质量氧还原活性高低，而且还要求催化剂在运行工况下具有良好的稳定性。在实际使用时，催化剂通常会受到溶液侵蚀或气体毒化等影响，导致其活性大幅度降低，进而导致燃料电池性能严重下降。为促进质子交换膜燃料电池的商业化应用，进一步提高催化剂的耐久性是当务之急。

本节从催化剂耐久性角度出发，分别对阴极和阳极催化剂的失效机制进行分析，同时通过对高耐久性阴极和阳极催化剂的系统介绍，总结耐久性提升的方式方法，为研发新型高耐久催化剂提供借鉴。

4.3.1　催化剂的失效机制探索

本节从阴极催化剂和阳极催化剂两方面介绍催化剂的失效机制。

4.3.1.1　阴极催化剂

在燃料电池堆的实际运行过程中，频繁变载和启停是阴极催化剂衰减的主要原因。频繁变载工况主要源于车辆在爬升—下坡、加速—减速等情况时需要频繁调整燃料电池对外输出功率以满足行驶需求，这种情况会引起燃料电池电极电位的快速波动，造成电催化剂表面铂颗粒衰减。目前，铂颗粒衰减主要包含铂颗粒溶解、长大和团聚[27]（见图 4－10）。首先是铂颗粒溶解过程，Topalov 课题组提出 place-exchange 机理用于解释铂颗粒的溶解，该机理表明在正扫过程（从低电势向高电势）中，当电势超过 0.8 V 后，羟基会吸附在铂表面并形成 PtO，氧原子取代铂原子进入次外层，引发少部分铂原子的溶解，而在负扫过程（从高电势到低电势）中，被氧化的铂发生还原，氧原子从次外层脱离的过程中，使最外层的铂原子脱离，引发大量铂溶解，值得注意的是，在大于 0.8 V 的电势下，PtO 就可以生成，并且氢氧燃料电池阴极的富氧环境会导致铂的氧化电位降低，PtO 更容易生成。基于该机理可以发现怠速工况的高电位也可以引起铂氧

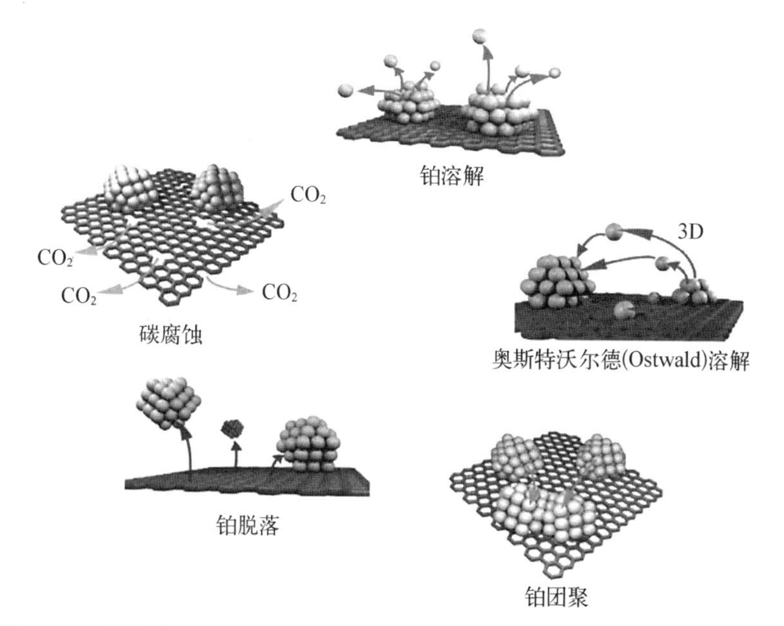

图 4－10　燃料电池运行过程中阴极催化剂上铂颗粒和碳载体的降解示意图[27]

化，造成铂颗粒溶解，但与变载工况的电极电位循环相比，怠速工况下铂的溶解程度相对较弱。同时，铂颗粒的溶解往往更易发生于具有更高表面能的小颗粒上。铂颗粒溶解形成的铂离子会重新沉淀在较大的铂颗粒表面并被还原，最终导致粒径较小的铂颗粒变小甚至消失，粒径较大的铂颗粒长大，该过程称为奥斯特沃尔德(Ostwald)熟化过程。除了 Ostwald 熟化过程会导致铂颗粒长大，在燃料电池运行过程中铂颗粒之间还会发生相互连接、团聚。此外，铂颗粒溶解形成的铂离子会迁移至质子交换膜并被阳极渗透过来的氢气还原，形成铂带。相较于 Pt/C 催化剂，铂基合金催化剂中的过渡金属原子(如铁、钴、镍等)具有更低的溶解电位，导致其更易在燃料电池堆的实际运行过程中发生溶解，发生溶解后的铂基合金催化剂表层铂原子的配位结构和电子状态与纯铂颗粒类似，导致催化剂性能降低，同时溶解的过渡金属阳离子对磺酸基的亲和力比质子强，更易与质子交换膜的质子进行交换，导致膜失效。

车辆启停工况带来的影响主要源于停机阶段时空气会从阴极反渗到阳极或者从阳极出口进入阳极腔体，启动阶段时通入的氢气会与阳极区残留的空气混合形成氢/空界面，使得阴极侧产生 1.0～1.5 V 高电位，这种情况会造成催化剂碳载体腐蚀，且电位高于 1.2 V 时腐蚀速率会显著增强。同时，在阴极侧富氧环境下，碳载体腐蚀速率会进一步加快。碳载体腐蚀造成性能衰减主要可分为如下几个方面：① 碳表面形成过量的含氧官能团，造成载体亲水性增加，使得催化层的排水能力减弱，水聚集在催化层表面，增加了传质阻力；② 碳腐蚀会影响离聚物的分布，导致催化层三相界面发生变化；③ 碳腐蚀后导致铂颗粒脱落，脱落的铂颗粒可能随阴极水流出电池，造成铂载量降低，可能与邻近铂颗粒相互连接，造成铂颗粒团聚长大。

4.3.1.2 阳极催化剂

在质子交换膜燃料电池运行过程中，阳极区域出现氢气不足而引起的反极现象是影响质子交换膜燃料电池耐久性的重要因素之一。通常反极现象出现于车辆启停、快速变载、供气故障、水淹和流场设计不当等情况，这些情况下阳极区域发生的氢氧化反应容易不足以提供足够的电子和质子来维持电荷的平衡，导致阳极区域的电极电势出现显著提升并超过阴极区域的电极电势从而发生反极现象。在出现反极现象时，阳极区域形成的高电势会造成碳载体氧化、腐蚀 ($C + 2H_2O \longrightarrow CO_2 + 4H^+ + 4e^-$ 和 $C + H_2O \longrightarrow CO + 2H^+ + 2e^-$)。碳载体腐蚀会导致阳极催化层结构坍塌、亲疏水性和孔隙率改变，同时碳腐蚀产生的一氧化碳会毒化铂颗粒。

同时,反极发生时产生大量的热会形成局部高温点,加速了质子交换膜的降解,形成孔洞,降低开路电压,严重的甚至形成短路(见图4-10)。

质子交换膜燃料电池阳极中广泛使用的Pt/C催化剂对一氧化碳非常敏感,氢气中极低浓度的一氧化碳也可造成严重的性能衰减。在PEMFC阳极反应中,氢气分子通常首先解离吸附在铂表面形成Pt—H键,该反应需要铂的活性位点,然后发生氢原子氧化反应。当氢气中存在杂质一氧化碳时,由于一氧化碳的吸附强度高于氢气,其在铂金属表面会优先吸附,一氧化碳的氧化电位远远超出氢气的。因此在有一氧化碳掺杂的氢气中,极少量的一氧化碳即可完全占据表面铂活性位点,使得表面难以进行氢气的吸附/脱附,从而减少氢气氧化的场所,增加阳极极化损失,最终造成催化剂的失效中毒。

与CO相比,NH_3同样对铂基催化剂具有很强的毒化作用。国际燃料电池标准化组织将H_2中的NH_3杂质含量定为0.1 ppm,是CO(0.2 ppm)的一半。铂基催化剂结合NH_3的能力归因于其d轨道具有合适的能量和对称性,未占据的可以接受来自NH_3的孤对电子,占据的可反馈d电子给NH_3(见图4-11)[28-30]。孤对电子供给和d电子反馈这两个过程都有助于NH_3的强化学结合,促进催化剂的毒化。Halseid等[31]研究发现,NH_3对铂的阳极氢氧化反应(HOR)和阴极氧还原反应(ORR)的催化性能都有很大的影响,表明NH_3对铂的优先化学吸附导致活性衰减,这一结论后来也在其他实验报道中得到了印证[32]。

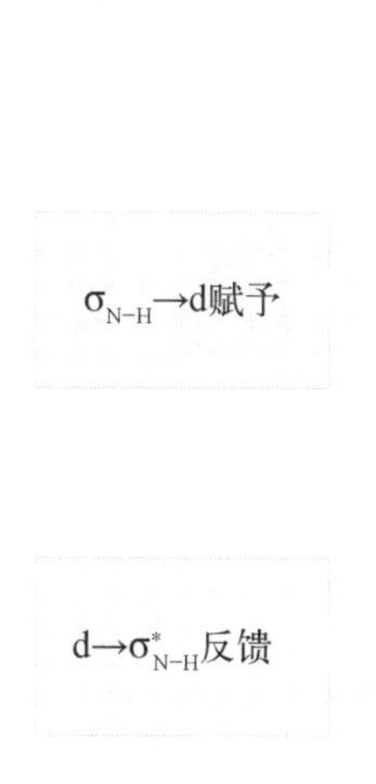

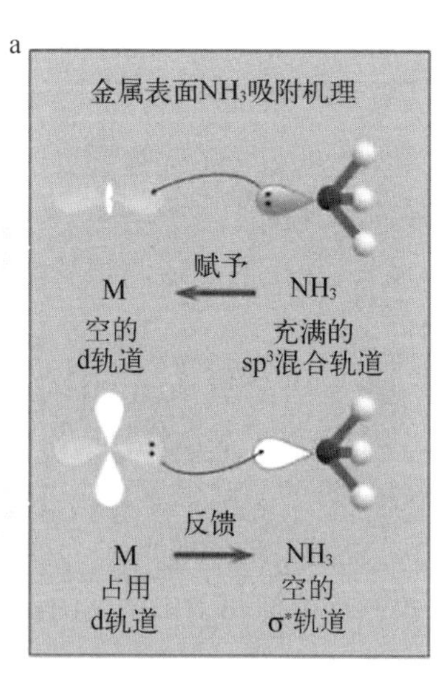

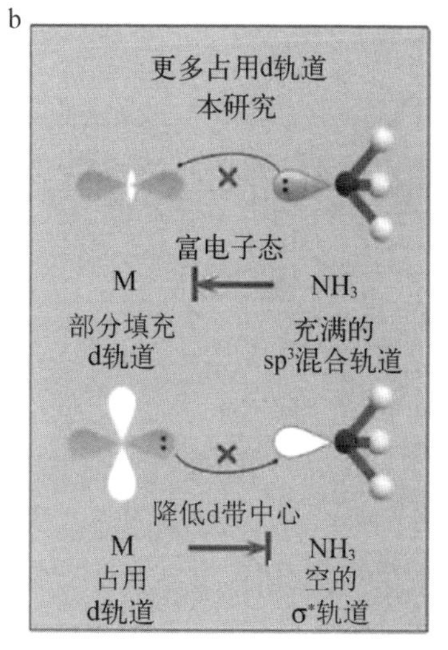

图4-11 催化剂中的NH_3吸附机理[30]

4.3.2 高耐久催化剂的研发现状

目前,高耐久性阴极催化剂的研究主要分为铂基纳米颗粒优化和载体优化。本节对载体的优化与催化剂的活性稳定性关系做一阐述。

4.3.2.1 针对铂基纳米颗粒优化

铂基纳米颗粒的粒径尺寸大小及均一性与其活性和稳定性具有紧密联系。Markovic 等[33]研究了铂粒径 2.8～7.2 nm 的铂催化剂的 ORR 耐久性,发现在加速耐久测试后小粒径铂催化剂的电化学活性面积(ECSA)衰减显著较快,表明了铂催化剂的粒径越大,其稳定性越好。同时,相较于 7.2 nm 铂催化剂,2.8 nm 铂催化剂经加速耐久测试后铂的溶解量几乎是其 4 倍,表明了小粒径铂易被溶解(见图 4－12)。此外,研究人员通过将 2.8 nm 和 7.2 nm 粒径的铂纳米粒子悬浮液以 1∶3 的质量比进行混合(平均粒径约 5 nm)去探究粒径尺寸均一性的影响,耐久测试结果显示该混合物的 Ostwald 熟化过程比单分散的 5 nm 铂颗粒更严重,表明尺寸均一性有助于提高催化剂的耐久性(见图 4－12)[33]。

纳米催化剂的形貌对活性和稳定性至关重要,通常高缺陷密度或低配位原子的催化剂在电位循环过程更易于发生溶解、团聚,而具有明确形貌结构(如纳米片、纳米线、纳米笼、八面体等)的催化剂已经被证明具有较好的抗氧化能力。Li 等[34]制备了一种超细锯齿状的铂纳米线催化剂,在 6 000 圈电位循环耐久测试后,该催化剂的催化性能几乎无衰减。系统性研究后发现其高耐久性主要归因于铂纳米线的一维几何结构,这种一维铂纳米线结构可以最大限度地提高表面积与体积比,并赋予其具备较强的耐溶解、迁移和 Ostwald 熟化作用。

设计并开发具备多孔结构的载体,在空间上限制铂基纳米颗粒的长大和团聚,也是提高催化剂耐久性的一种有效策略之一。Yan 等[35]采用三维有序介孔碳球阵列(OMCS)为载体开发了 Pt/OMCS 催化剂,相较于商业 Pt/XC－72R 和 Pt/C 催化剂,该 Pt/OMCS 催化剂展现了显著优异的耐久性,其 ECSA 衰减仅 26%,其高耐久性主要归因于 OMCS 的空间限域效应,能有效抑制铂颗粒团聚。Schuth 等[36]采用介孔结构中空石墨化碳球(HGS)为载体开发了 Pt@HGS 催化剂,利用该载体的空间限域效应显著抑制了铂颗粒的团聚、分离,提高了催化剂耐久性。Liu 等[37]设计了一种高稳定的 Fe－N－C 载体负载 Pt－Fe 氧还原催化剂,其中载体中的铁能够与铂合金化,提高铂纳米颗粒的 ORR 活性;而

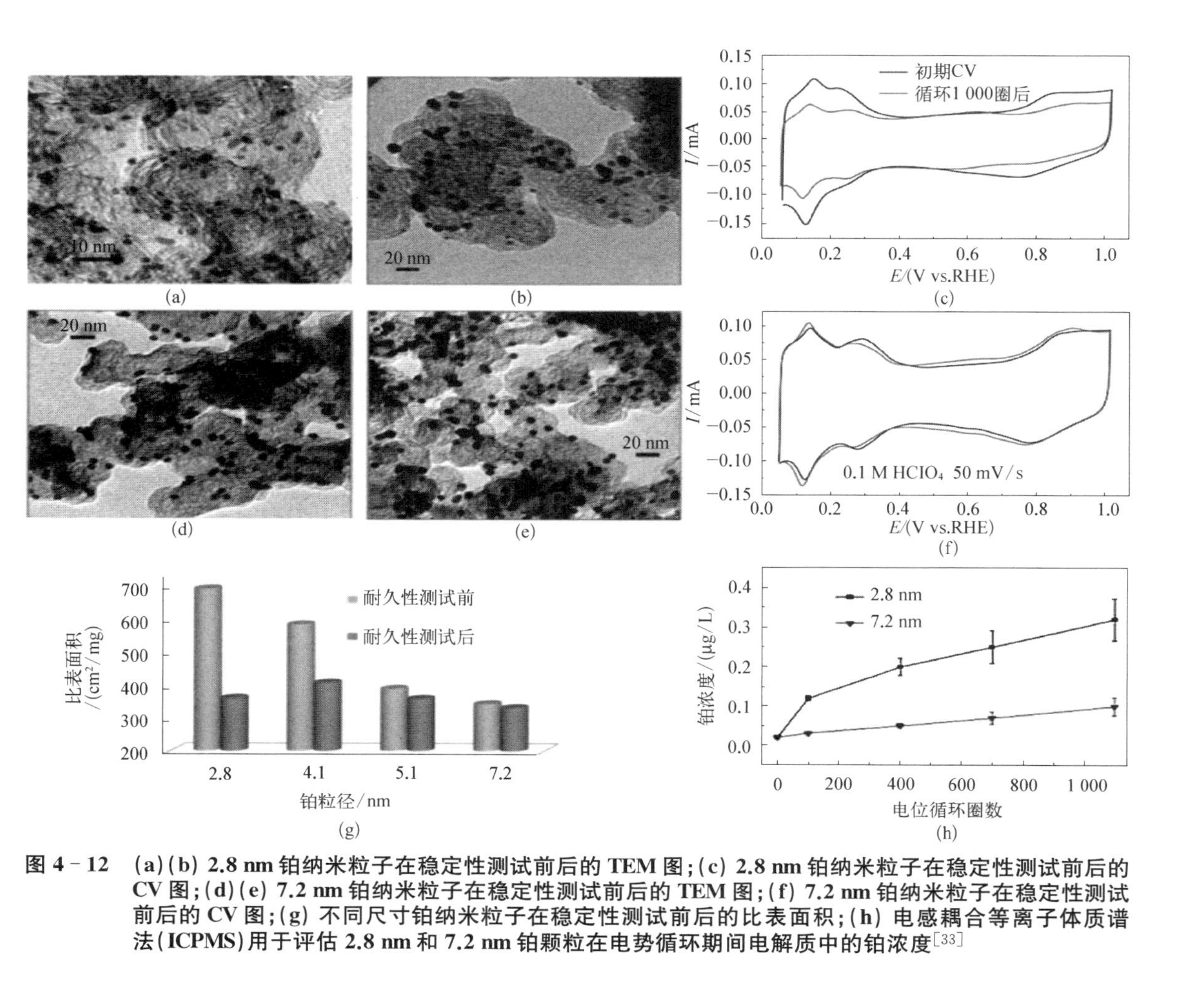

图 4-12　(a)(b) 2.8 nm 铂纳米粒子在稳定性测试前后的 TEM 图;(c) 2.8 nm 铂纳米粒子在稳定性测试前后的 CV 图;(d)(e) 7.2 nm 铂纳米粒子在稳定性测试前后的 TEM 图;(f) 7.2 nm 铂纳米粒子在稳定性测试前后的 CV 图;(g) 不同尺寸铂纳米粒子在稳定性测试前后的比表面积;(h) 电感耦合等离子体质谱法(ICPMS)用于评估 2.8 nm 和 7.2 nm 铂颗粒在电势循环期间电解质中的铂浓度[33]

氮掺杂缺陷位以及 Fe - N_4 位点可以对铂基纳米颗粒进行锚定，并诱导金属载体相互作用，最终提高了催化剂的稳定性。

4.3.2.2 金属元素掺杂

选取氧化还原电位高于铂的金属如金、铱等掺杂到铂颗粒中能够有效提升铂原子的热力学稳定性，缓解铂颗粒溶解现象。以金为例，当 PtAu/C 催化剂的表面约 1/3 的铂位点被金阻断时，其 ORR 动力学的下降可以忽略，但催化剂的稳定性显著提高，即使在 30 000 圈加速耐久循环后也没有观察到明显的性能下降，这表明金原子簇在稳定底层铂物种方面发挥了重要作用[38]。同时原位 X 射线吸收近边结构谱(XANES)结果表明，加入金团簇后，铂的氧化电位增加，这意味着铂具有更高的抗氧化性。Stamenkovic 等[39]以金颗粒为内核，开发了 Pt_3Au/C 催化剂，内核的金颗粒促进表面铂往高热力学稳定的(111)晶面有序化生长，同时受到金原子保护，边角低配位的铂原子的稳定性大幅度提高。

通过掺杂与铂基合金具有强键合作用的元素，也能减缓表面金属的溶解，提升合金催化剂的稳定性。Huang 等[40]开发了钼掺杂于 Pt_3Ni/C 表面的 Mo - Pt_3Ni/C 催化剂，经历 8 000 圈电位循环耐久测试后，该催化剂的性能、形貌和组成几乎无衰减。进一步通过密度泛函理论(DFT)计算发现掺杂的钼原子能与临近的铂和镍原子形成稳定的 Mo—Pt 和 Mo—Ni 键，显著缓解镍和铂的溶解。Li 等[41]开发了钨掺杂的 $Pt_2CuW_{0.25}$/C 催化剂，该催化剂在 0.6～1.0 V (vs. RHE) 循环 30 000 圈后仍保留 89.5%的面积活性和 95.9%的质量活性，如图 4 - 13 所示。深入研究发现钨原子起到了类似“黏合剂”的作用，与铂、铜原子

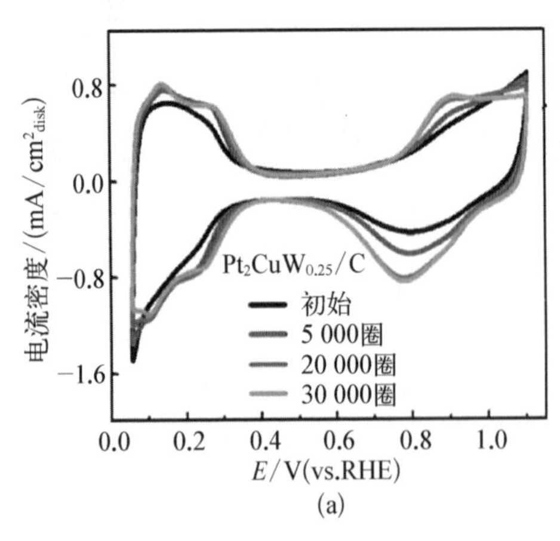

(a)

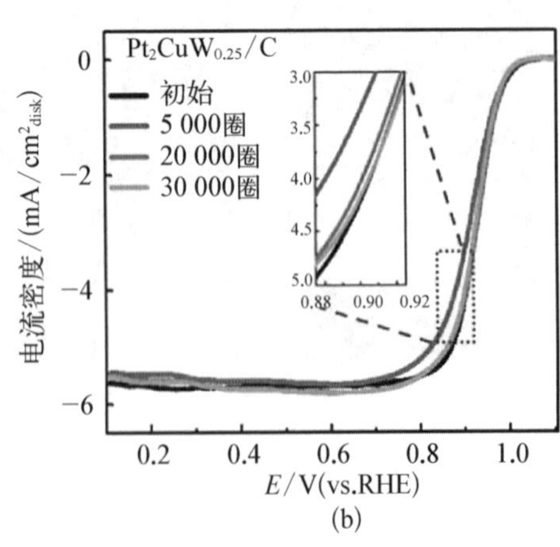

(b)

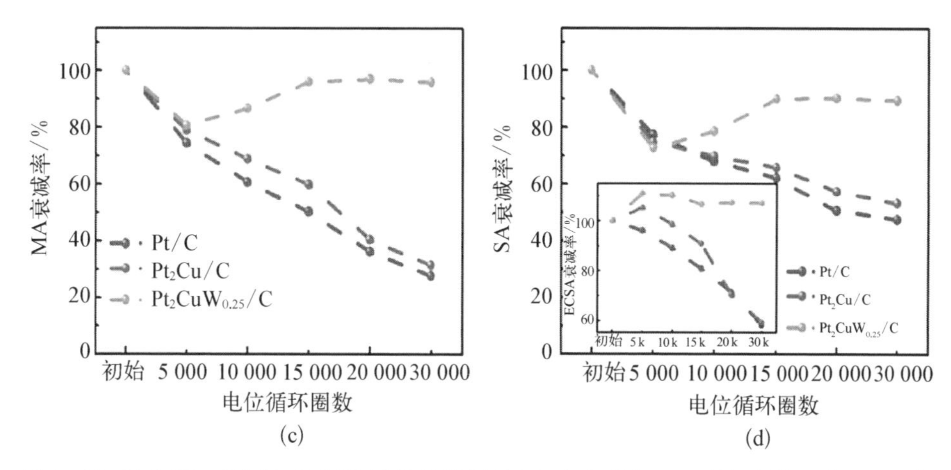

图 4-13　$Pt_2CuW_{0.25}$/C 催化剂在不同循环圈数后的(a) CV 和(b) ORR 极化曲线；Pt/C、Pt_2Cu/C 和 $Pt_2CuW_{0.25}$/C 不同循环圈数后的(c) MA 及(d) SA 衰减演变曲线(彩图见附录)

能形成高热力学稳定结构，缓解了合金催化剂的溶解。Li 等[42]报道了一种 $L1_0$-Pt_2CuGa 金属间纳米催化剂，其在 30 000 次循环后 0.8 A/cm^2时仅具有 28 mV电压损失。通过进一步模拟发现，催化剂中具有强的 Pt—Ga 共价键相互作用，这种共价作用能够增加表面铂的空位形成能，以抑制表面铂原子的溶解，从而有助于其耐久性的提升(见图 4-13)。

4.3.2.3　载体优化设计

除活性位点之外，载体对催化剂整体的稳定性也至关重要。目前催化剂常用的载体类型为多孔无定形碳，在氢燃料电池的运行工况(高含氧量和含水量、低 pH 值、较高的运行温度和电压)下，易发生腐蚀现象，最终导致催化剂失活。为提高催化剂载体的稳定性，主要从以下两个方面进行相应的载体优化。

(1) 高石墨化碳载体：常规碳载体不具备长程有序的石墨晶格，导致其电子转移阻力大、耐腐蚀能力弱。Speder 等[43]对比了 Vulcan 碳载体和科琴黑碳载体担载的铂催化剂在质子交换膜燃料电池操作条件下的耐久性，研究结果显示以 Vulcan 碳为载体时 ECSA 衰减更快，并将其归因于 Vulcan 碳表面丰富的缺陷位点。高石墨化是提高碳负载催化剂耐久性的一种有效途径，并被广泛研究。Lin 等[44]通过高温热处理开发了高石墨化介孔碳(GMPC)载体担载的 Pt/GMPC 催化剂，耐久性比未处理的 Pt/C 催化剂提高了 2 倍以上。Yu 等[45]通过加热含氮有机前体与镁粉，以一种低温方式合成了高度石墨化的氮掺杂碳载体(HGNC)，其担载的 Pt/HGNC 催化剂稳定性是商业 Pt/C 催化剂的 3.5 倍。此外，高石墨化碳基材料，如还原氧化石墨烯(rGO)和碳纳米管(CNT)，由于其高耐腐蚀潜力，已经引起了极大的研究兴趣。Wang 等[46]采用丰富氮掺杂的高石墨化空心碳纳米笼载体担载的 Pt/C 催化剂展现优异的耐久性，研究结果显示该碳载体的高石墨化和高氮含量分别提高了催化剂的耐腐蚀性、加强了铂颗粒与载体间相互作用。

(2) 非碳基材料载体：碳基材料的结构设计在一定程度上能够缓解碳腐蚀现象，但无法避免碳腐蚀的发生，鉴于此，耐腐蚀的非碳材料开发已经受到了广泛的关注。金属氧化物因其高丰度、低成本、高稳定性、丰富的表面羟基以及与金属纳米粒子的强相互作用而广泛应用于各个领域。然而，金属氧化物的导电性较低，使得只有有限的纯金属氧化物能够作为电催化剂载体，而掺杂铌、钼和锡等元素已被确定为提升金属氧化物导电性的有效途径。例如，Strasser 等[47]采用氧化铟锡(ITO)为载体有效抑制了铂催化剂在耐久过程中的衰减。除了金属氧化物外，具有高导电性、高热稳定性和高耐腐蚀性的金属氮化物、金属碳化物和金属硼化物也是电催化剂理想载体之一。Adzic 等[48]将铂层沉淀在 TiNiN 纳米颗粒上开发了 Pt/TiNiN 催化剂，在 10 000 圈加速耐久测试后，该催化剂的性能几乎无衰减，主要归因于稳定的 TiNiN 载体与超薄铂层间的相互作用。具有优异的导电性和机械性能的 ZrC 也被用于铂催化剂载体，Sun 等[49]采用原子沉积技术(ALD)将铂纳米颗粒负载在 ZrC 载体上形成 ALD - Pt/ZrC 催化剂，4 000 圈耐久性测试后，该催化剂的 ECSA 衰减仅为 17%(商业 Pt/C 催化剂的 ECSA 衰减约 78%)，研究表明 ALD - Pt/ZrC 催化剂的高耐久性主要归因于 ZrC 载体的高稳定性以及铂颗粒与载体间的相互作用。

4.3.3 主要高耐久阳极催化剂的介绍

高耐久性阳极催化剂主要分抗反极催化剂、抗一氧化碳中毒催化剂和耐氨催化剂三类进行介绍。

4.3.3.1 抗反极催化剂

提升质子交换膜燃料电池抗反极能力对延长燃料电池使用寿命至关重要。国内外燃料电池企业主要通过向阳极催化层中加入抗反极催化剂以促进水氧化反应来缓解碳载体的腐蚀。然而，反极现象出现时阳极区域的高电位及强酸环境对抗反极催化剂的选取提出了严苛的要求，因此，抗反极催化剂主要以铱基 OER 催化剂为主。为了提高抗反极效果，已开发各种抗反极催化剂并取得了一定的成果，例如 Lee 等[50]将 IrO_x 纳米颗粒以单分散的方式沉积在商业 Pt/C 上，其抗反极时间达到了 IrO_x 与 Pt/C 催化剂物理混合的 4 倍。Shao 等[51]开发了一种 Pt_3Ir/CNT 催化剂，相比较于 Pt/C，该催化剂在保持优异的 HOR 活性前提下，展现了更为优异的 OER 活性。Yang 等[52]将 IrO_x 担载在 Ti_4O_7 载体上形成 IrO_x/Ti_4O_7 抗反极催化剂并应用于 MEA 性能测试，测试结果显示在反极时间小于 100 min 时 MEA 性能几乎无衰减，总抗反极时间可达 530 min 远超常规 IrO_x 催化剂(75 min)，展现了优异的抗反极效果，深入研究表明 IrO_x/Ti_4O_7 催化剂优异的抗反极效果主要归因于 IrO_x 颗粒的高分散担载。

4.3.3.2　抗一氧化碳中毒催化剂

在燃料电池阳极工况下，极微量的一氧化碳就会造成阳极 Pt/C 催化剂的毒化，导致性能严重衰减。因此，亟须开发阳极抗一氧化碳中毒催化剂。

为改善铂的抗一氧化碳中毒能力，一种主要的方式就是在铂催化剂表面引入其他金属元素，利用电子效应或双功能机制促进表面吸附一氧化碳的脱除。在碳载铂基双金属或多金属合金催化剂[53-56]中，PtRu/C 是应用于抗一氧化碳最为成熟的催化剂。目前对于 PtRu/C 催化剂抗中毒机理[57-58]主要有两个：一是在低电势区的电子效应。由于钌的吸电子特性改变相邻铂原子的电子结构，降低一氧化碳的结合能，使一氧化碳在铂表面的覆盖度降低，活性空位点增多，在 0～0.3 V(vs. RHE)的低电势区氧化电流变大。二是在较高电势区的双功能效应。酸性溶液中钌的水解反应在 0.3～0.4 V(vs.RHE)就可以发生，钌金属位点可以分解水形成 $Ru-OH_{ad}$与周边铂上吸附的一氧化碳发生氧化反应，将一氧化碳脱附下来。Wang 等[56]为了降低贵金属含量的同时进一步提高一氧化碳耐受性，合成了表面富含 PtRu 和核心富含 PtNi 的 PtRuNi 催化剂。PtRu/PtNi/C 催化剂表现出比 PtNi/C、PtNi-Ru/C 和 PtRu/C 催化剂更高的一氧化碳氧化活性。增强的一氧化碳耐受性归因于 PtRu 表面和 PtNi 核之间的协同作用，诱导低电位下表面钌位点产生含氧物质，减弱一氧化碳对金属位点的吸附并提高了 PtRu 用率(见图 4-14～图 4-15)[61]。

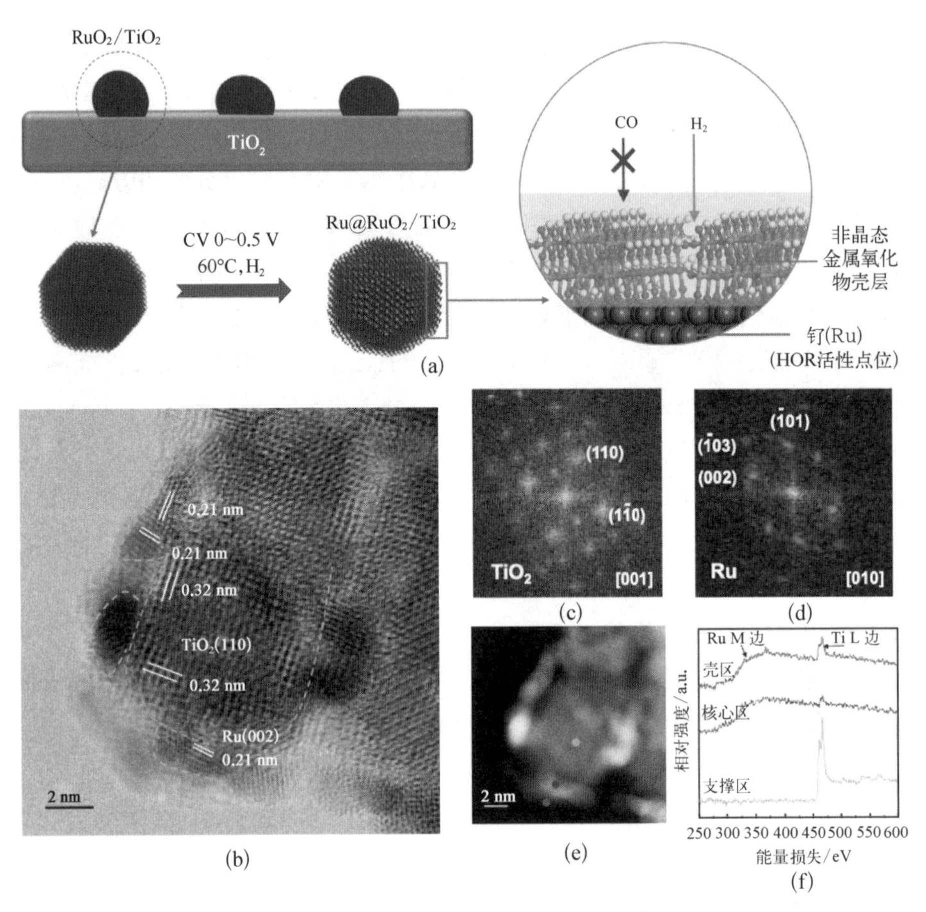

图 4-14　$Ru@RuO_2/TiO_2$ 催化剂的制备及结构表征。(a) $Ru@RuO_2/TiO_2$ 界面构建方案;(b) $Ru@RuO_2/TiO_2$ 的 HRTEM 图像。黄线区域为 TiO_2,绿线区域为金属 Ru 芯线;(c, d) Ru 核(c)和 TiO_2(d)的选定区域 FFT 图;(e) $Ru@RuO_2/TiO_2$ 的 HAADF-STEM 图像;(f) Ru M 边和 Ti L 边在壳区(红色)、Ru 核心区(蓝色)和支撑区(黄色)的 EELS 信号,用(e)表示(彩图见附录)

通过建立催化剂界面结构,利用界面结构协调效应可使铂的抗一氧化碳能力得到提升。Guo 等[59]通过将高亲氧性的 MoO_x 原子层沉积到 PtMo 纳米颗粒表面上,合成了 Pt/Mo 原子比可调的 $PtMo/MoO_x$ 电催化剂,其中非晶态 MoO_x 中活性氧有效地增强了一氧化碳中间体的氧化和去除能力。Yuan 等[60]制备了 $Bi(OH)_3$ 修饰的多孔铂纳米框架[$Pt-Bi(OH)_3$],由于 $Bi(OH)_3$ 的加入,一方面可以调节铂表面电子结构,另一方面可以提供吸附态羟基有助于氧化去除一氧化碳,最终使得 $Pt-Bi(OH)_3$ 在催化过程中受一氧化碳毒化作用较小。

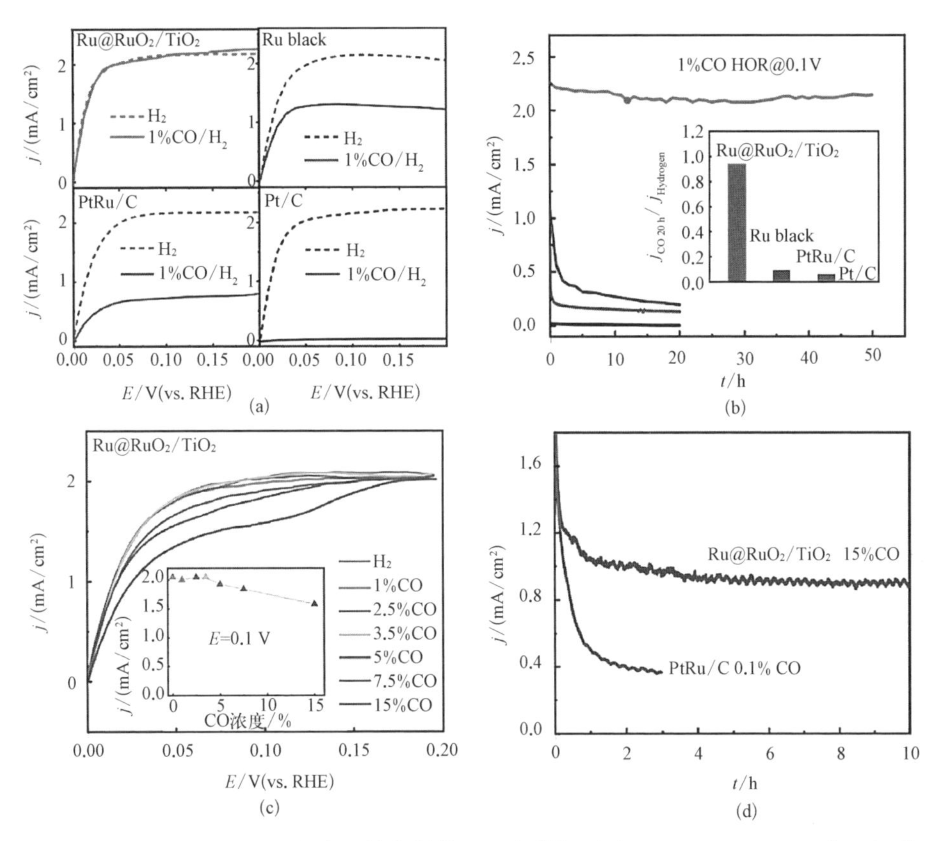

图 4-15 $Ru@RuO_2/TiO_2$ 和商业催化剂的 CO 耐受性。(a) 0.1 M H_2SO_4、900 r/min 下的 HOR 极化曲线；(b) 在 0.1 V 和含 1%CO 的 H_2 条件下的稳定性测试；(c) $Ru@RuO_2/TiO_2$ 在不同 CO 浓度下的 HOR 极化曲线；(d) $Ru@RuO_2/TiO_2$ 在 15%CO 浓度下与 PtRu/C 在 0.1%CO 浓度下的稳定性对比[61]（彩图见附录）

通过在催化剂表面构筑具有分子选择性通道的阻隔层，使得尺寸小、传输速度快的氢气能够通过，而一氧化碳分子被阻挡，也可改善催化剂的抗中毒性能。Zhou 等[61]制备了无定型水合氧化钌包裹的金属钌电催化剂（$Ru@RuO_2/TiO_2$），利用水合氧化钌层对一氧化碳扩散与吸附的阻碍作用，以提高催化剂对一氧化碳的耐受性。最终得到的催化剂可在含 1%一氧化碳的氢气中稳定工作 50 h，抗毒化性能相较商业 PtRu/C 催化剂实现了两个数量级的性能提升。

4.3.3.3 耐氨催化剂

近年来，燃料电池的耐一氧化碳催化剂开发取得了实质性的进展。然而，尽管氢气原料中微量的氨气会严重毒化燃料电池的性能，但对氨气中毒不敏感的耐氨催化剂却鲜有报道。最近 Gao 等[30]对碱性 HOR 非贵金属催化剂的抗氨毒化性能进行了研究，发现通过将铬元素掺杂入 $MoNi_4$（Cr－$MoNi_4$）中，可以使镍位点周围形成富电子态，这会排斥氨气的孤对电子供给；与此同时，铬的引入能使 d 带中心下移，抑制 d 电子的反向供给，两者协同减弱氨气的吸附，保护 HOR 活性位点。Cr－$MoNi_4$ 催化剂表现出优异的耐氨气能力，在 2×10^{-6}浓度的氨气存在的情况下，经 10 000 圈循环后没有发生明显的 HOR 活性衰减。

4.3.4 高耐久催化剂的未来展望

高效稳定的燃料电池催化剂设计与开发，依然是燃料电池大规模产业化应用的关键一环。目前研究者已提出了多种方法来提高催化剂的稳定性，包括催化剂颗粒优化、金属元素掺杂、载体高石墨化以及界面结构修饰等方法，也取得了一定的成效。但是，关于耐久型催化剂的研究仍存在如下问题：

(1) 关于稳定性的模拟表征缺乏普适的描述方式。不同文献采用的模拟方法、计算模型可能有所不同，这会导致最后计算结果也可能存在偏差。如何构建合理、普适的模拟体系是未来耐久理论研究的一个重要方向。

(2) 催化剂稳定性测试过程中的结构演变表征仍需改善。由于电催化过程涉及三相界面，在实际工况下进行催化剂结构演变的表征较为困难。如何实时追踪催化剂结构的变化可能是未来实验表征的一个重要研究方向。

(3) 半电池和燃料电池耐久测试条件的差别会导致耐久性的差别。目前大多数催化剂的耐久性能结果是基于半电池测试得到的，而燃料电池的内部结构、运行温度等均可能造成催化剂的衰减，导致半电池测试耐久性较好的催化剂在燃料电池层面性能较差。因此，进行催化剂耐久评估时需尽可能增加燃料电池工况下的测试，同时改进半电池测试方法以更好贴合燃料电池实际工况。

(4) 关于抗氨中毒催化剂的研发仍旧欠缺。由于氨对铂基催化剂耐久性影响很大，需要加强对耐氨催化剂的研发，以更好将催化剂应用到含氨的工况中。

总体而言，相比于活性，催化剂耐久性的研究还存在较大拓展空间。这需要研究者进一步深入研究，设计不同工况下高效、稳定的燃料电池催化剂，推动燃料电池的商业化进程。

4.4 非贵金属催化材料的探索性研究

在商业化 PEMFC 的膜电极中，虽然阳极和阴极都使用了铂基等贵金属催化剂(Pt/C 催化剂)，但是由于主要成分铂的价格昂贵、储量稀少及一氧化碳耐受性差等问题使得燃料电池商业化进程变得缓慢。为了解决以上难题，越来越多的研究人员致力于开发高效、价廉易得、稳定的非贵金属催化剂来取代传统的铂基催化剂。本节对非贵金属催化剂的开发现状及未来展望做一简单介绍。

4.4.1 碳基非贵金属催化材料

在众多的非贵金属催化剂中，过渡金属及氮共掺杂碳催化剂($M-N_x/C$，其中 M=Fe, Co, Ni 等过渡金属)被认为最有希望来取代铂基催化剂。相比其他金属，过渡金属具有更高的氧还原催化活性。最先探索的过渡金属氧还原催化剂可以追溯到 1964 年，Jasinsky[63]首次报道了具有 $M-N_4$ 结构的酞菁钴在碱性电解液中具有 ORR 催化活性，这为非贵金属氧还原催化剂的研究打开了大门。这类金属大环化合物催化剂虽然在 ORR 过程具有很高的催化活性，但是通常其稳定性较差。此外，这种大环化合物也受到了合成及成本方面的限制，很难商业化生产。基于上述的原因，Yeager 团队[64]开始选用廉价金属(铁，钴等)前驱体、碳前体及氮源(吡咯和聚丙烯腈)经过高温热解得到类似活性结构的催化剂，该催化剂中独特的配位环境以及活性中心上内在本征活性高等优势受到了人们的青睐。他们开发了一种新型的 ORR 催化剂的合成路线，该催化剂的性能与金属大环配合物类似，需满足四个要求：氮源、金属源、碳载体和高温热处理(大于 700℃)。

在此基础上开发了许多新的合成路线，以实现利用廉价前体制备具有 ORR 活性的过渡金属及氮共掺杂碳催化剂($M-N_x/C$)的目标[65]，如图 4-16 所示。Cao 课题组利用表面活性剂合成了掺氮石墨碳上负载单原子催化剂，该催化剂在碱性体系下半波电位超过了商业化 Pt/C 的。更有价值的是，该催化剂在酸性条件下半波电位可达 0.80 V，与商业 Pt/C 催化剂的半波电位类似。在 5 000 圈的循环后半波电位的变化几乎可以忽略不计，且具有较高的耐甲醇中毒能力。最后通过理论计算证明了 Fe-吡咯-N_4 型是高活性 ORR 过程的主要活性位点(见图 4-17)。同样地，Li 课题组通过配位策略，使用邻二氮菲为铁离子的空间隔离剂(以促进铁离子完全转化为单原子铁),制备了类似的催化剂。该催化剂在酸性($E_{1/2}=0.798$ V)和碱性($E_{1/2}=0.910$ V)条件下都表现了较好的催化活性。

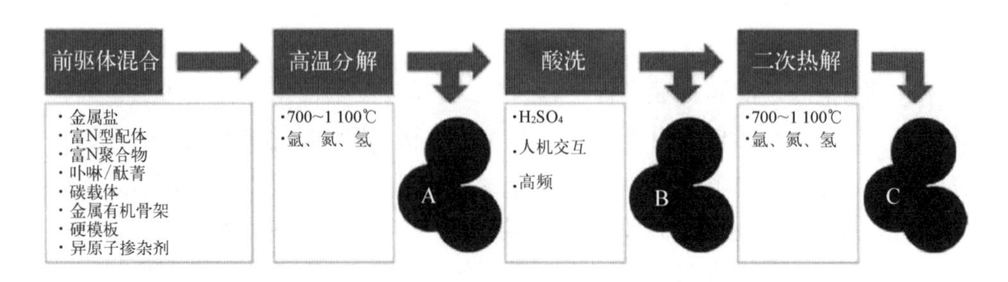

图 4-16 碳基非贵金属催化材料的合成过程总结

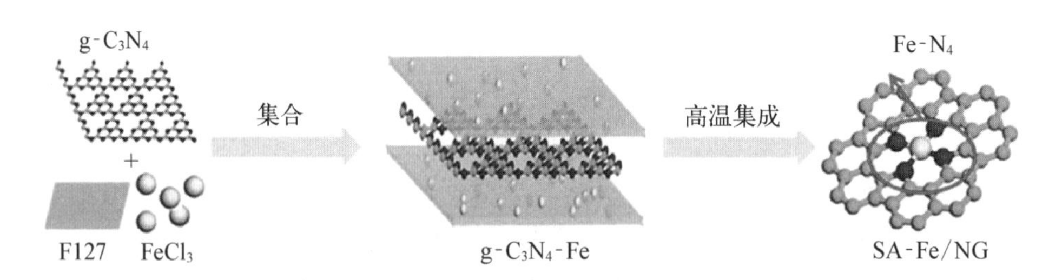

图 4-17 SA-Fe/NC 催化剂的制备示意图[66]

4.4.2 非贵金属催化剂的催化机理

尽管过渡金属及氮共掺杂碳($M-N_x/C$)催化剂的发展取得了巨大的进步,但对于催化剂活性中心的认识仍存在一定的争议,主要原因源于 $M-N_x/C$ 催化剂一般都是由非贵金属、氮和碳源的前驱体在高温热解下制备的,而前驱体在高温热处理中不可避免地会发生不可控的热解重构,进而导致产物结构复杂,造成催化活性中心难以明确,且可能同时存在不同类型的活性结构,例如单原子金属与单个/多个氮配位的活性中心、局部碳包裹的金属纳米颗粒、氮掺杂活性位和碳缺陷活性位等[67]。

其中,万立驶等[68-69]通过将碳纳米管(CNT)、葡萄糖、三聚氰胺和铁盐结合热解制备得到 Fe-N-C 催化剂。该催化剂具有优异的 ORR 催化活性,其半波电位为 0.899 V(vs. RHE,0.1 mol/L KOH 溶液)。催化剂热解过程不仅生成 Fe-N-C 构型,而且聚集铁原子形成石墨烯包裹的金属 Fe/Fe_3C 纳米晶。经过进一步的研究发现这些 Fe@C 纳米晶极大地提高了邻近的 $Fe-N_x$ 活性位点的 ORR 催化活性，这应该也是性能增强的原因。也有一种观点认为，引入诸如氮、硫、磷等杂原子的碳材料，在从氧到水的还原反应中全部或部分基本反应中起催化活性。例如，Shao[69]课题组通过磷修饰 Fe－N－C 纳米线来提高氧还原活性，随后通过透射电子显微镜（TEM）和 X 射线吸收精细结构（EXAFS）来证明铁以原子级分布在纳米线上。密度泛函理论（DFT）随后进一步证明磷掺杂可以提高 Fe/N/C 材料的 ORR 活性，磷掺杂后的材料 P－FeNCNW 比没有磷掺杂的 FeNCNW 材料在 ORR 测试中的半波电位提高了 23 mV。此外，该课题组还证明了磷掺杂和氮掺杂碳的协同效应共同提高催化剂氧还原活性。

4.4.3　碳基非贵金属存在的问题

尽管关于过渡金属及氮共掺杂碳催化剂的催化机制已经有很多观点和实验研究，但尚未有明确的实验结果和观点被广泛接受。目前，研究催化活性位点常采用的是探究光谱的特定信号（EXAFS，XPS 信号）与氧还原活性的相关性。在这种情况下，单纯研究光谱数据和催化剂活性的相关关系，未建立理论模型，是无法准确查明活性点结构的。此外，过渡金属及氮共掺杂碳催化剂的合成过程常需采用高温裂解的方式，高温热处理不仅耗能高，而且引起的不可控热解重构还会影响材料的重复性，进而严重影响了材料的宏量制备与规模应用。因此，设计与制备活性中心明确且性能稳定的碳基非贵金属催化剂依然面临着很大的挑战，这也是燃料电池研究领域的重点和难点之一。

面对未来的挑战，研究人员首先需要更先进的表征技术，如原位表征和操作表征，以便直接观察反应过程。其次，理论模型（分子/电子能级模型）和实验方法相结合，从本质上理解了活性中心的性质及其与催化剂结构和组成的关系，对于进一步增强活性并解决现有 M－N－C 催化剂的稳定性问题至关重要。最后，对各种纳米 ORR 电催化剂的合理化设计并进行进一步的探索和改进（包括控制尺寸、微观结构、结构组成和界面/表面工程）。尤为重要的是，这些高性能的碳基非贵金属催化剂在各种燃料电池的实际装置上的应用还有很长的路要走，在工程应用方面仍有很大的突破空间[70-72]。

4.4.4　氧化物电极催化剂

Pt/C 催化剂是最常用的 PEMFC 催化剂，其活性成分铂是一种价格昂贵，储量有限的稀缺资源，减少贵金属铂的使用量是燃料电池商业化的关键问题。一方面，在 PEMFC 工作运行的酸性环境中，导电碳载体材料容易被氧化腐蚀，从而导致铂纳米颗粒流失、溶解和团聚；另一方面，即使是铂，表面也会被氧化、溶解、析出，从而导致电池性能下降。基于上述多种原因，如何降低膜电极催化层中的铂载量成为国内外燃料电池研究的热点问题。新型非铂催化剂的研制对PEMFC的商业化发展具有重要意义。

大量研究证实，在酸性条件下除某些贵金属外，有些元素的氧化物也是相对稳定的。特别是具有高稳定性的ⅣB族和ⅤB族金属氧化物，近些年来备受关注。ⅣB族和ⅤB族金属的氧化物在酸性电解液中具有良好的化学稳定性。

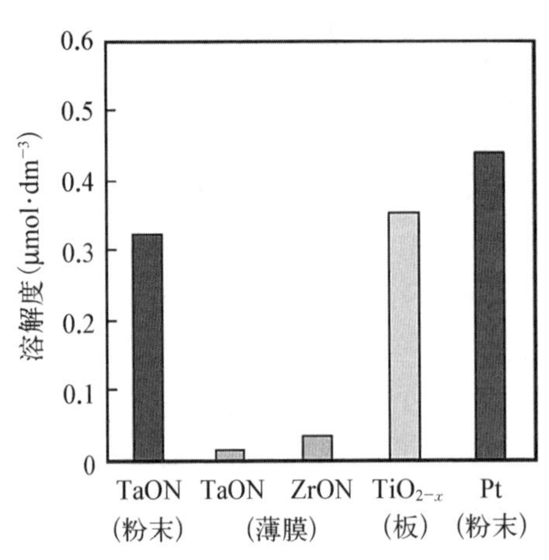

图4-18 ⅣB族和ⅤB族金属氧化物为基础的化合物和铂的溶解度对比

［注：图为非贵金属催化剂金属氧化物的溶解度(30℃，0.1 mol/L H_2SO_4，常压[77])］

如图4-18所示，以ⅣB族和ⅤB族金属氧化物为基础的化合物在稀硫酸中的溶解度与铂相似，或略低于铂的溶解性[73]。而且，如表4-3所示，它们在地壳中的资源量和丰度比铂要大得多。但是，大多ⅣB族和ⅤB族元素的纯氧化物是绝缘体，导电性差，而作为电催化剂其自身的禁带宽度也不宜太宽，同时能级结构也需要与ORR反应中的相关物种，包括中间体相匹配。因此如何优化金属氧化物本身的导电性，也是研究人员关注的焦点。研究发现，掺杂和引入氧空位等原子层面上的调控方式即可有效地调控氧化物本身的导电性[74-76]。

表4-3 ⅣB族和ⅤB族元素的资源量和地壳中含量

元素	资源量/千吨	地壳中含量(排名)/1×10^{-6}
Pt	39	0.01(No.68)
Ti	2.7×10^5 (TiO_2)	6 320(No.9)
Zr	3.8×10^4 (ZrO_2)	162(No.8)
Nb	4.4×10^3	20(No.32)
Ta	43	1.7(No.52)

通过表面改性、掺杂、合金化和形成高度分散的纳米粒子等方法，都有助于增强氧还原活性。Takasu等[78]采用浸渍涂层法在钛基体上制备了 TiO_x、ZrO_x 和 TaO_x，并在高温下进行退火，使得在 TiO_x 中加入一定量锆和钽，形成 $Ti_{0.7}ZrO_{0.3}O_x$ 与 $Ti_{0.5}TaO_{0.5}O_x$ 等二元氧化物，提高了纯的 TiO_x 的ORR活性（见图4-19）。

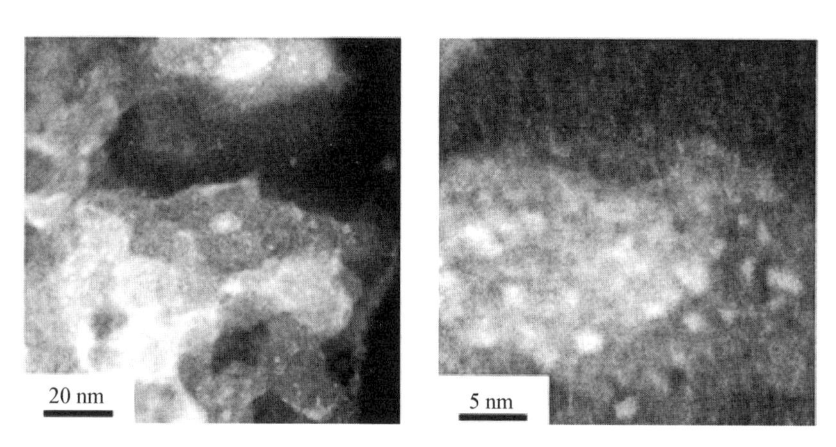

图4-19 负载于碳黑上的 ZrO_x 纳米颗粒扫描透射电子显微镜(STEM)图

图4-20列出氧化物基催化剂的氧还原活性的可能反应机理。Norskov等[5,77]提出以催化剂表面氧原子的吸附强度作为ORR催化活性指示符。具有

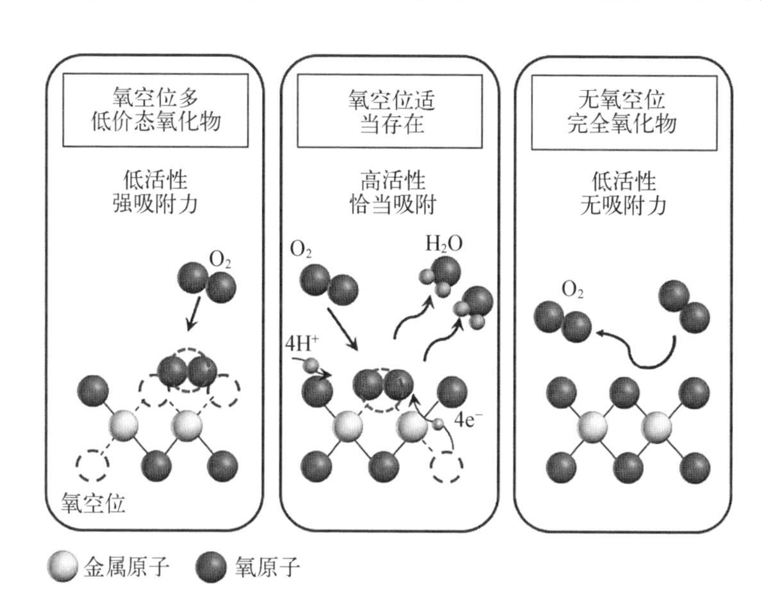

图4-20 氧化物系列催化剂的氧还原活性机理

低金属价态的低阶氧化物(如 TiO_2)无法进行连续反应,因为氧分子强烈吸附在其表面上。此外,当金属处于最高价氧化态的完全氧化物的状态下,没有可吸附氧分子的位置,所以无法触发氧化还原反应。因此,可以通过从接近完美氧化物的状态中除去一些氧原子来创建氧空位。然后,氧化物粒子的负电荷位于氧空位附近,氧空位可以作为氧分子的吸附位点。如果氧吸附度适中则进行连续反应,最后将其还原成水分子,该水分子解吸后原位点被再次用作氧分子的吸附位点。

基于氧化物的催化剂设计方案如下:① 产生氧空位(活性位点);② 适当形成活性位点的电子传导路径。在以往的研究中,提高导电性的主要解决手段为使用碳材料(见图 4-18)作为载体,可提供连续的导电网络从而有效地形成电子传导路径。但是此方法存在诸多问题,例如碳材料在使用过程中容易被腐蚀,特别是在高电位情况下,这也是导致催化剂劣化的主要原因。因此,为了充分利用ⅣB族和ⅤB族金属氧化物的高稳定性,催化剂仅需由氧化物组成。为此,可以将金属氧化物制造氧空位作为活性位点,从而实现电子传导路径,提高 ORR 活性。

研究发现,在导电氧化物 Ti_4O_7 中将材料进行原子层面调控,如掺杂具有氧空位的铌和钛的复合氧化物,可以观察到与铂相当的高电势氧还原电流。这表明氧空位可具有与铂相似的高质量活性位点。另外,在起停循环加速老化测试中几乎没有观察到劣化现象。综上所述,高耐久性的ⅣB族和ⅤB族金属氧化物催化剂,为 PEMFC 氧还原催化剂的研究提供了新思路。

4.4.5 非贵金属催化剂的前景与展望

尽管铂基材料的地球储量有限且价格昂贵,但由于其不可替代性,铂基材料在很长一段时间内将仍是 PEMFC 的主要催化剂。目前,铂基催化剂的改进策略主要是调整催化剂的粒度、组成、形貌和结构,旨在最大限度地提升铂利用率和活性,从而降低铂的使用量。其中,合金化和核壳化是目前铂基催化剂制备中比较成功的一类。由于电极反应发生在纳米催化剂表层,通过部分非贵金属取代铂作为核元素,不仅可以较大减少铂的用量,提高利用率,还可以通过与非贵金属的相互作用,优化铂对含氧中间体的吸附,从而提高催化活性。氧化物电催化剂和碳基非贵金属催化剂的研究及应用可以降低催化剂的成本,但短期来看,它们的综合性能与铂催化剂仍有一定差距。因此,开发高活性、高耐久的低铂和非铂催化剂在 PEMFC 应用方面仍面临较大挑战。

【参考文献】

[1] Seh Z W, Kibsgaard J, Dickens C F, et al. Combining theory and experiment in electrocatalysis: insights into materials design[J]. Science, 2017, 355: 6321-6332.

[2] Katsounaros I, Cherevko S, Zeradjanin A R, et al. Oxygen electrochemistry as a cornerstone for sustainable energy conversion[J]. Angewandte Chemie International Edition, 2014, 53 (1): 102-121.

[3] Wroblowa H S, Pan Y C, Razumney G. Electro reduction of oxygen new mechanistec criterion[J]. Journal of Electroanalytical Chemistry, 1976, 69 (2): 195-201.

[4] Greeley J, Rossmeisl J, Hellman A, et al. Theoretical trends in particle size effects for the oxygen reduction reaction[C]. Zeitschrift Fur Physikalische Chemie International Journal of Research in Physical Chemistry & Chemical Physics, 2007, 221 (9-10): 1209-1220.

[5] Norskov J K, Rossmeisl J, Logadottir A, et al. Origin of the overpotential for oxygen reduction at a fuel-cell cathode[J]. Journal of Physical Chemistry B, 2004, 108 (46): 17886-17892.

[6] Peng Y, Lu B Z, Wang N, et al. Impacts of interfacial charge transfer on nanoparticle electrocatalytic activity towards oxygen reduction[J]. Physical Chemistry Chemical Physics, 2017, 19 (14): 9336-9348.

[7] Stephens I E L, Bondarenko A S, Gronbjerg U, et al. Understanding the electrocatalysis of oxygen reduction on platinum and its alloys[J]. Energy & Environmental Science, 2012, 5 (5): 6744-6762.

[8] Keith J A, Jerkiewicz G, Jacob T. Theoretical investigations of the oxygen reduction reaction on Pt(111)[J]. ChemPhysChem, 2010, 11(13): 2779-2794.

[9] Shao H Y, Sheng W C, Chen S, et al. Instability of supported platinum nanoparticles in low-temperature fuel cells[J]. Topics in Catalysis, 2007, 46 (3-4): 285-305.

[10] Shao M H, Peles A, Shoemaker K. Electrocatalysis on platinum nanoparticles: particle size effect on oxygen reduction reaction activity[J]. Nano Letters, 2011, 11 (9): 3714-3719.

[11] Greeley J, Stephens I E L, Bondarenko A S, et al. Alloys of platinum and early transition metals as oxygen reduction electrocatalysts[J]. Nature Chemistry, 2009, 1 (7): 552-556.

[12] Luo M C, Guo S J. Strain-controlled electrocatalysis on multimetallic nanomaterials[J]. Nature Reviews Materials, 2017, 2 (11): 17059-17071.

[13] Karamad M, Tripkovic V, Rossmeisl J. Intermetallic alloys as CO electroreduction catalysts-role of isolated active sites[J]. ACS Catalysis Journal, 2014, 4 (7): 2268-2273.

[14] Stamenkovic V R, Mun B S, Arenz M, et al. Trends in electrocatalysis on extended and nanoscale Pt-bimetallic alloy surfaces[J]. Nature Materials, 2007, 6 (3): 241-247.

[15] 一般社団法人.燃料電池技術[M].日本：燃料電池開発技術情報センター編，日刊工業新聞社，2014.
[16] Stamenkovic V R, Fowler B, Mun B S, et al. Improved oxygen reduction activity on $Pt_3Ni(111)$ via increased surface site availability[J]. Science, 2007, 315 (5811): 493-497.
[17] Yang J H, Yang J, Ying J Y. Morphology and lateral strain control of Pt nanoparticles via core-shell construction using alloy AgPd core toward oxygen reduction reaction[J]. Acs Nano, 2012, 6 (11): 9373-9382.
[18] Xia Z H, Guo S J, Strain engineering of metal-based nanomaterials for energy electrocatalysis[J]. Chemical Society Reviews, 2019, 48 (12): 3265-3278.
[19] Tao L, Huang B L, Jin F D, et al. Atomic PdAu interlayer sandwiched into Pd/Pt core/shell nanowires achieves superstable oxygen reduction catalysis[J]. ACS Nano Journal, 2020, 14 (9): 11570-11578.
[20] Konno N, Mizuno S, Nakaji H, et al. Development of compact and high-performance fuel cell stack[J]. SAE International Journal of Alternative Powertrains, 2015, 4 (1): 123-129.
[21] Kim H J, Ruqia B, Kang M S, et al. Shape-controlled Pt nanocubes directly grown on carbon supports and their electrocatalytic activity toward methanol oxidation[J]. Science Bulletin, 2017, 62 (13): 943-949.
[22] Stamenkovic V, Mun B S, Mayrhofer K J J, et al. Changing the activity of electrocatalysts for oxygen reduction by tuning the surface electronic structure[J]. Angewandte Chemie International Edition, 2006, 45 (18): 2897-2901.
[23] Chen C, Kang Y J, Huo Z Y, et al. Highly crystalline multimetallic nanoframes with three-dimensional electrocatalytic surfaces[J]. Science, 2014, 343 (6177): 1339-1343.
[24] Chen Z W, Waje M, Li W Z, et al. Supportless Pt and PtPd nanotubes as electrocatalysts for oxygen-reduction reactions[J]. Angewandte Chemie International Edition, 2007, 46 (22): 4060-4063.
[25] Li B, Higgins D C, Xiao Q F, et al. The durability of carbon supported Pt nanowire as novel cathode catalyst for a 1.5 kW PEMFC stack[J]. Applied Catalysis B-Environmental, 2015, 162: 133-140.
[26] NEDO 燃料電池・水素技術開発ロードマップ- FCV・HDV 用燃料電池ロードマップ（解説書）[R].日本：NEDO，2024.
[27] Meier J C, Galeano C, Katsounaros I, et al. Design criteria for stable Pt/C fuel cell catalysts[J]. Beilstein Journal of Nanotechnol, 2014, 5 (1): 44-67.
[28] Lang N D, Holloway S, Nørskov J K. Electrostatic adsorbate-adsorbate interactions, the poisoning and promotion of the molecular adsorption reaction[J]. Surface Science, 1985, 150 (1): 24-38.
[29] Baetzold R C, Trends in the heat of adsorption on transition metal films[J]. Solid State Communication, 1982, 44 (6): 781-785.
[30] Wang Y H, Gao F Y, Zhang X L, et al. Efficient NH_3- tolerant nickel-based hydrogen

oxidation catalyst for anion exchange membrane fuel cells[J]. Journal of the American Chemical Society, 2023, 145 (31): 17485 - 17494.
[31] Halseid R, Vie P J S, Tunold R. Effect of ammonia on the performance of polymer electrolyte membrane fuel cells[J]. Journal of Power Sources, 2006, 154 (2): 343 - 350.
[32] Zhang X, Pasaogullari U, Molter T. Influence of ammonia on membrane-electrode assemblies in polymer electrolyte fuel cells[J]. International Journal of Hydrogen Energy, 2009, 34 (22): 9188 - 9194.
[33] Li D, Wang C, Strmcnik D S, et al. Functional links between Pt single crystal morphology and nanoparticles with different size and shape: the oxygen reduction reaction case[J]. Energy Environmental Science, 2014, 7 (12): 4061 - 4069.
[34] Li M, Zhao Z, Cheng T, et al. Ultrafine jagged platinum nanowires enable ultrahigh mass activity for the oxygen reduction reaction[J]. Science, 2016, 354: 6318 - 6326.
[35] Zhang C, Xu L, Shan N, et al. Enhanced electrocatalytic activity and durability of Pt particles supported on ordered mesoporous carbon spheres[J]. ACS Catalysis, 2014, 4 (6): 1926 - 1930.
[36] Galeano C, Meier J C, Peinecke V, et al. Toward highly stable electrocatalysts via nanoparticle pore confinement[J]. Journal of the American Chemical Society, 2012, 134 (50): 20457 - 20465.
[37] Ao X, Zhang W, Zhao B, et al. Atomically dispersed Fe - N - C decorated with Pt - alloy core-shell nanoparticles for improved activity and durability towards oxygen reduction [J]. Energy Environmental Science, 2020, 13 (9): 3032 - 3040.
[38] Zhang J, Sasaki K, Sutter E, et al. Stabilization of platinum oxygen-reduction electrocatalysts using gold clusters[J]. Science, 2007, 315 (5809): 220 - 222.
[39] Lopes P P, Li D, Lv H, et al. Eliminating dissolution of platinum-based electrocatalysts at the atomic scale[J]. Nature Materials, 2020, 19 (11): 1207 - 1214.
[40] Huang X, Zhao Z, Cao L, et al. High-performance transition metal-doped Pt_3Ni octahedra for oxygen reduction reaction[J]. Science, 2015, 348 (6240): 1230 - 1234.
[41] Tu W, Luo W, Chen C, et al. Tungsten, as "adhesive" in $Pt_2CuW_{0.25}$ ternary alloy for highly durable oxygen reduction electro-catalysis[J]. Advanced Functional Materials, 2020, 30 (6): 1908230.
[42] Liu X, Zhao Z, Liang J, et al. Inducing covalent atomic interaction in intermetallic Ptalloy nanocatalysts for high-performance fuel cells [J]. Angewandte Chemie International Edition, 2023, 62: 23 - 29.
[43] Speder J, Zana A, Spanos I, et al. Comparative degradation study of carbon supported proton exchange membrane fuel cell electrocatalysts: the influence of the platinum to carbon ratio on the degradation rate[J]. Journal of Power Sources, 2014, 261: 14 - 22.
[44] Shao Y, Zhang S, Kou R, et al. Noncovalently functionalized graphitic mesoporous carbon as a stable support of Pt nanoparticles for oxygen reduction[J]. Journal of Power Sources, 2010, 195 (7): 1805 - 1811.
[45] Lee H Y, Yu T H, Shin C H, et al. Low temperature synthesis of new highly

graphitized N-doped carbon for Pt fuel cell supports, satisfying DOE 2025 durability standards for both catalyst and support[J]. Applied Catalysis B: Enviroment and Energy, 2023, 323: 122 - 179.

[46] Wang X X, Tan Z H, Zeng M, et al. A new support material for Pt catalyst with remarkably high durability[J]. Scientific Reports, 2014, 4 (1): 4437 - 4445.

[47] Schmies H, Bergmann A, Drnec J, et al. Unravelling degradation pathways of oxide-supported Pt fuel cell nanocatalysts under in situ operating conditions[J]. Advanced Energy Materials, 2018, 8 (4): 1701663.

[48] Tian X, Luo J, Nan H, et al. Transition metal nitride coated with atomic layers of Pt as a low-cost, highly stable electrocatalyst for the oxygen reduction reaction[J]. Journal of the American Chemical Society, 2016, 138 (5): 1575 - 1583.

[49] Cheng N, Norouzi Banis M, Liu J, et al. Atomic scale enhancement of metal-support interactions between Pt and ZrC for highly stable electrocatalysts[J]. Energy Environ. Science, 2015, 8 (5): 1450 - 1455.

[50] Roh C W, Kim H E, Choi J, et al. Monodisperse IrO_x deposited on Pt/C for reversal tolerant anode in proton exchange membrane fuel cell[J]. Journal of Power Sources, 2019, 443: 227 - 270.

[51] Li Y, Jiang G, Yang Y, et al. PtIr/CNT as Anode catalyst with high reversal tolerance in PEMFC[J]. International Journal of Hydrogen Energy, 2023, 48 (93): 36500 - 36511.

[52] Li Y, Song W, Jiang G, et al. Ti_4O_7 supported IrO_x for anode reversal tolerance in proton exchange membrane fuel cell[J]. Frontiers Energy, 2022, 16 (5): 852 - 861.

[53] Takeguchi T, Yamanaka T, Asakura K, et al. Evidence of nonelectrochemical shift reaction on a CO - tolerant high-entropy state Pt - Ru anode catalyst for reliable and efficient residential fuel cell systems[J]. Journal of the American Chemical Society, 2012, 134 (35): 14508 - 14512.

[54] Bortoloti F, Garcia A C, Angelo A C D. Electronic effect in intermetallic electrocatalysts with low susceptibility to CO poisoning during hydrogen oxidation[J]. International Journal of Hydrogen Energy, 2015, 40 (34): 10816 - 10824.

[55] Hu J E, Liu Z, Eichhorn B W, et al. CO tolerance of nano-architectured Pt - Mo anode electrocatalysts for PEM fuel cells[J]. International Journal of Hydrogen Energy, 2012, 37 (15): 11268 - 11275.

[56] Wang Q, Wang G, Tao H, et al. Highly CO tolerant PtRu/PtNi/C catalyst for polymer electrolyte membrane fuel cell. RSC Advances, 2017, 7 (14): 8453 - 8459.

[57] Urian R C, Gullá A F, Mukerjee S. Electrocatalysis of reformate tolerance in proton exchange membranes fuel cells: Part I[J]. Journal of Electroanalytical Chemistry, 2003, 554 - 555 (1): 307 - 324.

[58] Pedersen C M, Escudero Escribano M, Velázquez Palenzuela A, et al. Benchmarking Pt-based electrocatalysts for low temperature fuel cell reactions with the rotating disk electrode: oxygen reduction and hydrogen oxidation in the presence of CO[J].

Electrochimica Acta，2015，179：647－657.
[59] Luo H，Wang K，Lin F，et al. Amorphous MoO_x with high oxophilicity interfaced with PtMo alloy nanoparticles boosts anti－CO hydrogen electrocatalysis[J]. Advanced Materials，2023，35 (29)：2211854.
[60] Yuan X，Jiang B，Cao M，et al. Porous Pt nanoframes decorated with $Bi(OH)_3$ as highly efficient and stable electrocatalyst for ethanol oxidation reaction[J]. Nano Research，2020，13 (1)：265－272.
[61] Wang T，Li L，Chen L N，et al. High CO－tolerant Ru-based catalysts by constructing an oxide blocking layer[J]. Journal of the American Chemical Society，2022，144(21)：9292－9301.
[62] 衣宝廉.燃料电池：原理,技术,应用[M].北京：化学工业出版社,2003.
[63] 徐峰木,潘牧.PEMFC膜电极组件关键材料的回收[J].电池,2008，38 (005)：329－331.
[64] Zhao J S，He X M，Tian J H，et al. Reclaim/recycle of Pt/C catalysts for PEMFC[J]. Energy Conversion and Management，2007，48 (2)：450－453.
[65] Gupta S，Tryk D，Bae I，et al. Heat-treated polyacrylonitrine-based catalysts for oxygen electroreduction [J]. Journal of Applied Electrochemistry，1989，19 (1)：19－27.
[66] Zagal J H，Koper M T M. Reactivity descriptors for the activity of molecular MNi_4 catalysts for the oxygen reduction reaction[J]. Angewandte Chemie-International Edition，2016，55 (47)：14510－14521.
[67] Gewirth A A，Varnell J A，Diascro A M. Nonprecious metal catalysts for oxygen reduction in heterogeneous aqueous systems[J]. Chemical Reviews，2018，118 (5)：2313－2339.
[68] Zhang C Z，Mahmood N，Yin H，et al. Synthesis of phosphorus-doped graphene and its multifunctional applications for oxygen reduction reaction and lithium ion batteries[J]. Advanced Materials，2013，25 (35)：4932－4937.
[69] Yang L，Cheng D J，Xu H X，et al. Unveiling the high-activity origin of single-atom iron catalysts for oxygen reduction reaction[J]. Proceedings of the National Academy of Sciences of the United States of America，2018，115 (26)：6626－6631.
[70] Yang Z K，Wang Y，Zhu M Z，et al. Boosting oxygen reduction catalysis with $Fe-Ni_4$ sites decorated porous carbons toward fuel cells[J]. ACS Catalysis，2019，9 (3)：2158－2163.
[71] Wang Q，Chen S，Shi F，et al. Structural evolution of solid Pt nanoparticles to a hollow PtFe alloy with a Pt－skin surface via space-confined pyrolysis and the nanoscale kirkendall effect[J]. Advanced Materials，2016，28(48)：10673－10678.
[72] Jiang W J，Gu L，Li L，et al. Understanding the high activity of Fe－Ni－C electrocatalysts in oxygen reduction：Fe/Fe_3C nanoparticles boost the activity of Fe－Ni－x[J]. Journal of the American Chemical Society，2016，138 (10)：3570－3578.
[73] Li J C，Zhong H，Xu M J，et al. Boosting the activity of $Fe-Ni_x$ moieties in Fe－Ni－C electrocatalysts via phosphorus doping for oxygen reduction reaction[J]. Science China-Materials，2020，63 (6)：965－971.

[74] Lambert T N, Vigil J A, White S E, et al. Understanding the effects of cationic dopants on alpha - MnO_2 oxygen reduction reaction electrocatalysis [J]. Journal of Physical Chemistry C, 2017, 121 (5): 2789 - 2797.
[75] He L W, Wang Y W, Wang F, et al. Influence of Cu^{2+} doping concentration on the catalytic activity of $CuxCo_{3-x}O_4$ for rechargeable Li - O_2 batteries [J]. Journal of Materials Chemistry A, 2017, 5 (35): 18569 - 18576.
[76] Tompsett D A, Parker S C, Islam M S. Rutile (beta-) MnO_2 surfaces and vacancy formation for high electrochemical and catalytic performance[J]. Journal of the American Chemical Society, 2014, 136 (4), 1418 - 1426.
[77] Seo J, Cha D, Takanabe K, et al. Electrodeposited ultrafine NbO_x, ZrO_x, and TaO_x nanoparticles on carbon black supports for oxygen reduction electrocatalysts in acidic media[J]. ACS Catalysis, 2013, 3 (9): 2181 - 2189.
[78] Takasu Y, Suzuki M, Yang H S, et al. Oxygen reduction characteristics of several valve metal oxide electrodes in $HClO_4$ solution [J]. Electrochimica Acta, 2010, 55 (27): 8220 -8229.

第 5 章　燃料电池质子交换膜技术及应用

20 世纪 80 年代在水和氢/氧之间电化学转换技术方面最伟大的进步，是新型材料固体高分子质子交换膜(proton exchange membrane, PEM)的发现及其在固体高分子燃料电池(proton exchange membrane fuel cell, PEMFC)中得到应用，同样地，固体高分子质子交换膜也适用于 PEM 型水电分解装置(PEM water electrolyser, PEMWE)。在 PEMFC 和 PEMWE 中，PEM 是电化学单元的核心，起着质子从阳极向阴极传导、分离反应气体(燃料电池)和生成气体(电解装置)以及电极间的电绝缘的作用。高效 PEM 所需的条件大多在燃料电池和电解装置中是共通的。为了实现具有高质子导电度，化学和机械稳定的膜，分别从高分子全氟磺酸树脂的骨架结构和成膜方法两方面开展工作，这些工作直到 21 世纪初才出现了实用性的突破。近年来，全氟磺酸(perfluorosulfonic acid, PFSA)聚合物、磺酸修饰非氟化多芳香族树脂和磺酸以外的具有质子提供功能的聚合物材料(通常是用磷酸盐和杂环修饰的材料)等方面都出现了令人瞩目的突破。用于增强结构的高相对分子质量 PTFE 高强度超薄双向拉伸膜也得到了很大的进步。

5.1　质子交换膜概况

质子交换膜是一种高分子固态电解质材料，作为燃料电池的关键材料，其性能直接影响燃料电池的稳定性和耐久性。根据成分组成可以将质子交换膜分为全氟磺酸质子交换膜、部分氟化质子交换膜、无氟化质子交换膜和复合质子交换膜。其中，全氟磺酸质子交换膜是已经商业化的燃料电池隔膜材料，也是目前世界上质子交换膜的主流，这是由于全氟磺酸聚合物分子链上的亲水性磺酸基团具有优良的氢离子传导特性，并且全氟磺酸聚合物具有聚四氟乙烯结构，其碳氟键的键能高，使其力学性能、化学稳定性和耐久性优异，综合性能高于其他膜材料。部分氟化质子交换膜和无氟化质子交换膜具有工艺简单、成本低等优势，可以降低质子交换膜价格，也是目前商业化产品开发的方向。

质子交换膜在燃料电池中起着传输质子、分隔反应气体以及绝缘电子传导的功能。从材料角度来说，质子交换膜应具备电导率高、化学及热稳定性好、机械性能良好、低透气率、渗氢系数小以及价格低廉等特点。在传输质子方面，质子交换膜主要依赖于具有质子传导功能的高分子聚合物。全氟磺酸(PFSA)树脂是当前最常用的一种具有质子传导功能的聚合物，其分子结构由疏水的全氟碳主链和亲水的磺酸侧链构成，质子在水合作用下依靠 PFSA 中的磺酸根进行运输[1]。在分隔反应气体方面，质子交换膜具有优良的力学性能和抗变形能力，即使在燃料电池干湿交变的状态下仍能阻隔反应气体相互交换[2]。此外，质子交换膜还具备绝缘传导功能，在电池工作过程中，质子通过质子交换膜传输，电子通过外电路传导形成回路，一旦发生短路，将影响电池开路电压，并降低电池性能。

目前，全氟磺酸质子交换膜是燃料电池最常用的电解质膜之一。因其独特的质子传导机理，该膜只有在水分子足够多时才具有高电导率性能，因此开发良好吸水特性的质子交换膜成为目前主攻方向。全氟磺酸树脂由于碳氟键的高稳定性，使膜具有良好机械/化学稳定性，但其结构上的一些薄弱位点，仍会受到电池中产生的自由基侵蚀[3]。此外，全氟磺酸树脂在吸收水分子后，高分子链段会发生微观形变，这种属性将导致质子交换膜在宏观层面的尺寸变化。通常情况下，这种由树脂在吸水后膨胀和失水后收缩带来的应力变化可能会引发电池中一系列性能衰减及安全性问题。

质子交换膜在车载运行工况下，操作压力、湿度、温度等操作条件的动态变化会加剧质子交换膜带来的性能衰减问题，为提高其耐久性，利用均质膜的树脂与有机或无机物复合使质子交换膜的性能强化，即在保证或优化质子传导的同时，解决薄膜强度问题。通常使用较薄的质子交换膜，以期具有更高的电导率，降低燃料电池中欧姆损失，达到更高的电压和功率密度。因此，在过去的数十年里，PEMFC 将膜厚度从数百微米(典型的产品为杜邦 Nafion 217 膜，厚度 175 μm)减小到十几微米水平(典型的产品为 Gore-select 膜，厚度 8～18 μm)。膜厚度的降低减少了电池内阻，此外，对于更薄的膜，由于阴极水可以更快速地反向渗透使膜处于充分水化状态，从而极大地提升燃料电池性能。质子交换膜的现阶段商业化应用主要为膨体聚四氟乙烯(ePTFE)增强的全氟磺酸型质子交换膜，具备批量化制造能力国内外制造商主要有戈尔(美国)、科慕(美国)、国氢科技(中国)及山东东岳公司(中国)等公司。

5.2　质子交换膜基础

从树脂类型来看,质子交换膜的种类通常包括非氟质子交换膜、半氟化质子交换膜、全氟质子交换膜,各自的特点如表5-1所示。

表5-1　各种质子交换膜的特点

质子交换膜类型	成分组成	优　点	缺　点
全氟磺酸质子交换膜	由碳氟主链和带有磺酸基团的醚支链构成	机械强度高,化学稳定性好,导电率较高,低温时电流密度大,质子传导电阻小	温度升高质子交换膜性能变差,高温易发生化学降解,成本高
部分氟化质子交换膜	用取代的氟化物代替氟树脂,或用氟化物与无机或其他非氟化物共混	成本低,工作效率较高,并且能使电池寿命提升到15 000 h	机械强度和化学稳定性较差
无氟化质子交换膜	无氟化烃类聚合物膜	成本低,环境污染小	化学稳定性较弱
复合质子交换膜	修饰材料和全氟磺酸树脂构成的复合膜	机械性能改善,改善膜内水传动与分布,降低质子交换膜内阻	技术制备要求高

非氟质子交换膜常用的结构有磺化烃类聚合物、磺化芳香族聚合物、聚苯并咪唑、聚酰亚胺、聚磷腈等类型[4]。半氟化质子交换膜常用的树脂结构有偏氟乙烯和苯乙烯磺酸共聚物,或是基于聚四氟乙烯且用非氟单体改性的分子结构[5]。

全氟质子交换膜依据官能侧链的结构差异通常分为长侧链质子膜、中长侧链质子膜、短侧链质子膜[6-10]。这一类质子膜的分子结构通式如图5-1所示。图中,(a)为美国杜邦(DuPont)公司开发的那芬(Nafion®)树脂;(b)为日本旭硝子、旭化成、德国福迈泰(FuMA-Tech)发明的结构式相同的短链树脂,各自分别注册了商品名称为旭硝子(Flemion®)、旭化成(Aciplex®)和福迈泰(Fumion® F);(c)为陶氏化学公司(Dow Chem.Corp.)于20世纪80年代发明,它是一种仅由 2 个—CF_2 基团构成、无氟醚基团的侧链的短侧链(short side chain，SSC)型全氟乙烯(Dow 膜)。

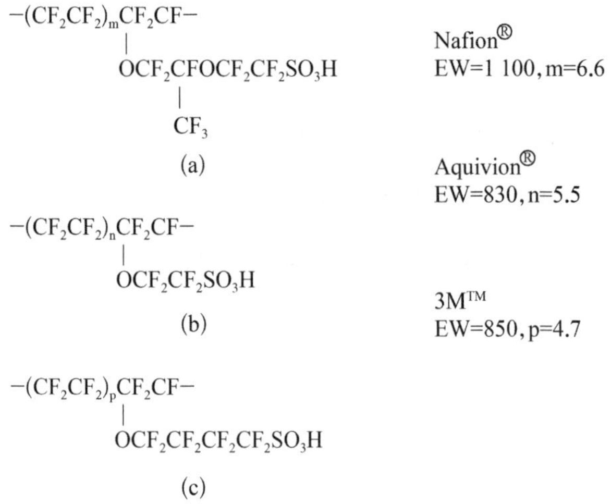

$-(CF_2CF_2)_mCF_2CF-$

$OCF_2CFOCF_2CF_2SO_3H$

CF_3

(a)

Nafion®

EW=1 100, m=6.6

$-(CF_2CF_2)_nCF_2CF-$

$OCF_2CF_2SO_3H$

(b)

Aquivion®

EW=830, n=5.5

$-(CF_2CF_2)_pCF_2CF-$

$OCF_2CF_2CF_2CF_2SO_3H$

(c)

3M™

EW=850, p=4.7

图 5-1　全氟磺酸质子交换膜(PFSA)分子结构

巴拉德(Ballard Power)公司的研究人员发现这种结构的树脂能够显著地改善燃料电池的性能，但是 SSC 单体的合成路径非常复杂(见图 5-2)，一直

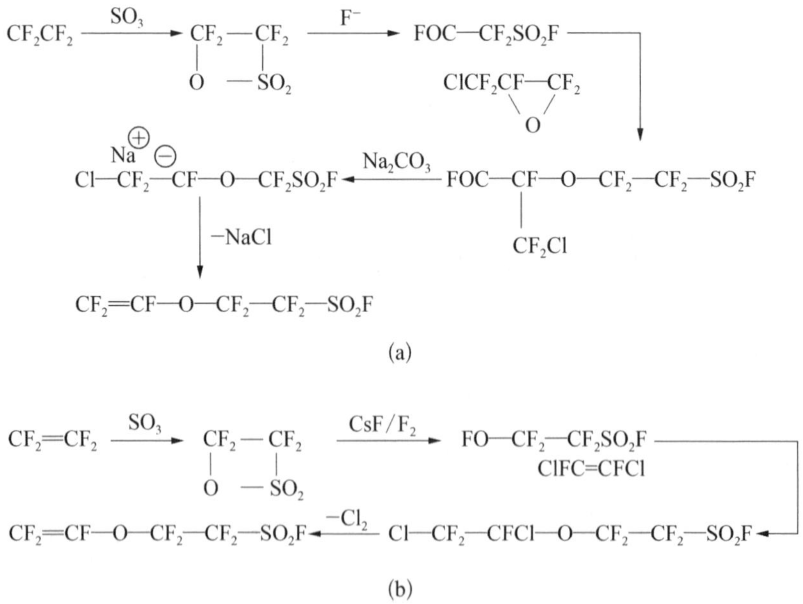

$CF_2CF_2 \xrightarrow{SO_3} CF_2—CF_2$ (O—SO_2) $\xrightarrow{F^-}$ $FOC—CF_2SO_2F$

$ClCF_2CF—CF_2$ (O)

$FOC—CF(CF_2Cl)—O—CF_2—CF_2—SO_2F \xrightarrow{Na_2CO_3} Cl—CF_2—CF(Na^{\oplus}\ominus)—O—CF_2SO_2F$

$\xrightarrow{-NaCl} CF_2=CF—O—CF_2—CF_2—SO_2F$

(a)

$CF_2=CF_2 \xrightarrow{SO_3} CF_2—CF_2$ (O—SO_2) $\xrightarrow{CsF/F_2} FO—CF_2—CF_2SO_2F$

$ClFC=CFCl$

$Cl—CF_2—CFCl—O—CF_2—CF_2—SO_2F \xrightarrow{-Cl_2} CF_2=CF—O—CF_2—CF_2—SO_2F$

(b)

图 5-2　Dow(a)和 Solexis(b)SSC 氟化磺酰醚单体的合成路径[8]

难以得到合格的量产 SSC 单体树脂。后来，通过 Solexis 公司（现为苏威 Solvay Specialty Polymars 公司）将该公司发明的氟乙烯醚制法应用于 SSC 单体（见图 5-3）[原名 Hyflon® Ion，2009 年以后开始改名为 Aquivion®，见图 5-1(b)]的工业规模制造，在同一时期，美国 3M 公司采用电化学氟化原料碳氢化合物的方法，开发出具有 4 个—CF_2 键组、不含氟醚的侧链中间体[3M 中间体，见图 5-1(c)]。通过对 PFSA 骨骼的末端羧酸基的自由基攻击测试，这种结构的 PFSA 合成后通过可使全氟磺酸质子膜变得更加稳定。

长链(LSC)单体和短链(SSC)单体在组成和结构上的差异导致各自具有不同的特性。比较相同 EW 的聚合物，短链 SSC 型的 acivion 膜比长链 LSC 型的 naffion 膜融解热大，acivion 在低等效相对分子质量(EW)下也保持准结晶性。此外，EW 为 830 g/mol 的 acivion 与流通最广的 EW 1 100 g/mol 的 nafion 具有相同的熔化热特性（见图 5-4）。另外，由于不包含侧链—CF_3 基团以及较短的侧链，acivion 的玻璃化转移温度比 EW 相同的其他聚合物要高（例如，nafion 约 100℃，3M acivion 约 125℃，aquivion 约 140℃），可以在更高温下也能工作。X 射线广角散射（wide angle X-ray scattering, WAXS）证实，随着中间体(eonomer)的 EW 减少，结晶性也会下降，这与 PTFE 段长度的减少一致。在 EW 相同的情况下，LSC 中间体的结晶性比 SSC 的低，即使 LSC 中间体呈现非结晶性的 EW，SSC 中间体也呈现结晶性。EW 700 的 3M acivion 完全不显示结晶峰。这表明，相邻侧链之间需要最低限度的 PTFE 段长度，才能形成结晶性的疏水区域。

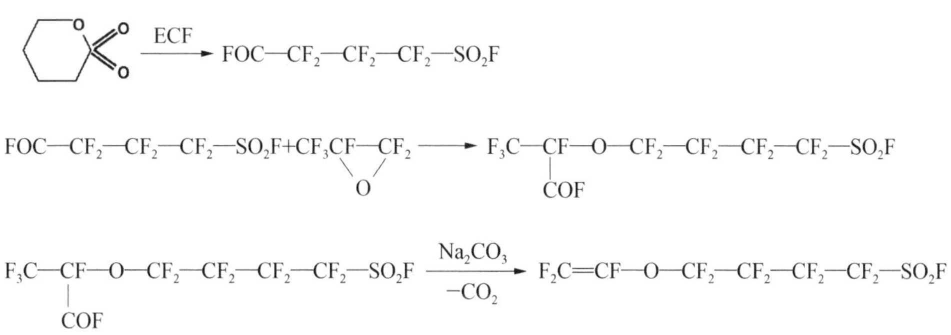

$$\xrightarrow{ECF} FOC-CF_2-CF_2-CF_2-SO_2F$$

$$FOC-CF_2-CF_2-CF_2-SO_2F+CF_3CF-CF_2\ (\text{O}) \longrightarrow F_3C-CF(COF)-O-CF_2-CF_2-CF_2-CF_2-SO_2F$$

$$F_3C-CF(COF)-O-CF_2-CF_2-CF_2-CF_2-SO_2F \xrightarrow[-CO_2]{Na_2CO_3} F_2C=CF-O-CF_2-CF_2-CF_2-CF_2-SO_2F$$

图 5-3　SSC 氟化磺酰醚单体合成路径之二，3M 利用中链(medium side chain)的全氟-4-(氟磺酸基)丁基氧乙烯单体的合成路径

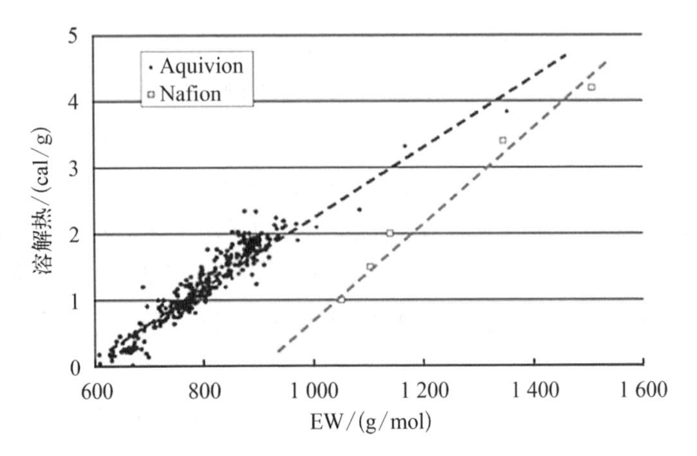

图 5-4　各种聚合物等效质量的 aquivion 和 nafion 的溶解热(1 cal=4.18 J)

上述所列举的不同树脂类型都是纯聚合物树脂，在目前较为前沿的研究中会在上述树脂中掺杂一些无机颗粒以达到保水、提高传导性等目的，由此衍生出一大类掺杂型的有机无机复合膜。此外还有一类酸碱复合物类型的树脂能够用来制备质子交换膜。通过酸碱相互作用来改善质子膜的湿度敏感性、热稳定性、机械强度等性能。其中以磷酸掺杂型聚苯并咪唑为例，这种类型的质子膜很适合高温应用。

当前商用质子膜使用的树脂类型基本是全氟类的树脂，高校研发则更多地把精力放在非氟、半氟化结构的树脂研究及无机掺杂或是酸碱复合等体系更为复杂的树脂制备上。

5.2.1　全氟磺酸型质子交换膜制膜工艺

聚合物成膜工艺，是决定膜材微观结构和形貌的重要因素，直接影响着聚合物膜材的各项性能。质子交换膜常用的成膜工艺主要分为两种：熔融成膜法和溶液成膜法[11-12]。

5.2.1.1　熔融成膜法

熔融成膜法，又称熔融挤出法，最早由美国杜邦公司率先实现商业化生产。其整个制备过程主要如下：将具有可塑性的树脂经高温剪切熔融塑化后，挤出流延或压延制成膜材，随后水解转型，最终得到具有质子传导能力的质子交换膜(见图 5-5)。

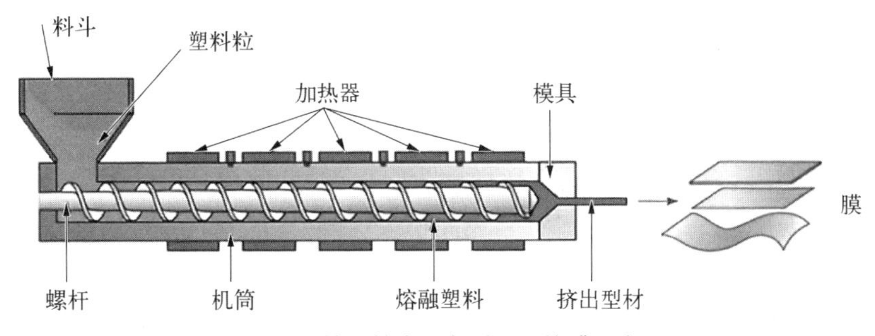

图 5-5　熔融挤出制备质子交换膜示意图

在熔融挤出法制备质子交换膜时,高温剪切驱使聚合物分子链解缠后进行规整排列形成结晶,形成的晶体分散在无定型区中,并且由于挤出时受到定向的作用力,分子和晶体存在较为有序的定向排列,因此,熔融成膜法制备的质子交换膜存在各向异性。熔融挤出制备的膜材经水解转型后,聚合物分子侧链末端的磺酸基团能聚集在一起形成规格为 3～5 nm 的离子团簇,从而使制备的膜材具备质子传导能力[13-15]。

当前,利用熔融成膜工艺制备的质子交换膜的企业主要有美国科慕(Chemours)公司、比利时苏威(Solvay)公司以及日本旭硝子(AGC)等公司。熔融成膜法制备的质子交换膜,膜材厚度均匀、性能优良,同时生产效率高,适用于批量化制备,但也存在着无法生产薄膜及需要水解转型等二次处理才能得到最终产品的劣势。

5.2.1.2　溶液成膜法

质子交换膜的溶液成膜法,又称溶液流延法,最早由 Moore 等率先报道,由于较强的可设计性随后逐渐开始商业化。其主要制备过程如下:将聚合物树脂水解转型,随后在一定条件下将转型后的树脂溶解于溶剂体系中,最后将溶解的聚合物树脂溶液直接流延在相应的基材上,并施加适当的温度,等待溶剂挥发完全并形成薄膜(见图 5-6)。

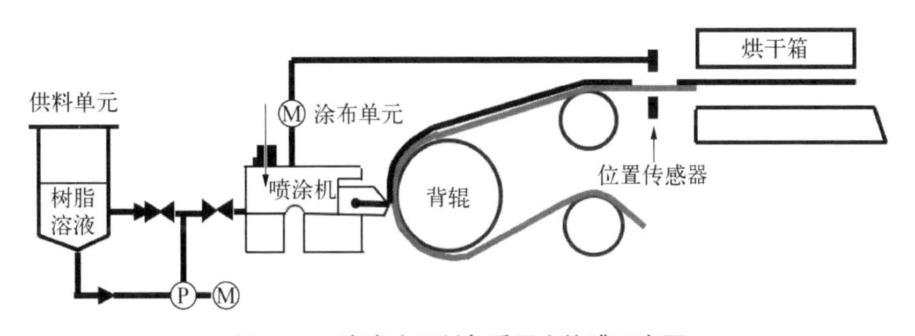

图 5-6　溶液流延制备质子交换膜示意图

溶液流延法目前最成熟的方法是在延伸聚四氟乙烯(PTFE)中浸渍奥氏体来制备 Gore-Select 型膜[11]。这种膜的机械性质和尺寸稳定性提高,因此可以制备非常薄(最厚约 5 μm)、面积电阻小的膜。现在已经出现了其他种类的多孔性增强支撑体,特别是电纺丝(电场纺丝)法可以制作微极砂的光纤垫。在这些无纺机材料中,空穴的体积比例高,表面积大,因此可以得到高相互连接性和两相之间的宽界面。因为这个优点和无纺机结构,加固了膜的整体厚度。文献[16]报道有两种不同的制备方法,一种是在非导电性或低导电性纳米纤维垫上嵌入奥氏体,另一种是将 PFSA 纳米纤维并入惰性基质材料中。在使用电子增强材料和矩阵聚合物的情况下,质子传导和机械强度的特性各有不同。聚四氟乙烯、聚对苯乙烯磺酸、聚苯并咪唑(polybenzimidazole, PBI)、聚酰亚胺等化学性能稳定、机械强度优良的聚合物,采用电旋法制备的纳米纤维,在加工过程中高分子链受到拉伸力而产生的定向犹豫现象,显示出极其优异的抗拉强度和刚度。

在溶液流延制备质子交换膜时,树脂在温度、溶剂和压力等的多重作用下溶解于溶剂体系中,聚合物分子链成打开状态,随着溶液体系中溶剂的挥发,溶液浓度由稀到浓,聚合物分子聚集态结构发生变化,聚合物大分子链段重新进入晶格并由无序变成有序的结晶过程。由于结晶体无序分布,所以,溶液成膜法制备的质子交换膜存在各向同性[16-20]。

现今,利用溶液成膜工艺制备的质子交换膜的企业主要有美国戈尔(Gore)公司、美国 3 M 公司以及德国 Fumatech 等公司。溶液成膜法制备质子交换膜,工艺简单、成膜厚度更薄、性能更好,可设计性更广,是目前科研和商业化产品采用的主流方法。但该方法也存在着工序长、流程多,生产制造过程中的有机溶剂回收难度大等缺点。

工艺决定结构,结构决定性能。两种不同的成膜工艺决定着质子交换膜微观结构的差异性,同时也决定着质子交换膜性能的差异。熔融挤出工艺由于高温挤压牵引成型,分子彼此间更加紧密,各向异性明显,表现出机械性能更高;溶液流延工艺因溶液无序挥发浓缩后成型,分子间结合相对疏松,无各向异性,表现出更高的自由水复合能力(见表 5-2)。

表 5-2 熔融挤压质子交换膜与溶液流延质子交换膜的结构与性能比较

膜 类 型	膜取向	离子团簇结构	厚度	机械强度	吸水率	溶出率
熔融挤出质子交换膜	各向异性	大且聚集	厚	大	小	小
溶液流延质子交换膜	各向同性	小且分散	薄	小	大	大

5.2.2 全氟磺酸型质子交换膜结构

全氟磺酸型质子交换膜按照膜结构分类，可以分为均质膜和复合膜。普通的均质膜虽然具备较高的质子传导率，但是由于全氟磺酸树脂本身的柔性主链和较高的吸水性，使其在高湿度条件下表现出较差的尺寸稳定性和机械性能，不利于质子交换膜在实际应用中的机械耐久性。提高全氟磺酸膜使用寿命的一种有效策略是在膜中添加增强层，如微孔膨体聚四氟乙烯(ePTFE)[21]。增强型复合质子交换膜的制备方法通常是将全氟磺酸树脂溶液浸渍到多孔 ePTFE 中，或者通过静电纺丝工艺将 PFSA 与增强聚合物纤维结合在一起(见图 5-7)。这种增强型商用质子膜最初由 WL Gore & Associates 公司制造[22]。自 2010 年以来，增强型复合质子膜的使用量逐渐提高。

图 5-7 增强型复合质子交换膜的扫描电子显微镜(SEM)图像

增强型复合质子膜会导致膜厚度方向与面内的各向异性(见图 5-8)，在溶胀总体积变化相同的情况下，增强层通过限制面内溶胀而引发更高的厚度溶胀[23]。在机械性能方面，复合膜面内低溶胀的特性对于减少电池运行期间，特

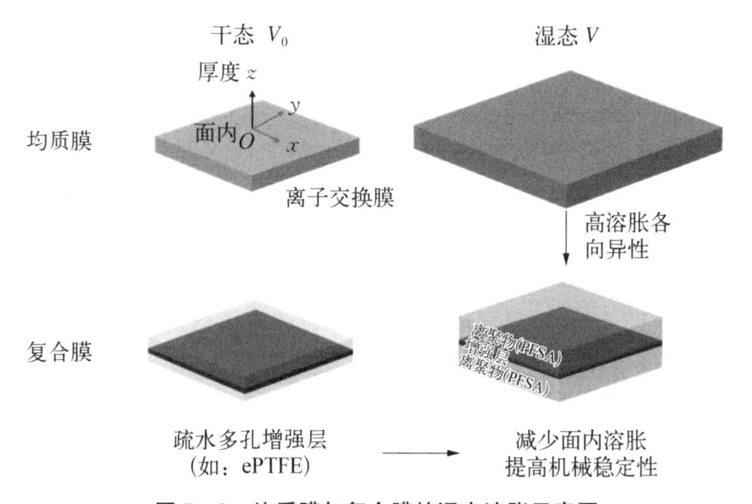

图 5-8 均质膜与复合膜的湿态溶胀示意图

别是湿度循环操作期间溶胀引起的机械应力至关重要。此外，疏水性网状增强层的高孔隙率除了能够提供额外的机械强度，ePTFE 基质中的孔也可以填充离聚物，实现厚度方向质子的连续传输。因此，此类增强材料允许使用更薄、EW 值更低的离聚物，否则其作为均质膜表现出的机械完整性将会较差。

5.3 全氟磺酸型质子交换膜基本性能

PEM 质子交换膜的性能特点主要体现在以下几个方面：

(1) 质子导电性。PEM 具有高效的质子传导能力，使得质子能够迅速地从阳极移动到阴极，电子则被阻隔，从而产生电流。这是 PEM 在燃料电池等应用中的核心功能。

(2) PEM 质子交换膜的稳定性。PEM 需要具有良好的热稳定性和化学稳定性，以确保在燃料电池的工作环境中，能够长时间稳定地工作，抵抗各种化学物质的侵蚀以及高温影响。

(3) 机械性能。PEM 需要具备一定的机械强度，以承受燃料电池工作时的力学应力。这包括拉伸强度、断裂伸长率和剪切强度等指标，以确保 PEM 在实际应用中能够保持稳定。

(4) 透气性和吸水性。PEM 需要控制其透气性和吸水性，以平衡质子传导效率和防止水分流失或过量吸收。适量的吸水有助于保持 PEM 的离子传导性能，但过多的吸水可能导致 PEM 膨胀和性能下降。

(5) 水电渗透性。PEM 需要控制水电渗透性，以防止水分子在膜两侧形成浓度梯度，从而影响质子传导效率。

下面就以上特性逐一简单说明。

5.3.1 质子交换膜的质子传导率

质子传导率是衡量膜离子传输能力的重要指标，直接影响着 PEMFC 的性能。质子交换膜的质子传导机理主要有两种：一是扩散传质/水合传递机理，质子首先和水结合形成水合的氢离子[$H^+(H_2O)_x$]，在电场作用下于亲水相构成的传质通道中扩散传递，完成传质过程，因而水合传质的进行要求质子交换膜中有一定量的自由水的存在，当温度升高，质子交换膜中自由水含量下降时，水合传质将会受到抑制，从而导致质子电导率的下降；二是质子跃迁传导机理或格鲁西斯(Grotthus)机理,质子在磺酸根的静电吸引下被其捕获,然后在磺酸基构成的连续氢键结构中跃迁传递,质子在电场力作用下从一个水合磺酸基(氢键)跃迁至相邻水合磺酸基,由于磺酸基团在质子交换膜中构成了连续的贯通的传质通道,从而可以实现质子在交换膜中的传递。

质子电导率通常使用电阻抗法、电化学电池、介电光谱来测量。质子电导率 κ 可通过测量平面内或通过厚度的电阻 R 来计算。

$$\kappa = \frac{L}{RA} \tag{5-1}$$

式中,L 是测量电阻的特征长度,A 是试样的有效面积。

全氟磺酸树脂(PFSA)膜的电导率与其相分离结构形成的团簇通道有着密不可分的联系,通常来讲 PFSA 膜的电导率随着水合含量和温度的增加而增加,电导率对水合含量和温度表现依赖性,可表示为

$$\kappa(T,\ \varphi_w) = \kappa_0(T)(\varphi_w - \varphi_0)^n \tag{5-2}$$

式中,φ_w 是水体积分数,φ_0 是水体积分数渗透阈值(形成相互连接的导电域网络),κ_0 是材料参数,n 是解释形态域连通性和对齐的关键指数。

离子传输涉及多个关联且连续的过程,首先质子在分子尺度上解离与水(或溶剂)形成离子对,然后在纳米尺度上水合传输,最后在微米尺度水合网络内流动。因此,PFSA 中的离子传输不仅取决于水,还受制于水与 SO_3^{2-} 位点的相互作用、侧链(EW 值、长度和亲水性)以及聚合物链中尺度传输网络的分段运动[24-25](见图 5-9)。

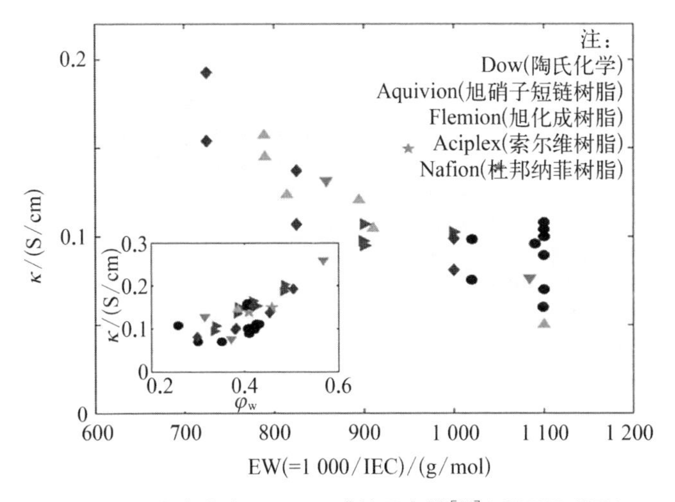

图 5-9　水合状态下 PFSA 膜的导电性[15](彩图见附录)

如图 5-9 所示，根据研究普遍的趋势，质子膜的电导率随 EW 值降低而逐渐增加。正如 SSC、Nafion、3 M PFSA 和 Flemion 的测试结果一样，EW 值降低，离子交换当量(IEC)增加，SO_3^- 数量增多，从而增加了水的吸收量，改善了离子的长程流动。然而，在比较不同种类树脂时，还必须考虑主链长度、侧链长度和化学成分的变化[26-27]。另外，电导率并不是纯粹的随机表达，而是存在一定的形态取向，因此质子膜内电导率并不完全是各向同性的。所以，不同的加工方式以及施加预应力，都可以使质子膜内电导率发生变化，通常电导率趋向于沿外力方向增加[28]。

5.3.2 质子交换膜的力学性能

质子交换膜的力学性能与传输现象不同，主要是疏水性(类聚四氟乙烯)基质控制机械稳定性和性能，离子相互作用产生额外影响。膜的机械形变可通过测量其在不同条件下对外加应力(应变)的响应应变(应力)来表征，从而得出应力-应变($\sigma-\varepsilon$)曲线。最常用的测量应力-应变行为的方法是单轴拉伸试验，根据公式计算出膜的最大拉伸强度。

$$\sigma = \frac{P}{S} \tag{5-3}$$

式中，σ 为膜的最大拉伸强度，P 为最大载荷，S 为膜的截面积。

同一种 PFSA 膜的应力-应变曲线可能出现质的不同，图 5-10 显示了不同

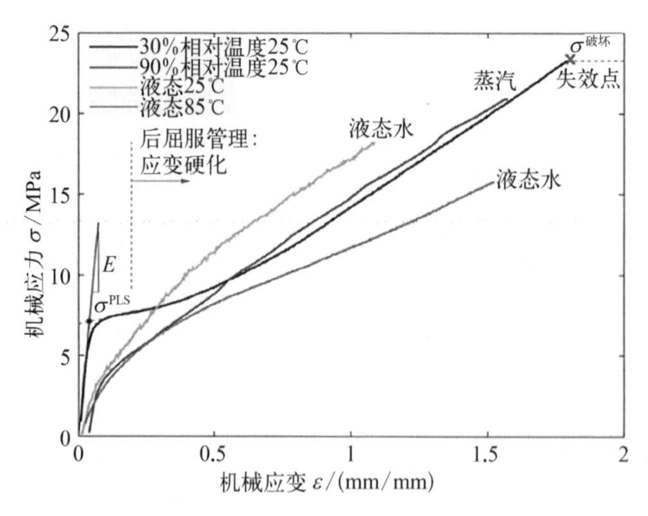

图 5-10 Nafion 膜在蒸汽和液态水中的应力-应变曲线[30](彩图见附录)

环境条件下Nafion膜典型的应力-应变曲线，以及关键力学性能指标：线弹性区域的杨氏模量(E)；比例极限应力(PLS)，从非线性开始计算；失效或断裂应变(BS)，在失效点处应力最大。PFSA膜的整体应力-应变响应可以根据力学诱导的形态变化来表征，由以下几个区域组成[29-31]：

(1) 可恢复的弹性形变，分子水平的键拉伸，并围绕离子水域旋转和重新定向；

(2) 在塑性开始后的屈服阶段，进一步拉伸导致聚集体的滑动和解缠结；

(3) 在较高的应变下，施加载荷方向上取向链的集体运动；

(4) 聚集体之间的相互作用和链缠结的破裂，即银纹化，最终键断裂和链被破坏。

从图5-10中可以看出，应力-应变响应和力学性能对环境高度敏感，模量、强度和断裂应力均随温度和水化程度的增加而降低，断裂应变随水化程度和温度的增加而降低。离子聚合物的变形涉及其组成链和聚集体的运动，PFSA膜的机械性能与其水合形态紧密相连。在低水化水平下，PFSA膜表现出半结晶响应，具有明显的非线性和应变硬化的特征，这与PTFE的变形响应类似。然而，随着膜吸水量的增加，非线性的起始变得不明显，PFSA膜表现出类似橡胶的响应。

这些不同的变形机制可以解释控制应力-应变行为的各种因素，PFSA的应力-应变行为与膜水化、温度、阳离子、主链/侧链结构有关。此外，膜通过加工热处理或者通过加压调整应力应变，都能提高聚合物基体的结晶度，增强膜的机械性能。

复合PFSA膜也能改善其机械性能，这取决于增强体或填料的性质。例如，用疏水性ePTFE层增强的PFSA膜在拉伸强度、弹性模量方面增加到2倍以上，如表5-3所示。然而，这种疏水增强层真正影响是膜的弹性模量和拉伸强度对湿度敏感性的降低，从而在水合状态下的机械稳定性增强。

表5-3　厚度为20 μm的复合膜与均质膜机械性能对比

树　　脂	拉伸强度/MPa	弹性模量/MPa	断裂应变力增加比/%
SSC-均质膜	17	208	157
SSC-复合膜	39	429	136
Nafion-均质膜	15	194	116
Nafion-复合膜	40	418	144

5.3.3 质子交换膜溶胀性

PFSA 膜的溶胀性能一般以膜的溶胀率大小来体现。溶胀率为 PFSA 膜在给定的温度和湿度条件下相对于干膜在横向、纵向和厚度方向上的尺寸变化。PFSA 膜的溶胀率可以取线性的变化率、面积的变化率或体积的变化率表示：

$$\Delta L = \frac{L_1 - L_0}{L_0} \tag{5-4}$$

$$\Delta S = \frac{S_1 - S_0}{S_0} \tag{5-5}$$

$$\Delta V = \frac{V_1 - V_0}{V_0} \tag{5-6}$$

式中，ΔL、ΔS、ΔV 分别代表膜样品的线性变化率、面积变化率和体积变化率，L_0、S_0、V_0 分别代表样品的初始尺寸、初始面积和初始体积，L_1、S_1、V_1 分别代表样品在恒温水浴浸泡后的尺寸、面积和体积。

PFSA 膜的溶胀性能是影响 PFSA 膜寿命的一个重要指标。PFSA 膜的溶胀程度越高，在燃料电池运行过程中的湿热循环下会反复膨胀、收缩，应力循环造成裂纹产生，而裂纹的产生会促使反应气体泄漏和交叉渗透，加剧电化学降解[32]。电化学降解产生的缺陷又会成为应力集中区域，反过来加速机械破坏。

PFSA 膜的溶胀变形是其在吸收溶剂后发生体积膨胀导致的。当 PFSA 膜吸取大量溶剂后，其内部结构由于溶剂的渗透而发生变形，从而导致膜的体积膨胀。这种变形会使 PFSA 膜中的固体部分和水分子之间的距离发生变化，从而影响质子传导和气体透过等性能[33]。PFSA 膜的溶胀变形会直接影响其工作性能和使用寿命。PFSA 膜的溶胀性与膜本身的吸水能力、温度、应变率、材料结构紧密相关[34]。膜的吸水能力越强，温度越高，外部应变越大，材料结构对水渗透率越强，PFSA 膜的整体溶胀变形越明显。

研究表明，PFSA 膜的溶胀行为源于其结构在多个长度尺度上对水合效应的反应，PFSA 中亲水侧链的间距 d 随膜含水量 λ 的增加而增加，呈现线性关系[35]。图 5-11 描述了这种线性 $d-\lambda$ 关系适用于所有的 PFSA 膜，但对树脂的化学结构和 EW 值有一定的依赖性。

在 PFSA 膜的整个水合过程中，PFSA 的局部纳米区域并不呈现各向同性膨胀，它们在中尺度上的层次结构不容忽视。因此，鉴于最近有许多研究提供了

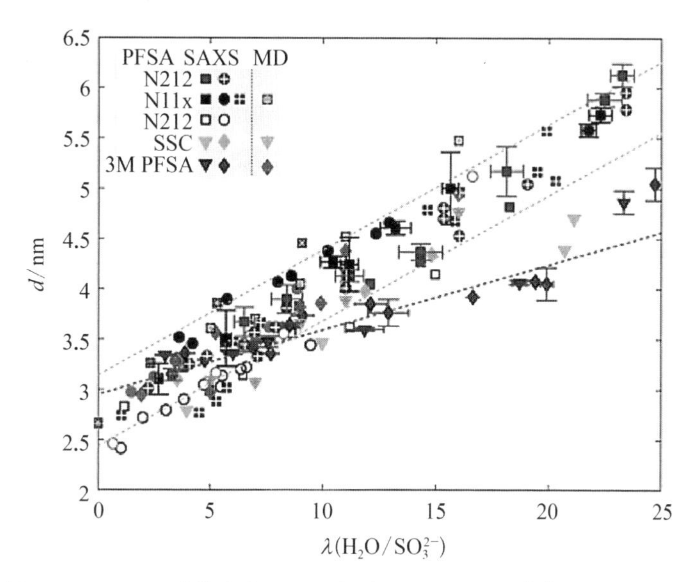

图 5－11　PFSA 膜的水合间距 d 与含水量 λ 的关系[36]（彩图见附录）

有关不同尺度上 PFSA 膜的膨胀和水合形态的图像，完成 PFSA 的形态图像需要对 PFSA 纳米结构从干燥到水合状态的演变解释、成像和建模，以及建立它与中尺度形态之间的联系。

5.3.4　质子交换膜气体透过性

气体在聚合物膜中的渗透遵循溶解-扩散机理，即处于浓度较高一侧的气体首先通过吸附、溶解过程进入膜主体，随后在浓度梯度的驱动下扩散至膜的另一侧，最终从该侧脱附并完成气体对膜的渗透过程。一种气体的渗透率 P_i 可以通过该气体对特定聚合物的固有扩散系数（动力学或迁移率项）D_i 及其溶解度系数（平衡或热力学因素）S_i 表示：

$$P_i = D_i \cdot S_i \tag{5-7}$$

气体扩散系数是渗透气体分子的动力学直径、聚合物基体中可用的自由体积（纳米/微腔）、聚合物结构和形态、聚合物极性、气体浓度和操作温度的函数。气体的溶解度受其可压缩性、与聚合物之间的相互作用和聚合物形态的影响。因此，气体的渗透性是一个复杂的、存在竞争和相互作用的过程，与聚合物的相分离形态密切相关。例如，氧气在聚合物中的扩散率随着温度和湿度的增加而增加，而对聚合物的溶解度却呈现降低趋势，存在制约权衡（trade-off）过程[37]。

这种特性往往导致气体渗透率对各种参数的敏感性低于扩散系数或溶解度。目前对 PFSAs 膜的气体渗透的测量技术和方法已有相当多的研究，包括容量法(在压力下测量渗透)，气相色谱分析以及通过电化学测试平台分析等。

有学者对氧气、氢气、二氧化碳、氮气、氦气、氩气和甲烷等气体对 Nafion 膜的渗透性受湿度的影响情况做了详细的研究[37-38]。尽管测量值有波动，但可以发现这样的一个趋势：气体的渗透率按 He$>H_2>CO_2>O_2>$Ar$>N_2>CH_4$ 顺序递减，而气体的扩散系数按 He$>H_2>O_2>N_2>CO_2>CH_4$ 顺序递减，溶解度按 $CO_2>CH_4>$Ar$\approx O_2>N_2>H_2>$He 顺序递增。

从表 5-4 和图 5-12(b)中可以看出，PFSA 中的气体渗透率随湿度/温度的增加而增加，并介于 PTFE(类似于干燥的 PFSA)中的低渗透率和在水(类似于水合 PFSA)中的高渗透率之间。这样的趋势清晰表明了疏水相和亲水相对渗透率的独特作用。在较低的水合程度下，疏水性骨架中较高的气体溶解度有助于渗透，随着水合程度的增加，气体通过亲水域的扩散影响成为主导因素，如图 5-12(a)所示。

表 5-4　在三种不同温度下 $\varepsilon=10^{-11}$ mol/cm·s·bar 的渗透率值[38]

气体	T/℃	H_2O(蒸汽)	Nafion(湿态)	Nafion(干态)	PTFE(比较)
H_2	30	5.36	1.73	0.14	0.16
	55	8.31	3.16	0.44	0.29
	80	13.2	5.32	1.17	0.49
O_2	30	3.38	0.97	0.027	0.062
	55	4.55	1.62	0.099	0.11
	80	6.55	2.52	0.30	0.18

任何影响膜微观结构的因素都可能改变气体渗透性。例如，高 EW 的 PFSA 疏水无定形组分的增加，阻碍了主要传输途径和连通性，导致渗透性整体降低。另外，通过热处理减少无定形区，导致气体溶解度的降低，并产生更大晶粒构建更曲折的扩散途径，从而增加气体阻隔性能，降低气体渗透[39]。

总体而言，PFSA 膜的气体渗透性和选择性由以下因素共同决定：① 主链(EW、结晶度)；② 侧链化学(无定形区和聚合物/磺酸盐界面作用)；③ 离子基团和水合状态[41](阳离子相互作用、亲水结构域的大小和连通性)以及水合温度效应。

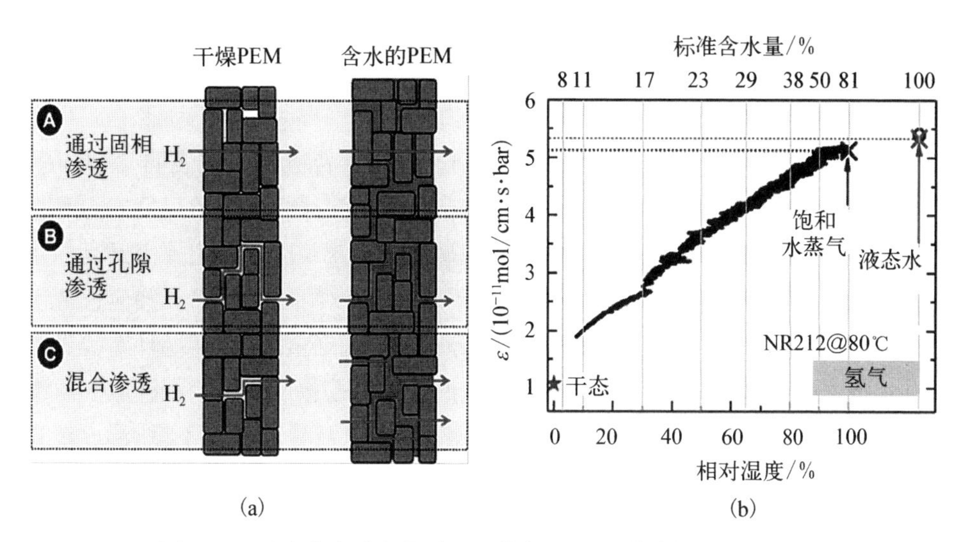

图5-12 (a) 氢气分子通过不同状态下PEM的路径;(b) Nafion膜在80℃下氢气渗透量随湿度的变化趋势[40]

5.4 质子交换膜的耐久性

质子交换膜燃料电池在全球范围内的应用仍面临诸多挑战,耐久性就是其中之一。提高质子交换膜燃料电池(PEMFC)膜的耐久性是至关重要的,因为它直接影响燃料电池的寿命[41]。膜的降解是降低燃料电池耐久性的主要原因之一。膜分解可以由许多因素引起,例如机械降解,这是一种非均匀接触压力的影响,或者在湿度循环期间膜的收缩和膨胀过程中应力引起的疲劳。膜机械强度的降低会导致针孔和裂纹的形成,从而进一步使MEA失效。影响膜稳定性的另一个因素是来自不同电池组件腐蚀的污染离子释放的阳离子如铁和镍催化分解过氧化氢,而过氧化氢是自由基的主要来源。此外,形成的对离子倾向于与聚合物的磺酸位点结合,这会引起膜的局部干燥并导致导电性的损耗[42]。化学降解对膜的耐久性有重要影响。化学分解是由自由基和高活性氧引发的,它们在交叉气体的化学和电化学反应中形成。这些基团攻击聚合物结构,导致主链和侧链发生"解压缩"反应,最终导致膜变薄。PFSA膜需要具有良好的力学性能、较高的质子导电性和电阻以及低的透气性,以便具有气体分离的有效屏障,并承受强烈的氧化和还原环境以及由燃料电池的特定电化学环境和水合-脱水循环所赋予的严重机械应力。这种恶劣的条件会降低全氟磺酸膜的耐久性，其中膜降解可以区分为化学、机械和热[43]三种主要降解类型。

机械降解是机械力对膜完整性的影响。长期燃料电池测试表明，Nafion®的变形蠕变和微裂纹断裂与时间有关。这些现象与双极板间膜的反复应力和局部相对湿度变化引起的应变有关。引起膜微观和宏观缺陷的最主要因素是相对湿度循环[43-44]、开路电压瞬态[44]、温度循环[45]和电位循环。其中一些应力源对聚合物机械耐久性的影响比其他应力源更大，例如，据报道，温度循环对膜破裂的影响比相对湿度循环小可能是由于更高的应变振荡幅度膜的反复膨胀和收缩导致膜强度逐渐降低，最终导致膜尺寸变化，膜与电极界面接触不良，形成针孔等缺陷[44,46-47]。施加在膜上的局部应力而形成的针孔是 PEM 燃料电池中 PFSA 膜失效的主要原因之一，氢气和氧气通过针孔加速气体交叉到电解质的另一侧，导致催化剂表面发生燃烧反应，产生局部热点。使用温度高，相对湿度大，气体交叉增大。膜水化是影响 PFSA 膜力学性能和热性能的重要因素。通过降解形成的非离子腔中保留的水不利于离子传导，但会引起湿热应力和裂缝的增大[48]。此外，Venkatesan 报道了经过机械/化学联合加速应力测试的降解催化剂涂层膜(CCM)的高吸水性，在严重降解的材料中，缺乏氟和碳的空隙区容易形成微裂纹[49]。

5.4.1 质子交换膜机械耐久及其影响因素

燃料电池中质子交换膜(PEMs)的机械耐久性也是影响燃料电池系统使用寿命的主要因素，膜的机械损伤会导致离子电导率降低，电池总电阻增加，电压降低，输出功率降低，最终引起燃料电池性能降低或失效[50]。质子交换膜的机械损伤主要表现为膜在不同湿度循环工况下出现裂纹现象[51]。如图 5 - 13 所示为质子交换膜代表性的机械损伤电镜照片，膜面出现了清晰的裂纹现象，可能进一步导致质子交换膜出现气体渗透。因此，质子交换膜的机械耐久性至关重要。

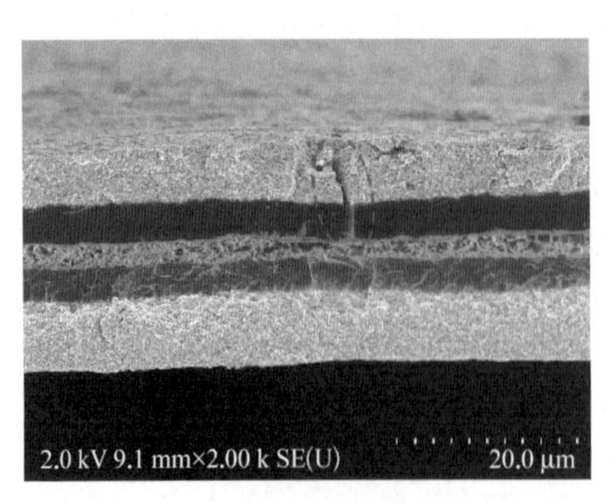

图 5 - 13 质子交换膜机械损伤电子显微镜照片

5.4.1.1 质子交换膜机械损伤机制

质子交换膜的使用工况复杂，通常伴随着温度和湿度的极端变化。质子交换膜在高频率的温湿度变换环境中，极易使膜发生溶胀和收缩。这种由溶胀或收缩产生的应力疲劳是导致膜出现裂纹的主要原因[52]。

如图5-14所示，在实际工况下，质子交换膜承受了以下三种应力：张应力、压应力和剪切应力。其中，张应力(也叫拉伸应力)是使物体有拉伸趋势的外力的反作用力，是外界施加在物体上的力的效果，使物体有尺寸变大的趋势。压应力(也叫溶胀应力)是使抵抗物体有压缩趋势的应力，使外界施加在物体上的力(包含自身膨胀)的效果，使物体的尺寸有变小的趋势。剪切应力是一对相距很近、大小相同、指向相反的横向外力(即垂直于作用面的力)，材料的横截面沿该外力作用方向发生的相对错动变形现象。质子交换膜的裂纹与其自身的受力密切相关，因此需进一步分析哪种受力是导致质子膜出现裂纹的主要原因。

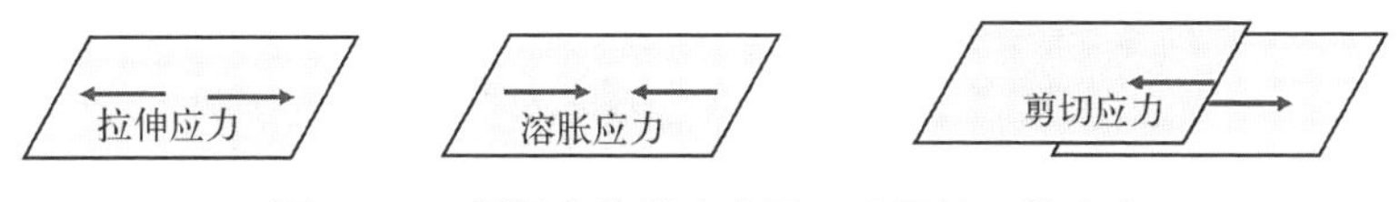

图5-14 质子交换膜在实际工况下的三种应力

如图5-15所示，质子交换膜在模拟实际工况(湿-热循环)环境下的受力分析[51]。在高温高湿条件下，面内(x 方向)产生应力松弛，面外(x 方向)中间受到较小的剪切力，面外(z 方向)产生应力松弛，且应力松弛中间部位大于两边。在低温低湿条件下，面内(x 方向)产生应力紧张，面外(x 方向)的剪切力松弛，面外(z 方向)中间松弛，两端紧张。此外，通过分析质子膜在面内及面外的应力大小可以发现，质子膜在从高温高湿向低温低湿转变时，面内的张应力高达9 MPa，而面内的剪切力小于1 MPa，面外应力约为2 MPa。即质子膜的面内的拉伸应力显著高于其他应力，且面内拉伸应力值高达9 MPa，已接近或超过质子交换膜的屈服强度，面内的拉伸应力可能是造成质子膜产生裂纹的主要原因。

如图5-16所示的质子交换膜工况，在膜的两侧为催化层，外围被双极板固定。顶部通道为阳极侧，输送加湿的氢气；底部通道为阴极侧，输送加湿的空气。在高温、高湿度状态下，膜吸水并处于松弛状态，两侧应力为零。当阴极侧的空气从湿态转为干态时，膜的阴极侧脱水并伴随着收缩，膜的阳极侧仍然保持湿润和溶胀。由于膜受到电堆系统的机械束缚，这种脱水收缩被抑制，造成膜阴极侧产生了面内的拉伸应力。这种拉伸应力的扩展累积最终导致膜破裂。

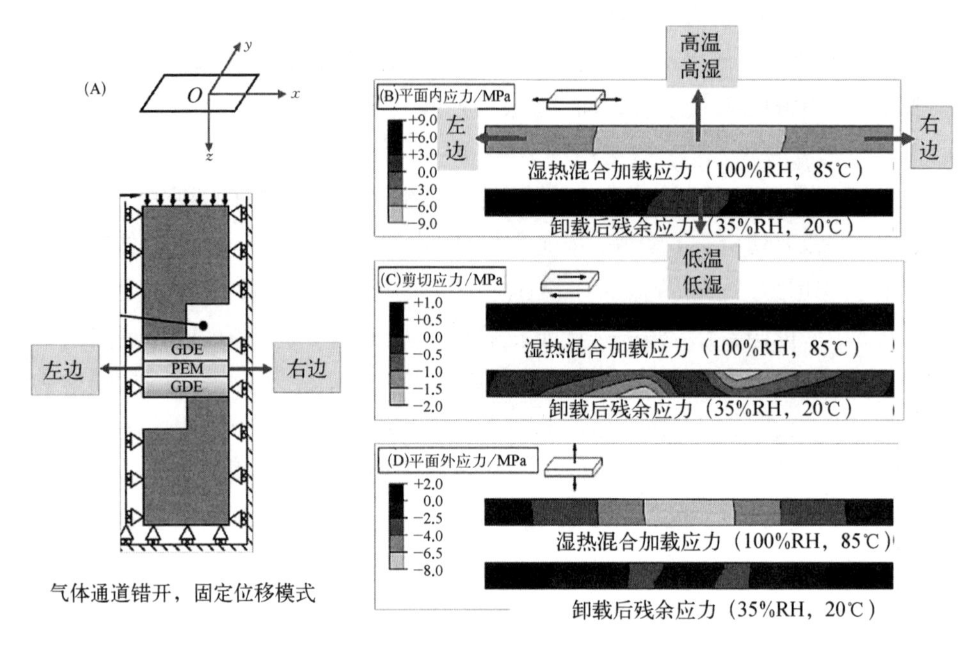

图 5-15 质子交换膜的应力分布及受力分析测试[50]

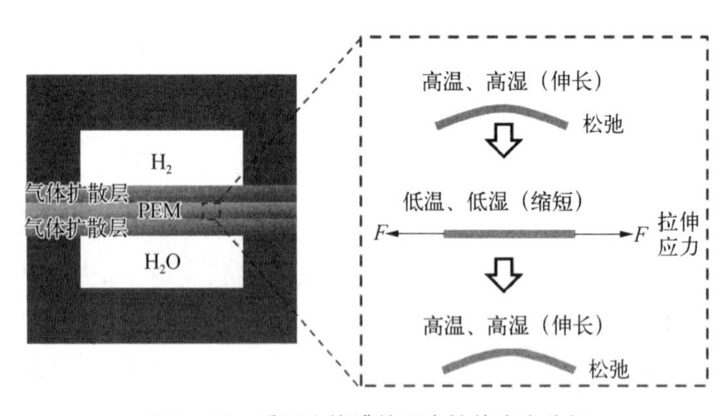

图 5-16 质子交换膜的面内拉伸应力分析

图 5-17 所示是质子交换膜在湿度变化条件下的拉伸应力分析[54]。当环境湿度由高向低转变时，产生的膜面内拉伸应力是导致裂纹的主要原因。高湿度环境下，质子交换膜处于应力松弛状态，无面内拉伸应力。低湿环境下，膜的面内拉伸应力显著升高并伴随产生应力收缩，最高可达 10 MPa，接近或超过了质子交换膜的屈服强度。在高湿、低湿的反复循环下，导致质子交换膜出现应力

疲劳，并由此形成裂纹。在许多情况下，残留应力变得足够大，导致质子交换膜拉伸屈服。这些较高的面内残留应力是膜机械耐久性降低的主要原因，它们可能导致膜的撕裂或者厚度发生改变。因此，质子交换膜在实际工况下进行反复的湿-热循环加载，膜的面内应力过大(接近 10 MPa)是造成膜的应力疲劳和机械损伤的直接原因。抑制质子膜在反复低湿、高湿环境下的面内溶胀应变，进而减小质子膜在面内的拉伸应力，是改善质子膜破裂的主要途径。

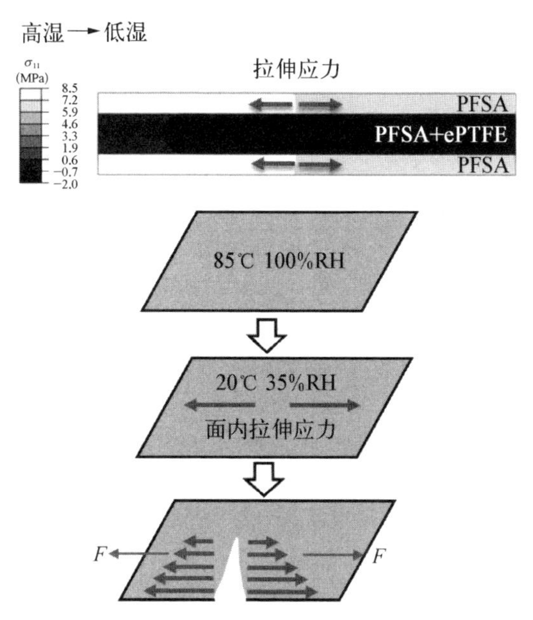

图 5－17　湿度变化条件下质子交换膜拉伸应力示意图[54]

5.4.1.2　质子交换膜机械耐久的影响因素

燃料电池在不同温湿度循环工况下，质子交换膜因反复溶胀和收缩而引起应力疲劳，是机械损伤的主要原因。因此，影响质子交换膜机械耐久的因素主要分为两方面。一方面是质子交换膜的实际工况，如温度、湿度、氧化环境、循环负荷等；另一方面是膜材料的特性，如力学性能等。温度变化会对膜材料的柔韧性和机械强度造成影响，过高或过低的温度都可能导致膜材料的老化和损坏。湿度变化会影响膜的水合状态，对其机械性能有显著影响，过高或过低的湿度都可能导致膜的变形或损坏，影响其机械耐久性。燃料电池的循环负荷过程中会导致质子交换膜材料的疲劳，长期的循环负荷可能导致膜材料的开裂和破损。质子交换膜材料的选择对机械耐久性具有决定性影响，机械耐久性良好的膜材料能够提高整体的机械耐久性。综合考虑这些因素,并进行合理的设计、选材和工况运行控制,可以有效提高质子交换膜燃料电池的机械耐久性。

5.4.1.3 提高质子交换膜机械耐久的方法

提高质子交换膜的机械耐久性,可以从以下六个方面进行考虑和改进。

一是材料选择,选用高性能、机械耐久性良好的膜材料,如具有优异机械强度和耐久性的氟聚合物或磺化聚合物,可以显著提高质子交换膜的机械耐久性。

二是结构设计,优化质子交换膜的结构设计,如添加膨体聚四氟乙烯(ePTFE)增强层,以提高膜的机械稳定性和抗拉强度。

三是界面调节,改进质子交换膜与上下层材料的结合方式和界面结构,通过优化降低界面应力提高膜的机械稳定性和耐久性。

四是环境控制,优化质子交换膜燃料电池的工作环境,在温度、湿度和氧化环境等方面进行合理的控制,以降低对膜材料的机械损害。过高或过低的温度,会加速膜的老化和机械损害,在膜燃料电池系统设计中,应该考虑合理的冷却和加热措施,避免出现极端的温度变化。过高或过低的湿度,会影响膜材料的含量水和收缩溶胀应力,在实际应用中,应根据具体情况合理控制气体进出口湿度和电池内的水分平衡,避免出现极端的湿度变化。

五是循环负荷管理,合理设计工作循环,减小循环负荷对质子交换膜的影响,避免疲劳损伤,延长膜的使用寿命。

六是避免机械损伤、污染和腐蚀,特别是由于不良安装和操作造成的膜损伤,应特别注意机械部件的维护保养和合理使用,对与质子交换膜接触的材料和介质,应避免污染和腐蚀,以延长质子交换膜的使用寿命。

5.4.2 质子交换膜化学耐久性及其影响因素

膜的化学耐久性是影响燃料电池寿命的重要因素。质子交换膜易受活性氧(ROS)的影响。在 PEMFC 操作过程中,由于气体交叉产生的氢气-氧气混合通常会产生 ROS 自由基。阴极层的双电子氧还原反应也可以通过产生 H_2O_2 进而产生 ROS。自由基的攻击会使聚合物骨架变形,从而导致 PEMs 耐久性变差。此外,从电催化剂层中溶解的金属离子可以迁移到膜中,并通过与 H_2O_2 反应促进 ROS 的形成,这些金属离子经常阻断离子传导的磺酸盐($R-SO_3^-$)位点,阻碍离子的运输。这些由 ROS 引起的 PEMFC 的物理化学分解导致 PEMFC 性能的显著下降。在芬顿(Fenton)试验中,铈基材料比 Mn、Zr 和 YSZ 基抗氧化剂具有更强的自由基清除能力[55-56]，因此铈基材料被用作 PEM 和电催化剂层的高效抗氧化添加剂。在 Nafion 中，质量分数低于 0.6%的铈比未改性的 Nafion 中 PFSA 的化学稳定性提高了 3 个数量级。在加速应力试验中，含铈膜的开路电压(OCV)降解率为 50 μV/h，未含铈膜的 OCV 降解率为 1 000 μV/h[57]。由于铈具有较高的自由基清除能力，第二代丰田 MIRAI 汽车采用了含有铈添加剂的膜电极组件(MEA)[58]。

铈基材料的这种高效自由基清除过程源于还原 Ce(Ⅲ)和氧化 Ce(Ⅳ)离子态之间的再生氧化还原循环[59-60]。在 PEMs 中，将 Ce(Ⅲ)盐引入增强复合电解质膜(RCMs)中会在铈离子和磺酸基之间产生离子键，从而形成抗氧化剂。原位生成的抗氧化剂清除 PEMFC 运行过程中的自由基，防止聚合物框架结构氧化，提高 PEMFC 的化学耐久性，然而生成的离子键也不可避免地使与铈离子结合的磺酸基失活。这导致质子电导率下降，以及 PEMFC 性能不可避免地下降。此外，在包括酸性和自由基环境在内的 PEMFC 驱动条件下，掺入的铈离子迁移到整个 RCM 范围内并形成团聚颗粒，导致抗氧化效率显著下降。

质子交换膜化学耐久性的影响因素主要为电池在高温低湿条件下运行过程中产生的自由基和高活性氧。不同电池组件腐蚀的污染离子释放的阳离子如铁和镍催化分解过氧化氢，过氧化氢是自由基的主要来源[42,61]。

全氟磺酸树脂原材料本身存在一些薄弱结构(如醚键、叔碳键等)容易受到自由基进攻造成聚合物结构的分解。化学降解的过程尚不完全清楚，但对膜及其性能造成的损害是显而易见的，如离子交换能力下降，随后是电导率损失，氟化物排放和膜变薄。目前普遍接受的全氟磺酸聚合物的化学降解机制是自由基对聚合物主链和侧链的攻击。不同自由基对全氟磺酸树脂的攻击位点如图 5-18 所示。

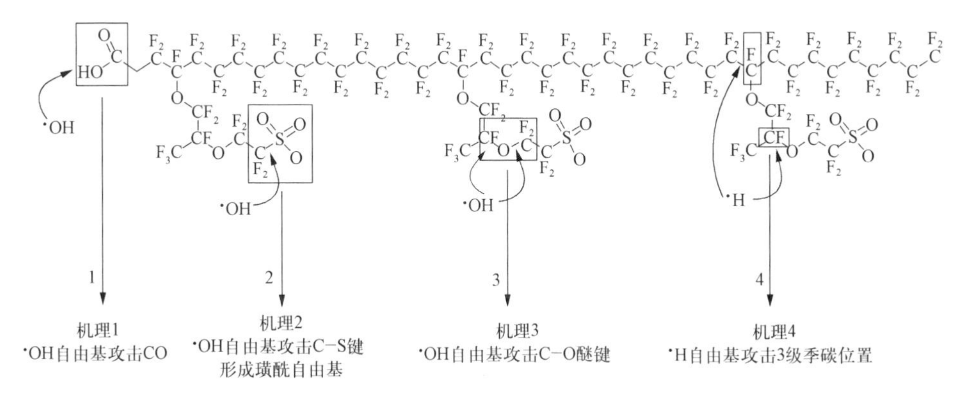

图 5-18　自由基攻击 Nafion® 聚合物结构的机理综述[62]

长链(LSC)型和短链(SSC)型膜的化学稳定性显著改变，取决于侧链长度的差异和侧链组有无全氟醚基。特别是在燃料电池的工作条件下自由基攻击的情况下影响很大，提示存在与前面提到的机械损伤与化学损伤所不同的聚合物分解机制。实际上，在化学稳定化的 PFSA 膜中，来自聚合物链末端的解链(unzipping)反应被认为是被抑制的。移位(ex situ)分解试验是将膜浸泡在芬顿试剂(在过氧化氢和二价铁盐的水溶液中生成自由基)中进行的。针对氟化物离子的释放，对稳定/非稳定的 aquivion 和 nafion-112(挤压和释放)进行了比较实验，结果显示，稳定挤压成型的 aquivion 膜浸泡在芬顿试剂后的氟化物释放大幅减少。

另外，从稳定化的 aquivion 膜和 nafion 膜中，释放出了同等程度的氟化物离子[62]。芬顿试剂处理前后的 nafion-112 和 aquivion 固相[b_{11}]19f 在 NMR 频谱中，与 nafion-112 相比，aquivion 的 SCF_2 基信号的相对峰值面积几乎没有变化。这一结果表明，与 nafion 的长侧链相比，aquivion 的短侧链对自由基的攻击具有相当强的抗性。通过 UV 照射用过氧化氢处理过的 3M、acivion、naffion 膜产生羟基自由基，ESR(电子自旋共振)自旋捕获法得出与 ex situ 同样的结论。因此，Acivion 和 3M 的结构中不包含—O—CF_2—CF(CF_3)—段可能是侧链稳定性提高的直接原因。

5.5 质子交换膜开发现状及发展趋势

随着氢能技术的持续发展，尤其是自我国双碳目标提出后，对质子交换膜的需求也在迅速增长。据中信证券预测，2020 年我国车用质子交换膜用量约为 11.8 万平方米，到 2025 年，车用质子交换膜总用量可到 180 万平方米，市场空间可达 18 亿元人民币(见表 5-5)。

表 5-5 我国车用质子交换膜市场需求及产值预测

年　　份	2020	2025	2030
燃料电池汽车总数量/万辆	0.74	10	100
车用质子交换膜总量/万平方米	11.8	180	2 640
车用质子交换膜空间/亿元	2.36	18	132

资料来源：中信证券研究部预测。

国际上主流燃料电池汽车厂商均采用增强型复合质子交换膜技术，其中美国戈尔公司所生产 GORE－SELECT®Membranes 系列增强型质子交换膜在产品一致性、性能及寿命方面具有显著优势，现已被日本丰田、本田以及韩国现代等各大燃料电池汽车厂商所采用，其产品性能、一致性及寿命得到业内的认可，有着垄断之势。与内燃机和锂电池相比，下游对质子交换膜燃料电池和质子交换膜的性能和耐久性提出更高的要求。

(1) 更高质子传导性能：特别是要求高温(95℃)和低湿度(10%～30% RH)条件下，依旧可以维持高的质子电导率。例如，越薄的质子交换膜更有利于降低质子传导阻力，降低欧姆极化，在提高电堆功率密度和提升电堆运行性能方面具有优势，从 2021 年到 2024 年，实际装车的燃料电池所采用的质子交换膜呈现出越来越薄的态势，从最初的 12～15 μm，再到现在的 8 μm，薄型质子交换膜越来越受市场欢迎。

(2) 更优异的化学和机械耐久性：针对商用车用燃料电池的运行时间上万小时，这对质子交换膜的耐久性和寿命提出更高要求，如通过加入无机颗粒(铂、铈等)方式，抑制和清除膜内的自由基，提升膜化学耐久性；如采用强度更高的 ePTFE 膜提升膜的机械强度，提升膜机械耐久性。

(3) 更低气体渗透：需要实现在减小质子交换膜厚度的同时，其气体渗透率比更厚的非增强型质子交换膜更低。

5.6 国内外主要质子交换膜企业及产品

美国戈尔(GORE)公司是一家主要从事以含氟聚合物材料为基础的产品开发制造，其拥有 50 多年的质子交换膜开发历史，生产了第一款燃料电池车用的质子交换膜。其凭借专有膨体聚四氟乙烯的专有增强膜技术，生产出的复合增强型质子交换膜最薄已经达到 5 μm，8 μm 膜已实现量产，目前 GORE－SELECT 质子交换膜已经在丰田、现代、本田等量产燃料电池车型中得到广泛应用，在全球燃料电池市场拥有大部分市场份额，年出货量超百万平方米[62]。

美国科慕公司创建于杜邦公司的高性能化学品业务平台，于 2015 年 7 月从杜邦公司拆分出来。从杜邦 20 世纪 60—70 年代发明质子交换膜(Nafion 膜)算起，科慕在质子交换膜设计、开发和制造方面积累了丰富的经验，现已形成种类丰富的 Nafion 系列产品，产品涉及均质型质子交换膜和复合增强型质子交换膜，覆盖了燃料电池、储能、制氢等应用领域。在全球燃料电池汽车快速发展的大背景下，科慕也推出了能够提升燃料电池性能的新型 Nafion NC700 膜。

山东东岳集团公司是一家专注于氟化工的化工公司，形成了较为完整的质子交换膜产业链条，涵盖原料、中间体、聚合物到质子交换膜成膜制备等技术，现已建成国内高性能燃料电池质子交换膜生产线，其中与加拿大 AFCC 共同开发的 DF260 型质子交换膜(厚度约为 15 μm，幅宽约为 570 mm)现已实现量产[63]。

国家电投集团氢能科技发展有限公司(简称国氢科技)，隶属于国家电力投资集团有限公司，是首家专业从事氢能行业的央企二级单位，也是国资委科改示范单位中唯一的氢能企业。国氢科技于 2021 年投产当时国内技术最先进，单线产能最大(30 万平方米)的质子交换膜生产线已正式投产。膜产品系列厚度覆盖 8～20 μm，与国外同类竞品相比，其在质子电导率、气体渗透率(H_2)、机械强度等方面均相当或优于国外同类竞品，价格比国外同类产品便宜 30%～50%，已实现在 150 kW 燃料电池电堆测试验证，并陆续应用于大巴、环卫车和渣土车等三个细分领域。在商用车方面，质子交换膜产品成功应用北京冬奥的“氢腾”大巴，膜产品的性能经受商用的实车考验(见表 5-6)。

表 5-6　进口与国产质子交换膜产品性能对比

性能指标	美国戈尔公司产品	国内量产产品
厚度/μm	12±2	12±1
MD 拉伸强度/MPa	60	50
MD 拉伸强度/MPa	60	50
MD 尺寸变化率/%	<5	<5
TD 尺寸变化率/%	<5	<5
电导率/(S/cm)	0.1	0.1

氢能作为清洁低碳、高热值、可获得性强和储运灵活的绿色能源，在中国能源结构转型的过程中将扮演重要的角色。而质子交换膜作为燃料电池和氢能应用中的关键材料，一方面，将朝着高性能(高温低湿度条件下的高质子电导率和

高力学性能)、长寿命(高化学和机械耐久性)方向发展;另一方面,随着新型树脂原料如非氟或者低氟树脂开发以及质子交换膜批量应用,其成本有望进一步降低。

【参考文献】

[1] Mabuchi T, Huang S F, Tokumasu T. Dispersion of nafion ionomer aggregates in 1-propanol/water solutions: effects of ionomer concentration, alcohol content and salt addition[J]. Macromolecules, 2020, 53 (9): 3273 - 3283.

[2] Takeuchi K, Kuo A T, Hirai T, et al. Hydrogen permeation in hydrated perfluorosulfonic acid polymer membranes: effect of polymer crystallinity and equivalent weight[J]. Journal of Physical Chemistry C, 2019, 123 (33): 20628 - 20638.

[3] Baker A M, Stewart S M, Ramaiyan K P, et al. Doped ceria nanoparticles with reduced solubility and improved peroxide decomposition activity for PEM fuel cells[J]. Journal of the Electrochemical Society, 2021, 168 (2): 24507 - 24516.

[4] Ahmad S, Nawaz T, Ali A, et al. An overview of proton exchange membranes for fuel cells: materials and manufacturing[J]. International Journal of Hydrogen Energy, 2022, 47 (44): 19086 - 19131.

[5] Weber A Z, Newman J. Transport in polymer-electrolyte membranes II: mathematical model[J]. Journal of the Electrochemical Society, 2004, 151(2): A311 -A325.

[6] Peighambardoust S J, Rowshanzamir S, Amjadi M. Review of the proton exchange membranes for fuel cell applications[J]. International Journal of Hydrogen Energy, 2010, 35 (17): 9349 - 9384.

[7] Yamaguchi M, Matsunaga T, Amemiya K, et al. Dispersion of rod-like particles of nafion in salt-free water/1-propanol and water/ethanol solutions[J]. Journal of Physical Chemistry B, 2014, 118(51): 14922 - 14928.

[8] Xu F, Zhang H, Ilavsky J, et al. Investigation of a catalyst ink dispersion using both ultra-small-angle X-ray scattering and cryogenic TEM[J]. Langmuir, 2010, 26(24): 19199 - 19208.

[9] Loppinet B, Gebel G, Wiliams C E. Small-angle scattering study of perfluorosul-fonated ionomer solutions[J]. Journal of Physical Chemistry B, 1997, 101 (10): 1884 - 1892.

[10] Shi S, Weber A Z, Kusoglu A, Structure-transport relationship of perfluorosul fonic-acid membranes ni different cationic forms[J]. Electrochimica Acta, 2016, 220: 517 - 528.

[11] 川井淳司.日本特許(PCT)WO 2005/056650 A1、プロトン伝導膜[P].特願 2003 - 410668、2003.

[12] 石川雅彦など.日本特許:補強された固体高分子電解質複合膜、固体高分子形燃料電池用膜電極組立体および固体高分子形燃料電池[P].特開 2009 - 64777, 2009.

[13] 栾英豪.全氟磺酸离子交换膜成膜机理研究[D].上海:上海交通大学, 2009.

[14] Mokrini A, Raymond N, Theberge K, et al. Properties of melt-extruded vs. solution-

cast proton exchange membranes based on PFSA nanocomposites[J]. ECS Transactions, 2010, 33 (1): 855 - 869.
[15] Xue T, Trent J S, Osseo-Asare K. Characterization of nafion membranes by transmission electron microscopy[J]. Journal of Membrane Science 1989, 45 (3): 261 - 271.
[16] 豊田中央研究所,陣内亮典編集.燃料電池の原理と応用[M].日本:朝倉書店,2022.
[17] Moore R B, Martin C R. Procedure for preparing solution-cast perfluorosulfonate ionomer films and membranes[J]. Analytical Chemistry Journal 1986, 58 (12): 2569 - 2570.
[18] Cirkel P A, Okada T. A comparison of mechanical and electrical percolation during the gelling of nafion solutions[J]. Macromolecules, 2000, 33 (13): 4921 - 4925.
[19] Lin H L, Yu T L, Huang C H, et al. Morphology study of nafion membranes prepared by solutions casting[J]. Journal of Polymer Science Part B: Polymer Physics, 2005, 43 (21): 3044 - 3057.
[20] Ludvigsson M, Lindgren J, Tegenfeldt J. FTIR study of water in cast nafion films[J]. Electrochimica Acta, 2000, 45 (14): 2267 - 2271.
[21] Liu W, Suzuki T, Mao H, et al. Development of thin, reinforced PEMFC membranes through understanding of structure-property-performance relationships [J]. ECS Transaction, 2013, 50 (2): 51 - 63.
[22] Borup R, Meyers J, Pivovar B, et al. Scientific aspects of polymer electrolyte fuel cell durability and degradation[J]. Chemical Reviews Journal 2007, 107 (10): 3904 - 3951.
[23] Kusoglu A, Weber A Z. New insights into perfluorinated sulfonic-acid ionomers[J]. Chemical Reviews Journal, 2017, 117 (3): 987 - 1104.
[24] Hsu W Y, Gierke T D. Ion transport and clustering in nafion perfluorinated membranes [J]. Journal of Membrane Science, 1983, 13(3): 307 - 326.
[25] Saito M, Arimura N, Hayamizu K, et al. Mechanisms of ion and water transport in perfluorosulfonated ionomer membranes for fuel cells[J]. Journal of Physical Chemistry B, 2004, 108 (41): 16064 - 16070.
[26] Devanathan R, Dupuis M. Insight from molecular modelling: does the polymer side chain length matter for transport properties of perfluorosulfonic acid membranes[J]. ChemPhysChem, 2012, 14 (32): 11281 - 11295.
[27] Paddison S J, Elliott J A. The effects of backbone conformation on hydration and proton transfer in the "short-side-chain" perfluorosulfonic acid membrane[J]. Solid State Ionics, 2006, 177 (26 - 32): 2385 - 2390.
[28] Li J, Park J K, Moore R B, et al. Linear coupling of alignment with transport in a polymer electrolyte membrane[J]. Nature Materials, 2011, 10 (7): 507 - 511.
[29] Kusoglu A, Tang Y, Lugo M, et al. Constitutive response and mechanical properties of PFSA membranes in liquid water[J]. Journal of Power Sources, 2010, 195 (2): 483 - 492.
[30] 张海宁.基于全氟磺酸树脂改性的高温质子交换膜的研究[D].武汉:武汉理工大

学，2010.
[31] Satterfiel M B, Benziger J B. Viscoelastic properties of nafion at elevated temperature and humidity[J]. Journal of Polymer Science Part B: Polymer Physics, 2009, 47 (1): 11 - 24.
[32] Tang H, Peikang S, Wang F, et al. A degradation study of nafion proton exchange membrane of PEM fuel cells[J]. Journal of Power Sources, 2007, 170 (1): 85 - 92.
[33] Schalenbach M, Hoefner T, Paciok P, et al. Gas permeation through nafion Part 1: measurements[J]. Journal of Physical Chemistry C, 2015, 119 (45): 25145 - 25155.
[34] Kusoglu A, Dursch T J, Weber A Z. Nanostructure/swelling relationships of bulk and thin-film PFSA ionomers[J]. Advanced Functional Materials, 2016, 26 (27): 4961 - 4975.
[35] Gebel G. Structural evolution of water swollen perfluorosulfonated ionomers from dry membrane to solution[J]. Polymer, 2000, 41 (15): 5829 - 5838.
[36] Mohamed H F, Kobayashi Y, Kuroda C, et al. Effects of ion exchange on the free volume and oxygen permeation in nafion for fuel cells[J]. Journal of Physical Chemistry B, 2009, 113 (8): 2247 - 2252.
[37] Sethuraman V A, Khan S, Jur J S, et al. Measuring oxygen, carbon monoxide and hydrogen sulfide diffusion coefficient and solubility in nafion membranes [J]. Electrochimica Acta, 2009, 54 (27): 6850 - 6860.
[38] Chiou J S, Paul D R. Gas permeation in a dry nafion membrane[J]. Industrial & Engineering Chemistry Research, 1988, 27 (11): 2161 - 2164.
[39] Matsuyama H, Matsui K, Kitamura Y, et al. Effects of membrane thickness and membrane preparation condition on facilitated transport of CO_2 through ionomer membrane[J]. Separation and Purification Technology, 1999, 17 (3): 235 - 241.
[40] Fan Y, Tongren D, Cornelius C J. The role of a metal ion within nafion upon its physical and gas transport properties[J]. European Polymer Journal, 2014, 50: 271 - 278.
[41] De Frank Bruijn A, Janssen G J. PEM fuel cell materials: costs, performance and durability in fuel cells: selected entries from the encyclopedia of sustainability science and technology[J]. Springer, 2012: 249 - 303.
[42] Collier A, Wang H, Yuan X Z, et al. Degradation of polymer electrolyte membranes[J]. International Journal of Hydrogen Energy, 2006, 31 (13): 1838 - 1854.
[43] Mauritz K A, Moore R B, State of understanding of nafion[J]. Chemical Reviews, 2004, 104 (10): 4535 - 4586.
[44] Khorasany R M, Alavijeh A S, Kjeang E, et al. Mechanical degradation of fuel cell membranes under fatigue fracture tests[J]. Journal of Power Sources, 2015, 274: 1208 - 1216.
[45] Khorasany R M, Kjeang E, Wang G G, et al. Simulation of iionomer membrane fatigue under mechanical and hygrothermal loading conditions[J]. Journal of Power Sources, 2015, 279: 55 - 63.
[46] Xiao Y, Cho C. Experimental investigation and discussion on the mechanical endurance

limit of nafion membrane used in proton exchange membrane fuel cell[J]. Energies, 2014, 7 (10): 6401 - 6411.

[47] Dubau L, Castanheira L, Chatenet M, et al. Carbon corrosion iinduced by membrane failure: the weak link of PEMFC long-term performance[J]. International Journal of Hydrogen Energy, 2014, 39 (36): 21902 - 21914.

[48] Shi W, Baker L A. Imaging heterogeneity and transport of degraded nafion membranes [J]. RSC Advances, 2015, 5 (120): 99284 - 99290.

[49] Velan Venkatesan S, Lim C, Holdcroft S, et al. Progression in the morphology of fuel cell membranes upon conjoint chemical and mechanical degradation[J]. Journal of the Electrochemical Society, 2016, 163 (7): F637.

[50] Kusoglu A, Karlsson A M, Santare M H, et al. Mechanical response of fuel cell membranes subjected to a hygro-thermal cycle[J]. Journal of Power Sources, 2006, 161 (2): 987 - 996.

[51] Burlatsky S F, Gummalla M, O'neill J, et al. A mathematical model for predicting the life of polymer electrolyte fuel cell membranes subjected to hydration cycling[J]. Journal of Power Sources, 2012, 215: 135 - 144.

[52] Tang Y, Karlsson A M, Santare M H, et al. An experimental investigation of humidity and temperature effects on the mechanical properties of perfluorosulfonic acid membrane [J]. Materials Science and Engineering: A, 2006, 425 (1 - 2): 297 - 304.

[53] Khattra N S, Lu Z, Karlsson A M, et al. Time-dependent mechanical response of a composite PFSA membrane[J]. Journal of Power Sources, 2013, 228: 256 - 269.

[54] Cheng T T, Wessel S, Knights S. Interactive effects of membrane additives on PEMFC catalyst layer degradation[J]. Journal of Electrochemical Society, 2012, 160 (1): F27 - 33.

[55] Weissbach T, Peckham T J, Holdcroft S. CeO_2, ZrO_2 and YSZ as mitigating additives against degradation of proton exchange membranes by free radicals[J]. Journal of Membrane Science, 2016, 498: 94 - 104.

[56] Coms F D, Liu H, Owejan J E. Mitigation of perfluorosulfonic acid membrane chemical degradation using cerium and manganese ions[J]. ECS Transactions, 2008, 16 (2): 1735.

[57] Jiao K, Xuan J, Du Q, et al. Designing the next generation of proton-exchange membrane fuel cells[J]. Nature, 2021, 595 (7867): 361 - 369.

[58] Yin X, Utetiwabo W, Sun S, et al. Incorporation of CeF_3 on single-atom dispersed Fe/Ni/C with oxophilic interface as highly durable electrocatalyst for proton exchange membrane fuel cell[J]. Journal of Catalysis, 2019, 374: 43 - 50.

[59] Singh R K, Davydova E S, Douglin J, et al. Synthesis of CeO_x - decorated Pd/C catalysts by controlled surface reactions for hydrogen oxidation in anion exchange membrane fuel cells[J]. Advanced Functional Materials, 2020, 30 (38): 2002087.

[60] Zamel N, Li X, Effect of contaminants on polymer electrolyte membrane fuel cells[J]. Progress in Energy and Combustion Science, 2011, 37 (3): 292 - 329.

[61] Zatoń M, Rozière J, Jones D J. Current understanding of chemical degradation mechanisms of perfluorosulfonic acid membranes and their mitigation strategies: a review[J]. Sustainable Energy & Fuels, 2017, 1 (3): 409 - 438.
[62] 宮田清蔵 監修.燃料電池自動車の開発と材料・部品[M].東京：シーエムシー出版,2016.
[63] 郭玉飞,郭志海,张崇印,等.燃料电池用新型磺化聚(醚酮苯并咪唑)共聚物的合成与性能[J].功能高分子学报,2020, 33(5): 473 - 482.

第 6 章　燃料电池关键组件技术

燃料电池关键核心技术包括：高性能，高耐久性低铂载量催化剂；高性能超薄增强质子交换膜；高气通量，高导电性气体扩散层；高性能低铂膜电极组件，高导电，耐腐蚀双极板基材和成型技术；高功率密度燃料电池电堆及组装技术等。第 4 章和第 5 章已经介绍了催化剂和质子交换膜技术，本章将对燃料电池的关键组件中的气体扩散层和燃料电池双极板技术加以说明。燃料电池膜电极技术和电堆组装技术将在第 7 章中介绍。

6.1　气体扩散层技术

目前在 PEMFC 燃料电池中，用碳纤维纸上载碳粉作为气体扩散层是应用最广泛的。市场上的碳纸和气体扩散层主要来自美国、日本、加拿大、德国等国家。主要供应商有日本的东丽（Toray）、德国的西格尔（SGL）、科德堡（Freudenberg）、加拿大的巴拉德（Ballard）和美国的艾维卡（Av Carb）等。我国在碳纤维纸和气体扩散层的研究还处于产业化初期，部分产品刚刚达到小规模生产阶段。特别是碳纸和原材料基本依赖进口。国内虽有自主开发的材料，但关键性能指标难以满足产品需求。因此，开发碳纸和作为膜电极组件的关键结构气体扩散层组成材料和制造工艺，实现产品的国产化替代具有重要意义。

6.1.1　气体扩散层的概要

PEMFC 是指由质子膜，催化剂层形成的膜电极（CCM），与气体扩散层组成的膜电极组件（membrane electrode assembly, MEA），再和双极板组成单电池多级组成的燃料电池电堆（fuel cell stack），以及控制组件集合组成的氢燃料电池发电系统。气体扩散层在燃料电池电堆中起到支撑催化剂涂层、收集传导电流、输送导流反应气体和排出反应后产生的水等重要作用（见图 6－1）[1-4]。

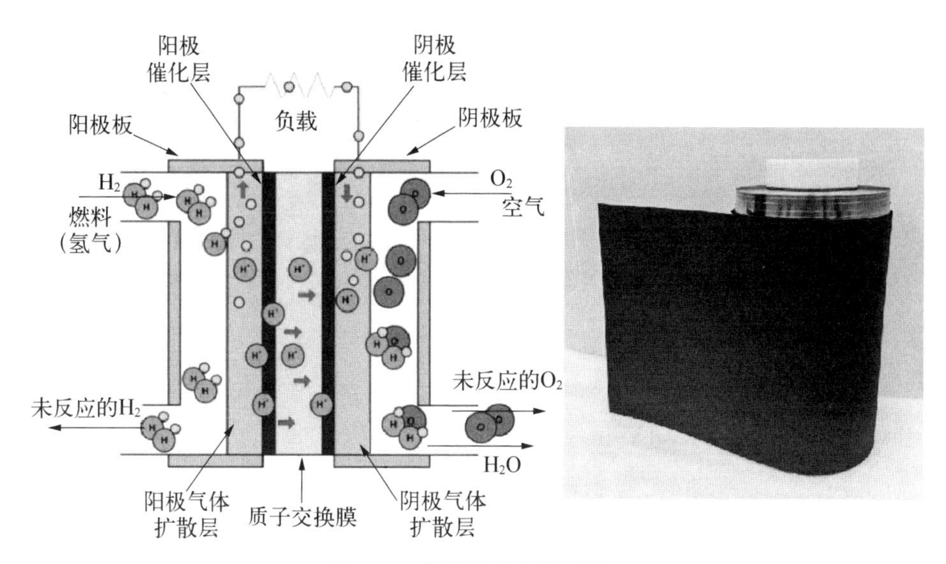

图 6 - 1　燃料电池气体扩散层

燃料气体通过双极板流道经阳极扩散层到达催化剂层，在催化剂的作用下与经阴极扩散层到达阴极催化剂层的空气或氧气发生电极反应生成水，同时产生电气(发电)。气体扩散层阻止水进入膜电极的内层，生成的水必须及时排出，如果催化剂层中积累水，则会发生“水淹电极”的现象，催化剂层中铂催化剂的利用率就会下降。为了增加气体扩散的排水性能，一般会通过 PTFE 处理气体扩散层以提高排水特性，使得气体扩散层表面和孔隙不会被液态水堵塞。但 PTFE 的导电性能较差，而且加入过量的 PTFE 会降低孔隙率，导致排水和传质性能下降。通过气体扩散层中最优的 PTFE 含量为 30%左右。由此可知气体扩散层在电极中不仅起着支撑催化剂层、稳定电极结构的作用，还具备为电极反应提供气体通道、电子通道和排水通道的多种功能(见图 6 - 2)[5-6]。

气体扩散层由基底材料和涂敷在基底材料上的导电性碳材料层(gas diffusion layer, GDL)组成。其中基材包括碳纤维纸、碳纤维编织布、碳纤维非纺材料及碳黑纸等，但有的也使用金属材料，如扁平的金属海绵——网状金属镍、钛材等。

在燃料电池电堆设计过程中气体扩散层的选择对燃料电池性能影响很大，通常会在厚度、密度、压缩回弹、厚度、孔隙率、PTFE 含量、电导率特性、热导率特性和气体扩散特性等方面做综合的权衡与考量。这些都会影响到燃料电池工作时的水热管理。在整堆结构设计时还必须充分考虑扩散层的回弹性能、扩散层与密封线在压缩量和压缩力之间的匹配以及流道跨度和深度匹配等。

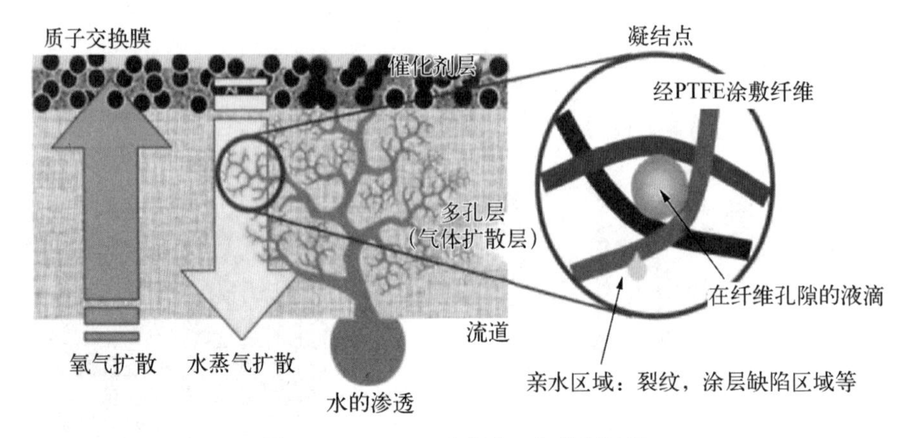

图 6-2　PEMFC 内部水—气传质过程

（图片来源：三井金属矿业株式会社资料）

气体扩散层材料必须满足以下要求：

(1) 均匀的多孔质结构，透气性能好；

(2) 电阻率低，电子传导能力强；

(3) 结构紧密且表面平整，减小接触电阻，提高导电性能；

(4) 具有一定的机械强度，适当的刚性与柔性，利于电极的制作，提供长期操作条件下电极结构的稳定性；

(5) 适当的亲水/憎水平衡，防止过多的水分阻塞孔隙而导致气体透过性能下降；

(6) 具有化学稳定性和热稳定性；

(7) 制造成本低，性能/价格比高。

6.1.2　碳毡制备技术

气体扩散层作为质子交换膜燃料电池中的多孔气体扩散层的背衬，是一种高性能复合材料，起着气体传输、排水、电荷转移以及强度支撑的重要作用。气体扩散层的基材是碳纸。碳纸主要由短切碳纤维抄造成毡，经过上胶、干燥、碳化及石墨化程序制备而成。现阶段我国生产高模量碳纤维的技术，以及由碳纤维生产高性能碳纸技术还有待完善，高端的碳纤维或碳纸产品被日本、美国、德国等发达国家垄断，严重制约了我国燃料电池产业的发展。因此，开发高性能碳纸生产技术，推广碳纸产业化示范具有划时代的重要意义。

目前，在 PEMFC 中，用碳纤维纸上载碳粉作为微孔层的扩散层是应用最广泛的。市场上生产碳纸及气体扩散层的企业主要来自美国、日本、加拿大、德国和韩国等国家。主要供应商为日本东丽(Toray)、德国西格里(SGL)、加拿大巴拉德(Ballard)、韩国 JNTG 和德国科德堡(Freudenberg)等。日本东丽公司是著名的碳纤维制造商,全球碳纤维生产的领导者,创办于 1926 年,是一家综合型化工企业,以生产合成纤维为主,主要包括纤维、织物及碳纤维复合材料。东丽公司生产的碳纸产品具有高导电性、高气体透过率、表面平滑等多种优点,已成功实现商业化并在燃料电池的应用中得到了充分验证,丰田公司已与其建立密切合作,其生产的 190 μm 碳纸已成功地应用在丰田的 Mirai 系列燃料电池汽车并得到市场的验证。美国艾维卡公司于 2012 年脱离其母公司加拿大巴拉德动力系统而独立,其碳纸研发业务通过与其母公司的深度合作长期开展,所开发的碳纸已具备大规模的商业化能力,并已在燃料电池中得到充分验证。西格里集团是全球领先的碳素石墨材料以及相关产品的制造商之一,公司拥有从碳石墨产品到碳纤维及复合材料在内的完整业务链。西格里公司是碳纸技术开发的先行者之一,技术能力完备,2017 年就碳纸产品与现代汽车签订了长期供应合同。科德堡集团是汽车零部件供应商。与以上所述几家碳纸供应商不同的是,科德堡使用预氧化聚丙烯腈基纤维,采用针刺法制成纺布状软毡,再经过浸润、干燥、热压、碳化制成最终产品。其产品具有比其他公司产品更好的柔韧性,适用于卷对卷的连续化生产[7-10]。

6.1.3　碳纸原料——碳纤维

碳纤维是一种含碳量在 95%以上的高强度、高模量纤维的新型纤维材料。它是由片状石墨微晶等有机纤维沿纤维轴向方向堆砌而成,经碳化及石墨化处理而得到的微晶石墨材料。

碳纤维主要分为黏胶基、沥青基和聚丙烯腈(PAN)基三大种类,各有不同的使用场景和生产方法。其中沥青基碳纤维固碳收率最高,可以达到 80%~90%,但是在实际生产中,为了从沥青中获得高质量、高性能的碳纤维,必须对沥青精修精制、调制。此过程会大大增加生产成本,即使沥青原料来源丰富,价格低廉,也难以应用于大批量工业应用制造。而 PAN 基碳纤维综合性能最好、生产工艺成熟简单、应用最广、产量最高、品种最多,是目前全球碳纤维市场的主流碳纤维产品,产量占全球碳纤维总产量的 90%以上[11]。表 6-1 列出了不同的碳纤维形态及其应用领域的现状。

表 6-1　不同的碳纤维形态及其应用领域

产品形态	说　明	主　要　应　用
长纤维	多根单丝的连续长纤维	作为 CFRP、CFRTP 的补强纤维用于航天航空、体育、娱乐及一般工业纤维等广泛领域
长纤维素	不加捻的长纤维素	同上
短纤纱	短纤维纺纱后得到的纱线	主要用于隔热材料，G/C 复合材料基材
织物	由丝束或者短纤纱经过梭织后得到的产物	作为 CFRP、CFRTP 的补强纤维用于航天航空、体育、娱乐及一般工业纤维等广泛领域
编织物	长纤维经编织后得到的产物	用于树脂增强，特别适用于管状产品
短切纤维	将上浆后的长纤维切断后得到的产物	用于增强热塑性树脂、水泥等，改善其机械性能、导电性、导热性
磨碎纤维	对长纤维或短切纤维磨碎后得到的粉末状产物	用于热塑性树脂、橡胶等的增强，改善其力学性能、导电性、耐磨性
毡	短切纤维黏接，层压后得到的产品	隔热材料，耐腐蚀材料
纸	短切纤维抄纸后得到的产品	用于电极、燃料电池、高温发热体等

燃料电池扩散层基材碳纸所用的碳纤维一般采用高导电率的 PAN 基碳纤维。PAN 基碳纤维生产的流程如图 6-3 所示[12-13]。

在一定的聚合条件下，丙烯腈(AN)在引发剂的自由基作用下，双键被打开，并彼此连接为线型聚丙烯腈(PAN)大分子链，同时释放出 73.15 kJ/mol 的热量。生成的聚丙烯腈(PAN)纺丝液经过湿法纺丝或干喷湿纺等纺丝工艺后即可得到 PAN 原丝(见图 6-4)。

PAN 原丝经整经后，送入预氧化炉制得预氧化纤维(俗称预氧丝)，预氧丝进入低温炭化炉、高温炭化制得碳纤维，碳纤维经表面处理、上浆即得到碳纤维产品。全过程连续进行，任何一道工序出现问题都会影响稳定生产和碳纤维产品的质量。这一过程流程长、工序多，是多学科、多技术的集成。

国际上，日本东丽公司是全球经营最为成功的碳纤维生产企业，其产量占全球碳纤维的 70%以上，主要垄断航空航天高性能碳纤维市场。日本东邦和日本三菱也在高性能碳纤维领域占据了一席之地；其他重点企业也各具特色，在原料

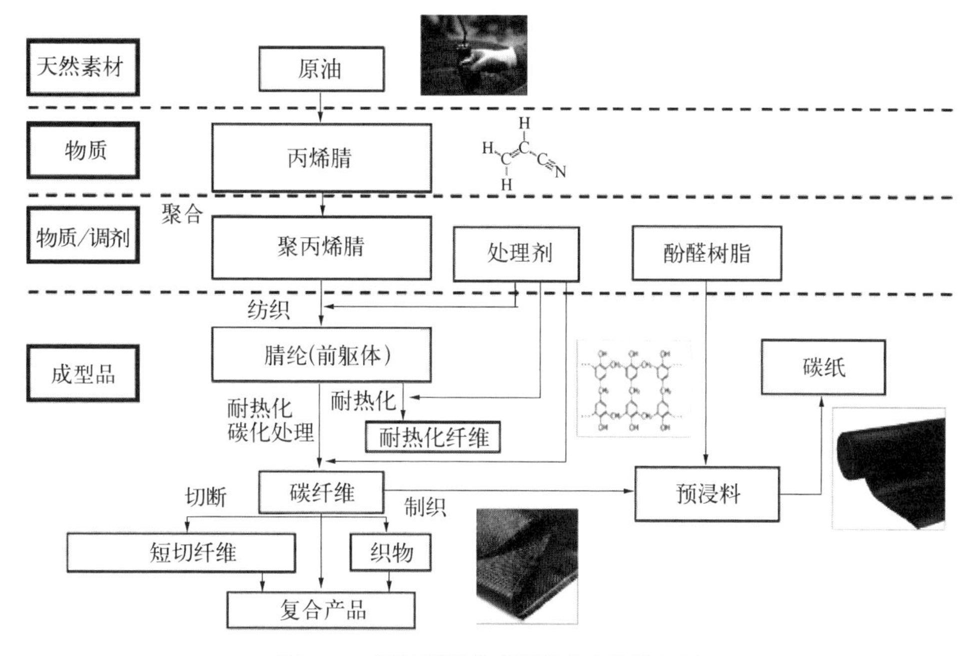

图6-3 聚丙烯腈基碳纤维生产的流程图

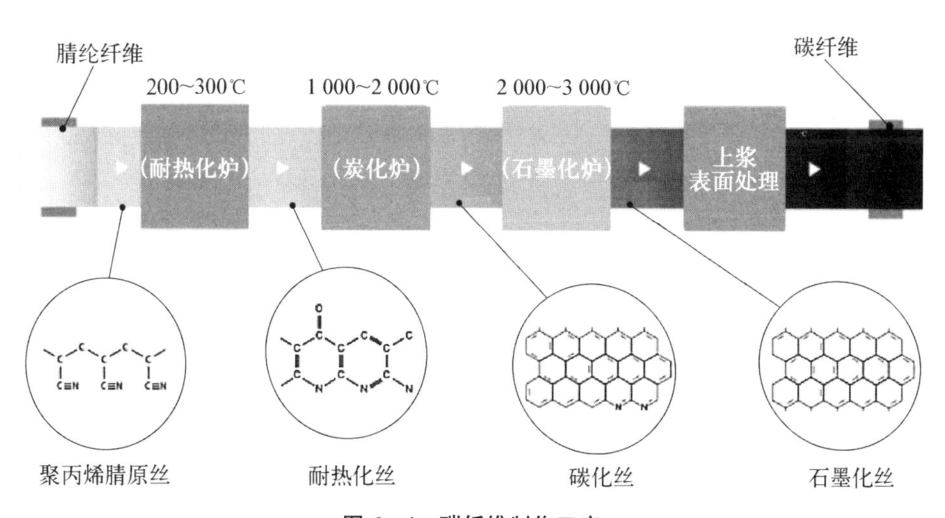

图6-4 碳纤维制作工序

多元化、合成体系、纺丝技术、丝束规格等方面具备各自的优势。

我国碳纤维学习日本企业(尤其是东丽公司)的技术路线,在小丝束制备上,取得了较大的成效。然而对于大丝束的制备,在总体系统技术层面,我国还基本是“门外汉”,尚在装备及工程方面缺乏经验。我国是碳纤维需求大国,2019年需求为 3.47 万吨，占世界总需求的 34%。2008—2019 年，我国碳纤维市场年均复合增长率(CAGR)达 14.01%，增速高于全球平均水平的 9.81%。供给方面，我国碳纤维国产化水平较低且多为通用型等低端产品，高强高模型碳纤维产品主要依靠进口，2018 年我国碳纤维产品国产化率仅为 28.52%，仍存在较大的提高空间。此外，国家政策持续加码支持碳纤维行业，也将助推行业进一步发展。在下游市场增长，国产替代加速，在国家政策支持下，目前国内厂商如江苏恒神碳纤维材料有限公司，威海光威复合材料有限公司等已研发生产出可对标美日龙头企业的高性能碳纤维产品，中国碳纤维行业将步入发展快车道。

6.1.4 碳纸制造工艺

气体扩散层使用基材为碳毡经石墨化处理后的碳纸。碳纸的制造分为碳毡制造和碳纸制造两道工序，严格来说碳毡是制造碳纸的原料(前驱体)。按碳毡基材来源又可分为碳纤维碳纸、碳纤维编织布碳纸和炭黑碳纸，市面上大部分燃料电池用碳纸都是碳纤维碳纸类，以加拿大巴拉德、日本东丽、德国西格里等为代表，国外代表厂家分布如图 6 - 5 所示。

碳毡的制造分为剪切、去胶、抄纸、型压、碳化、石墨化处理等多道工序。将 PAN 系碳纤维 TORAYCA T300 - 6K 原丝切断成 1～2 mm 的纤维，分散在 10%的聚乙烯醇溶液中，制成抄纸原液。经过抄纸，喷入适量混入导电石墨粉和酚醛树脂的甲醇混合液，经干燥，热压后，得到碳毡卷材或片材。碳毡制造工艺和碳毡的石墨化制造碳纸过程如图 6 - 6 和图 6 - 7 所示[14-15]。

当前，我国具有研发制造碳纸的技术基础，如碳纤维制备技术，特种纸造纸技术等，只是受市场不成熟、需求较小的影响，没有得到大力发展。燃料电池气体扩散层基材碳纸是一种特种纸。根据碳纸制备流程，工艺可分三段：第一段是研发高分散碳纤维原料；第二段是由短切碳纤维湿法造纸形成碳毡(或称原纸)；第三段由碳毡浸渍树脂，再干燥、固化、高温处理得到碳纸。针对第一段工艺，国内的研发生产技术已较为成熟，只需针对性开发水溶性上浆剂即可解决自主原料问题。但因市场需求较小，目前国内除江苏恒神股份有限公司在研发外，各大碳纤维厂家没有开放相关产品信息。第二段工艺是特种纸制备技术，虽然国内特种纸厂家较多经验丰富，可以生产碳毡，但同样受当前市场需求较小的影响，造成设备投资大产量低，成本居高不下。据报道山东仁丰特种材料股份有限公司已建成 500 万平方米/年碳毡产线和 100 万平方米/年的碳纸产线，但市场上未见其产品销售。采用进口碳毡，国内各大高校如华南理工大学、南方科技大

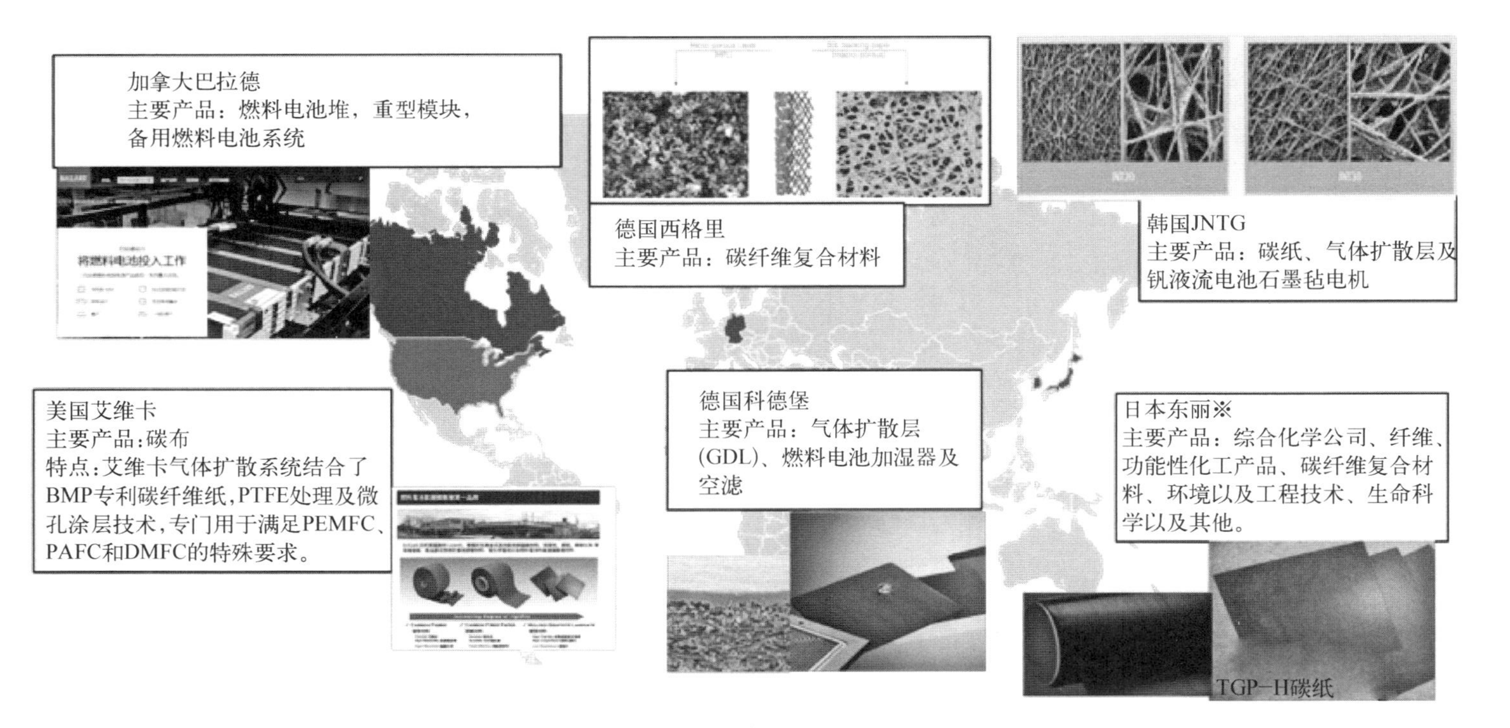

图6-5　主要国外碳纸厂家及区域位置

（资料来源：东丽宣传资料）

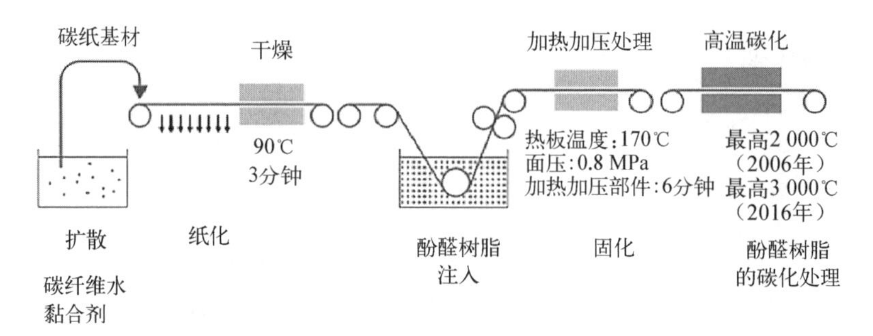

图 6-6 碳毡制作工序

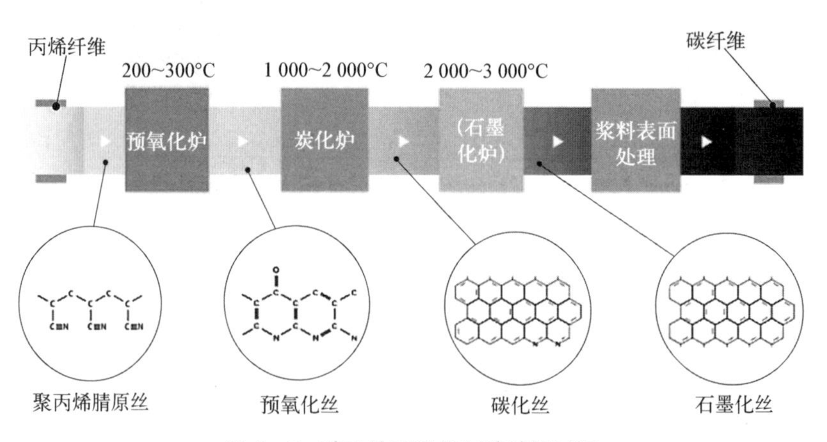

图 6-7 碳毡的石墨化制造碳纸过程

学、北京化工大学等已开展实验室批量的碳纸制备工艺研究,其中南方科技大学已向华电集团转让了连续化批量生产工艺技术。国家电投集团氢能科技发展有限公司、深圳市通用氢能科技有限公司、上海碳际实业集团有限公司等相关氢能企业也加入碳纸研发和制造行列,将会加快碳纸自主化和国产化的进程(表 6-2)。

表 6-2 部分商业碳纸理化性能

测 试 项 目	碳 纸 名 称						
	东丽		艾维卡		科德堡		国氢科技
					H22	H23	
	参考值	实测值	参考值	实测值	参考值	实测值	实测值
厚度(μm) @100 KPa	190	183	190	220	—	195	187
垂直电阻率/(mΩ・cm^2)	—	4.17	—	4.6	4.5	4.53	5.8

续 表

测 试 项 目	碳 纸 名 称						
	东丽		艾维卡		科德堡		国氢科技
					H22	H23	
	参考值	实测值	参考值	实测值	参考值	实测值	实测值
平面电阻率/(mΩ·cm)	5.8	6.39	—	5.2	15.6	12.38	6.3
堆积密度/(g/cm^3)	0.44	0.44	0.44	0.38	0.49	0.52	0.43
拉伸强度/MPa	25.8	43.66	34.21	22.53	2.6	3.08	37.6
弯曲模量/GPa	10	13.10	7.9	14.98	H23为卷材碳纸，弯曲性能无法测试		19.8
孔隙率/%	78	78. 73	78	80.81	—	—	80
透气/[(mL·mm)/(cm^2·h·mmAq)]	1 900	1 236	1 900	—	—	—	1 833

气体扩散层的技术发展趋势主要表现为三个方面。一是降低GDL的厚度，主要是降低基体碳纸的厚度，以提高气体扩散能力，减少电池在高电流密度下的传质问题，提高电池的功率密度。碳纸已由原来的200 μm降至100 μm左右，目前使用较广泛的东丽碳纸厚度为190 μm，东丽公司也开发出了厚度为100～150 μm的碳纸。二是在生产工艺上将片材生产转变为卷材生产，就生产工艺而言，提高了材料的生产效率。

目前，日本东丽、德国西格里都能大批量供应性能可靠稳定的产品。其中德国西格里的气体扩散层具有很薄的基体层，其微孔层表面有很明显的裂纹，可以提升气体的透过率，使用其组装的电池和电堆都获得很高的输出功率，该气体扩散层在国际上也获得了较高的认可度。西格里集团与韩国现代汽车在燃料电池领域延长了合作，并签订了相关的供应合同，根据合同，西格里集团将向韩国现代汽车提供用于现代新型NEXO汽车的SIGRACETR气体扩散层。三是由于微孔层的加入实现了气体和水在流场和催化层中间的再分配，微孔层对提高扩散层的导电性、稳定性和寿命都具有重要的作用，受到很多企业的重视。例如，丰田的Mirai燃料电池汽车所搭载的膜电极微孔层中加入了氧化铈，其目的是提高膜电极的耐久性，减少自由基对质子膜的攻击，降低膜的降解速度。为了克服碳纤维纸缺乏柔性而碳纤维编织布缺乏尺寸稳定性的弱点，PEMFC 电极用气体扩散层基底还可选用碳纤维无纺布。它同时具备一定的机械强度，且有高柔性和尺寸稳定性等优点，有利于电极的制作。德国科德堡公司制作的碳纤维无纺布具有较好的性能，同时实现了量产的重大突破。生产上将其滚动生产线宽度增加到 480 mm，从而提高其 GDL 产品在 FC 膜电极工艺过程中的利用率，最终为用户节省成本。

碳纸制备工艺流程长，解析难度大，开展分段—整合式研发。主要分为两道工序：第一道工序完成碳纤维到碳毡基材工艺开发，主要解决碳纤维分散及抄纸成型问题；第二道工序完成碳毡到碳纸工艺开发，主要解决浸渍、固化和高温处理等碳纸成型问题（见图 6－8）。

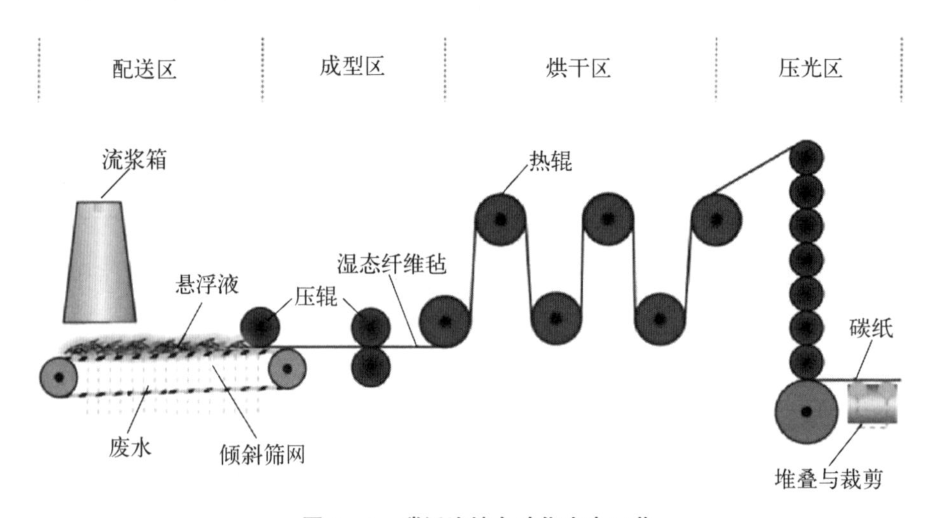

图 6－8　碳纸连续自动化生产工艺

在气体扩散层领域的工程化和商业化进程中，生产工艺和降低成本的手段是其中的核心技术。从气体扩散层的技术指标来看，国外先进水平电流密度达到 2.5～3.0 A/cm^2，国内水平能做到 1.5 A/cm^2，寿命仅为国外的 1/3。国产气体扩散层要追上进口水平还有很长一段距离[11]。

6.1.5　碳纸主要技术指标

为满足高性能燃料电池的技术要求，对碳毡和碳纸的技术参数需要有一定的规范。而我国在碳纸扩散层领域起步较晚，没有形成统一的指标参数。根据这一情况，国氢科技参照东丽公司等国外碳纸先进企业的标准制定了企业的标准和规格书。开展燃料电池碳纸设计认定产品的检测分析，验证其参数指标是否满足技术要求，从而为碳纸的开发和量产提供技术和工艺支撑。碳毡和碳纸的主要技术指标如表6-3、表6-4所示。

表6-3 某规格碳毡的测试项目及指标参数

指标类型	指 标 内 容	目标值	测 试 方 法
物性指标	厚度/μm	280±30	《质子交换膜燃料电池第7部分：炭纸特性测试方法》(GB/T 20042.7—2014)第6和12章节
	面密度/(g/m^2)	35±3	
力学性能指标	干毡拉伸强度(MPa)-MD	≥10	《质子交换膜燃料电池第7部分：炭纸特性测试方法》(GB/T 20042.7—2014)第8.1章节
	干毡拉伸强度(MPa)-TD	≥5	
	湿毡拉伸强度(MPa)-MD	≥4	质子交换膜燃料电池碳毡内部测试方法——湿毡力学性能测试
	湿毡拉伸强度(MPa)-TD	≥2.5	
透气性指标	透气率/$[mL \cdot mm/(cm^2 \cdot h \cdot mmAq)]$	≥11 000	《质子交换膜燃料电池第7部分：炭纸特性测试方法》(GB/T 20042.7—2014)第9章节
匀度指标	匀度指标	≤250	质子交换膜燃料电池碳毡内部测试方法——匀度指数测试
一致性指标	碳毡在垂直和水平方向的一致性分析	两面含胶量一致且分布均匀	质子交换膜燃料电池碳毡内部测试方法
应用指标	碳纸性能：厚度/μm 碳纸性能：面密度/(g/m^2) 碳纸性能：弯曲断裂力/N 碳纸性能：挠度/mm	150±15 40±3 0.28～0.59 2.90～4.74	参考《质子交换膜燃料电池第7部分：炭纸特性测试方法》(GB/T 20042.7—2014)第6、12和8.2章节

表 6-4　某规格碳纸的测试项目及指标参数

指标类型	指 标 内 容	目标值	测 试 方 法
物性指标	厚度/μm	150±15	《质子交换膜燃料电池第 7 部分：炭纸特性测试方法》(GB/T 20042.7—2014)第 6 和 12 章节
	面密度/(g/m^2)	40±3	
	体密度/(g/m^3)	0.27±0.03	
压缩指标	压缩率/%	≤25	《质子交换膜燃料电池第 7 部分：炭纸特性测试方法》(GB/T 20042.7—2014)第 8.3 章节
导电性指标	垂直电阻/(mΩ·cm^2)	≤8	《质子交换膜燃料电池第 7 部分：炭纸特性测试方法》(GB/T 20042.7—2014)第 7 章节
	平面电阻率/(mΩ·cm)	≤18	
力学性能指标	拉伸强度/MPa	≥20	《质子交换膜燃料电池第 7 部分：炭纸特性测试方法》(GB/T 20042.7—2014)第 8.1 和 8.2 章节
	弯曲断裂力/N	0.28～0.59（参考值）	
	弯曲挠度/mm	2.90～4.74（参考值）	
透气性指标	透气率/[mL·mm/(cm^2·h·mmAq)]	≥3 500	《质子交换膜燃料电池第 7 部分：炭纸特性测试方法》(GB/T 20042.7—2014)第 9 章节
外观指标	碳纸表观	碳纤维分散均匀，无明显团聚现象，表面平整、干净无杂质，无破损、裂纹、褶皱、折痕	参考企业标准《质子交换膜燃料电池碳纸测试方法》

续　表

指标类型	指 标 内 容	目标值	测 试 方 法
金属杂质含量	金属杂质含量(1×10^{-6},Fe/Na/K)	<200	参考企业标准《质子交换膜燃料电池催化剂测试方法》
	铁元素含量	<100	
GDL应用指标	厚度(μm)@100 kPa 面密度/(g/m^2) 垂直电阻(mΩ·cm^2)@1 MPa 透气性/s 平均孔径/μm	175±15(参考值) 65±5(参考值) ≤15 10～40 ≤15	参考企业标准《质子交换膜燃料电池气体扩散层特性测试方法》

6.1.6　气体扩散层

气体扩散层(GDL)由基底层和微孔层组成。基底层经过疏水处理后，在其上涂覆单层或多层微孔层，从而制成气体扩散层。其中，基底层通常由碳纤维各向异性堆叠组成，直接与双极板接触；微孔层由纳米碳粉和疏水材料混合而成，直接与催化层接触。

微孔层是由将导电炭黑和疏水剂用溶剂混合均匀后得到的黏稠浆料，采用丝网印刷、喷涂或涂布方式将其涂覆到基底层表面，经过高温固化后得到微孔层。而完成微孔层的涂覆后的基底层进一步优化了微观上的传质、传热、导水和导电性能。因此，基底层和微孔层共同决定了气体扩散层的产品特性。

GDL在电池中起到支撑催化剂层并提供反应气体和生成水的通道的作用，同时还要具备比较良好的导电性能及在电化学反应下的抗腐蚀能力。因此GDL材料的性能直接影响电化学反应的进行和电池的工作效率。选用高性能的GDL材料，有利于改善膜电极的综合性能。

GDL的厚度、表面预处理会影响传热和传质阻力，是整个氢燃料电池系统浓差极化、欧姆极化的主要源头之一；通常以减小气体扩散层厚度的方式来降低浓差极化、欧姆极化，但也可能导致气体扩散层机械强度不足。因此，研制亲疏水性合理、表面平整、孔隙率均匀且高强度的气体扩散层材料，是氢燃料电池关键技术。

未来，GDL有两个发展方向：

(1) 设计具有梯度孔径的GDL,以提高膜电极本身的传质能力。例如,降低GDL一侧或两侧的孔隙率可以降低接触电阻并在GDL内部产生孔隙梯度,以促进反应物供应和水分去除。

(2) 采用“集成双极板-膜电极”或“无气体扩散层”设计,减少或消除界面电阻,以同时满足导电、气体分配和水管理的要求。

总之,气体扩散层产业突破的重点是关键材料技术的突破。气体扩散层材料已从供需形成了一个寡占市场情况,目前全球的碳纸、碳布材料供应商仅有日本东丽、美国艾维卡及德国西格里三家。为了解决燃料电池产业中气体扩散层不受国外制约,需要进行自主的气体扩散层关键材料的研究。

(1) 高孔隙率碳纤维基底层。制备碳纤维基底层需要开发特定原纸,目前我国原材料碳纤维的性能及产量已经能够基本满足碳纤维原纸的制备需求,但缺乏利用国产的碳纤维进行气体扩散层原纸制备技术和制备碳纸专用的树脂黏合剂技术。特别是对碳纤维浸润性好、固化速率快、残碳率高、较易石墨化等特征的树脂黏合剂的研发技术与国外差距相当大。

还有,制备工艺技术开发是当前气体扩散层的产业化发展的重点方向。目前扩散层碳纸或碳布技术处于国外垄断状态,国内还处于研究阶段,虽然有部分企业已经开始小批量生产,但其性能与国际先进水平相比还有一定差距。针对燃料电池技术对气体扩散层要求高气通量、低电阻率、高孔隙率、阳极亲水阴极憎水的特点,当前需要解决气体扩散层的关键技术还有批量化连续生产工艺技术和设备的开发等。

(2) 气体扩散层基材碳毡。目前国内的气体扩散层原纸生产技术较落后,生产的气体扩散层原纸的表面状态平整性、厚度一致性及机械强度方面还需要改进,需要对原纸的生产工艺及生产设备进行改进研究,以便于规模化生产性能可靠性、一致性良好的气体扩散层基材碳毡,降低基材成本。

(3) 气体扩散层(含GDL层)。气体扩散层的水气管理能力较国外先进水平还有不少差距,需根据气体扩散层使用工况来开发适合的水气管理气体扩散层,进行气体扩散层的生产工艺技术开发及工艺优化,便于进行气体扩散层卷对卷生产,实现气体扩散层规模化生产。

(4) 产品的一致性及成本。提高产品生产效率及产品的一致性、降低成本是气体扩散层产品被市场接受的关键,目前国内的气体扩散层的生产效率较低,这使得气体扩散层成本在电堆的总成本中仍占相当一部分。美国能源局基于加拿大巴拉德生产的气体扩散层进行成本估算,发现如果大量生产(每年批量生产

50万个电堆)，其价格可下降到4.45美元/m^2(即1.37美元/kW)，而目前气体扩散层的平均价格为145美元/m^2(44.6美元/kW)，可下降的空间巨大。为了达到大幅降低气体扩散层价格的目的，需要攻坚产品研发技术问题的同时，还应开发气体扩散层原纸及气体扩散层产品的大规模生产工艺及制备技术[16-17]。

6.2　燃料电池双极板及制造技术

氢燃料电池是一种将储存在氢燃料和氧化剂中的化学能直接转换为电能的化学装置，具备能量转换效率高、“零排放”等优点，在航空航天、交通运输、固定式发电站等方面具备广泛的应用前景，同时对于践行国家“双碳”战略和实现能源结构的调整具有重要意义。其中质子交换膜燃料电池(PEMFC)是以固体电解质膜为质子的传递介质，在电池两极间传递质子。以氢气作为燃料气的PEMFC为例，阳极以氢气作为燃料，阴极以氧气(空气)作为氧化剂，在阴阳两极催化剂的作用下发生氧化还原反应，最终产物为纯水。PEMFC主要由双极板、膜电极和催化剂等部件组成。其中，双极板是电堆的关键部件之一，起着分配反应气体、排出生成水并收集电流的作用。本节从耐腐蚀材料和成型制造技术两方面主要介绍燃料电池金属双极板的技术及研究进展等。

6.2.1　燃料电池双极板概述

双极板是燃料电池的重要部件。双极板设计的关键是流道结构和材质选择(包括表面处理材质)，其决定了反应气体到达催化剂反应界面和生成水通过流道出口排出的效率；此外，双极板厚度为毫米级(一般为0.7～2.5 mm)，而单片电池的其他组件包括膜、催化层、扩散层都为微米级，所以双极板厚度是电堆体积的决定因素之一。目前，双极板约占电堆60%的重量和30%的成本。国际上按照制造材料来区分，已经发展成三条技术路线：石墨双极板、金属双极板与复合双极板。表6-5对这几类双极板的特性进行了对比[18]。双极板在电堆体积、重量和成本中所占比重之高，直接决定了电堆的关键核心指标。承担提供气体流道、防止电池气室中的氢气与氧气串通、在串联的阴阳两极之间建立电流通路、支撑膜电极、传导热量以确保电池工作温度均匀和废热顺利排出等作用。双极板质量的好坏直接决定了电堆输出功率的大小和使用寿命的长短，为此，双极板应具有良好的导电性能、导热性能、耐腐蚀性能、阻气性能以及较高的机械强度。双极板按照其基体材料分类，主要可分为石墨板、金属板和复合材料板三种。石墨材料是最早开发用于 PEMFC 双极板的材料，其优势是耐腐蚀性强，耐久性高，但不足的是制作周期长，抗压性差，成本高。复合材料双极板兼具石墨材料的耐腐蚀性和金属材料的高强度特性，是未来降低双极板成本的途径之一。然而，目前复合材料双极板的制备成本较高，其导电性相较于石墨板与金属板而言不具优势，其机械性能不足的问题也亟待解决。

表 6-5　双极板常用材料和对比

材料	石　墨	复合材料	金　属
优点	耐腐蚀性好，导热性和导电性高，化学性能稳定，制造工艺成熟	耐腐蚀，体积小，重量轻、强度高	导热性好，机械性能强（强度和延伸率高），制造工艺简单、易加工、成本低，结构耐久性好，抗冲击和振动
缺点	机械性能差（脆性），重量和体积大，可加工性差，加工成本高（雕刻、模压），低温启动一般	机械强度差，电导率低，密封性差，制造工艺复杂，成本高	耐腐性较差，材料密度大、重量重，质子交换膜和催化剂中毒

金属双极板由 316 型不锈钢、钛合金等金属材料制作并经过表面涂层处理加工而成，与石墨双极板相比具有如下特性[19]：

(1) 金属具有良好的延展性，可采用高精度塑性成型工艺来制备具有复杂微流道特征的双极板，具有高效、高一致性等优点，特别是在大规模加工情况下可最大幅度地降低双极板制造成本，这对燃料电池汽车的推广和商业化尤为关键；

(2) 金属强度一般比石墨的高，因此极板厚度可以大大降低（目前主流极板多采用 0.05～0.2 mm 厚金属板），相比 1～2 mm 厚的石墨双极板可大幅降低电堆的体积和重量，功率密度指标优势突出，特别适用于制作移动电源交通工具的车载使用；

(3) 金属的韧性较好、不易断裂，因此金属双极板特别适于工作在高振动的复杂动态工况。此外，金属的高导电、高导热特性也使其成为双极板的优良材料。但是金属双极板也存在问题，比较突出的是其耐腐蚀性较差，因此需要对金属双极板表面进行改性处理，以保证其寿命。

综合来看，金属双极板由于优势突出，已经成为燃料电池汽车电堆材料的不二之选。

高性能、低成本金属双极板的量产制备，已成为燃料电池汽车应用的核心问题之一。为占领燃料电池汽车高地，世界各大整车和零部件制造商，如丰田、通用、本田、宝马等，均大力开展金属双极板技术的量产开发。为保证市场化的燃料电池汽车能够稳定获得高质量、高可靠性的金属双极板，丰田汽车培育了自己的钛基材金属双极板产业链，实现了金属双极板成型、连接、表面改性等多个工艺的集成化制造，不仅降低了生产成本，而且质量和鲁棒性等完全达到了复杂车载工况、金属双极板在强度、韧性等机械性能以及导电性、导热性方面的要求。从生产加工方面，可以很方便地制成较薄（0.1～0.5 mm）的双极板，并满足轻质、高强的需求。截至 2023 年，我国金属双极板的市场占有率已达 50%以上。

目前，国内常用的金属双极板基材以不锈钢和钛为主。不锈钢具有较高的强度、延伸率和弹性模量，其成型能力较强、回弹小，流道成型一致性较好。同时，不锈钢薄板的各项异形相对较弱，极板各个位置的流道深度相当。此外，不锈钢具备优异的制造性能和较低的生产成本。因此，不锈钢双极板得到了广泛的研究，并成功地在氢燃料电池堆中得到应用。但是，在氢燃料电池系统中，不锈钢的耐腐蚀性较差，需在表面镀一层金或碳的涂层，以提高其耐腐蚀性和导电性。同时，在氢燃料电池堆工作的过程中，不锈钢基材中的铁离子会导致铂催化剂中毒，降低电堆功率。

与不锈钢相比，钛金属的密度较低（4.5 g/cm^3），仅为不锈钢的 56%，使得钛材具备超薄特性，可以有效提高电堆功率密度，有利于电堆轻量化设计。同时，钛的强度较高，塑性较好，有利于提高车载电堆的抗震性能。此外，钛的导热系数为 21.9 W/(m・K)，远优于不锈钢的，有助于车载用电堆的快速启动和高动态响应。钛基材及钛-碳涂层具有优异的导电性，电子传输效率比不锈钢高 1 个数量级。钛的标准电极电位为－1.63 V，与燃料电池的工作电压（＜1.23 V）相比，电位高，具有很好的耐腐蚀性。并且，钛及钛的氧化物对铂催化剂的影响较小，有利于保证电堆稳定功率运行。上述可知，钛是金属双极板基材的理想材料，并得到了广泛的应用。但是，钛的弹性模量较低，导致成型过程中回弹严重；且各向异性严重，成型极板流道深度的一致性较差。

6.2.2　金属双极板制造技术

金属双极板总体制造工艺分为冲压—清洗—焊接—表面处理等四个步骤，双极板中试工艺流程如图 6－9 所示。

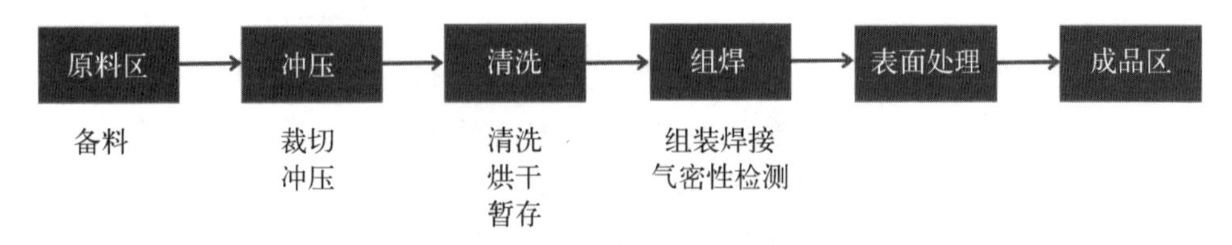

图 6-9 双极板中试工艺路线图

(1) 冲压成型：金属双极板成型一般利用 0.1 mm 左右的带材，细小特征尺寸小于 1 mm，其冲压过程是压延、拉深耦合的复杂过程。在冲压工艺上一般考虑传统冲压、液压胀形等方法，也有采用电化学刻蚀方法形成金属双极板的报道。冲压方法便捷高效，把所冲的材质置于凸、凹模中，利用压机的压紧运动，让材料开始进行变形分离，从而实现冲压作业。根据模具的构造进行区分，冲模包括了单工序模、复合模、级进模等。使用模具进行生产工作，具有高效率、低消耗、高一致性、高精度以及高复杂程度的特征。液压胀形仅需要半模，利用高压液体的体积压缩使拟成型材料贴紧半模，发生变形。该方法模具磨损小、成型流动性好，但对成型设备和成型工艺提出较高要求。电化学刻蚀方法成效低，同时存在流场光洁度较低的情况，会改变气体的流动率，工艺较为烦琐，成本较高。

(2) 组装焊接：冲压形成的单板需要通过焊接等方式组装形成整体。焊接主要采用激光焊接方法。燃料电池金属双极板的焊接对光束质量、输出能量和功率稳定性的要求较高，要求功率密度更大。光纤激光器具有光束质量高、能量密度高的优点，可以实现快速、有效的加工和较大深宽比的焊接，即表观焊缝宽度小、焊缝深度深。光纤激光器的热输入条件相较 YAG 激光器更低，使得被焊金属板形变更小。光纤激光器能量稳定性高，一般为 ±0.5%，可以使焊点轮廓保持一致，容易焊透，焊根多孔性低，更好地保障密封性。光纤激光器维护相对简单，基本无须耗材。

(3) 表面处理：金属双极板的耐腐蚀性相对较差，在燃料电池的使用环境中，金属双极板中溶出的金属离子可能会污染燃料电池的质子交换膜。此外，用作金属双极板的材料，例如不锈钢、钛等，与碳纸的接触电阻较大。因此，研发具有高耐腐蚀性和低接触电阻的金属双极板对燃料电池的普及非常重要。为提高金属双极板的耐腐蚀性并降低接触电阻，通常采用的方法是对金属双极板进行表面处理。例如利用物理气相沉积或者化学气相沉积的方法（如磁控溅射、离子镀、等离子 CVD 等）在金属表面沉积贵金属（金、铂、钯等）、类金刚石、非晶碳涂层等；或在金属表面进行适当的化学处理。为进一步降低电池堆的质量和体积，人们开展了以钛合金为代表的轻合金为基体的研究。此外，单一涂层表面往往存在微孔等缺陷，所以目前多层复合化纳米涂层是减少缺陷、提高致密性的技术发展趋势，可进一步提升涂层的耐腐蚀性。

6.2.3 金属双极板成型工艺

根据金属双极板成型方式的不同，可分为冲压成型、液压成型、软模成型和辊压成型等。

1）冲压成型

金属双极板冲压成型是指极板坯料在模具的作用下获得具有一定流道深度和结构特征的极板，具有制造效率高、生产成本低等优点，是金属双极板成型的主要方式。根据产品次数和方式的不同可分为单步冲压成型、两步冲压成型和热冲压成型。单步冲压成型是指极板基材经一次冲压工艺即获得符合设计要求极板的成型方式，存在变形大、应力集中严重和回弹控制难等问题（图6-10）。两步冲压成型是指将极板基材先进行预成型，再将预成型的坯料进行终成型，以解决基材在单步成型中变形量过大的问题，降低变形过程中的应力集中，有利于成型精度的提升。

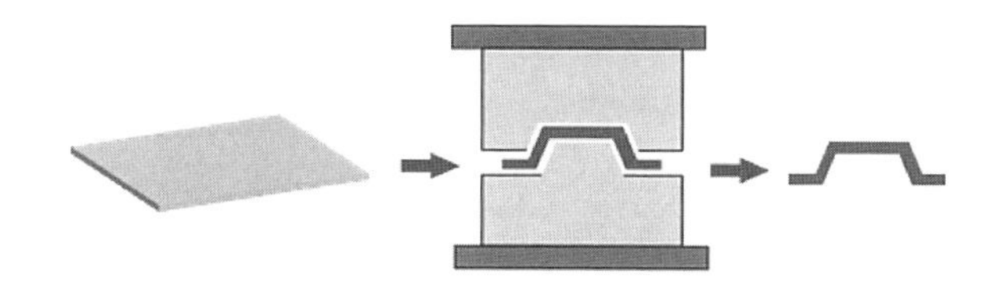

图6-10 单步冲压成型

热冲压成型也是冲压成型的一种，是指在常规冲压工艺的基础上增添加热装置，使得坯料在一定温度下参与变形，降低和释放变形应力，提升成型精度（见图6-11）。但是，热冲压成型成本较高，同时存在极板氧化等问题。

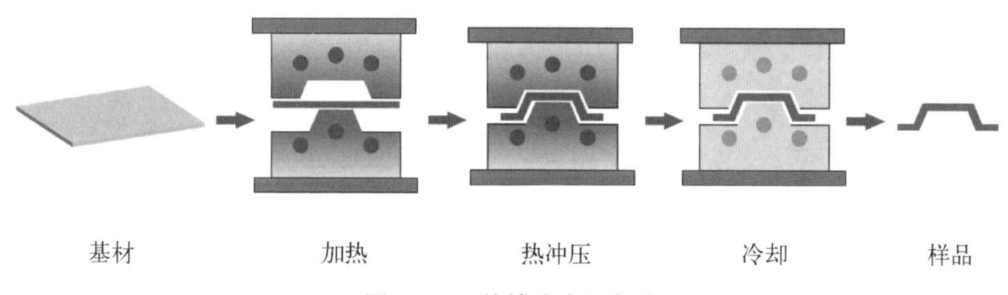

图6-11 热辅助冲压成型

2）液压成型

金属双极板的液压成型是指利用高压液体将基材压入模具型腔，获得符合设计要求产品的成型方法（见图 6－12）。与冲压成型相比，液压成型为单模具成型，模具成本较低，极板的成型精度和表面光洁度高，材料能够均匀地变形填满模具型腔，但其生产效率低，流道深度较深时成型困难。

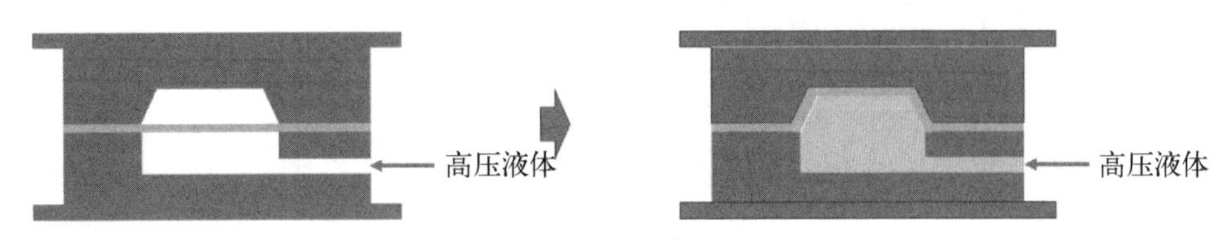

图 6－12　双极板液压成型

3）软模成型

金属双极板软模成型是指采用一块橡胶软模代替刚性模具的凸模，在外力的作用下凹模向下移动时，橡胶弹性变形并产生反作用力，在反作用力的作用下橡胶和基材一起充填凹模的型腔，获得符合设计要求的极板（见图 6－13）。软模成型能够有效地提升极板的成型性，并且产品表面质量好、尺寸精度高，单模具成型模具成本低，基材变形均匀等。但是，软模成型周期长，极板厚度不均匀，橡胶软模易老化、寿命低等缺点。

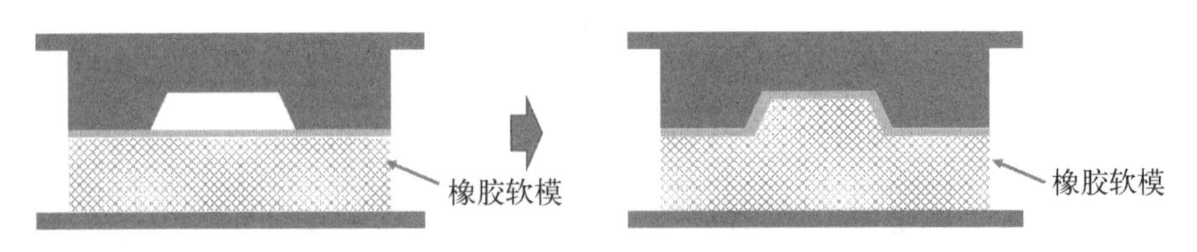

图 6－13　双极板软模成型

4）辊压成型

金属双极板的辊压成型是利用两个辊轮代替冲压成型中的模具，通过两个辊轮的转动挤压基材发生变形（见图 6－14）。辊压成型的精度较差，需二次整形，并且生产效率低。

冲压成型因其成本低、效率高，并且能够实现薄板成型的特点，广泛应用于金属双极板的工业生产。除上述金属双极板的成型工艺之外，金属双极板的成型工艺还包含电磁成型、化学刻蚀成型、液态成型等。

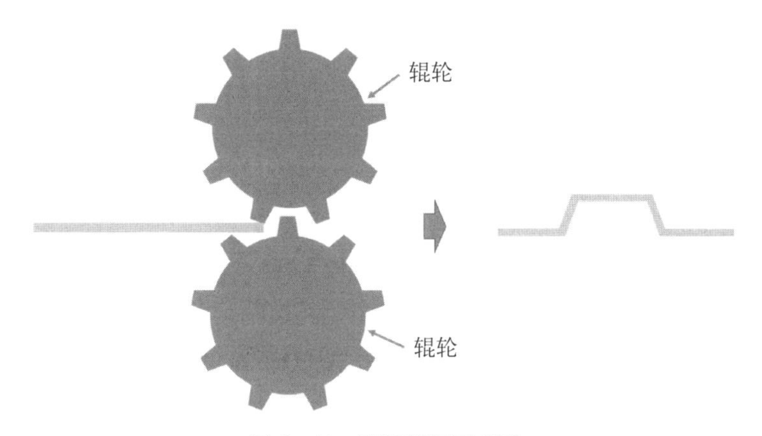

图 6-14　双极板辊压成型

6.2.4　双极板冲压批量化生产

冲压自动化生产线由于其独特的特点已广泛应用于双极板制造企业，为推动燃料电池行业的发展和应对电堆产量的迅猛增长提供了强有力的支持。冲压生产自动化在双极板生产中具有极大的优势，能提高生产率，降低生产成本。

双极板冲压自动化生产线通常分为几种类型，包括级进模冲压、多工位冲压和串联冲压。双极板级进模冲压如图 6-15 所示，在一套冲压设备和级进模具里完成送料、冲孔、成型、整型，在一次冲压行程中，料带定距移动一次，至双极板完成。级进模具定位精度高，生产节拍可达到 40～60 P/min，对模具加工制造的要求较高，且材料利用率相对较低。

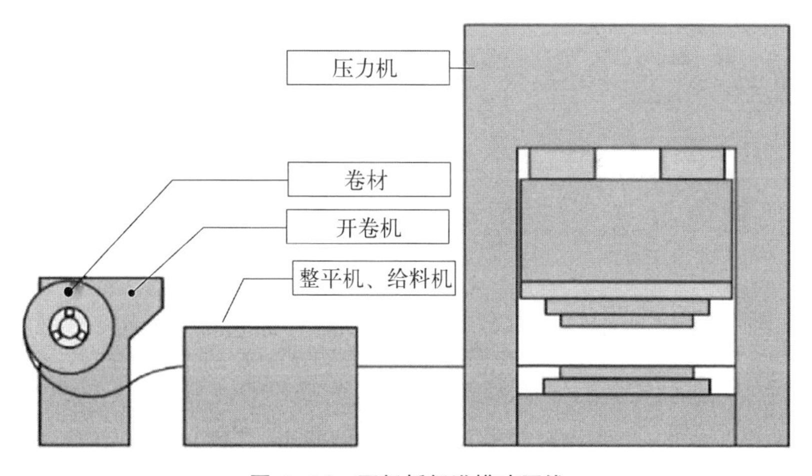

图 6-15　双极板级进模冲压线

双极板多工位冲压线如图 6－16 所示，将下料模具、成型模具、整型模具、冲孔模具布置在大台面冲床上，通过横杆机械手实现极板的直线传输，其生产节拍可达 20～40 P/min，可实现较高的生产效率。可添加上下料感应器、双料检测、夹手感应器、模内感应器等，对双极板及生产中的制件进行位置及状态检测，安全性较高。

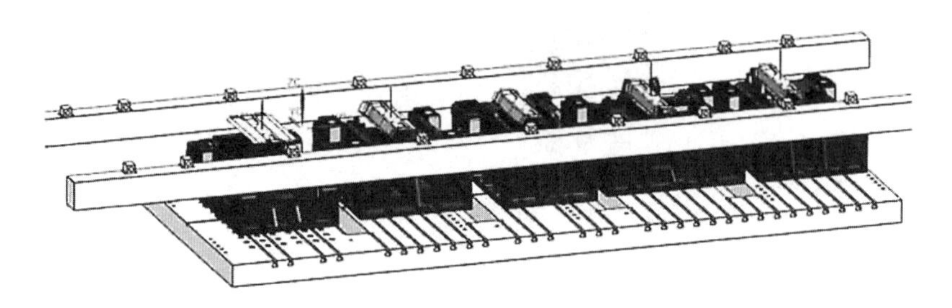

图 6－16　双极板多工位冲压线

双极板串联冲压线如图 6－17 所示，通过多台冲床、多台机械手完成双极板上料、成型、冲裁工序至成品。其传输形式柔性高，使用方便，利于模具维修调试，由于各模具所属各冲压机，装夹独立，工作参数独立，各模具工序维修调试可独立进行，互不影响，但生产效率较低，生产节拍可达 10～20 P/min。

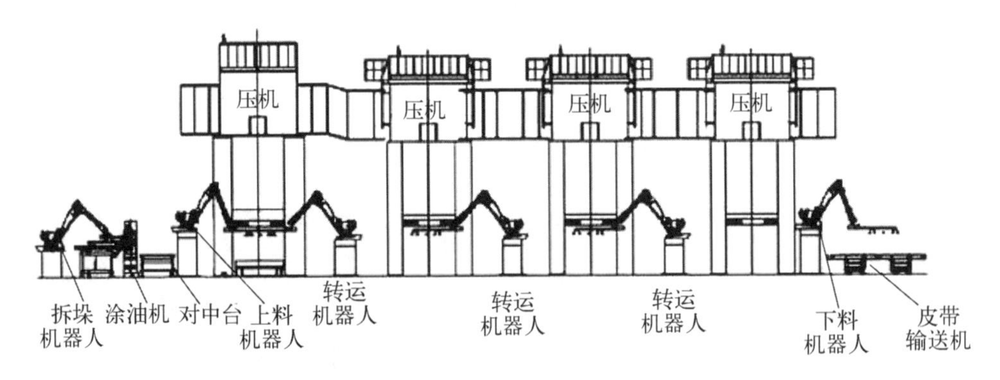

图 6－17　双极板串联冲压线

6.2.5　组装焊接技术

激光焊接是利用高能量密度的激光束作为热源的一种高效精密焊接方法，将满足质量要求的阴、阳单极板通过激光焊接固定在一起，构成一个完整的双极板，经过焊接后，焊缝会将双极板的冷却剂腔体完全密封。

双极板的激光焊接方式如图 6－18 所示，激光束沿着双极板周边设计好的密封槽进行焊接，利用激光使焊接部位熔合而实现连接。

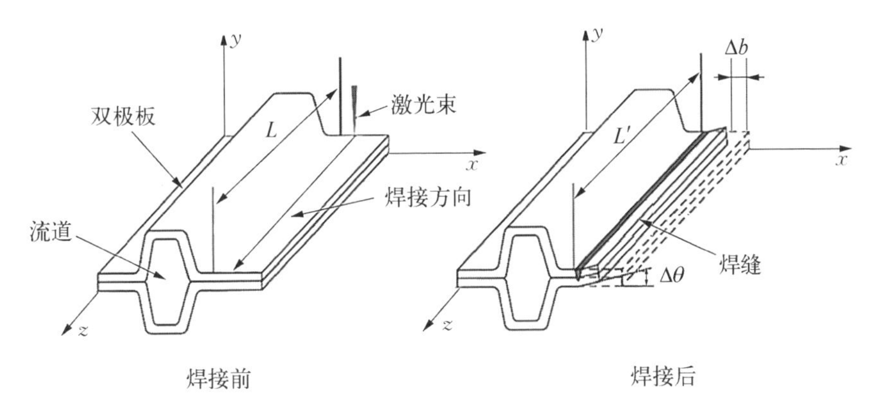

图 6－18　双极板激光焊接示意图

激光焊接的原理可分为热传导型焊接和激光深熔焊接。功率密度小于 104～105 W/cm^2 为热传导焊，此时熔深浅、焊接速度慢；功率密度大于 107 W/cm^2 时，金属表面受热作用下凹成“孔穴”，形成深熔焊，具有焊接速度快、深宽比大的特点。

超薄金属双极板具有反射率高、能量利用率低、易出现气孔和裂纹及变形量大等特点，焊接难度大，通常采用高速激光热导焊工艺进行焊接。为实现高密封性、微变性超薄金属双极板精密连接，高鲁棒性焊接工艺窗口至关重要。激光焊接工艺窗口受激光功率、扫描速率、离焦量、保护气体流量四个方面影响。典型的焊缝微观形貌如图 6－19 所示。两块极板在焊接熔池区域连接成一体。

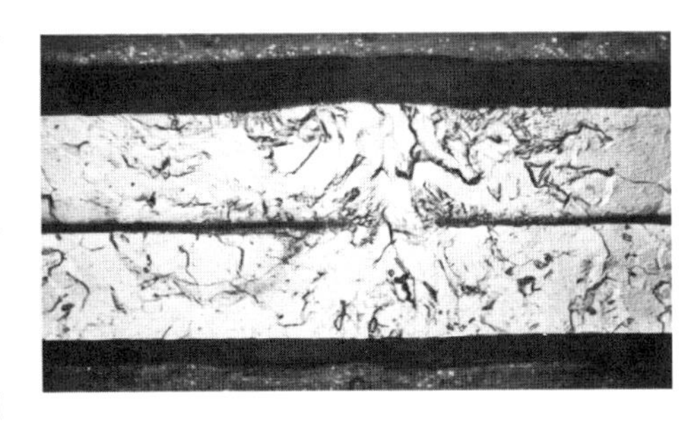

图 6－19　双极板焊缝光镜图片

双极板激光焊接后采用万能试验机对焊缝抗拉强度进行表征，采用压降法或流量法，通过泄漏检测仪对双极板三腔密封性进行测试。

6.2.6　表面处理技术

金属双极板的耐腐蚀性相对较差，在 PEMFC 的强酸（pH＝3～5）、高温

(60～95℃)、高湿环境并有一定的极化电位下运行,金属双极板中溶出的金属离子可能会污染燃料电池的质子交换膜。此外,用作金属双极板的材料,例如不锈钢、钛等,在酸性环境中表面会生成氧化膜,增大金属极板与气体扩散层(GDL)间的接触电阻,降低燃料电池输出性能。通过金属极板表面涂层改性技术,提高金属极板表面导电性和抗腐蚀性能,降低与 GDL 界面接触电阻,可极大地提高燃料电池性能及使用寿命。

6.2.6.1 金属极板表面涂层

金属双极板表面处理目前最常用的是利用物理或者化学方法,在基材表面制备一层保护涂层,提高金属极板表面导电性能和抗腐蚀性能。文献报道的涂层主要有贵金属涂层如金、铂等[19],过渡金属碳氮化物[20-22]以及非晶碳涂层[23-26]。贵金属材料性能优异,但成本过高,不适于商业化生产。过渡金属碳氮化物,如 TiN、TiC、CrN、CrC 等,具有良好的抗腐蚀能力,但其导电性有待提高,不能满足金属极板表面导电性的需求[10]。非晶碳涂层中碳原子有 sp^2 和 sp^3 两种杂化类型,同时具有石墨和金刚石的性能,因此具备良好的化学稳定性和致密的组织结构。通过调节非晶碳涂层中 sp^2 和 sp^3 杂化比例,可提高非晶碳涂层的导电性能和抗腐蚀性能,以满足金属极板在 PEMFC 中的使用需求[28-35]。非晶碳涂层的制造工艺也较为成熟,材料成本相对较低,在 PEMFC 金属极板的商业化进程中逐渐受到越来越多的关注(见图 6-20 和图 6-21)。

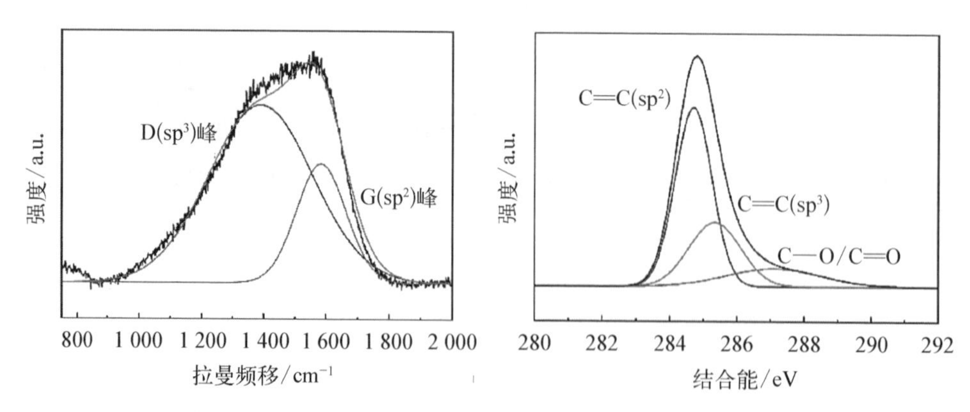

图 6-20 非晶碳涂层通过拉曼光谱、X 射线光电子能谱(XPS)观察 sp^2 和 sp^3 状态

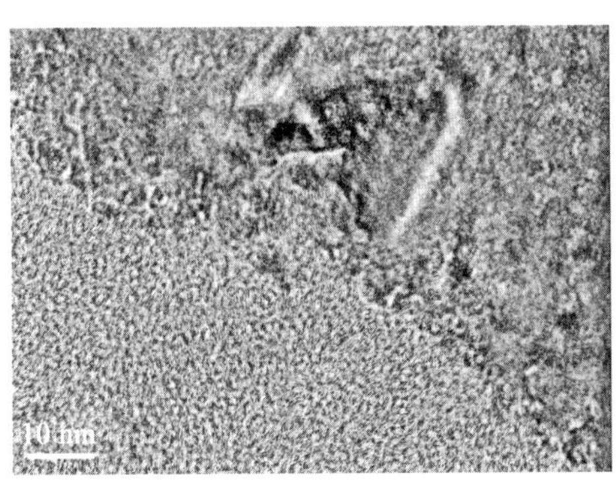

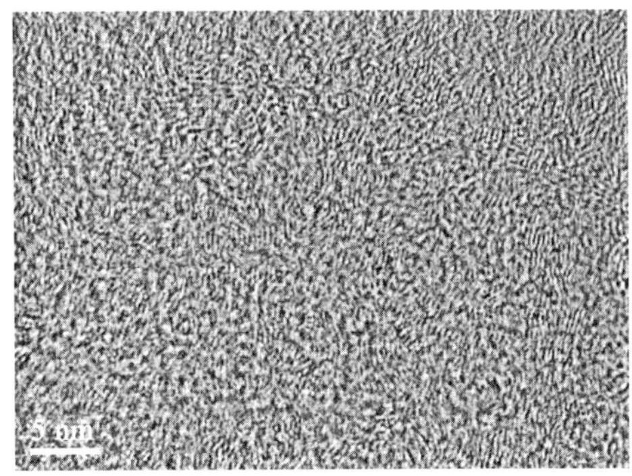

图6－21　非晶碳突出的透射电镜(TEM)高分辨图片

6.2.6.2　非晶碳涂层制备方法和设备

目前,适用于工业化大规模生产的非晶碳涂层制备方法包括磁控溅射沉积、阴极弧沉积和化学气相沉积。

1）磁控溅射沉积

磁控溅射是真空下利用氩气的辉光放电技术产生氩离子,氩离子在电场作用下轰击靶材表面,溅射出靶材原子和离子,扩散至基体表面,沉积成膜。该方法的优点：制备的膜层细腻,大颗粒少;适用范围广,无论靶材是否导电,都可用该方法沉积;工艺参数可调节范围宽,很容易实现膜层的掺杂和复杂结构膜层的制备。磁控溅射是制备金属膜层最常用的方法,也是制备非晶碳涂层的重要方法。但该方法制备碳涂层的效率较低,成本较高。

磁控溅射设备的核心部件是溅射阴极及溅射阴极的磁力线分布如图6－22、图6－23所示。

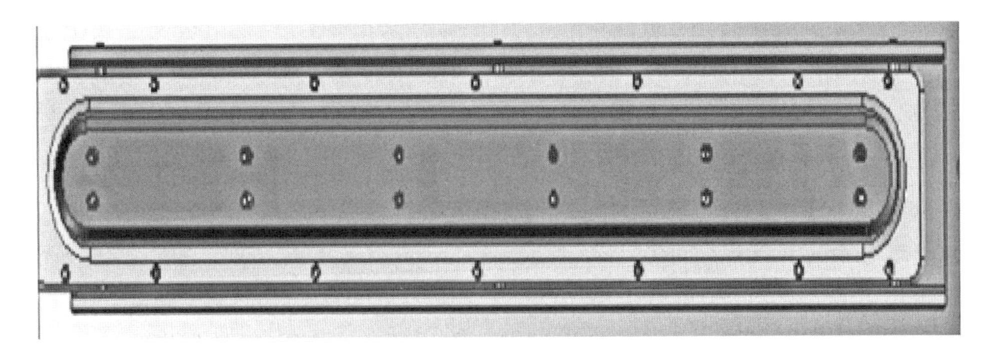

图6－22　磁控溅射阴极

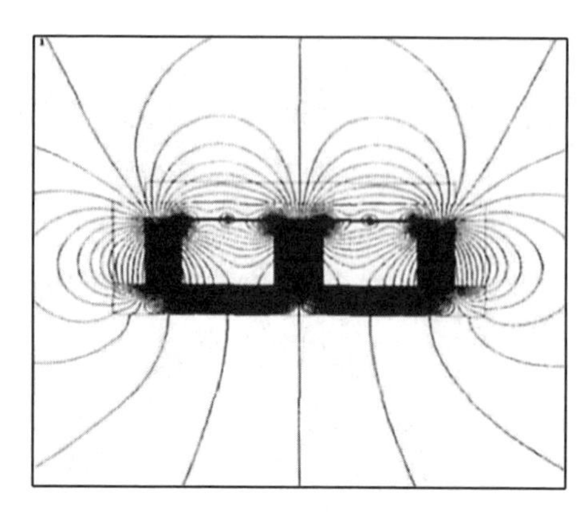

图 6-23　溅射阴极的磁力线分布示意图

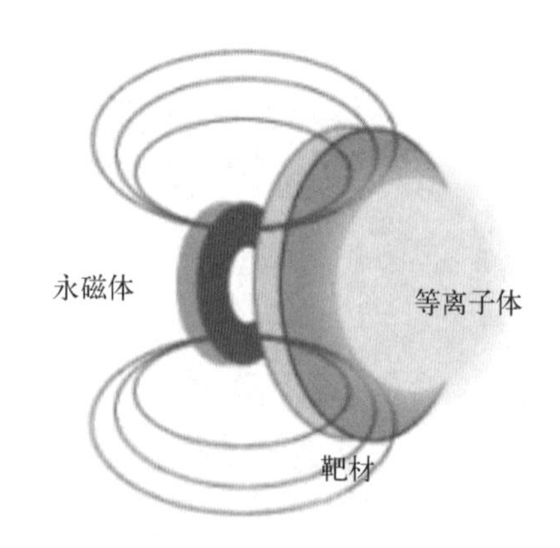

图 6-24　弧阴极及其磁场

2）阴极弧沉积

阴极弧沉积是阳极和阴极靶材间弧光放电，靶材原子被迅速蒸发出来，沉积在基体表面，形成膜层。该方法的特点是沉积效率高，靶材原子的离化率高，与基材的结合力强，但沉积过程会有大的靶材液滴嵌入涂层，影响薄膜质量。该方法制备非晶碳涂层的主要优势是沉积速率快，国内常州翊迈、骥翀氢能等公司主要是采用该方法制备双极板涂层。阴极电弧沉积设备的核心部件是弧阴极，常用的弧阴极如图 6-24 所示。

3）化学气相沉积

在真空条件下，利用碳源气体的化学反应制备含氢非晶碳涂层称为化学气相沉积。其制备机理为含碳气体如乙炔、甲烷等在等离子体中受到高速运动的电子碰撞而发生裂解，变成具有很高活性的化学基团，继而在基体表面沉积。通过等离子体辉光的引入可将沉积温度由 800～1 000℃降低至 300～500℃。主要沉积方法有等离子体增强化学气相沉积（PECVD）、直流辉光化学气相沉积（DC-CVD），射频辉光放电化学气相沉积（RF-PECVD）以及电子回旋共振化学气相沉积（ECR-CVD）等。利用化学气相沉积方法制备的非晶碳涂层沉积速率高，成膜质量好，但涂层中含有一定的氢元素，会造成导电率和硬度的下降。

化学气相沉积制备大尺寸的双极板涂层难度较高，设备技术难度大，国内设备厂商基本不掌握该项技术，因此目前国内很少有公司采用此方法制备双极板涂层。

非晶碳的沉积工艺如图 6-25 所示。第一步进行等离子体清洗，去除基体表面的钝化层；第二步沉积金属底层，减小与基体物理性质的差异，提高层间结合力；第三步沉积金属和碳过渡层，金属含量逐渐降低，碳含量逐渐增加，实现涂层间线性过渡；第四步沉积非晶弹层。其中第三步不是必需的，可以根据实际的涂层效果取消该步骤。

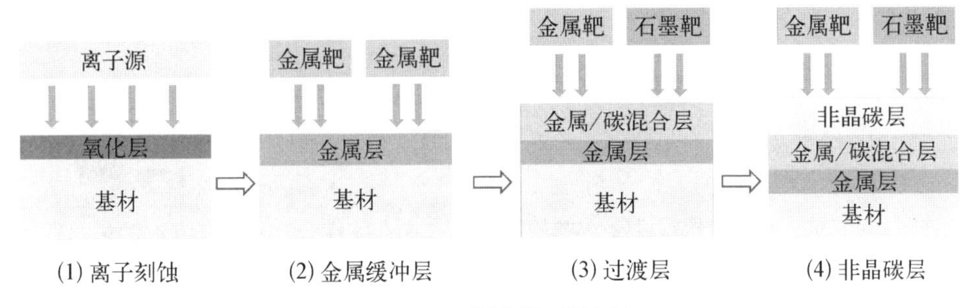

图6－25　非晶碳沉积流程

表面处理设备分为单体设备和连续线式设备。单体设备只有一个真空腔室，样品进入真空腔室后，关闭腔门，抽真空，当真空度到达预期值后再进行镀膜，镀膜后真空腔室破真空，然后取出样品。该设备的优点是成本较低，工艺灵活，可以方便地调整涂层的生产工艺，容易施加偏压，缺点是生产过程不连续，产能小。单体设备特别适合刀具、汽车零部件等小尺寸产品硬质涂层的加工。

连续线式设备通常具有预抽室、镀膜室、放气室等多个腔室，通过各个腔室之间的节拍配合，实现各腔室同时工作，镀膜生产连续进行。样品载具从预抽室到放气室沿轨道连续通过一次即可完成镀膜加工。连续线设备适合大面积涂层的批量化生产，如low－E玻璃、太阳能集热管等产品的生产。该设备的优点是生产效率高，缺点是设备复杂、价格高、设备确定后调整工艺比较困难、基片施加偏压难度高。

单体设备和连续线式设备如图6－26、图6－27所示。

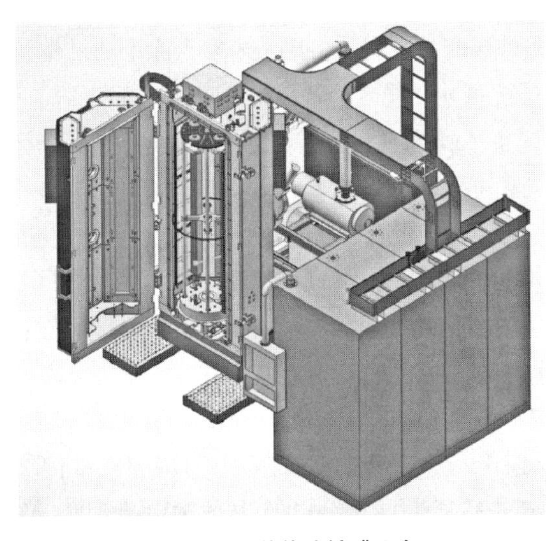

图6－26　单体式镀膜设备

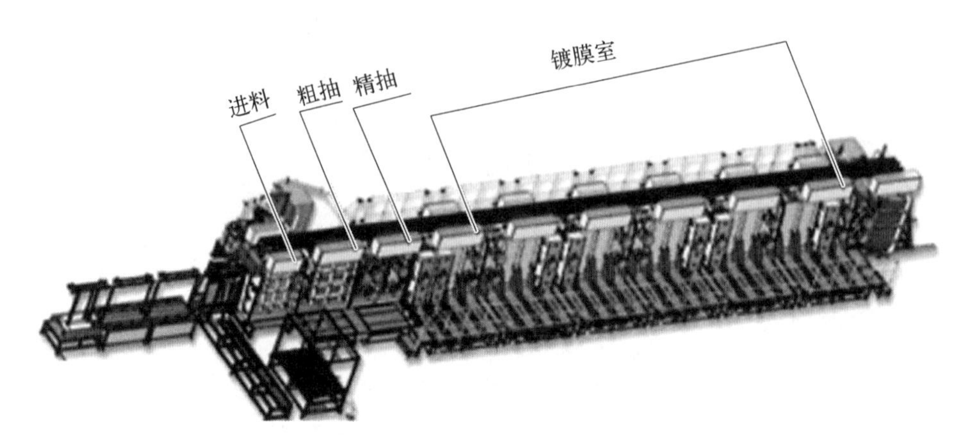

图 6 - 27　立式连续式镀膜线

6.2.6.3　非晶碳涂层的研究进展

非晶碳材料的物理性质与基体金属材料相差很大，很难在金属底材上直接沉积，需要在基材表面预先沉积打底层与过渡层，之后再继续沉积非晶碳涂层。其中底层与过渡层材料的选择将对最外层的非晶碳产生重要影响。上海交通大学 Yi 等[35]利用闭合场非平衡磁控溅射方法在不锈钢 316L 的基底上制备了铬、氮、碳的多层复合涂层。其涂层制备过程如下：第一步开启铬靶先沉积一层金属铬底层作为打底层；第二步再通入氮气，沉积 CrN 涂层作为过渡层；第三步逐步开启石墨靶，沉积 CrNC 三元共存层；第四步关闭铬靶并停止通入氮气，保持石墨靶开启，沉积最外层非晶碳层。多层纳米复合涂层的结构，涂层与基体的结合力提高至 75 N，涂层抗腐蚀性能也显著提高。Chung 等[28]学者利用线性离子源在不锈钢 316L 表面制备了纳米导电碳涂层。结果表明非晶碳涂层厚度可降低至 50 nm，同时接触电阻和抗腐蚀性能仍能满足美国 DOE 的标准，这主要是由于线性离子源产生高能的碳离子有利于致密的石墨化碳晶体生长。Wu 等[36]学者用直流磁控溅射技术调节合适的偏压和气压，在非晶碳层和不锈钢底层沉积一层具有自锁结构的铬底层，很大程度提高了涂层与基体间结合力，同时自锁结构阻碍了腐蚀离子通过微孔洞或缺陷渗入基体表面，极大提高了涂层的抗腐蚀性能。然而在 1.5 MPa 的接触压力下样品与碳纸间接触电阻 16.65 $m\Omega \cdot cm^2$，高于 DOE 指标 10 $m\Omega \cdot cm^2$。Fukutsuka 等[37]利用等离子体增强化学气相沉积方法制备的 100 nm 非晶碳涂层，接触电阻和腐蚀电流密度分别为 8.9 $m\Omega \cdot cm^2$ 和 1 $\mu A/cm^2$。Fu 等[38]利用脉冲偏压多弧离子镀的方法，降低沉积温度，同时减少了沉积过程中的大颗粒现象，在不锈钢表面沉积了致密的非晶碳层，腐蚀电流密度降低至 0.1 μA/cm^2，接触电阻在 1.4 MPa 下减小到 6.86～8.72 mΩ·cm^2。Yi 等[39]利用闭合场非平衡磁控溅射方法在不锈钢金属极板表面制备非晶碳涂层，1.5 MPa 初始接触电阻降低至 5.4 mΩ·cm^2。同时单电池装堆测试，镀膜后的金属极板功率密度比未镀膜的光板提高 3.02 倍。因此可以看出非晶碳涂层的性能与制备方法和工艺参数密切相关。

进一步提高非晶碳涂层抗腐蚀性能和增强表面导电性，很多学者开始在非晶碳涂层中掺杂金属与非金属元素进行非晶碳涂层改性。在制备非晶碳薄膜过程中，掺杂适量的金属或非金属元素，可减少涂层缺陷，降低涂层内应力，增强涂层致密性，进一步提高非晶碳涂层性能[40]。Wang 等[41]将抗腐蚀性能好的元素 W 掺杂至非晶碳涂层中，表面形貌并未发生明显变化。研究表明当钨含量较小时，主要以金属态的形式存在；当钨的含量增加时，非晶 WC 相弥散在非晶碳涂层的网络结构中。在装配压力 1.4 MPa 下，随着钨含量的改变接触电阻在 6.25～7.21 mΩ·cm^2 区间；同时电化学腐蚀试验表明掺杂钨的非晶碳涂层由于金属态的钨存在而具备自钝化功能，可显著提高涂层的抗腐蚀性能。Fu 等[38]利用脉冲多弧技术同时沉积铬和碳元素，得到 $Cr_{0.23}C_{0.77}$ 涂层，结构表明掺杂铬元素后的非晶碳涂层接触电阻显著降低，这主要是由于铬元素的引入促进了非晶碳涂层中 C－sp^2 键比例增加，提高了涂层导电性能。Bi 等[42]利用掺杂锆元素在非晶碳薄膜中生成耐腐蚀的纳米 ZrC 晶嵌入在非晶碳的网络中，提高了非晶碳涂层的致密性，继而提高了涂层的抗腐蚀性能。经过长时间恒电位极化测试后，涂层腐蚀前后接触电阻基本变化不大，表明锆掺杂的非晶碳涂层有望提高 PEMFC 金属极板耐久性能。

金属掺杂至非晶碳涂层结构中，可以有效提高碳膜的导电性能和化学稳定性能，其具体机理可由掺杂元素后的电子结构信息解释。Li[43]用第一性原理计算方法研究了过渡金属掺杂非晶碳涂层后体系结构和性质的变化。结果表明金属元素掺杂后可通过减少碳键畸变和扭曲将体系能量降低，继而降低涂层内应力。掺杂元素对非晶碳涂层中碳原子 sp^2/sp^3 杂化比例有显著的影响。掺杂后的电子结构表明过渡金属与碳原子间根据结合形式，可分为成键碳化物如钛、钪等，非键碳化物如钒、铬、锰、铁等，以及反键碳化物如镍、钴、铜等。过渡金属 3 d 轨道电子的差异将会导致掺杂非晶碳涂层导电性、硬度、弹性模量、抗腐蚀性能等物理化学特性的变化。目前针对非晶碳掺杂改性的机理研究多集中在力学和电学特性方面，对于在 PEMFC 环境中非晶碳涂层掺杂改性提高抗腐蚀性能，以及增强抗氧化性方面还没有太多深入的研究。

6.3 金属双极板发展现状

双极板是燃料电池中的重要部件，一般具有复杂的微细流场结构，发挥分配水气、支撑其他部件、收集电流等作用，其质量直接影响电堆的输出功率和使用寿命。根据美国能源部 2017 年发布的燃料电池系统成本报告估计，在燃料电池系统年产量为 1 000 台的情况下，双极板成本占整个系统成本的 18%；但是随着系统年产量增至 50 万台，其成本所占比例将激增至 28%。因此实现双极板的大批量低成本制造对降低燃料电池汽车成本、推进燃料电池汽车商业化具有重要意义。表 6-6 为当时美国能源部对燃料电池双极板提出的性能指标要求。

表 6-6 美国能源部双极板性能指标(2020)

序号	性　　能	指　　标
1	成本/(\$/kW)	<10
2	弯曲强度/MPa	>59
3	电导率/(S/cm)	>100
4	冲击吸收能/(J/cm)	>40.5
5	热传导系数/[W/(m·K)]	>20
6	比功率/(kW/kg)	<0.4
7	腐蚀电流/($\mu A/cm^2$)	<1
8	透气率/[$cm^3/(S \cdot cm^2)$]	$<2\times10^{-6}$
9	气孔率/%	$\leqslant0.12$
10	肖氏硬度/(H/S)	48～51
11	化学相容性	阳极无氢化物层 阴极无钝化层
12	抗拉硬度/MPa	>41

高性能、低成本金属双极板是支撑燃料电池汽车应用的关键技术，其核心指标包括金属极板设计、一致精密制造、耐久性、批量化制造及成本控制等。丰田、现代等已着力构建自己的金属双极板产业链。通用汽车在经历燃料电池开发的低谷后，再次将重心转移到金属双极板燃料电池，与本田联合开发，逐步提升金属双极板的设计、精度、寿命等，并已开展产业化布局。此外，欧洲作为最早涉及燃料电池的地区之一，已形成了整车厂商和金属双极板零部件厂商并驾齐驱的局面。德国DANA公司在新乌尔姆县专门兴建了分公司，用于金属双极板技术的开发。该公司的金属双极板采用冲压成型、激光焊接等技术，并结合集成密封技术，提升金属双极板电池的密封可靠性。目前，金属双极板技术已经成为各大汽车厂商的核心竞争力所在。

随着国内燃料电池电堆技术的积累和进步，国内极板设计水平不断提高，但是距离世界一流水平仍然有一定差距。中国科学院大连化学物理研究所是国内最早研发燃料电池技术的机构，其在极板设计领域也有多年的工作和技术基础，设计的石墨金属复合型极板已成功应用于多功率级别的商业化电堆。上汽集团联合新源动力上海交通大学/上海治臻团队设计并开发了多种型号的金属极板并成功应用于100 kW及以上的商业化电堆，其设计和应用水平在国内处于领先地位。国氢科技团队开发钛基材金属极板及涂层技术已成功应用于多种电堆产品，成功应用于冬奥会等批量应用场景，其技术水平得到了充分的验证。值得注意的是，极板设计作为燃料电池电堆的核心关键技术之一，在通用、现代、福特等各大车企中均列为机密信息，因此只能通过电堆技术指标间接估计其设计水平。丰田公司为了促进燃料电池产业的发展，解密了其燃料电池电堆技术的大量信息。通过分析这些信息可以发现，其极板设计水平有独到之处，特别是三维阴极板的结构设计可有效排出阴极积水，提高电堆性能有充分的实证数据。对比国际一流极板设计水平，我国金属双极板在排水、密封等创新性设计方面仍有很大的进步空间。

6.4　金属双极板涂层的测试表征方法

为了确保燃料电池能够长期稳定地运行，金属双极板必须具有优异的耐腐蚀性能。金属双极板表面改性涂层的耐腐蚀性主要通过动电位极化曲线和恒电位极化曲线来测试评价，它们是在模拟燃料电池运行环境下进行的非原位测量方法。由于在实际电堆中直接检测涂层的耐腐蚀性比较困难，而且涂层的耐久性评估比较耗时和昂贵，所以这种非原位测试方法对涂层的耐腐蚀性及耐久性评估具有非常重要的意义。金属双极板涂层腐蚀电化学一般采用三电极体系进行测试，三电极包括工作电极、参比电极、辅助电极，其中工作电极就是待测的表面改性金属双极板，参比电极包括饱和甘汞电极（SCE）、硫酸亚汞电极、Ag/AgCl 电极等，辅助电极一般为铂片或碳棒。测试电解液为模拟燃料电池工作环境，一般采用 80℃含 F^- 的 H_2SO_4 电解质溶液，并通入氢气或氧气/空气。目前，双极板耐蚀性测试在行业内还没有形成统一测试方法和指标。

DOE 2020 年目标要求阳极腐蚀电流密度小于 1×10^{-6} A/cm^2 且没有活化峰。具体测试方法是在 pH＝3、含 0.1 mg/L HF、温度为 80℃的硫酸溶液中进行动电位测试，扫描速率为 0.1 mV/s，电位扫描范围为－0.4～＋0.6 V（vs. Ag/AgCl），同时溶液中通入氩气。

国标规定双极板腐蚀电流密度小于 1×10^{-6} A/cm^2，具体测试方法是向温度为 80℃、含 5×10^{-6} 氟离子的 0.5 mol/L 的 H_2SO_4 电解质溶液中以 20 mL/min 的流速通入氧气或氢气，对样品进行动电位测试，扫描速率为 2 mV/s，电位扫描范围为－0.5～0.9 V（vs.SCE），然后对测得的极化曲线进行塔菲尔（Tafel）拟合，塔菲尔直线的交点所对应的电流即为样品的腐蚀电流。

此外，国内外一些研究机构对动电位极化曲线也有不同的研究[44]，如表 6－7 所示。

表 6－7　国内外对双极板腐蚀动态电位极化曲线的研究总结

研究单位	pH/H_2SO_4 浓度；F^- 浓度；温度	电位扫描范围	扫速/(mV/s)
美国能源部	pH＝3；0.1 mg/L；80℃	－0.4～0.6 V（vs. Ag/AgCl）	0.1
嘉泉大学（韩国）	0.05 mol/L；2 mg/L；80℃	－0.6～1.0 V（vs.SCE）	1
挪威科技大学	1 mmol/L；0；75℃	－0.26～1.04 V（vs.SHE）	2
伊斯法罕科技大学（伊朗）	0.5 mol/L；2 mg/L；25℃、70℃	－0.25（vs. OCP）～0.3 V（vs.击穿电势）	1
蒙纳士大学（澳大利亚）	0.5 mol/L；0；室温	－250～250 mV（vs. OCP）	1

续　表

研究单位	pH/H_2SO_4 浓度；F^- 浓度；温度	电位扫描范围	扫速/(mV/s)
巴西材料科学与技术中心(CCTM)	0.5 mol/L；2 mg/L；室温	−300～1 000 mV(vs. OCP)	1
长冈技术科学大学(日)	0.5 mol/L；0；室温	静止电位～1.1(vs.SHE)	0.33
IK4 - TEKNIKER(西班牙)	pH=3、pH=6；0；80℃	−0.2～1.6 V(vs. SHE)	1
GB/T 20042.6—2011	0.5 mol/L；5×10^{-6}；80℃	−0.5～0.9 V(vs. SCE)	2
上海交通大学	0.5 mol/L；2 mg/L；80℃	−0.6～1.2 V(vs. SCE)	1
	pH=3；0.1 mg/L；80℃	−0.4～1.2 V(vs. Ag/AgCl)	0.5
浙江工业大学	0.5 mol/L；5 mg/L；—	−0.7～1.0 V(vs. SCE)	0.5
大连理工大学	0.5 mol/L；5×10^{-6}；70℃	−0.3～1.4 V(vs. SCE)	1
中国科学院大连化学物理研究所	0.5 mol/L；5×10^{-6}；70℃	—	—

恒电位极化曲线是测试金属双极板腐蚀电流密度在恒定电位下随时间变化的腐蚀行为，可通过该测试方法来评价金属双极板涂层的耐腐蚀稳定性。国内外研究机构[22]利用恒电位测试对金属双极板的耐腐蚀稳定性进行了大量的研究，具体如表 6 - 7 所示。

双极板的特性要求其具有良好的导电性。金属双极板与气体扩散层之间的界面接触电阻(ICR)是影响燃料电池输出性能的重要因素之一。ICR 越低，电池内耗越低，发电效率越高。DOE 2020 年指标要求 ICR$\leqslant$10 mΩ·cm^2。GB/T 20042.6—2011 中规定的 ICR 测量方法是依据伏安法进行的，是目前主要的测试方法。图 6 - 28 是双极板接触电阻测量的结构示意图。测试样品夹在两片碳纸之间，碳纸两端用铜块起着支撑和引出电流的作用，碳纸选用的是 Toray 060 型，用来模拟扩散层，如图 6 - 28(a)所示。为了精确计算，将一片碳纸夹在两块铜板之间，如图 6 - 28(b)所示。通过外电路恒流电源给定恒定电流为 1 A，通过电子万能试验机程序控制压力，用精密万用表测量不同压力下整个回路的电压变化。

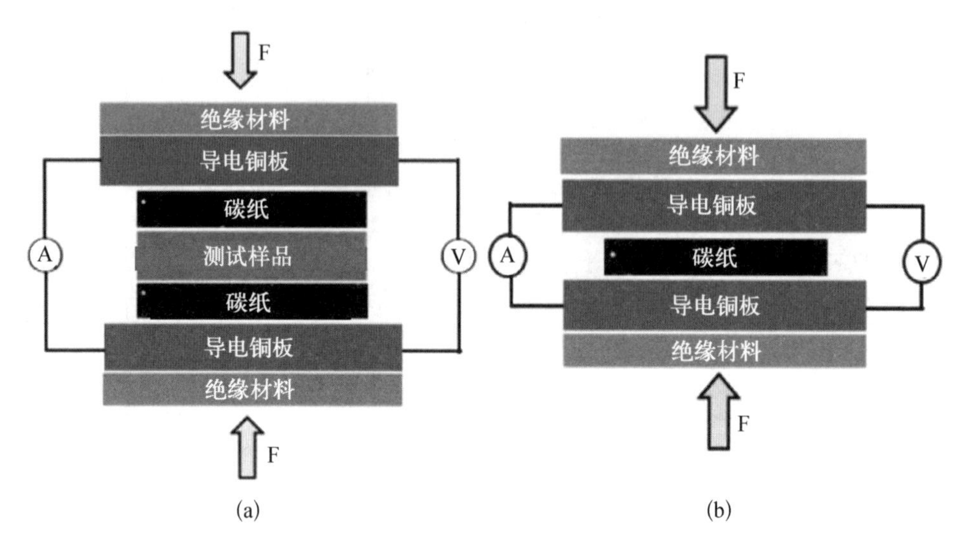

图 6-28　接触电阻测试示意图

通过伏安法计算回路中的电阻：

$$R_{tot}=\frac{VA\mathrm{s}}{I} \tag{6-1}$$

其中 R_{tot} 是整个回路中的总电阻，V 是两铜板间的电压变化，I 是恒流电源提供的恒定电流，$A\mathrm{s}$ 是试样的接触面积。由图 6-28(a)可知，$R_{tot(a)}$ 包括如下内容：

(1) 两片铜板的电阻 $2R_{Cu}$；

(2) 两片铜板与碳纸的接触电阻 $2R_{C/Cu}$；

(3) 两片碳纸的电阻 $2R_{C}$；

(4) 两片碳纸与试样的接触电阻 $2R_{C/S}$；

(5) 试样内阻 R_S 和外电路的总电阻 R_0。

$$R_{tot(a)}=2R_{Cu}+2R_{C/Cu}+2R_C+2R_{C/S}+R_0+R_S \tag{6-2}$$

由图 6-28(b)可知，$R_{tot(b)}$ 包括两片铜板的电阻 $2R_{Cu}$、两片铜板与碳纸间的接触电阻 $2R_{C/Cu}$、碳纸内阻 R_C 和外电路总电阻 R_0：

$$R_{tot(b)}=2R_{Cu}+2R_{C/Cu}+R_C+R_0 \tag{6-3}$$

由式(6-2)和式(6-3)可知，试样与扩散层(碳纸)之间的接触电阻 $R_{C/S}$ 可以由式(6－4)算出：

$$R_{C/S}=\frac{R_{tot(a)}-R_{tot(b)}-R_C-R_S}{2} \tag{6-4}$$

式中，R_C 和 R_S 可以通过四点探针测出其电导率，而后由以下式 6－5 求出：

$$R=\frac{\rho L}{S} \tag{6-5}$$

式中，R 为体电阻，ρ 为体电阻率，L 为试样厚度，S 为试样表面面积。

除以上测试评价外，金属双极板表面涂层通常还要进行亲疏水和涂层结合力等测试。

质子交换膜燃料电池工作时，氢气和氧气需要通过纯水增湿辅助系统，使质子交换膜维持一定的湿度，从而保证 H^+ 的传导能力；而且 PEMFC 的工作温度为 70℃左右，阴极反应生成的水以液态形式存在，需要及时排除，否则会引起双极板流场阻塞、双极板腐蚀加速以及质子交换膜淹死等，从而影响 PEMFC 的性能。因此，PEMFC 双极板需要具有一定的疏水性。一般采用如图 6－29 所示的接触角测量仪来评价其亲、疏水性能，通常认为亲水材料的接触角 $\theta<90°$，疏水材料的接触角 $\theta>90°$。

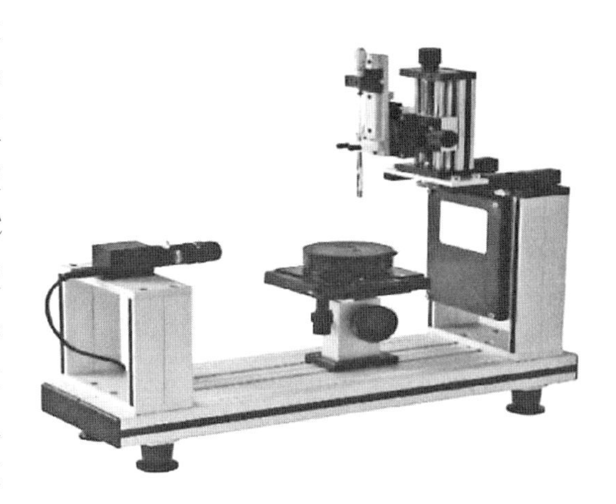

图 6－29　接触角测量仪

涂层结合力是涂层与基体表面的相互黏附能力，也就是将涂层从基体上剥离的难易程度。金属双极板涂层的结合力直接影响涂层在燃料电池环境中耐久稳定性。工业上用来测量涂层结合力的方法主要有三种，分别为划痕法、压痕法、球痕法。

划痕法是一种“定量”测量涂层膜基结合强度和失效形式的标准试验方法，用一个加有金刚石圆球状的针头在涂层表面连续划行，同时在针头上逐渐增加载荷，当涂层被完全划穿或者涂层出现明显剥落那一刻所加载的载荷力就是涂层的结合力，以牛顿(N)为单位表示。

压痕测试法是一种“定性”测量膜基结合力的方法，用洛氏硬度计的金刚石压头在样品的指定位置上打压出一个凹坑，凹坑处的样品基材由于变形时基材与涂层之间产生相应的应力，该应力有可能使凹坑周围的涂层脱落。对于不同材料的基体，采用不同的测试方法。对于钢基体，采用 HRC 方法，其测试加压载荷为 150 kgf；对于硬度高的基体，如硬质合金等，采用 HRA 方法，其测试加压载荷为 60 kgf。在显微镜下观察凹坑的形貌，与标准对比，判断涂层的结合力是否合格。HF1～HF4 均为合格，HF5～HF6 均为不合格。

球痕法同样是一种“定性”测量膜基结合力的方法，是用一定直径的钢球在涂层表面上研磨，将涂层磨穿，在涂层和基体上留下一个圆形（涂层表面为平面时）或椭圆形（涂层表面为圆柱面时）凹坑。研磨的时间要掌握好，凹坑的深度一定要超过涂层的厚度。另外，由于涂层很硬，钢球很难直接将涂层磨穿，所以研磨时，要先在钢球上研磨区域涂上些许金刚石粉末（粒度在 7 μm 以下），并喷上酒精以稀释金刚石粉末和研磨时润滑。在显微放大镜下将凹坑放大 50～100 倍，则会看见涂层与基体之间有一条分界线，观察这条分界线的形状来判断涂层与基体之间的结合力是好还是不好。如果这条界线非常清晰整齐，则涂层结合力好。如果这条分界线犬牙交错或出现断层，则涂层结合力不好。

【参考文献】

[1] 一般社団法人.「燃料電池技術」[M].燃料電池開発技術情報センター编，日本：日刊工業新聞社，2014.

[2] 王晓丽，张华民，张建鲁，等.质子交换膜燃料电池气体扩散层的研究进展[J].化学进展，2006(4)：507－513.

[3] 胡志军，林江，张学金，陈华.气体扩散层碳纤维纸加载微孔层研究[J].功能材料，2016，9：9112－9116.

[4] 冷小辉，王宇新.聚合物电解质膜燃料电池气体扩散层上新型双层微孔层的制备和性能[J].化学工业与工程，2017(1)：119－124.

[5] Jason M, Ravindra D. Understanding the gas diffusion layer in proton exchange membrane fuel cells. I. How its structural characteristics affect diffusion and performance[J]. Journal of Power Sources, 2014, 251(4)：269－278.

[6] 高源，吴晓燕，孙严博.新型随机重构微孔隙介质模型与扩散特性[J].同济大学学报(自然科学版)，2017，45(1)：109－118.

[7] 叶东浩，詹明，潘牧.PEM 燃料电池膜电极中的水传输行为[J].湖南大学学报(自然科学版)，2016(12)：50－55.

[8] Wang Y, Ken S, Jeffrey M. A review of polymer electrolyte membrane fuel cells: technology, applications, and needs on fundamental research[J]. Applied Energy, 2011, 88(4)：981－1007.

[9] Kirubakaran A. A review on fuel cell technologies and power electronic interface[J]. Renewable & Sustainable Energy Reviews，2009,13(9)：2430－2440.

[10] Darling R M，Weber A Z，Newman J. Modeling two-phase behavior in PEFCs[J]. Journal of the Electrochemical Society，2004,151(10)：A1715.

[11] Walters M，Wick M，Tinz S，et al. Fuel cell system development[J]. SAE International Journal of Alternative Powertrains，2018，7(3)：335－350.

[12] 东丽株式会社,ガス拡散電極基材およびガス拡散電極の製造方法：第5364976号[P]. 2013－12－11.

[13] 东丽株式会社.高分子電解質型燃料電池に用いるガス拡散電極基材の製造方法：第5544960号[P].2014－7－19.

[14] 东丽株式会社.燃料电池用气体扩散层的制造方法：CN107408706A[P].2017－11－28.

[15] 东丽株式会社.ガス拡散電極基材の製造方法：WO2016/152851号[P].2018－1－11.

[16] 王炯.燃料电池用碳纸的制备和表征[D].上海：东华大学,2011.

[17] 广东省新能源汽车技术创新路线图编委会.广东省新能源汽车技术创新路线图(第一册)[M].北京：机械工业出版社,2022.

[18] 宮田清蔵 監修.燃料電池自動車の開発と材料・部品[M].日本：シーエムシー出版,2016.

[19] 任延杰,李聪,陈荐,陈亚庆.质子交换膜燃料电池金属双极板表面防护技术[M].北京：化学工业出版社,2016.

[20] Kumar A，Ricketts M，Hirano S. Exsitu evaluation of nanometer range gold coating on stainless steel substrate for automotive polymer electrolyte membrane fuel cell bip olar plate[J]. Journal of Power Sources，2010，195(5)：1401－1407.

[21] Choe C，Choi H，Hong W，et al. Tantalum nitride coated AlSi-316L as bipolar plate for polymer electrolyte membrane fuel cell[J]. International Journal of Hydrogen Energy，2012，37(1)：405－411.

[22] Jeon W S，Kim J G，Kim Y J，et al. Electrochemical properties of TiN coatings on 316L stainless steel separator for polymer electrolyte membrane fuel cell[J]. Thin Solid Films，2008，516(11)：3669－3672.

[23] Lee S H，Kakati N，Maiti J，et al. Corrosion and electrical properties of CrN－ and TiN－ coated 316L stainless steel used as bip olar plates for polymer electrolyte membrane fuel cells[J]. Thin Solid Films，2013，529：374－379.

[24] Huang K，Zhang D，Hu M，et al. Cr_2O_3/C composite coatings on stainless steel 304 as bipolar plate for proton exchange membrane fuel cell[J]. Energy，2014，76：816－821.

[25] Jin W，Feng K，Li Z，et al. Properties of carb on film deposited on stainless steel by close field unbalanced magnetron sputter ion plating[J]. Thin Solid Films，2013，531：320－327.

[26] Yoo J，Yeo K H，Shin E C，et al. Nanometers layered conductive carbon coating on 316L stainless steel as bipolar plates for more economical automotive PEMFC[J]. Coatings，2013，1：477－482.

[27] Choi H S，Han D H，Hong W H，et al. Titanium or chromium nitride coatings for

bipolar plate of polymer electrolyte membrane fuel cell[J]. Journal of Power Sources, 2009, 1 89 (2): 966 - 971.

[28] Chung C Y, Chen S K, Chiu P J, et al. Carbon film-coated 304 stainless steel as PEMFC bipolar plate[J]. Journal of Power Sources, 2008, 176 (1): 276 - 281.

[29] Zhang S, Yuan X, Wang H, et al. A review of accelerated stress tests of MEA durability in PEM fuel cells[J]. International Journal of Hydrogen Energy, 2009, 34 (1): 388 - 404.

[30] Han B B, Ju D Y, Chai M R, et al. Chemical composition and corrosion behavior of a-C: H/DLC film coated titanium substrate in simulated PEMFC environment[J]. Coatings, 2021, 11(7): 820 - 831.

[31] Han B B, Ju D Y, Chai M R, et al. Corrosion resistance of DLC film coated SUS316L steel prepared by ion beam enhanced deposition[C]//Advances in Materials Science and Engineering, 2019.

[32] Han B B, Ju D Y, Chai M R, et al. Microstructure and corrosion behavior of DLC films deposited on SUS316L and titanium substrate for bipolar plates[C]//Advances in Materials Science and Engineering, 2019.

[33] Pei P, Chen H. Main factors affecting the lifetime of proton exchange membrane fuel cells in vehicle applications: a review[J]. Applied Energy, 2014, 125: 60 - 75.

[34] 王诚，王树博，张剑波.车用燃料电池耐久性研究[J].化学进展，2015，27(4): 424 - 435.

[35] Yi P, Peng L, Zhou T, et al. Cr - N - C multilayer film on 316L stainless steel as bipolar plates for proton exchange membrane fuel cells using closed field unbalanced magnetron sputter ion plating[J]. International Journal of Hydrogen Energy, 2013, 38 (3): 1535 - 1543.

[36] Wu M, Lu C, Tan D, et al. Effects of metal buffer layer for amorp hous carb on film of 304 stainless steel bipolar plate[J]. Thin Solid Films, 2016, 616: 507 - 514.

[37] Fukutsuka T, Yamaguchi T, Miyano S I, et al. Carb on-coated stainless steel as PEFC bip olar plate material[J]. Journal of Power Sources, 2007, 174 (1): 199 - 205.

[38] Fu Y, Lin G, Hou M, et al. Carbon based films coated 316L stainless steel as bipolar plate for proton exchange membrane fuel cells[J]. International Journal of Hydrogen Energy, 2009, 34 (1): 405 - 409.

[39] Yi P, Peng L, Feng L, et al. Performance of a proton exchange membrane fuel cell stack using conductive amorp hous carbon-coated 304 stainless steel bipolar plates[J]. Journal of Power Sources, 2010, 195 (20): 7061 - 7066.

[40] Wang D Y, Chang C L, Ho W Y. Oxidation behavior of diamond-like carbon films[J]. Surface and Coatings Technology, 1999, 120: 138 - 144.

[41] Wang Z, Feng K, Li Z, et al. Self-passivating carb on film as bip olar plate protective coating in polymer electrolyte membrane fuel cell[J]. International Journal of Hydrogen Energy, 2016, 41 (13): 5783 - 5792.

[42] Bi F, Peng L, Yi P, et al. Multilayered Zr - C/a - C film on stainless steel 316L as bipolar plates for proton exchange membrane fuel cells[J]. Journal of Power Sources,

2016，314：58－65.
[43] Li X，Zhang D，Lee K R，et al. Effect of metal doping on structural characteristics of amorp hous carb on system：a first-principles study[J]. Thin Solid Films，2016，607：67－72.
[44] 刘敏，杨铮，柴茂荣.金属双极板表面改性涂层的性能评价方法研究进展[J].化工进展，2020,39(S2)：276－284.

第7章　固体质子交换膜燃料电池制造技术

在第3章中已经介绍，燃料电池是一种将氢气作为燃料与空气中的氧化剂氧气进行化学反应将化学能直接转化为电能的发电装置，也是燃料电池汽车最核心的部件。工信部列出的氢燃料电池汽车需要取得突破的八大核心零部件，分别是电堆、膜电极、双极板、质子交换膜、催化剂、碳纸、空气压缩机以及氢气循环系统。其中催化剂、质子交换膜、碳纸扩散层和双极板已经在第4章至第6章做了阐述。本章将对燃料电池的膜电极技术和燃料电池电堆设计及组装技术及最新进展进行详细介绍。

7.1　膜电极技术

燃料电池膜电极(membrane electrode assembly, MEA)是燃料电池电堆的核心零部件，是燃料电池发生电化学反应的场所，其性能直接决定着燃料电池的发电能力及寿命。MEA通常由质子交换膜、阴/阳极催化层、阴/阳极气体扩散层等五层组成。为了便于膜电极在电堆中的密封，有时也会在膜电极非活性区域加入两层保护层，称为七层MEA。根据MEA的结构，大致可将MEA技术分为三种，分别为GDE(gas diffusion electrode)、CCM(catalyst coated membrane)和有序化MEA。[1-2]

第一代膜电极(GDE)主要是将催化剂采用丝网印刷、涂覆、喷涂和流延等方法制备到气体扩散层表面上，烧结、浸渍Nafion溶液，干燥后形成电极，然后在两层电极之间放入质子交换膜热压成型，这种制备方法又称为热压法。此类MEA的特点是制法简单，缺点是催化层较厚，多选用疏水剂如PTFE作为黏结剂，MEA催化层内传质较快，但同时催化层质子传导能力较差，催化剂利用率不高，催化剂的使用量较大。因此，也有通过加入Nafion到浆料中作为黏结剂来改善性能的，但效果并不理想。目前第一代膜电极的制备方法已经逐渐被淘汰。

第二代膜电极采用转印法或直接喷涂法将催化剂浆料直接制备到质子交换膜上(CCM),直涂法将催化剂直接涂布或喷涂在质子交换膜两侧,再将阴阳极气体扩散层分别热压在两侧催化层上制得 MEA;转印法一般是先将催化剂涂覆在转印基质上,烘干形成三相界面,再热压将其与质子交换膜结合,并移除转印基质实现催化剂由转印基质向质子交换膜的转移。与第一代膜电极制备方法相比,该方法较为简便,而且催化层与质子交换膜结合较好,不易发生剥离,催化剂利用率较高,膜电极寿命较长,是当今主流的燃料电池膜电极商业制备方法。此类 MEA 的特点是催化层多用离子树脂如 Nafion 溶液作为黏结剂,且催化层很薄,仅为 5 μm 左右。因此,相比 GDE 技术,其单位面积贵金属用量较低,离子传导能力强,催化层与质子交换膜之间的接触电阻也较小,但对气体扩散层的水管理要求较高,容易造成水淹,导致浓差极化。

有序化膜电极是当前正在开发的一种新型 MEA,其催化层中的催化剂或载体呈矩阵有序化排列,最大特点是催化层有序化,水气传质更加容易,催化剂利用率大幅提高,因此单位面积用贵金属量可以大幅减少。如美国 3M 公司开发的纳米结构薄膜(NSTF)有序化 MEA 的贵金属用量已可降至 0.102 mg/cm^2,但目前还没有实现大规模产业化,离实际应用有一定距离。表 7 - 1 列出了三种不同 MEA 技术对比。

表 7 - 1　不同膜电极技术对比

类　别	GDE	CCM	有序化 MEA
电极结构	催化剂涂覆在气体扩散层上,催化剂一般难以分散均匀	催化剂通过直涂或者转印工艺均匀涂覆在质子交换膜上	催化层中的催化剂或载体呈有序化排列
Pt 用量	0.8 mg/cm^2 左右	0.2～0.8 mg/cm^2	可低至 0.102 mg/cm^2
制造工艺	可卷对卷批量制造	可卷对卷批量制造	真空溅射等方法小批量制备
优势	稳定性较好;易批量制备,制造费用较低	Pt 用量较低;性能好,易批量制备	Pt 用量较低;性能好
劣势	阻抗大,性能较差;Pt 用量高	稳定性较差;制造成本较高	水管理要求高,不易批量制备,制造费用高

续　表

类　别	GDE	CCM	有序化 MEA
技术状态	产业化	产业化	实验室
代表厂商	巴拉德（Ballard）(旧)	国氢科技,上海唐锋,鸿基创能,武汉新能源,日本丰田,戈尔,巴拉德(新),庄信(JM)	美国 3M（实验室),日本丰田

日本丰田,美国 3M 等将碳纳米线类等引入 PEMFC 膜电极催化层,主要包括有序化载体纳米管材料(主要为碳纳米管)、催化剂纳米线(主要为铂纳米线)以及高质子传导纳米纤维(主要为 Nafion 线)。对膜电极而言,纳米线类材料的引人之处在于其一定程度上具有高比表面积和较快的物质传输能力,因此可以有效提升膜电极的发电性能。碳纳米管有序化膜电极的另一种制备方法是在气体扩散层纤维上直接生长碳纳米管,接着沉积催化剂(见图 7-1)。该方法可以保证所有铂颗粒均与外电路有良好的电接触,大幅提升铂的利用率。基于碳纳米管的有序化膜电极共同缺点在于碳纳米管合成过程困难。此外,催化层转移到质子膜这一过程会影响碳纳米管整体结构。比如丰田汽车公司在不锈钢基体上利用氧化物作为催化剂生长出垂直碳纳米管,采用浸渍还原法在垂直碳纳米管表面制备出 2～2.5 nm 的铂颗粒,随后采用全氟磺酸基高聚物溶液填充形成

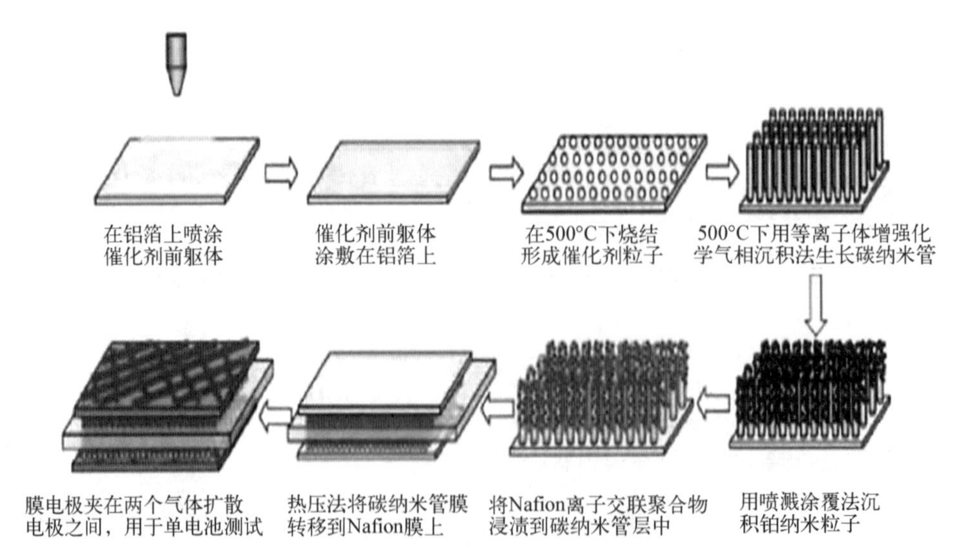

图 7-1　碳纳米管有序化膜电极的制备

三相物质传导界面。虽然垂直碳纳米管在膜电极制备过程中有助于实现连续的孔洞和更好的离聚物负载状态，但在受压后垂直碳纳米管已经被破坏了垂直生长的特征，对性能并没有大的影响。

目前研究表明，高度有序热解石墨、多壁碳纳米管、杯状碳纳米管、多壁碳纳米管纸(巴基纸)都能不同程度地使铂的性能提升。在 PEMFC 中，理想的催化剂载体材料应具备高比表面积、高电子传导率、高催化剂金属结合性、高耐电位腐蚀性和介孔结构。

对质子交换膜燃料电池催化剂载体而言，碳纳米管是一种特殊的一维量子材料，如果考察上述 5 个性能，会发现均优于目前常用的碳材料，这使其成为目前碳载体材料中的最佳选择方案。

有序化碳纳米管薄膜至少有如下优点：

(1) 沿管方向电子传导率高于径向方向，并且沿管方向电子传输没有能量损耗；

(2) 碳纳米管薄膜有着更高的透气性；

(3) 定向碳纳米管薄膜有着更好的超疏水性。

对有序化碳纳米管、非有序化碳纳米管和普通碳载体进行电池测试，发现无论在低电流密度还是高电流密度，有序化碳载体性能都明显高于其他两种。这主要是因为高电流密度时，有序化碳纳米管能提供更好的水管理通道，防止水淹；在低电流密度时，其工艺制备过程中没有电子的绝缘体聚四氟乙烯，降低了欧姆阻抗，并且有序化一定程度上会改善铂的利用率。

以碳纳米管为核心的有序载体膜电极结构最早是由丰田中央研发研究室 Hatanaka 等报道的[3]。他们在硅基板表面生长碳纳米管，在其表面喷涂铂的硝酸盐后还原制备电极，阳极铂载量为 0.09 mg/cm^2，阴极铂载量为 0.26～0.52 mg/cm^2。将 Pt/CNT 在 Nafion 的乙醇溶液包覆并干燥，其表面得到一层 Nafion 树脂，然后在 150℃热压到膜电极上去。$I-V$ 曲线和阻抗谱数据证实了这种有序化的 CNT 膜电极具有很好的物质传输性能。

膜电极生产工艺看起来不复杂，但对工艺流程的把控难度很高，涉及涂布速度，边框膜电极组装工艺和时间，质子交换膜每卷的长度，还有膜电极预活化时间等，通过自动化生产的导入，生产工艺的改良，膜电极的生产效率、良品率等都在不断提升。目前，主要厂家的 CCM 涂布速度从 2022 年 5 dm/min，到 2024 年提高到 15 dm/min，提高为原先的 3 倍；质子膜长度从 300 mm 提高到 500 mm；良品率从 99.97%提升到 99.99%。MEA 的双边框组装工艺，2021 年生产效率 3 片/分钟，良品率 99.2%；目前生产效率可达 10 片/分钟，良品率 99.9%；2024

年采用单边框一体化封装 20 片/分钟，良品率达到 99.99%[4]。

目前常用的商业催化剂为 Pt/C，由铂纳米颗粒分散到碳粉载体上的担载型催化剂，铂用量 0.3 g Pt/kW 左右，未来期望进一步降低至 0.1 g Pt/kW 以下，使其催化剂用量达到传统内燃机尾气净化器贵金属用量水平（$<$0.05 g Pt/kW）。燃料电池在车辆运行工况下，催化剂性能会发生衰减，如在动电位作用下会发生铂纳米颗粒的团聚、迁移、流失，在开路、怠速及启停过程产生氢气空气界面引起的高电位导致的催化剂碳载体的腐蚀，从而引起催化剂流失。

燃料电池电化学反应是在由催化剂、电解质和气体组成的三相界面处进行，碳颗粒传导电子，聚合物传导质子，理想的催化层要有足够多符合三相界面的催化活性位点。为此，新一代（即第三代）膜电极必须从实现三相界面中的质子、电子、气体和水等物质的多相传输通道的有序化角度出发，极大地提高催化剂利用率，进一步提高燃料电池的综合性能[5]。

7.1.1 膜电极组件的结构和电极反应[6]

单电池及膜电极组件截面结构如图 7－2 所示。阳极和阴极的膜电极结构均为由催化层和气体扩散层组成的双层结构。在扩散层中，也可以根据需要设

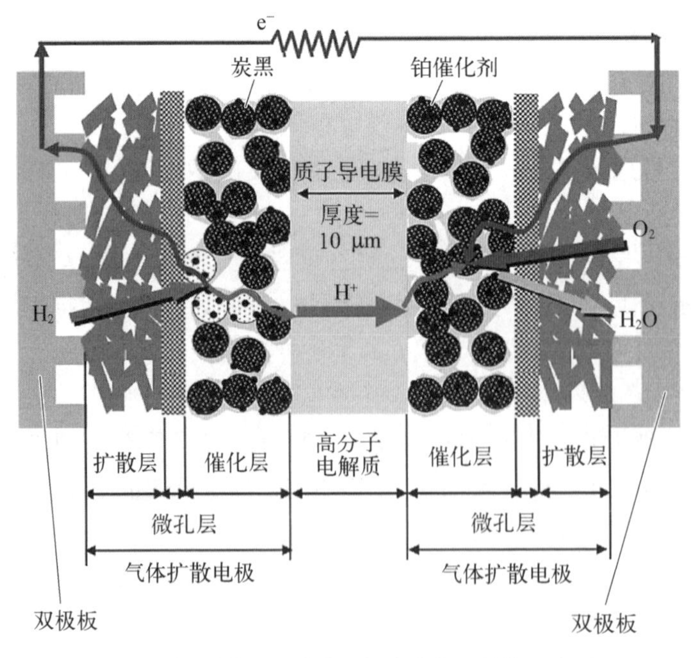

图 7－2　单电池及膜电极接合体截面结构示意图

置用于膜电极的水分控制的微孔层,基本上阳极和阴极结构大致相同。

图 7－3 为典型的碳负载铂催化剂(Pt/CB)的(a) 透射电子显微镜图像(TEM)及(b) 概念图。

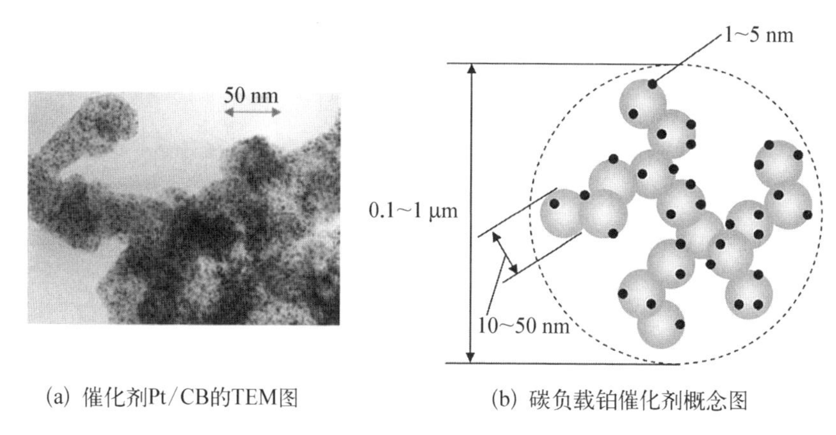

(a) 催化剂Pt/CB的TEM图　　(b) 碳负载铂催化剂概念图

图 7－3　典型的 Pt/C 催化剂在膜电极中的状态

如图 7－3 所示,催化层一般使用具有 10～50 nm 的一次颗粒连珠状结构(aggregate)的碳粉,在其表面负载粒径为 1～5 nm 的铂微粒,构成铂碳催化剂。催化剂表面覆盖一层与离聚物相同的材料,形成催化层。在催化层中,阳极产生的氢离子移动的质子通道由离聚物形成,电子通道由碳载体形成,气体通道由碳载体之间的空隙形成。有时也会使用造孔材料进一步扩大原本形成碳载体的空隙。反应气体(氢或氧)通过该气体通道,在离聚物中扩散,供给到反应部位(铂粒子表面)。在 MEA 开发中,如何促进催化剂层在铂催化剂表面的反应是重点,增加有助于催化剂反应的反应面积,确保该反应位点的氧气和氢气的供给、氢离子通道以及生成水的排出路径是非常重要的。

在 PEFC 开始研发的 20 世纪 80 年代中期,没有在膜电极内部设计添加离聚物,气-液-固的三相界面的反应位点仅限于膜和催化层的接合界面。因此,铂催化剂的利用率低(电化学活性面积),需要加入很多铂(数十 mg/cm^2)。作为民用电源,特别是汽车用驱动电源的实用化和普及,成本是重要的因素,因此不宜大量使用昂贵的铂。因此,在催化层中尝试导入各种离聚物来增大铂-电解质界面[7-8],铂用量降低到原来的 1/10,达到 0.4～0.5 mg/cm^2。即使在这种情况下,利用率也仅为 15%～20%[9],通过优化铂-电解质界面,尝试进一步降低铂载量至 0.05～0.12 mg/cm^2。然而,在实际的膜电极配置和操作条件下未取得满意效果。为了实现真正的普及,在实际工作条件下必须降低铂载量,同时通过膜电极回收路径回收废催化剂中的铂，达到与现行柴油车同等水平的贵金属使用量，即每台车辆耗用铂金属低于 10 g（铂涂敷量 0.05～0.1 mg/cm²）为最终开发目标[10-11]。

7.1.2 催化层设计方向与铂的有效性评价

催化剂层需要具有被均匀涂覆的结构，离聚物在催化剂载体表面不影响反应气体的供给，且使质子网络充分连续（见图 7-4）。然而，实际上它很难实现，如图 7-5 所示，离聚物处于不均匀分布的状态。未被离聚物覆盖的铂催化剂没有形成三相界面，无法进行反应，因此不能增加对电化学反应有贡献的表面积率，即催化剂利用率。为了增加离聚物和铂的接触面积，采用了具有高沸点的有机溶剂[12]和使离聚物胶态化并吸附[13]等方法。

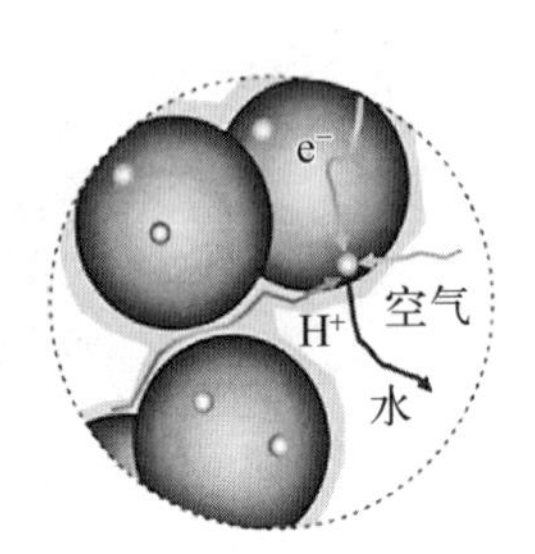

图 7-4 理想状态下被包覆的膜电极催化剂

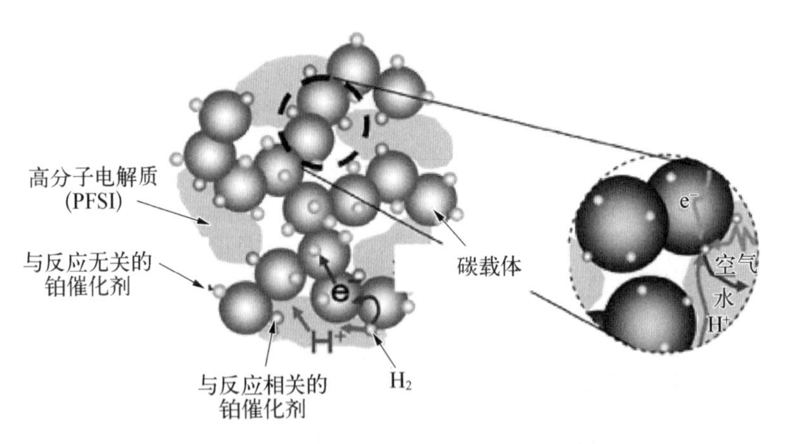

图 7-5 实际状态下被包覆的膜电极催化剂

图 7-6 显示了实现催化层结构理想状态的设计概念。日本三井金属综合研究所团队通过详细分析 20 世纪 90 年代以来实施的催化层的微孔分布，提出分布在碳颗粒聚集体之间的孔中，离聚物作为气体通道发挥作用的为直径 0.04～1.0 μm 的微孔（二次孔）。同时，提出了与先行开发的磷酸型燃料电池等液体电解质系的膜电极模型不同的，PEFC 特有的膜电极模型和高性能化的设计方案[14-15]。此后，在各研究机构中，开展了通过添加各种溶剂混合来改善催化层浆料的流变性，通过溶剂控制优化离聚物的凝聚状态等各项研究，以提高催

化剂的有效性，可以有效地将离聚物覆盖碳的一次颗粒融合体之间的微孔上，同时电化学活性表面积(ECA)及测定的铂利用率(U_{Pt})提高到70%～97%[16]。但同时表明未被利用的铂为30%以下，今后从膜电极设计上提高铂利用率的空间很小。

如图7-6所示，碳的一次颗粒为在催化层内部的纳米微孔，分布在纳米微孔中的铂不能有效地参与实际反应[17-18]。U_{Pt}是电化学活性面积的指标，不是考虑参与反应的物质移动的评价值。此外，在实际系统中，要求在反应界面的物质移动更为复杂的工作条件下降低铂载量，需要新的评价方法来探寻性能极限。因此，我们提出了一种新的有效性评估方法，以铂在理想状态下的质量活性作为极限值，以实际条件下的质量活性与在高电势下的理想值之比来表示。

概念图如图7-7所示。U_{Pt}由铂上氢离子的吸附面积(ECA)求得，用以表示铂的离聚物的覆盖面积。因此，当包覆厚度薄时，氢离子传质阻力增加；反之，当包覆厚度增加时，则反应气体的扩散阻力增加。考虑到在实际条件下伴随反应的传质，对铂有效性(Ef_{Pt})进行评估，有效工作的铂仅为10%以下[19]。

这个结果与其他开发场景的各数据结果[20]一致，特别是在低湿度条件下，铂的有效性百分数降至个位数。因此，在降低铂载量的MEA设计中，从上述U_{Pt}来看，很容易认为改善的余地很小，但实际上还有很大的提升空间。

实际应用的膜电极，还需要增加抗反极，抗一氧化碳中毒等功能，以增加实际工作的耐久性等。

为了有效利用上述纳米孔中的铂，如图7-8所示有两个解决方向。一是通过研究设计低分子链的氟类离聚物和烃类离聚物，使其可以均匀分布在载体的一次颗粒孔中[22]。另一种是降低载体的纳米微孔，尝试控制在碳颗粒内部负载无效铂和使用没有纳米孔的导电陶瓷载体的方法[23-24]。此外，随着向反应位点集中的电流，改善有效传质路径[25-26]，提高催化剂本身的质量活性的措施也很重要。我们通过独特的纳米胶囊法进行铂负载，可有效控制颗粒尺寸和粒子间距离，形成合金成分均匀、单分散合金催化剂[25-27]，并通过形成稳定的铂纳米薄层结构层降低了铂的用量。结合上述催化剂的有效性提高的膜电极设计和催化剂自身的活性提高，可在启停和负载变动等燃料电池系统的工作条件下，提高鲁棒性和耐久性的同时，实现催化剂铂载量降低。

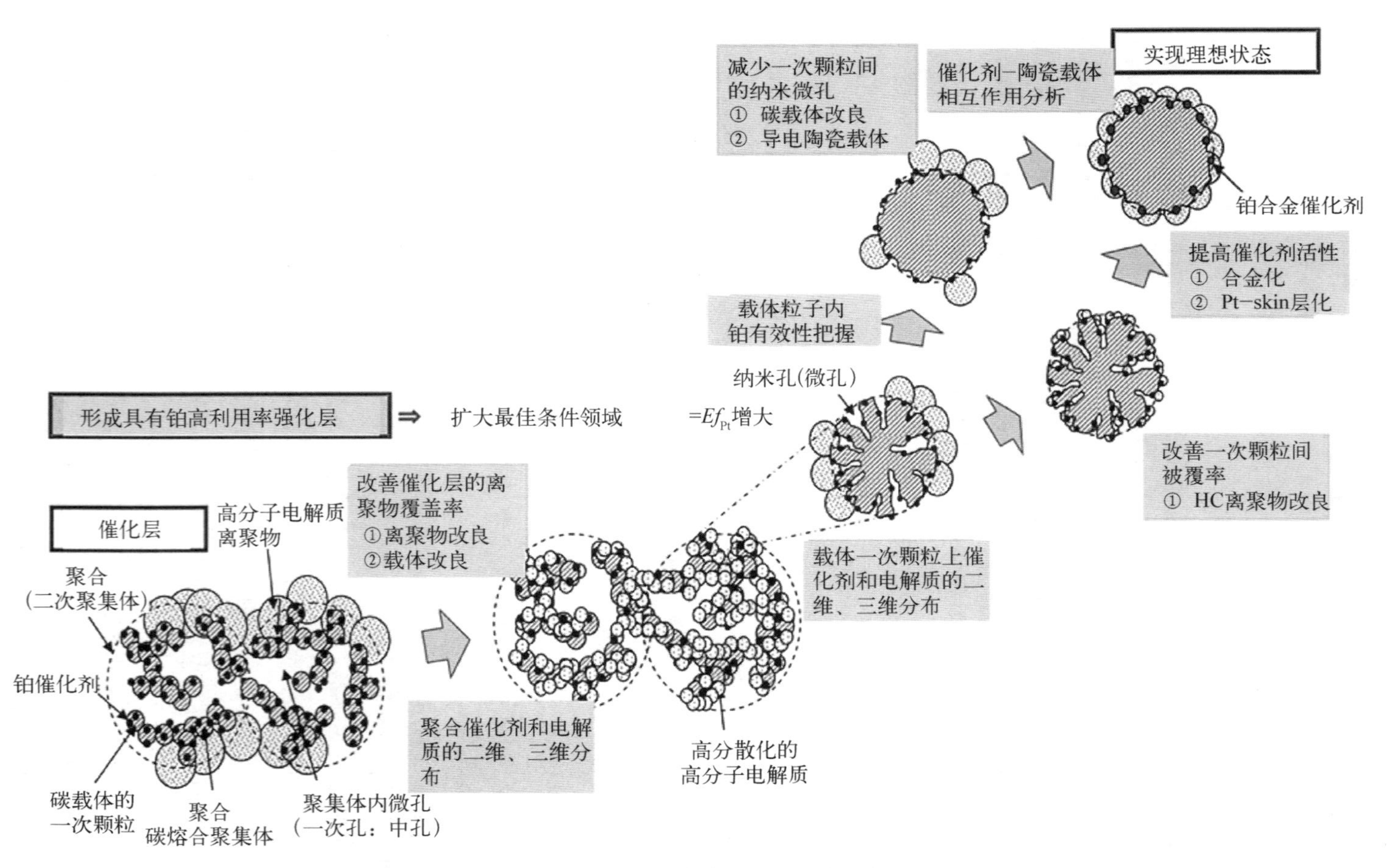

图 7－6 面向理想状态的现实设计概念

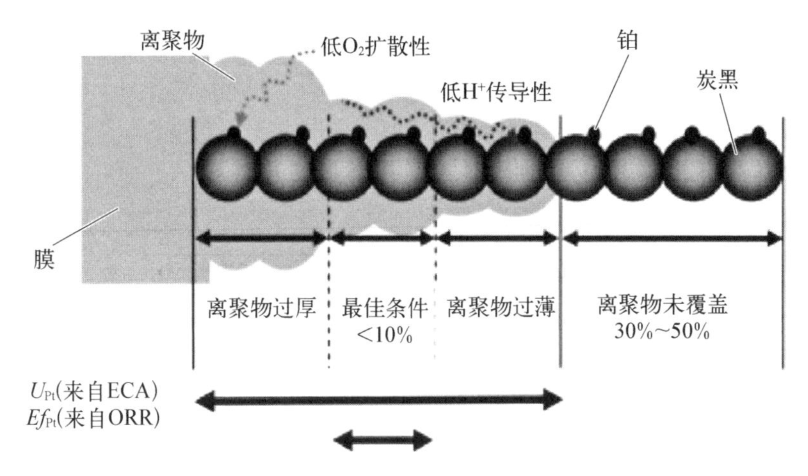

图 7－7　铂的利用率(U_{Pt})和铂的有效性(Ef_{Pt})

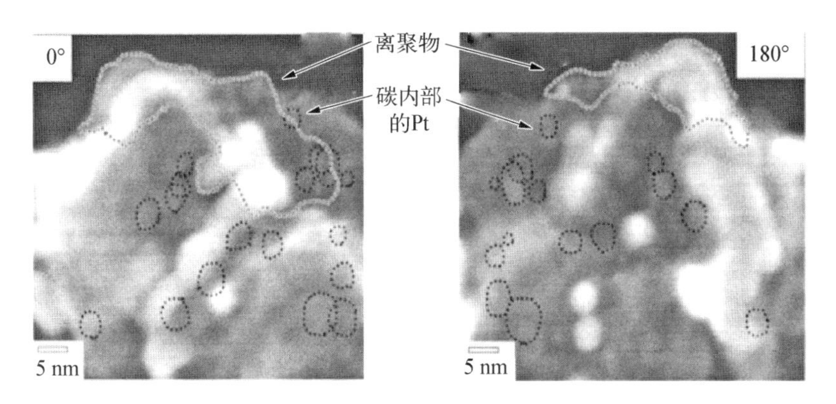

图 7－8　高分辨率 STEM 分析(透射图像)

7.1.3　铂和离聚物的分布分析

图 7－8 和图 7－9 分别使用高分辨率扫描透射电子显微镜(STEM)和扫描电子显微镜(SEM)三维观察涂覆有离聚物的铂碳催化剂的透射图像和表面图像。迄今为止,多通过使用汞和氮的吸附特性的分析方法预测结构,采用最新的高分辨电子显微镜分析技术,可以更加直接观察铂分布在碳表面或内部,以及离聚物在铂表面的覆盖情况。今后,通过对耐久测试前后的纳米孔结构进行详细的分析,可以期待飞跃性改善[28]。

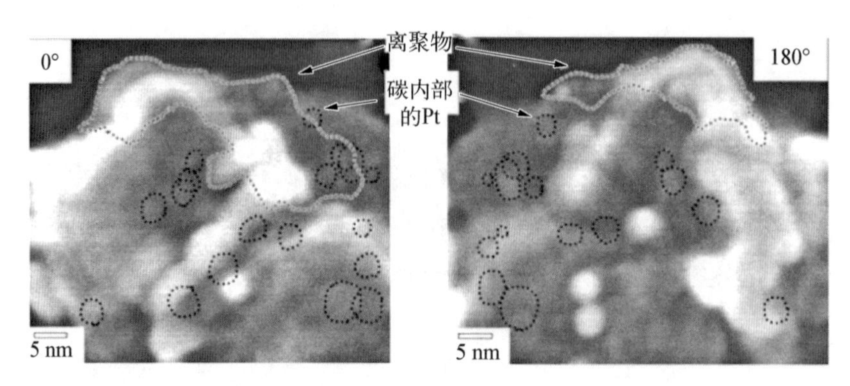

图 7-9　高分辨率 STEM 分析(二次电子图像)

7.1.4　膜电极的劣化机理及对策

膜电极在实际工况的工作条件下，由于供应气体的流量和湿度的变化带来催化剂层和质子膜内部水的状态改变，有时会使催化层或高分子膜干燥，有时会使催化层内积蓄过量水分而发生水淹现象，导致电池的电压降低。但是，这种只是暂时现象，通过外部加湿的调整，可以恢复到原来的状态。与此相比，如果发生催化剂的铂粒径增大，比表面积减小、电解质膜的渗氢、漏气量增大、碳载体腐蚀等现象，则电池电压无法恢复到原先的状态而永久失活。本节将主要介绍膜电极在实际工况的工作条件下代表性的劣化现象及对策。

7.1.4.1　膜电极中催化剂的劣化

膜电极中催化剂劣化，其主要原因有 3 种：

(1) 贵金属粒径增大；

(2) 合金催化剂金属脱落；

(3) 碳载体腐蚀损失。

下面就膜电极中催化剂的劣化现象和劣化机理进行详细讨论。

1) 阴极催化剂的劣化

燃料电池催化剂在电化学反应时催化剂中的铂颗粒凝聚导致的粒径增大现象称为催化剂凝聚失活。这是小粒径的铂金属颗粒溶解后在大粒径的铂金属颗粒上重新析出，或碳载体上负载的铂颗粒在碳腐蚀损失时铂颗粒失去承载物而移动到新的铂金属颗粒上与之结合而变大的现象。从而引起铂催化剂的比活性表面积(ESCA)降低，活性降低。

图 7－10[29]所示是在加载电流恒定 0.2 A/cm²(电池电压约 0.75 V)和无加载电流(OCV 电压)的稳定负荷测试时,电池电压随时间的变化比较。在 0.2 A/cm² 下运行 2 000 小时后,催化剂 ECSA 下降了 41%,而 OCV 条件下同样运行 2 000 小时后 ESCA 则下降了 79%。由此可见,单电池电压越高,催化剂比表面积(ESCA)下降幅度越大。

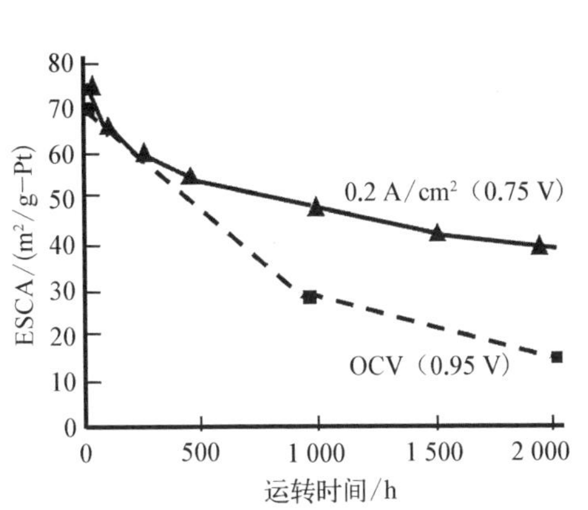

图 7－10　恒电流加载试验与 OCV 试验时的 ESCA 变化比较

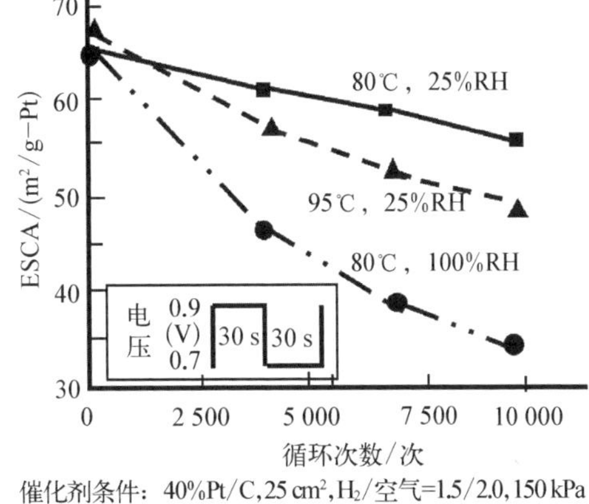

图 7－11　测试时的加湿和温度对催化剂比表面积的影响

相对于实验室的定常条件,汽车运行工况会出现频繁地起停、加减速等,燃料电池的电流和电压将产生频繁的波动,对膜电极里的催化剂和质子膜的耐久失活等因子影响很大。下面主要讨论电流电压波动时对催化剂劣化的影响。

图 7－11 所示是在 30 秒间隔中反复施加 0.7 V 和 0.9 V 的矩形波电压的同时改变温度和加湿条件时对催化剂的影响的实验结果。经过 10 000 次循环试验结果显示,在相同温度下,高加湿度对催化剂劣化的影响更大。相对湿度(RH)25%条件下催化剂表面积只下降到初期值的 85%,而高加湿时则下降到了初期值的 49%。这是由于如果催化层中的水分多的话,碳载体容易在铂催化剂作用下氧化发生反应而损耗。而在同样的加湿条件下,温度越高,劣化越严重。如图 7－11 所示,相对湿度为 25%时,经过 5 000 次 0.7 V 和 0.9 V 的矩形波循环,在工作温度为 80℃时,催化剂比表面积下降到初期值的 90%,而在工作温度为 95℃时,催化剂比表面积则下降到 80%。

图 7－12、图 7－13 和图 7－14 是在 30 秒间隔反复施加 0.4 V 和 0.9 V 的矩形波电压的不同氧气浓度条件下对催化剂的影响的实验结果。30 000 次循环后,纯氧气条件下、空气条件下和氮气条件下催化剂中的铂活性比表面积分

别下降了71%、52%和34%。铂平均粒径在空气条件下30 000次循环后从2.5 nm增加到5.5 nm。

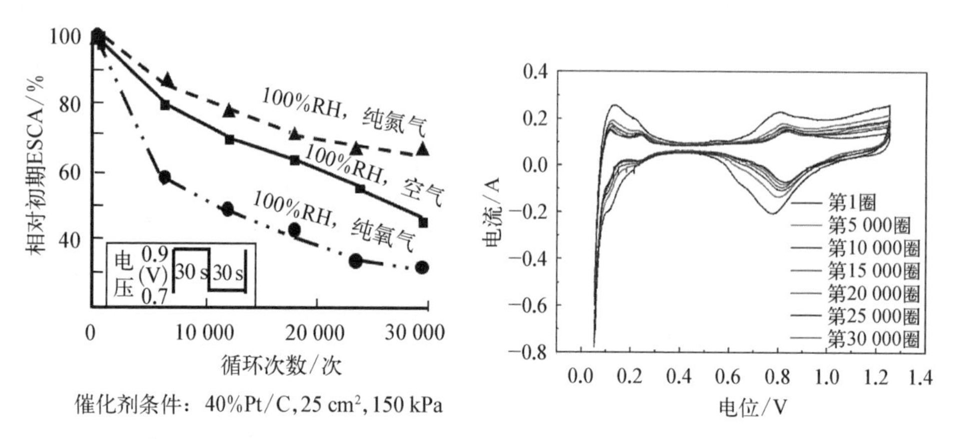

图7-12　氧气浓度对催化剂比表面积的影响　图7-13　氮气气氛下膜电极的循环测试(彩图见附录)

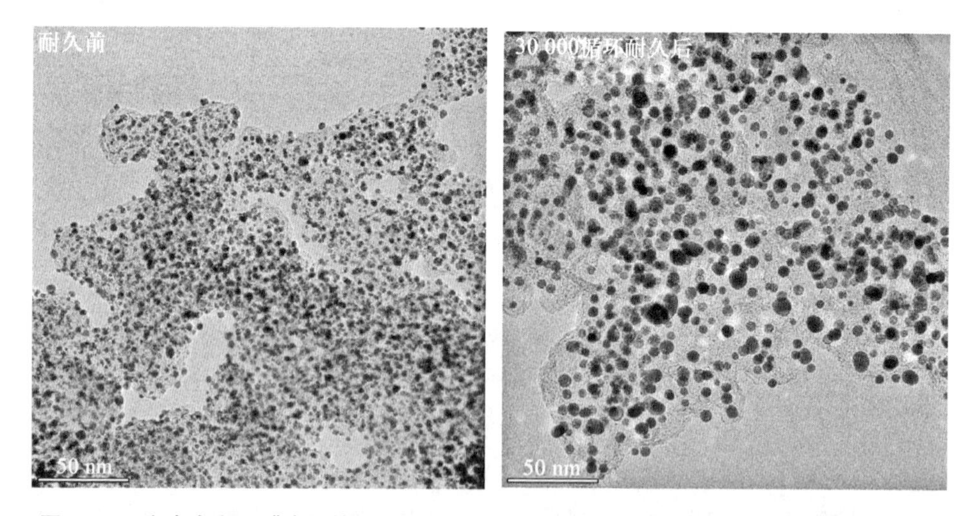

图7-14　氮气气氛下膜电极的30 000次循环前后的催化剂铂粒径测试透射电镜(TEM)图

2）阳极催化剂的劣化

PEMFC的阳极使用的是高纯氢气。目前使用的工业副产氢通常含有10^{-6}级的一氧化碳，在PEMFC的低温工作条件下，一氧化碳在铂表面容易形成架桥结构，强吸附状态不容易脱落，影响PEMFC燃料电池的阳极性能。在家庭热电联供燃料电池里，这种状态已经通过添加钌催化剂加以解决，在此就不再赘述了。本节主要讨论停机或阳极欠气条件等造成空气流入阳极而引起的反极现象起因的催化剂劣化失活问题。

在PEMFC电堆运行中，停机降载等都会造成水淹而引起局部电池内阳极发生氢气欠气，而此时的电流仍然在持续流动，单电池的电压由正逆转为负。这种现象称为氢气欠气引起的反极（转极）。反极发生时，该节点电位上升形成高电压，导致催化剂的碳载体和水发生电化学反应生成氢分子和一氧化碳而损耗（见图7-15）[30]。

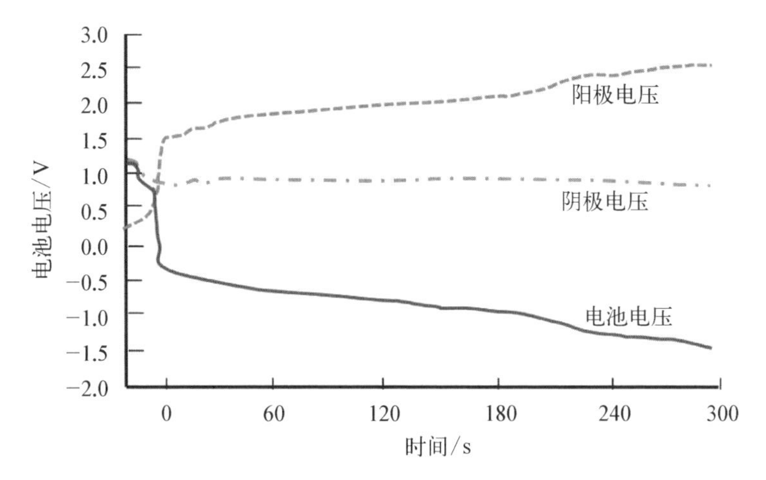

图7-15　氢气欠气后阳极、阴极和电池的电压变化

在这种氢气欠气的情况下，电池电压会在短时间（几分钟）内迅速下降（见图7-16）。在单电池内，越接近燃料出口处，氢气的流量越低，氢气欠气加剧，其结果是催化剂中的碳载体减少加剧，铂粒径增大。如果是钌合金催化剂，则会加

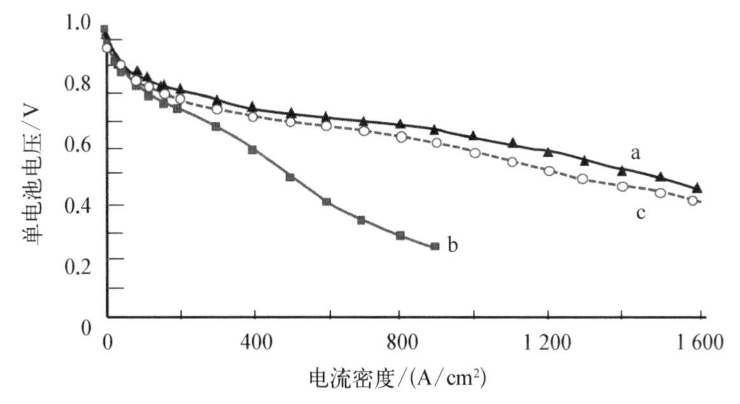

a—反极前；b—反极发生5分钟后；c—加氧化铱催化层，反极60分钟后。

图7-16　欠气反极引起的膜电极劣化现象

剧合金结构破坏，钌金属氧化流失损失。一般为应对抗反极需在催化剂层添加氧化铱等耐高电位催化剂来解决。

7.1.5 催化剂碳载体的劣化机理

催化剂碳载体的劣化主要有因施加高电压引起的碳载体的腐蚀和过氧化氢导致的碳载体腐蚀两种。

1）由于施加高电压碳载体的腐蚀

PEMFC 的工作温度通常为 80℃，一般使用烧结温度低(石墨化程度相对较低)的催化剂载体。主要原因是烧结温度低的碳载体的比表面积大，容易实现铂的高分散负载而得到高活性的催化剂。但是，这种高表面积的催化剂载体的耐久性都不太好，特别是用在车载用燃料电池催化剂载体时在频繁变载加减速和启停等工况条件工作时，伴随着高电压的外加以及电压高低频繁变化，催化剂中碳载体受到的冲击很容易被腐蚀而损失。图 7－17 展示了普通的高比表面积 Pt/C(日本 Lion 公司开琴 800 炭黑)催化剂和采用了石墨化载体的 Pt/GC 催化剂在外加电压分别为 0.75 V 和 1.0 V 时碳的损耗情况。可见外加电压越高碳的腐蚀损耗越大。使用了高耐久性的石墨化碳载体后碳的损耗率远小于普通碳载体的[31-33]。

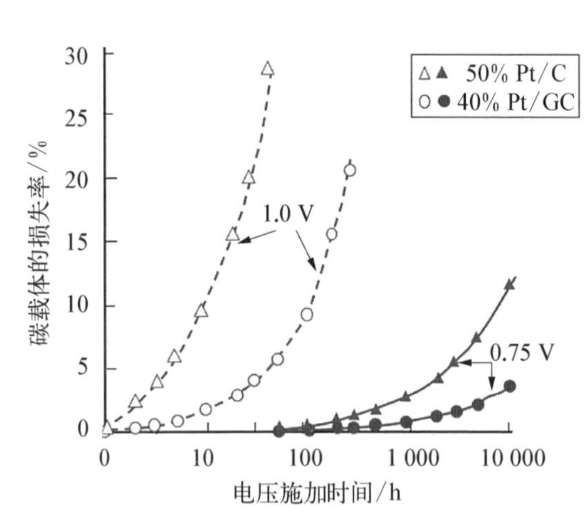

图 7－17 不同碳载体在外加不同电压的条件下碳的损失率

2）过氧化氢导致的碳载体腐蚀

与第 5 章讨论过的质子膜劣化的机理相同，氧气通过质子膜泄漏到氢气侧时，会产生过氧化氢而攻击碳载体造成载体腐蚀损失[34]，导致催化层变薄。图 7－18 是实际的百千瓦级燃料电池电堆在实际工况测试 3 000 h 后的膜电极扫描电镜(SEM)照片，相对于初期状态，催化剂层的厚度和质子膜都有减薄问题出现。在运行前两侧催化层的总厚度为 12 μm，经过 3 000 h 的测试后厚度降低为约 10 μm。与外加高电压时催化剂的碳载体发生烧损失重的情况相同。

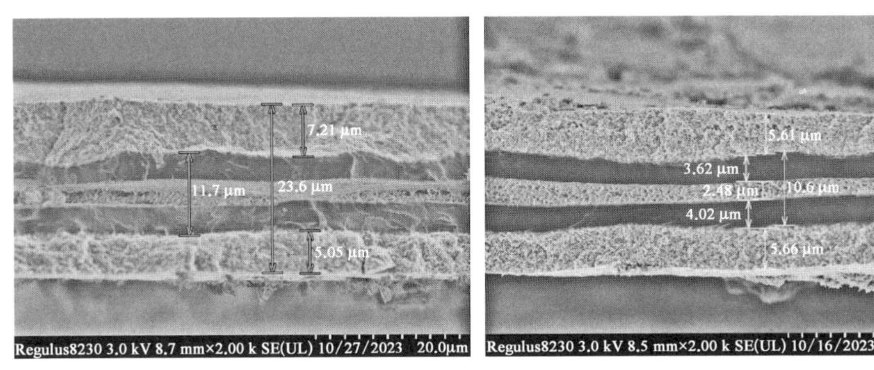

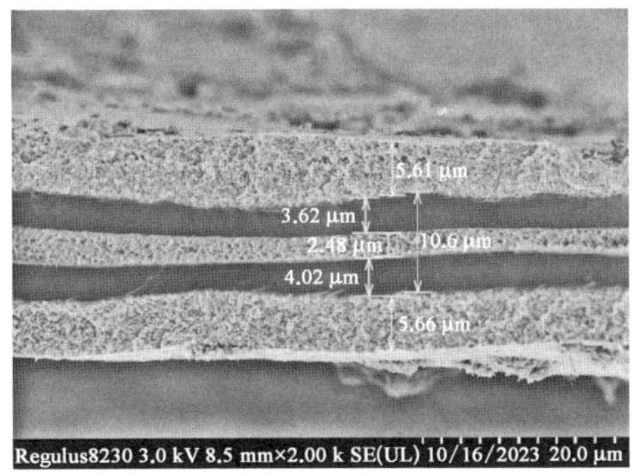

(耐久前)　　　　(3 000 h 耐久后)

图 7 - 18　实际工况测试后的膜电极损伤结果比较

7.1.6　铂负担载催化剂的劣化分析和高耐久化

图 7 - 19 和图 7 - 20 显示了在模拟燃料电池启停状态下、氮气中，0.9～1.3 V 高电位循环测试前后铂碳催化剂(Pt/CB)的 TEM 图像和 ECA 的变化以及膜电极性能。通过拉曼光谱分析石墨结构，发现碳表面明显被腐蚀。可以认为性能劣化是由于伴随碳腐蚀产生铂的聚集和脱落。此外，如图 7 - 19 所示，其劣化程度可以通过高温石墨化处理(Pt/GCB)和铂粒径的增加(Pt/GCB - HT)，以及纳米胶囊负载法的铂粒径的均匀化和粒子间距离的确保(n - Pt/GCB)来降低。粒径尺寸的增加可有效抑制铂自身的溶出和聚集，并且粒径的均匀化和确保颗粒间距可以减少铂颗粒的迁移和碰撞，从而抑制引起作为碳腐蚀起点的电流集中。但是，铂粒径的增加会降低质量活性，因此需与低成本化进行折中。这

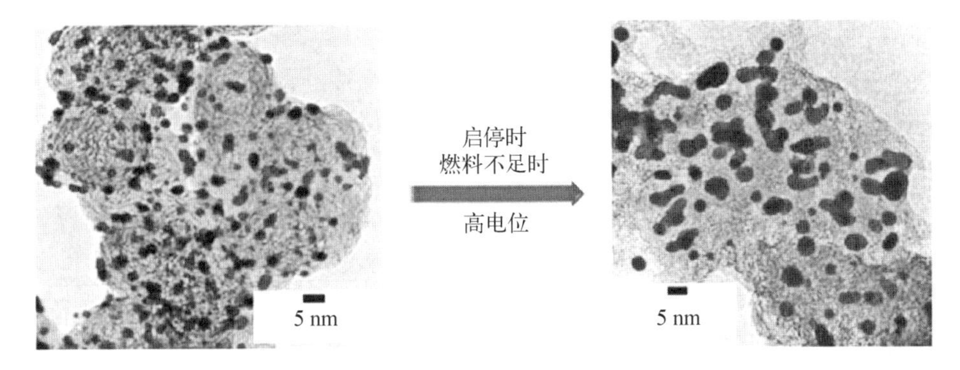

图 7 - 19　伴随启动停止循环 Pt/C 催化剂的劣化

些结果表明，作为碳基载体的催化剂的设计方向，可通过石墨化提高载体自身的耐腐蚀性，并适当控制铂的粒径和粒子间距离（见图 7－20）。今后，我们将考虑通过载体内部孔道对铂进行有效性控制，构建新的设计方案[35]。

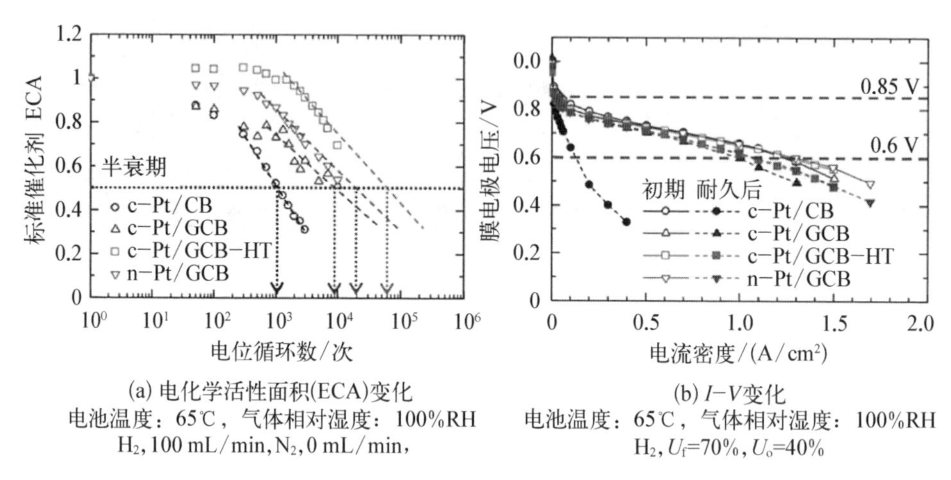

(a) 电化学活性面积(ECA)变化
电池温度：65℃，气体相对湿度：100%RH
H_2, 100 mL/min, N_2, 0 mL/min,

(b) $I-V$变化
电池温度：65℃，气体相对湿度：100%RH
H_2, U_f=70%, U_o=40%

图 7－20　各种 Pt/C 催化剂的启停模拟耐久性

7.1.7　基于导电性氧化物载体的耐久性改善

如上所述，常用的膜电极催化剂载体使用的炭黑，存在燃料电池启停时气体置换和氢气欠气中出现反极现象，碳腐蚀引起的劣化成为很大的课题。因此，作为高电位耐腐蚀性高的替代载体，正在研究各种导电性陶瓷的适配[36-38]。作为该措施中一个例子，图 7－21 为锑掺杂 SnO_2 纳米颗粒（Sb－SnO_2）的 TEM 图。该金属氧化物载体是通过向高温火焰（1 400℃左右）中喷雾金属有机络合物等溶液来制备的。该金属氧化物载体具有两大特征：一是形成没有非晶相的球形晶体[如图 7－21(b)所示，平均粒径为(8.0±2.4)nm，比表面积为 100 m²/g]；二是具有一次颗粒相互连接的聚合结构。图 7－22 为 Sb－SnO_2 载体上负载了高分散铂纳米粒子的催化剂 TEM 图，铂纳米粒子的平均粒径为(1.7±0.3)nm，负载量质量分数为 16.4%。该催化剂在比表面积为 100 m²/g 的 SnO_2 表面以 16.4% 铂负载率的条件下，与在比表面积为 800 m²/g的炭黑上以 50%的铂负载率的铂碳催化剂，实现具有几乎相同的 ECA(约 80 m²/g Pt)。另外，由于 Pt/Sb－SnO_2 催化剂的一次颗粒没有纳米孔，所以仅在载体表面负载铂，可以实现上述铂有效性的提高。此外，通常一般的金属氧化物载体纳米粒子，由于粒子之间的接触点增加，会增大接触电阻，但本实验可以通过具有与碳相同的聚集结构[见图7-21(a)]，大幅降低接触电阻。

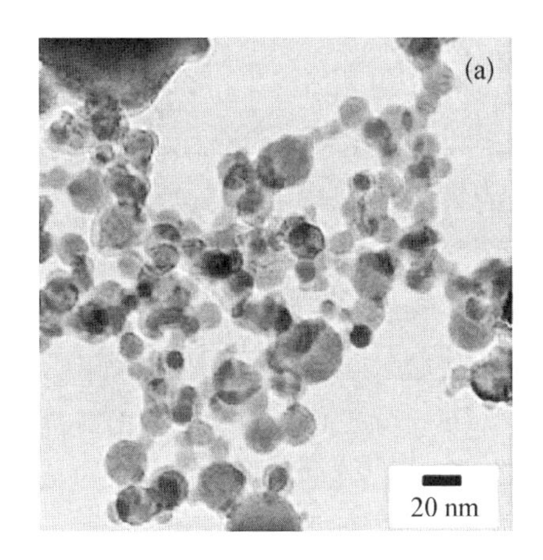

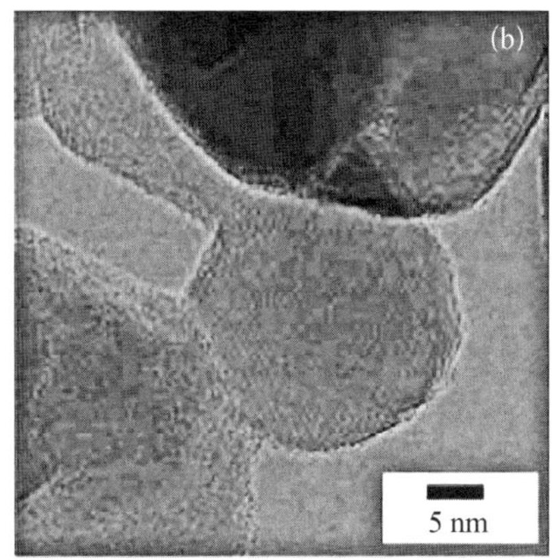

图7-21 Sb-SnO_2 纳米粒子的TEM图像

(a) 粉体微结构；(b) 纳米粒子的高倍率图像。

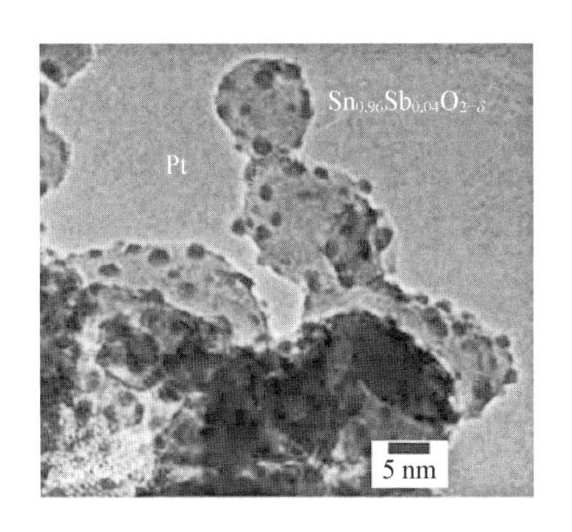

图7-22 Pt/Sb-SnO_2 催化剂的透射电镜图

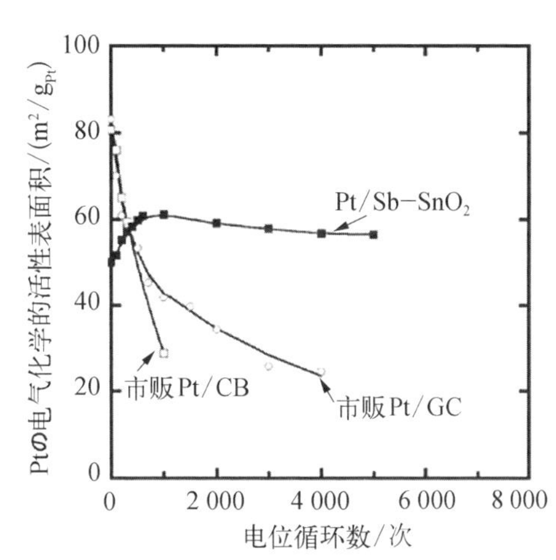

图7-23 Pt/Sb-SnO_2 催化剂和商业Pt/C催化剂启停模拟耐久测试

图7-23对比了使用上述Pt/Sb-SnO_2 催化剂和市售Pt/C催化剂分别制备的膜电极，使用与前面图7-20同样的启停模拟测试条件的测试结果。针对图7-20所示的碳载体的腐蚀劣化问题，Pt/Sb-SnO_2 催化剂的衰减大大减缓，证实了Pt/Sb-SnO_2 催化剂可以有效改善ECA衰减速度，保证了膜电极的耐久性。

7.1.8 膜电极中质子交换膜的劣化机理分析

在 PEMFC 实际运行中，质子膜的损伤引起的膜电极失效几乎占总故障数量的 80%以上[39]。当质子交换膜发生劣化时，膜电极的气体泄漏量增大，出现单片电池电压过低直至停机保护。解体劣化后的膜电极，观察 MEA 的断面，可以发现质子膜变得很薄（见图 7-18）。在加湿充分的情况下几乎不会发生膜劣化，但是如果进行低加湿下运行或者频繁启停 OCV 高电压状态下，会发现膜劣化加速现象。参考多年以来的研究结果，归纳出膜劣化机理如图 7-24 所示。

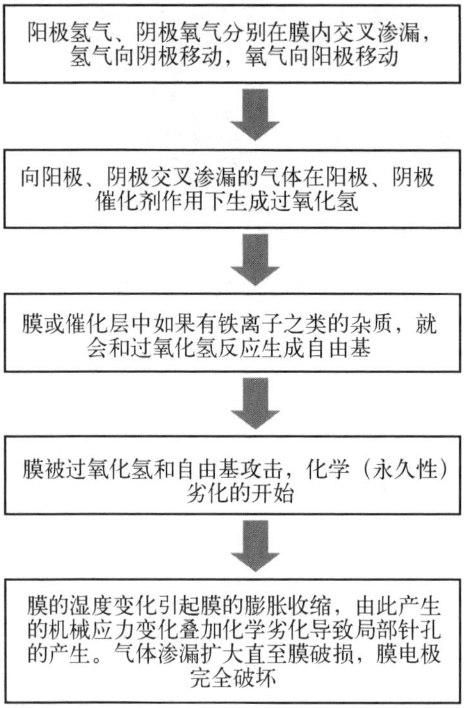

阳极氢气、阴极氧气分别在膜内交叉渗漏，氢气向阴极移动，氧气向阳极移动

向阳极、阴极交叉渗漏的气体在阳极、阴极催化剂作用下生成过氧化氢

膜或催化层中如果有铁离子之类的杂质，就会和过氧化氢反应生成自由基

膜被过氧化氢和自由基攻击，化学（永久性）劣化的开始

膜的湿度变化引起膜的膨胀收缩，由此产生的机械应力变化叠加化学劣化导致局部针孔的产生。气体渗漏扩大直至膜破损，膜电极完全破坏

图 7-24 膜电极中膜的劣化过程[39]

1）渗氢量与膜劣化的相关性

健全的膜电极也会发生轻微的氢气渗漏。电化学测量法（参照膜电极的气体泄漏测量法）测量的气体泄漏量与加湿度的关系如图 7-25 所示。图 7-25(a) 采用质子膜厚度为 15 μm 的戈尔增强膜，其余的膜厚为 25 μm 的 Nafion 均质膜。如图 7-25(a)所示，相对湿度越高，渗氢量越多。

为了消除反应对测试结果的影响，本实验的阴极侧用氩气代替空气来测试渗氢电流（渗氢量）。如图 7-25(b)～(d)所示，随着运行温度的提高，氢气的压力以及阳极阴极间差压的增大，渗氢电流（渗氢量）也相应增加[40]。

2）过氧化氢的生成

发生气体泄漏时，供给阳极侧和阴极侧的气体和泄漏的气体在催化剂上解离吸附产生的氢质子和非解离吸附的氧气发生反应，生成过氧化氢[式(7-1)]。如图 7-26 所示，负电势越低、催化剂的涂覆量越少，过氧化氢的生成量越大。

由于在运行过程中阳极电位低，阴极电位高，因而在阳极侧将比阴极侧生成更多的过氧化氢[41]。过氧化氢再和催化剂中的铁离子等杂质反应生成羟基自由基[式(7-2)和式(7-3)]，进而攻击全氟磺酸聚合物的主链或侧链的 F—H 键而降解。

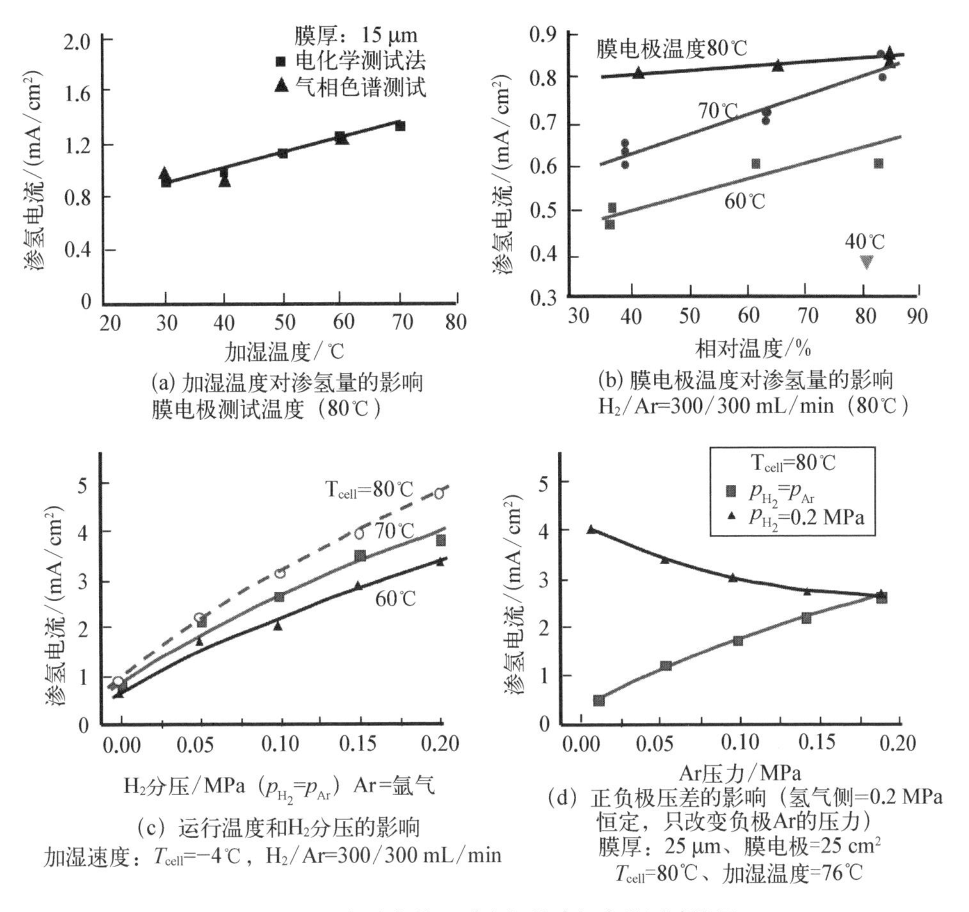

(a) 加湿温度对渗氢量的影响
膜电极测试温度（80℃）

(b) 膜电极温度对渗氢量的影响
H_2/Ar=300/300 mL/min（80℃）

（c）运行温度和H_2分压的影响
加湿速度：T_{cell}=−4℃，H_2/Ar=300/300 mL/min

（d）正负极压差的影响（氢气侧=0.2 MPa恒定，只改变负极Ar的压力）
膜厚：25 μm、膜电极=25 cm²
T_{cell}=80℃、加湿温度=76℃

图 7－25　各种条件下膜电极的渗氢电流测试结果

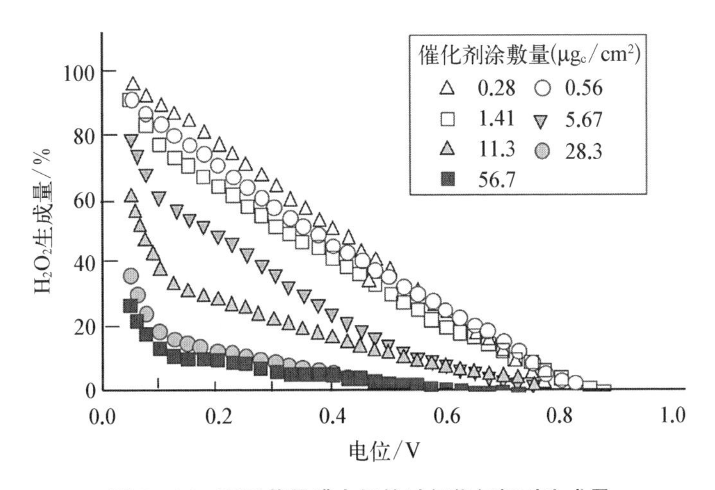

图 7－26　不同载量膜电极的过氧化氢相对生成量

3）膜电极中自由基的形成机理

膜内如果存在铁离子、铜离子等杂质，则很容易与过氧化氢（H_2O_2）反应生成羟基自由基（HO·、HO_2·）；而过氧化氢和羟基自由基是膜电极中的质子膜劣化的主要原因。羟基自由基的形成机理如下[42]：

$$O_2 + 2H^+ + 2e^- \longrightarrow H_2O_2 \quad E_0 = 0.695V \tag{7-1}$$

$$H_2O_2 + Fe^{2+} \longrightarrow HO\cdot + OH^- + Fe^{3+} \tag{7-2}$$

$$Fe^{2+} + HO\cdot \longrightarrow Fe^{3+} + OH^- \tag{7-3}$$

$$H_2O_2 + HO\cdot \longrightarrow HO_2\cdot + H_2O \tag{7-4}$$

$$Fe^{2+} + HO_2\cdot \longrightarrow Fe^{3+} + HO_2^- \tag{7-5}$$

$$Fe^{3+} + HO_2\cdot \longrightarrow Fe^{2+} + H^+ + O_2 \tag{7-6}$$

$$HO\cdot + (F—C) \longrightarrow F\cdot + (CHO) + e^- \tag{7-7}$$

$$F\cdot + (CHO) + e^- \longrightarrow F^- + C + HO\cdot \tag{7-8}$$

自由基对聚合物主链和侧链的 F—H 键攻击，发生自由基连锁反应，造成全氟磺酸聚合物的化学结构破坏。质子膜一旦受到自由基攻击，构成膜的氟碳（F—C）和碳碳（C—C）键就会被切断，切断键产生 F^- 可以通过芬顿法从排水中测出。F^- 的排出速度与氢气的渗透量（渗氢速度）和低加湿状态呈正相关关系。图 7-27 所示是在低加湿运行时的阴极排水中所含 F^- 排出量（fluoride release rate, FRR）随电流密度的变化关系。在测试初期，膜电极为干燥状态，电流密度为零时的 OCV 试验中，F^- 离子的排出量最大，这种状态随着电流密度的增大，F^- 排出量在下降。这是由于 OCV 试验时膜中的含水量最低。而在实际测试过程，膜电极为湿润状态，随着电流密度的增大，反应的生成水和加湿带来的水量都会增加，阴极往阳极透水量也在增加，也即质子膜中的含水量会增大，从而渗氢量减少，F^- 离子的排出量也会减少。此外，低电流时

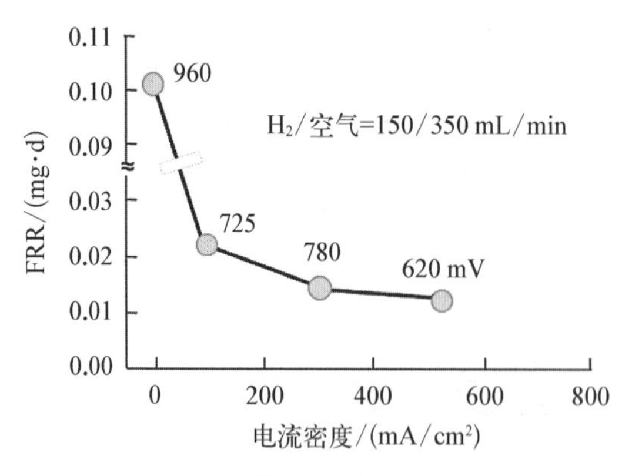

图 7-27 排水中所含 F^- 离子排出量随电流密度的变化

气体的流速较慢，杂质(Fe^{3+}等)不容易排出，生成的过氧化氢堆积在膜内促使加速老化也是其原因之一。因而，调整加湿度维持质子膜中的含水量对于防止质子膜的劣化非常重要。作为改善自由基劣化的对策，通常在质子膜内放入自由基淬灭剂Ce^{3+}、Mn^{2+}等捕捉HO·而抑制自由基引起的质子膜劣化。也有在质子膜中导入钯等贵金属纳米颗粒阻止氧气的非解离吸附抑制H_2O_2的生成从源端消除自由基对质子膜寿命的影响。

而在高加湿条件下，构成高分子膜的磺酸基团($—SO_3H$)比低加湿条件下容易脱落，从全氟树脂的主链上解离而残留在膜内，或者随生成的水而排出。磺酸树脂的脱落对质子膜的强度影响不大，但会降低质子膜中的质子浓度，影响离子电导传输速度，降低膜电极活性。这也是膜永久劣化的原因之一。

7.1.9 膜电极渗氢与反极碳载体氧化的机理

氢燃料电池汽车在停车启动时，阳极侧在充满空气的状态下氢气进入阳极侧，或者突然减速时阴极侧的氧气串漏到阳极侧等出现氢气空气在阳极侧同界面现象，称为反极现象。虽然反极时间很短，但由于氢气和空气以质子膜为界在阳极共存，形成约1.0 V的单边电极电位，与阴极侧的电极电位相叠加而出现2.0 V的高电压，这个电压足以使碳载体电催化氧化反应(见图7-27)。

如图7-28所示，在阳极氢气入口的部分区域，氢气被膜电极阳极侧的Pt/C催化剂分解为质子和电子，质子经质子膜从阳极向阴极移动，与阴极侧的氧气发生电化学反应生成水，产生约1.0 V的电压。在没有氢气流入的阴极空气入

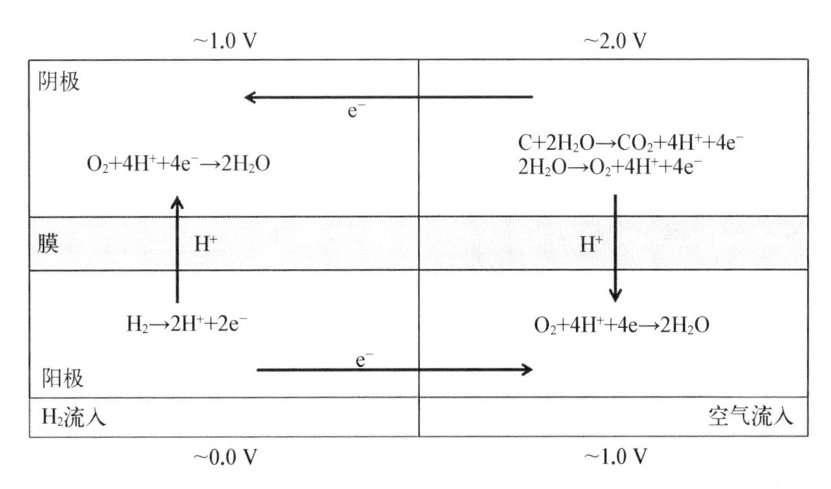

图7-28　反极时流体的流向、电位变化和碳载体腐蚀示意图

口部分区域，阴极的电位叠加上升到 2.0 V，高电位下碳和水蒸气发生电化学反应产生 CO_2 气体、质子和电子的同时，水分解成氧气、质子和电子。

生成的质子穿过质子膜向阳极的出口侧移动，与外部流入空气中的氧气或者阴极渗透过来的氧气发生反应生成水，形成内部闭环操作，这种情况称为逆向电流。正向电流和逆向电流在电池单元内流动，在整个单元内电子抵消为零。在这种情况下，阳极有氢气部分领域的电解质的电势接近于零，而无氢气部分领域的电解质的电势接近于充满开路电压（−1.0 V）。其对应的阴极电位相叠加上升到接近−2.0 V，从而发生催化剂碳载体腐蚀现象[43-44]。

7.1.10 膜电极密封结构的劣化

燃料电池膜电极中的密封结构主要由边框组成，其中，边框一般通过粘贴绑定的方式与 PEM 或 CCM 直接接触。由于 PEM 自身机械强度低，边框的存在可保护其不被过压，同时防止阴阳极之间的反应气窜漏，与电堆中的密封件一起发挥密封作用，防止反应气外漏。PEMFC 中边框密封件若长期在高温、高湿、强酸性和防冻液等存在的工作环境下，容易出现破裂、密封失效等现象，这将严重降低电池的气密性，降低膜电极的输出功率，严重时会影响膜电极的耐久性，甚至引起短路起火等。

目前，国内外对于 PEMFC 边框气密性的研究较少，在对边框的研究之中，对燃料电池密封结构进行了分类，将其分为 PEM 直接密封、边框包覆 MEA 密封、边框包覆 PEM 密封和刚性边框密封。在这 4 种密封结构中，边框包覆 MEA 密封方式集成简单、成本较低，相比其他密封手段有较大优势。研究发现使用不同边框材料将影响膜电极上的应力分布大小和 MEA 的使用寿命。研究者通过建立二维有限元模型对 MEA 进行受力分析后，发现边框与膜的交界位置存在应力突变现象，边框与 GDL 不同的刚度是应力发生变化的原因。另外，研究选用多种边框材料、多种边框组装方式（齐边框组装、台阶式边框组装）和不同的边框—膜接触方式，对膜电极及边框的应力分布进行二维仿真计算，结果发现在膜和边框的交界面上，质子交换膜出现了明显的应力集中现象，且集中应力随着边框模量减小而下降；与齐边框组装相比，台阶式边框组装下边框与膜交界面应力集中则不明显；在不同接触方式中，粘贴绑定比直接接触在边框上产生的应力小。

外界环境也会影响边框的使用寿命，通过探究工作环境下温度、水、酸性对边框稳定性的影响，发现边框中的黏结剂剥离强度在这些因素作用下有较大的衰退，这意味着长期处于燃料电池工作环境中，边框结构的使用寿命将会严重衰减。研究者在 OCV 和高温低湿(90℃，30%RH)的状态下对膜电极材料进行加速衰退试验研究时，发现催化层(CL)边缘的膜容易遭受破坏。在研究质子交换膜耐久性能的过程中发现，相对湿度的改变会使质子交换膜因吸水脱水行为而膨胀收缩。综上，温度湿度改变会导致在质子交换膜上产生的剪切应力和氧还原反应产生的氢氧自由基化学腐蚀作用均能导致质子交换膜在过渡区域发生损伤，造成膜与边框剥离的结论。

根据目前已报道的膜电极密封结构的劣化原因，合理选择优化边框材料及膜电极结构可有效减小边框组装过程在膜电极上产生的应力。

7.2　膜电极的发展方向

过去数十年里，MEA 技术已经取得巨大突破。贵金属用量已从 20 世纪 90 年代的 8 mg/cm^2 下降至如今的 0.10 mg/cm^2，同时 MEA 性能和寿命还有了很大程度的提升。国际上 MEA 技术研究的重点仍然集中在性能、寿命以及成本上。根据车用燃料电池系统的发展目标，美国能源部制定了相应的 MEA 技术指标，并希望到 2030 年膜电极可以达到完全商业化应用的水平(见表 7-2)。

表 7-2　美国能源部 MEA 技术指标与现状

技术指标	单　位	2020 年现状	2030 年目标
成本(50 万台/年)	$\$/kW_{net}$	14	5
循环寿命	h	5 000	20 000
启停寿命	Cyeles	5 000	10 000
性能@0.8 V	mA/cm^2	300	800
性能@额定功率(150 kPa_{abs})	mW/cm^2	1 000	2 000
鲁棒性(冷操作)	$V_{30℃}/V_{80℃}$@1 A/cm^2	0.7	0.6
鲁棒性(热操作)	$V_{90℃}/V_{80℃}$@1 A/cm^2	0.7	0.6
鲁棒性(冷瞬态)	$V_{30℃ Transi}/V_{80℃ steady}$@1 A/cm^2	0.7	0.6
贵金属载量(整个电极)	g/kW(额定功率)	≤0.125	0.05

日本 NEDO 对车载用燃料电池也提出了具体的目标要求。到 2040 年，对于乘用车用燃料电池的常时工作温度可达 120℃，膜电极功率大于 3.0 A/cm^2@0.85 V，贵金属使用量为 0.03 g/kW，电堆的功率密度为 9.0 kW/L(含壳体)，耐久寿命超 15 年，电堆的成本为 1 000 日元/kW(约合人民币 50 元/kW)。

目前来看，MEA 技术已非常接近燃料电池车用目标，与美国能源部最终目标的差距已经非常小，尤其是电输出性能和贵金属用量方面都已经达到目标。差距主要是在寿命方面，已实车运行的车辆平均寿命超过 4 100 h，离 10 000 h 的目标还有一定的距离[45-46]。

为了实现这些目标，质子交换膜燃料电池膜电极主要在以下三方面努力，以期满足车载用燃料电池的实际需求。

7.2.1 膜电极的低加湿化

对于汽车用 PEMFC，为了提高工作效率、减少系统体积，需尽量减小加湿器的功率和体积，开发低加湿或者无加湿的膜电极。但是，低加湿条件下不仅造成了膜电极的性能下降，还会降低质子膜的耐自由基攻击能力而引起的膜电极使用寿命缩短等风险。开发低加湿或者无加湿膜电极，首先需要开发能够抑制过氧化氢和羟基自由基生成的质子膜，一方面从自由基淬灭剂和强基骨架膜上，另一方面则从高分子材料的结构上探索，比如开发不易被自由基攻击的短链树脂，开发低湿度工作时化学稳定性更强的质子膜。为了使自由基即使在催化层发生自由基也不会向膜内移动，在膜和催化层之间设置添加了能够捕获自由基的 IrO_2、CeO_2 等助剂的抗氧化催化剂涂层的措施；或者在膜内加入能淬灭自由基的钯纳米颗粒、CeO_2 材料的质子膜开发等[47-49]。

7.2.2 高温质子膜的开发

燃料电池用氢气来源复杂，通常来自工业副产氢或者天然气制氢等，含有少量的一氧化碳等杂质。常规的 Pt/C 催化剂工作温度为 80℃左右，一氧化碳在铂上的双原子强化学吸附，会导致催化暂时性失活而使膜电极的性能下降。如果工作温度提高至 120℃左右，一氧化碳在铂上变为单原子线性吸附，对膜电极的性能影响则很小。另外，100℃以上的高温燃料电池只剩下气固两相流的工作状态，不但没有了水淹等影响，传质等的阻抗也会大大下降，促使燃料电池的工作效率也会大幅提高，有效提高燃料电池的功率密度，促进电堆体积小型化发展。但是，由于高温运行需要低加湿运行，为了在低加湿运行中也能维持高传导,不但需要开发低 EW 值的磺酸树脂,还需要更高相对分子质量的耐热 PTFE 双向拉伸膜材料[49]。此外,在与氟类膜不同但耐热性高的聚酰亚胺(PBI)膜中掺杂了磷酸的膜材料也在开发中[50]。

7.2.3　膜电极的低成本化

膜电极的低成本化主要从两方面去解决,一是提高活性、耐久性,降低催化剂中贵金属的用量;二是降低质子膜的成本。丰田汽车公司团队在 Mirai Ⅱ代的膜电极上做了大量的技术创新,在催化剂层、催化剂载体采用了易于气体扩散,又不易被涂覆的离聚物中的磺酸基中毒的介孔碳材料,即 MCND,一种表面石墨化中孔碳纳米结构树枝状结构碳材料,作为铂催化剂的载体(见图 7-29)。[51]

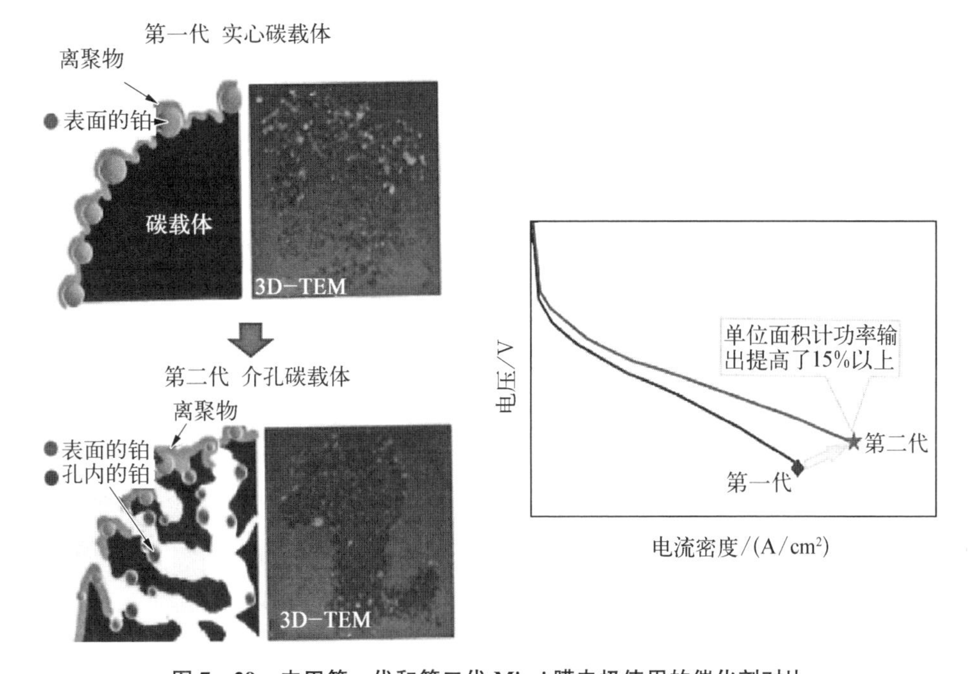

图 7-29　丰田第一代和第二代 Mirai 膜电极使用的催化剂对比

从图 7-29 可以看出约 80%的铂被负载在 MCND 的孔内,为防止离聚物的进入直接与铂接触,抑制了铂的磺酸中毒;并采用了高活性的 PtCo 合金催化剂作为阴极侧催化剂,大大降低了铂的用量,贵金属铂总负载量减少到 0.16 mg/cm^2,而催化剂的活性还提高了约 50%,因为采用了新型的高氧渗透性离聚物,使透氧性提高了 3 倍。从而促使膜电极活性提高了 15%以上,膜电极性能(50 mm × 50 mm)达到 2 W/cm^2@0.65 V 以上[52]。

降低质子膜成本，一种办法就是减薄质子膜的厚度，以降低树脂的用量和提高膜的质子传输速度。但需要提高骨架膜的强度和提高涂膜的均匀性和致密性以保证渗氢电流不能升高。美国戈尔公司已经将质子膜的厚度从 2015 年的 18 μm降到目前的 8 μm，成本下降了 70%以上。另外，廉价碳氢类电解质膜也正在研究中。例如，利用纳米级聚合物设计开发超级工程塑料的聚醚类和聚酰亚胺(PBI)嫁接磺酸基团或磷酸基团的新型质子膜等[53-54]。

7.3 燃料电池电堆及组装技术

燃料电池电堆由多个燃料电池单体以串联方式层叠组合构成。双极板与膜电极(MEA)交替叠合，各单体之间嵌入密封件，经前、后端板压紧后用螺杆紧固拴牢，即构成燃料电池电堆(见图 7 - 30)。

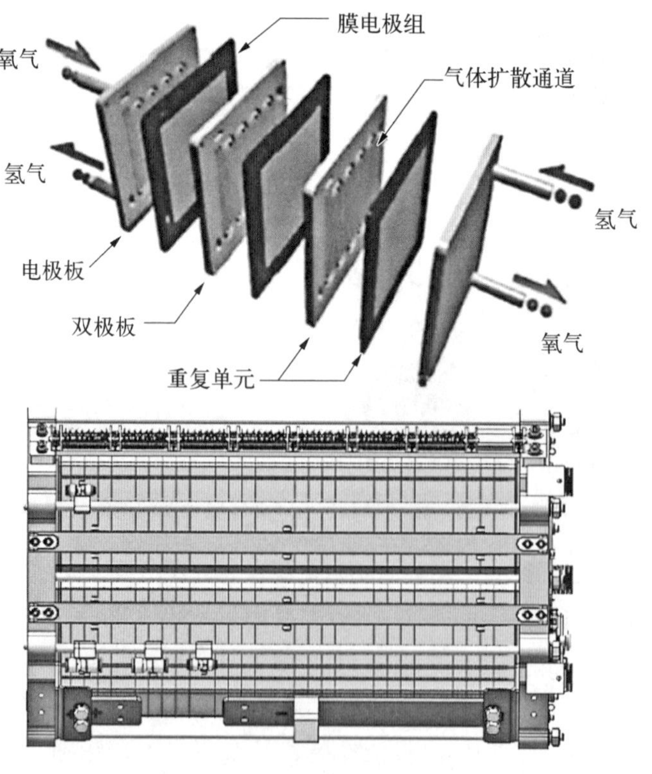

图 7 - 30 燃料电池电堆示意图

7.3.1　燃料电池电堆设计及组装

燃料电池电堆设计及组装技术是指能够使串联的单体电池保持高度均一性和持续稳定工作，并能够使电堆在性能、成本、稳定性及可靠性等方面得到优化。该技术主要包括流场结构设计技术，催化剂、质子膜等关键材料及膜电极、双极板等零部件筛选与匹配技术，电堆封装与密封技术，组装堆栈的自动化制造技术等[53-55]。

燃料电池电堆是发生电化学反应场所，为燃料电池系统（或燃料电池发电机）核心部分。膜电极决定了电堆性能、寿命和成本的上限。膜电极组件由质子交换膜、催化剂和气体扩散层组成，占整个燃料电池 50%～70%的成本。双极板起到均匀分配气体、排水、导热、导电的作用，占整个燃料电池 60%的重量和约 20%的成本，主要是石墨双极板和金属双极板，丰田 Mirai、本田 Clarity 和现代 NEXO 等乘用车均采用金属双极板，而商用车一般采用石墨双极板。电堆工作时，氢气和氧气分别经电堆气体主通道分配至各单电池的双极板，经双极板导流均匀分配至电极，通过电极支撑体与催化剂接触进行电化学反应。

7.3.2　燃料电池单电池结构

燃料电池单电池包括七层结构，最中间一层为质子交换膜（又称电解质膜），然后两侧对称地依次为阴/阳极催化层、阴/阳极气体扩散层和阴/阳极双极板（见图 7-31）。

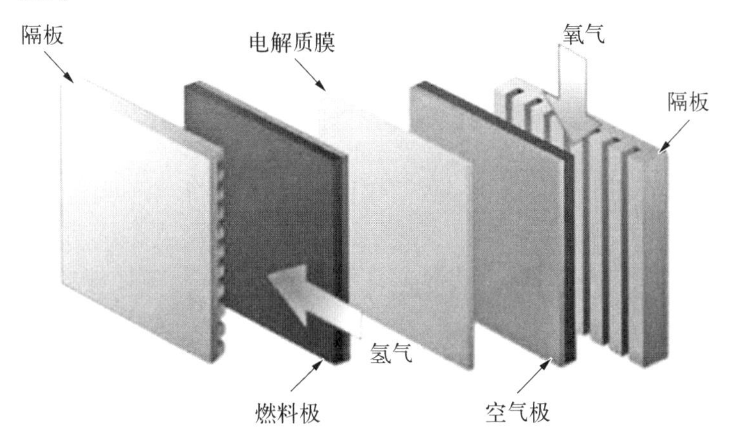

图 7-31　燃料电池单元构造

7.3.3 电堆堆栈结构设计

对于燃料电池来说，由一组电极和电解质板构成的燃料电池单池输出电压较低，电流密度较小，为获得高的电压和功率，通常将多个单电池串联，构成电堆堆栈。相邻单电池间用双极板隔开，双极板用来串联前后单电池和提供单电池的气体流路。这种堆栈结构就是燃料电池系统的核心，也是燃料电池的关键技术[56-60]。

7.3.3.1 燃料电池的裸堆设计

根据不同的用途，燃料电池需要设计不同目标值的燃料电池。比如乘用车的燃料电池，考虑到车内空间有限，就需要设计全功率的燃料电池系统。这就要求燃料电池具备高的功率密度和大的功率，还要具备快速响应功能等特点，一般采用金属材料作为双极板，同时需要薄型碳纸扩散层，以满足大电流下的排水排气等，降低扩散极化阻力。

燃料电池电堆堆栈主要由端板、绝缘板、集流板、紧固件、双极板、膜电极、密封圈、巡检器、外壳这九个部分组成（见图 7-32）。

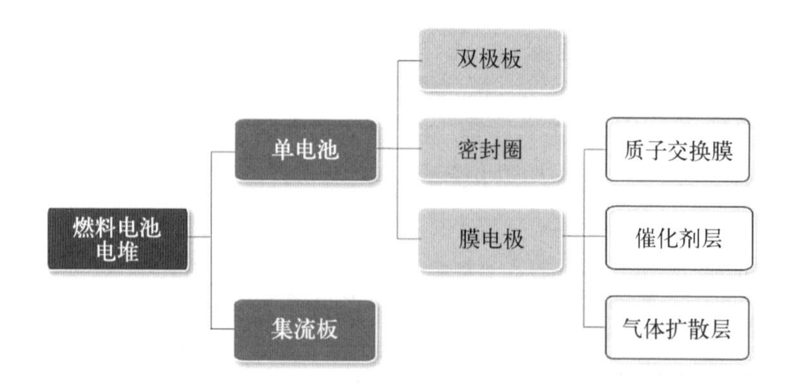

图 7-32 燃料电池电堆的部件组成

端板：端板的主要作用是控制接触压力，因此足够的强度与刚度是端板最重要的特性。足够的强度可以保证在封装力作用下端板不发生破坏，足够的刚度则可以使得端板变形更加合理，从而均匀地传递封装载荷到密封层和 MEA 上。端板强度需进行校核计算，按最大螺栓力矩进行加载设计，留有余量，同时根据热胀冷缩计算出变形量并进行校核，以满足强度应变设计要求。

绝缘板：绝缘板对燃料电池功率输出无贡献，仅对集流板和后端板电隔离。

为了提高功率密度，要求在保证绝缘距离（或绝缘电阻）前提下最大化减少绝缘板厚度及重量。但减少绝缘板厚度存在制造过程产生针孔的风险，并且引入其他导电材料，可能引起绝缘性能降低。绝缘板的厚度和绝缘内阻依据最大电流量的大小进行设计校核，材质为高绝缘内阻的聚醚酰亚胺（PEI）或聚醚醚酮（PEEK）的绝缘板。

集流板：集流板是将燃料电池的电能输送到外部负载的关键部分。考虑到燃料电池的输出电流较大，都采用导电率较高的金属材料制成的金属板（如铜板、镍板或镀金的金属板）作为燃料电池的集流板。集流板的内阻等根据电流大小决定材料的选取和是否需要镀金等处理。

紧固件：紧固件的作用主要是维持电堆各组件之间的接触压力，为了维持接触压力的稳定以及补偿密封圈的压缩永久变形，紧固件的结构设计需要进行抗震防松设计，在端板与绝缘板之间添加弹性元件。同时对绝缘、防腐、材料的抗疲劳等也需要在设计中考虑。

双极板：燃料电池双极板（bipolar plate，BP）又叫流场板，是电堆中的“骨架”，与膜电极层叠装配成电堆，在燃料电池中起到支撑、收集电流、为冷却液提供通道、分隔氧化剂和还原剂等作用。根据用途不同，对双极板的要求也不同。对于相对固定场合固定工况的比如发电堆用燃料电池，可采用石墨材质的双极板；而对于车载用燃料电池，则一般选择金属材质加防腐涂层的双极板，以满足频繁变载和道路等颠簸震动的对策需要。

膜电极：质子交换膜燃料电池（PEMFC）的核心组件就是膜电极（MEA），它一般由质子交换膜、催化层与气体扩散层三个部分组成所谓的“三合一结构”。PEMFC 的性能由 MEA 决定，而 MEA 的性能主要由质子交换膜性能、扩散层结构、催化层材料和性能、MEA 本身的制备工艺所决定。对于工业副产氢等氢气来源，一般需要添加抗中毒的催化材料；而车载燃料电池等，则需要添加抗反极催化材料等。

密封圈：燃料电池用密封圈主要作用就是保证电堆内部的气体和液体正常、安全地流动，需要满足以下的要求：

（1）较高的气体阻隔性：保证对氢气和氧气的密封；

（2）低透湿性：保证高分子薄膜在水蒸气饱和状态下工作；

（3）耐湿性：保证高分子薄膜工作时形成饱和水蒸气；

（4）环境耐热性：适应高分子薄膜工作的工作环境；

（5）环境绝缘性：防止单体电池间电气短路；

(6) 橡胶弹性体：吸收振动和冲击；

(7) 耐冷却液：保证低离子析出率。

7.3.3.2 进出口歧管流量分配设计

电堆各侧流体工质进出口歧管与系统流体管路相连，电堆歧管外径为系统供气、供水管路的内径，依据工业管道内流体流速的推荐值，确定系统管道直径，兼顾电堆结构设计的合理化，确定电堆进出口歧管尺寸(电堆阴极侧反应物为氧气，空气消耗量不大，考虑阴极侧反应产物水的生成，电堆出口空气侧流速应尽可能大一点)。

燃料电池电堆各流体工质的阻力包括流体流过电堆极板的流动阻力(包括极板的歧管段、进出口结构和极板主流道区)和电堆流体分配器的流动阻力。

燃料电池电堆内各流体工质流过极板的流动阻力包括极板歧管段流动阻力，各节电池极板进、出气结构区域的流动阻力和极板主流道区域的流动损失，其中，极板的歧管段压差如式(7-9)所示。

$$\Delta p = \rho \frac{v_i^2 - v_{i+1}^2}{2} + f\rho \frac{L_{\text{fold}}}{D_{\text{H}}} \frac{v_i^2}{2} + K_{\text{f}}\rho \frac{v_i^2}{2} \tag{7-9}$$

式中，v_i 为电堆第 i 节电池的歧管内流速，v_{i+1} 为电堆第 $i+1$ 节电池的歧管内流速，L_{fold} 为单节电池歧管长度(设计电堆取值 1.55 mm)，D_{H} 为歧管的水力直径，K_{f} 为局部阻力损失系数。

极板进、出口流动区域压差为

$$\Delta p = f \frac{L}{D_{\text{H}}} \rho \frac{v^2}{2} + \sum K_{\text{L}} \rho \frac{v^2}{2} \tag{7-10}$$

极板主流动区域压差为

$$\Delta p = f \frac{L}{D_{\text{H}}} \rho \frac{v^2}{2} + \sum K_{\text{L}} \rho \frac{v^2}{2} \tag{7-11}$$

式中，f 为沿程阻力系数；L 为通道长度(m)，D_{H} 为水力直径(m)，v 为平均速度(m/s)；K_{L} 为局部阻抗。

对于矩形通道，水力直径 D_{H} 为

$$D_{\text{H}} = \frac{2w_{\text{c}}d_{\text{c}}}{w_{\text{c}} + d_{\text{c}}} \tag{7-12}$$

电堆冷却液侧的主流动区域包括中间金属丝网的支撑板区域和阴、阳极板流道区域，流动形式比较复杂，将冷却水侧的流动区域简化为孔隙率为 0.5 的多孔介质区域，因此，冷却水极板中间区域的流动阻力为

$$\Delta p = \frac{1}{\alpha}\mu v L + \frac{1}{2} C_2 \rho v^2 L \tag{7-13}$$

式中，$1/\alpha$ 为黏性阻力系数，C_2 为惯性阻力系数。

$$\frac{1}{\alpha} = \frac{150}{D_p^2} \frac{(1-\varepsilon)^2}{\varepsilon^3} \tag{7-14}$$

$$C_2 = \frac{3.5}{D_p} \frac{1-\varepsilon}{\varepsilon^3} \tag{7-15}$$

式中，D_p 为特征直径；ε 为孔隙率，取值为 0.5。

由于电堆各流体工质进出口分配器的结构形式较为复杂，存在变截面区域和 90°弯头，暂时未经过较为精确的计算流体力学(CFD)计算，依据流体的流动阻力计算公式进行测算：

$$\Delta p = f \frac{L}{D_H} \rho \frac{v^2}{2} + \sum K_L \rho \frac{v^2}{2} \tag{7-16}$$

式中，f 为沿程阻力系数，K_L 为局部阻力系数。流速均为截面变化之前的流速。从电堆分配器歧管入口到电堆极板的歧管入口需经过截面突然增大或缩小的区域，渐缩、渐扩区域以及弯头区域，不同位置的局部阻力系数不同。

截面突然扩大：
$$K_L = \left(1 - \frac{A_1}{A_2}\right)^2 \tag{7-17}$$

截面突然缩小：
$$K_L = 0.5\left(1 - \frac{A_2}{A_1}\right) \tag{7-18}$$

渐放区域中 $K_L = 0.25$，渐缩区域中 $K_L = 0.1$。

A_1 和 A_2 为变截面前后的流通面积，对于 90°弯头，局部阻力系数取值为 0.75。

7.3.3.3　巡检器设计

采用单片电压巡检器(CVM)电堆巡检系统，支持 CAN - BUS 总线协议，电压采集通道数、波特率、地址可设定，全通道采集时通信负载率不大于 30%，反

馈各通道单节电压、平均值、方差值、最高值(单节位置)、次高值(单节位置)、最低值(单节位置)、次低值(单节位置)。

7.3.3.4 电堆监测模块设计

(1) 电堆监测模块设计安装在电堆 PACK 左前方,接口朝左(接口型号 PL00X-300-10D10),与系统端 DC/DC 相连,主要由智能电表及接触器组成。

(2) 智能电表功能:采集电池系统的总电压、电流、绝缘电阻。通过 CAN 总线与主控器进行通信。

(3) 接触器功能:控制电池对外输出通断。控制器负责控制接触继电器(继电器 CAN 通信控制)。

(4) 供电电压:24 V。

(5) 满足电堆运行参数需求(额定工作点:180 V,450 A;电流范围:0~540 A;电压范围:165~300 V)。

7.3.3.5 传感器探测器设计

传感器探测器设计须满足以下两项条件:

(1) 氢浓度探测器安装在电堆左后上方,用来监测 PACK 内氢气浓度。

(2) 电堆空气、氢气和冷却液的进出口分配器上各布置一个温度传感器和一个压力传感器。

7.4 燃料电池电堆组装工艺

燃料电池电堆由端板、绝缘板、集流板、单电池(包含双极板和 MEA)组成,它们之间通过压紧力组装到一起。一般实验室用的小型电堆组装所使用的设备与材料研究中常用的万能材料试验机相似,它最基本的功能是向电堆施加夹紧力。比较典型的组装方式是螺杆+端板的均匀压紧方式。均匀压缩方式的核心为想办法对电堆内各零部件产生尽量均匀的压缩力。即通过厚重的端板将螺杆产生的点压力转换成对整个电堆均匀的应力。这种方法简单实用,但是所使用的端板占据了较大的质量和体积。而电堆的批量生产则需要安装自动化组装设备,包括 PLC 控制器、堆叠机器人、视觉定位部件及扫码部件、升降取料部件、升降堆叠部件、自动电堆压装机、自动加压紧固系统等。本节将对这两种组装工艺进行详细介绍。

7.4.1 实验室小型样堆组装工艺

实验室电堆组装机最基本的功能是向电堆施加夹紧力。除此之外，电堆组装机还有方便装配的校准杆、方便均匀施加夹紧力的压缩块、底座以及一些气密性检测设备等。组装流程如图 7－33 所示。

（1）将双极板、膜电极（此处为碳纸-CCM-碳纸）、双极板按顺序依次叠加在已安装好绝缘板、集流板的下端板上，组装出第一个单电池；

（2）重复以上步骤，利用组装辅助定位装置把单电池整齐地叠加成电堆；

（3）安装好最后的单电池后，叠上上端板部分，使用组装机施加设计好的压力将电堆压紧；

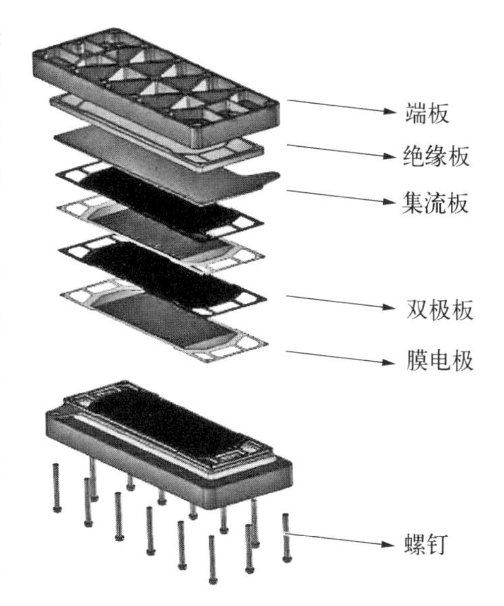

图 7－33 实验室燃料电池电堆的组装工艺

（4）向电堆的进气管安装好气密性测试设备（此处用氮气测试），按照测试流程进行气密性检测；

（5）气密性检测通过后，在保持压力的情况下，安装好螺杆（压缩力保持装置），随后即可撤除压力，至此一个电堆就组装完毕了。

压紧力对于燃料电池电堆来说影响重大，电堆的性能和稳定性会受其影响。较小的压紧力会导致双极板与 GDL 之间的接触面积和接触力不够，导致接触电阻上升，密封结构无法起到足够的密封作用，会导致漏气从而引发安全问题。同时压紧力还会影响 GDL 层的孔隙率，进而影响 GDL 的通水和通气性。较大的压紧力会导致 GDL 产生塑性形变，使质子交换膜更容易在膨胀收缩过程中出现裂纹和针孔，还会导致氟化物加速产生，质子交换膜寿命减少。胶垫或者 O 形圈的电堆密封结构经常使用硅胶材料制成，虽然温度是其寿命的主要影响因素，但是像电堆中这样的高应力也会一定程度上加速这个老化过程。老化的密封材料主要表现是其厚度会下降，而这个现象会反过来影响压缩力，因此在有些电堆组装的设计中，加入了自适应或者可调节压缩力的装置。

7.4.2 全自动化电堆组装工艺

燃料电池电堆是燃料电池的核心组成部分，其成本占比最高，品质直接影响燃料电池性能与使用寿命。燃料电池电堆自动化组装对于降低燃料电池成本、提高电堆一致性和可靠性至关重要。随着我国燃料电池向重卡、长途客车等商用车领域的市场应用推广扩大，燃料电池电堆的组装生产迈向自动化大批量生产，以满足日益增长的需求。

代表性燃料电池电堆自动组装生产线主要装备由电堆自动堆叠设备、电堆预压转移设备、电堆螺杆压装拧紧设备、电堆激光绑带焊接设备、电堆成品气密检测设备、电堆成品激光打标设备、电堆成品输送线、电堆成品下线组件、设备产线级 MES 系统及在线检测设备等组成，各个工序间通过设备自行移转，生产过程无须人工过多干预，操作人员由原半自动化产线的 10 人减少至 2 人，大大提高了生产效率及产品一致性，大幅降低人工成本。

图 7 - 34 为国内主要燃料电池企业的全自动生产线的工厂内景图。该生产线具备年产 5 000～20 000 套氢燃料电池发动机的批量化生产能力，产品从核心部件膜电极、双极板、碳纸扩散层、电堆到发动机系统等主要装备均实现了国产化。产线通过机械臂同时抓取双极板和膜电极组件，自动组合成单池，经多片堆叠后形成燃料电池电堆。在装配过程中，机械臂抓取物料后，通过自动纠偏和真空吸附功能，将物料精准放置在指定位置，实现高精密定位。图 7 - 35 所示为产线自动化产线组装的电堆的下线产品抽检测试结果。其性能指标，包括一致性等完全满足要求。

图 7 - 34 燃料电池自动化组装线

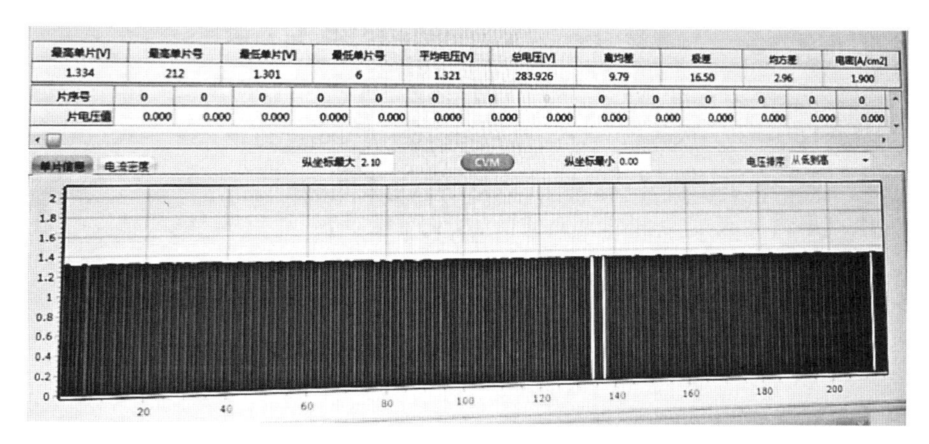

图 7 - 35　自动化组装线下线产品的检测结果

7.5　燃料电池电堆技术的现状

按照双极板材料分为石墨板电堆、金属板电堆两类，有各自的优缺点，也有各自的应用空间。金属板电堆在功率、功率密度、重量、体积、抗震、批量制备、冷启动等方面具备优势，但由于金属板设计与加工制造难度大、抗腐蚀性能要求高，目前国内能够生产优质金属板电堆产品的本土企业并不多[61-63]。

按照冷却方式分为水冷电堆和空冷电堆。液冷燃料电池主要用于所需功率较大的氢能交通，比如商用车、大巴车、乘用车、船舶以及发电等领域。空冷电堆功率比较小，适配以氢能自行车、氢能摩托车、氢能无人机、氢能观光车、备用电源为代表的轻量化应用。

商业化量产电堆方面，国际上主要由日本丰田、加拿大巴拉德、美国布拉格等占据领先地位。日本丰田 Mirai Ⅱ电堆体积比功率为 5.4 kW/L，寿命大于 10 000 h；加拿大巴拉德模压石墨双极板工艺生产的电堆体积比功率为 1.78 kW/L，寿命超过 5 000 h。目前国内电堆生产厂商众多，主要生产企业有国氢科技、新源动力、上海氢晨、上海捷氢、明天氢能、广东国鸿等，其生产的电堆指标中，金属双极板电堆达到 3.0～5.0 kW/L 和 5 000 h；石墨双极板电堆达到 1.5～3.0 kW/L 和 5 000 h。

7.5.1　石墨双极板燃料电池电堆

我国石墨双极板电堆主要应用方向为商用车和重卡，因此需要进一步提高

其性能和寿命、降低成本。目前,石墨双极板电堆须研发以下关键技术:

(1) 通过进一步降低双极板厚度、提高膜电极发电性能来提升电堆体积比功率,同时也需要突破石墨双极板流场与膜电极匹配技术;

(2) 提升电堆中关键材料(如质子交换膜、催化剂、密封材料、双极板等)寿命是电堆寿命突破需要研发的关键技术,同时电堆密封结构与组装精度也是影响电堆寿命的关键因素;

(3) 关键材料(如质子交换膜、碳纸、石墨板黏合剂、催化剂等)国产化仍是电堆成本降低的关键。

7.5.2 金属双极板燃料电池电堆

金属双极板电堆的单片一致性和耐久性是乘用车应用需关注的技术重点。金属双极板在运行过程中对工作电压非常敏感,偏离合适电压情况下电化学腐蚀非常严重,从而导致电堆耐久性大幅下降。而在某些不正常运行情况下,尤其是反极过程中金属板的电化学腐蚀非常迅速,通常几秒钟就会出现穿孔,容易发生危险。而当电堆单片一致性较差时,局部容易发生反极行为从而导致单片金属板穿孔。因此金属双极板电堆的单片一致性和耐久性是关键技术研发重点。金属双极板电堆方面需要解决以下关键问题:

(1) 单片一致性。电堆单片一致性与电堆组装工艺密切相关,在电堆装配过程中金属双极板变形带来的装配精度问题是金属双极板电堆可靠性的关键问题。通过激光定位/照相定位、机械臂自动组装等方式进行高精度组装是需要研发的关键技术,同时适应高精度组装的电堆密封结构也是研发重点。

(2) 耐久性。金属双极板电堆耐久性远远低于石墨双极板电堆的,其主要与金属双极板材质相关。需要通过合理的涂层材料设计和先进的涂层工艺开发来获得高耐久性防腐蚀涂层,同时也需要提高金属双极板基材的反极高电位腐蚀能力,如选用钛板(丰田电堆采用的技术路线)。

7.6 国外先进燃料电池电堆技术介绍

2014 年 11 月,配备有第一代 FC 电堆的 FCV“Mirai Ⅰ”在世界上首次投放市场,为了进一步普及,2020 年又推出了第二代高性能、低成本的量产电堆 FCV“MIRAI Ⅱ”。通过双极板流路等结构的优化和膜电极性能的提高,PACK 设计更紧凑,实现了世界最高水平的5.4 kW/L(不含端板)的体积功率密度。同时,通过FC系统一体化设计(FC堆栈+升压转换器FCPC、泵等BOP一体设计),可以安装在引擎盖下方(注:第一代装在座椅底下)[64-67]。本节详细介绍FCV"MIRAI Ⅱ"采用的最新技术情况。

7.6.1 膜电极的高性能化

FCV"MIRAI Ⅱ"的膜电极通过催化剂载体采用的介孔碳结构的碳材料,以及催化剂负载工艺的改变,扩散层排水能力的提升等促使电极中产生的生成水快速排出并促进氧气向电极催化剂层中的扩散速度提高,膜电极单位面积的电流密度提高了15%。

FCV"MIRAI Ⅱ"的双极板在流道结构上做了改进,不再采用3D流道,从3块钛板减少到2块。在阴极流道上采用了中间宽度缩小流道截面积和双极板表面亲水性涂层的方法促使空气强制进入膜电极扩散层内,提高氧气向膜电极方向的扩散能力和生成水不易在双极板表面形成滴流阻塞氧气的进入,便于水向外排出。实验结果表明,通过缩小直流道面积的方法,电极内生成水的残留较少,催化层表面的氧浓度约为不变径直流道的2倍,与"MIRAI Ⅰ"的3D结构精细网状流道具有同样的氧气扩散促进效果,从而降低了双极板的成本(见图7-36)。

阳极采用波浪流道,与第一代的流道相比,提高了单元面内的分配均匀化和排水性。另外,通过空气和氢气的对向流动,生成水在单元内部循环平衡性变好,确保了外部无加湿FC系统的发电稳定性。

对于膜电极催化剂层的优化:催化剂的载体和离子传导聚合物(ionomer)进行了改良。为了保证催化剂的活性常规结构碳载体把铂负载在载体的表面,但膜电极涂覆采用的离子传导聚合物覆盖在铂上时离聚物上的磺酸会使铂中毒而使其活性下降。Mirai Ⅱ采用了新的介孔碳MCND(具有介孔碳纳米管的孔结构),铂可以进入MCND介孔内,约80%的铂负载在离聚物无法进入的介孔,从而有效地防止离聚物与铂接触磺酸中毒的发生(见图7-37);同时,氢气或氧气则毫无障碍地扩散进入孔内,同时介孔内PtCo合金催化剂的合金固溶性、分散性也都有所提高,从而提高了催化剂的活性(约50%);另外,Mirai Ⅱ在离子传导聚合物上也做了改型,采用了具有高氧渗透性的低EW值的树脂,氧气渗透能力提高了3倍。同时,新的树脂在磺酸基酸密度上也有提高,从而使质子传导率提高1.2倍。

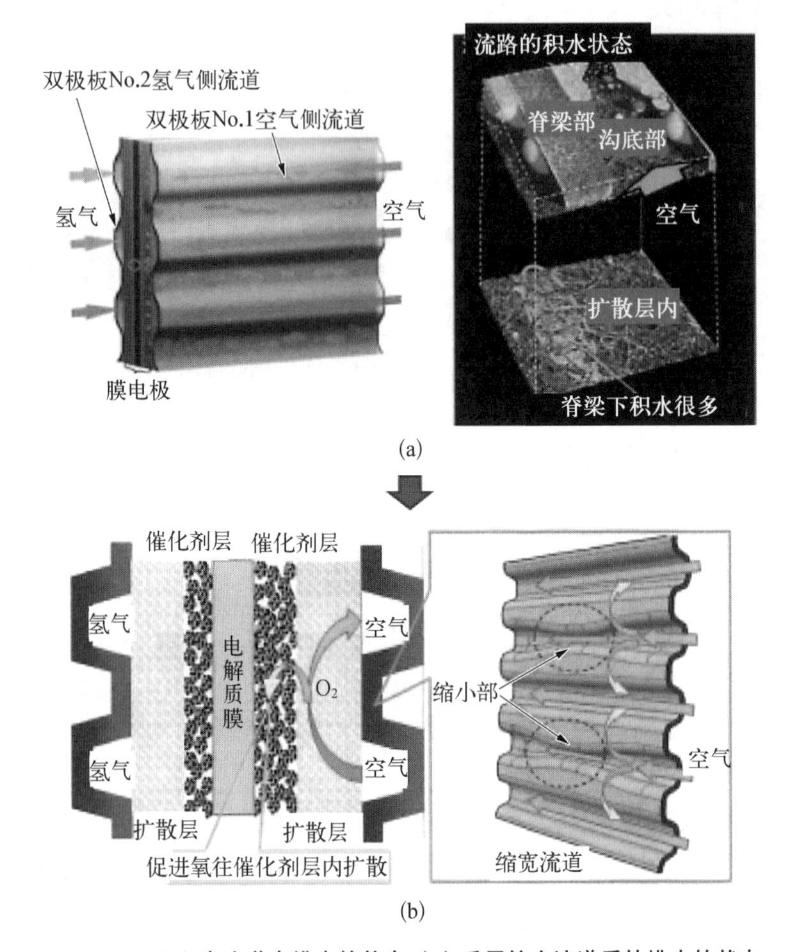

图 7－36　(a) 直流道内排水的状态；(b) 采用缩宽流道后的排水的状态

（图片来源：丰田公司公开宣传资料）

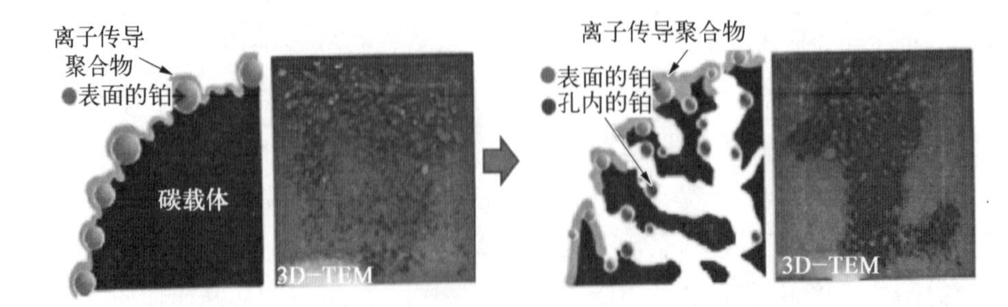

图 7－37　通常催化剂载体和介孔碳催化剂载体的铂分布图

对于质子交换膜，通过提高增强层的比例，实现了质子膜的高强度化（拉伸强度增强约 10 倍）。从而将质子膜的厚度减少了约 29%。在保证质子膜强度的基础上，使质子传导速度提高了 1.4 倍。

对于扩散层，通过降低碳纸基材的密度并增大孔径，减薄扩散层的厚度等，使 GDL 扩散层的气体扩散速度提高了 25%。

通过双极板流路改良，降低浓差扩散过电位；通过改善质子传导率来降低电阻过电位；以及通过改善催化活性来降低活性过电位，从而使燃料电池单位体积的功率密度提高了 15%（见图 7-38）。

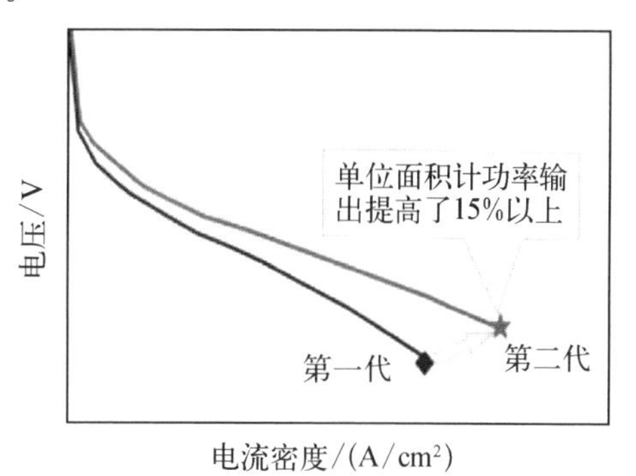

图 7-38　Mirai Ⅰ和 Mirai Ⅱ单电池输出功率密度比较

7.6.2　FC 电堆的高性能化及轻量化

由于改进了膜电极的性能，第二代 FC Mirai Ⅱ的电堆功率密度提高了 26%，并且 FC 电堆的最大输出也从 114 kW 增加到 128 kW。另外，关于 FC 堆的外形也做了很大的改进，如图 7-39 所示。单电池厚度从 1.34 mm 减小到

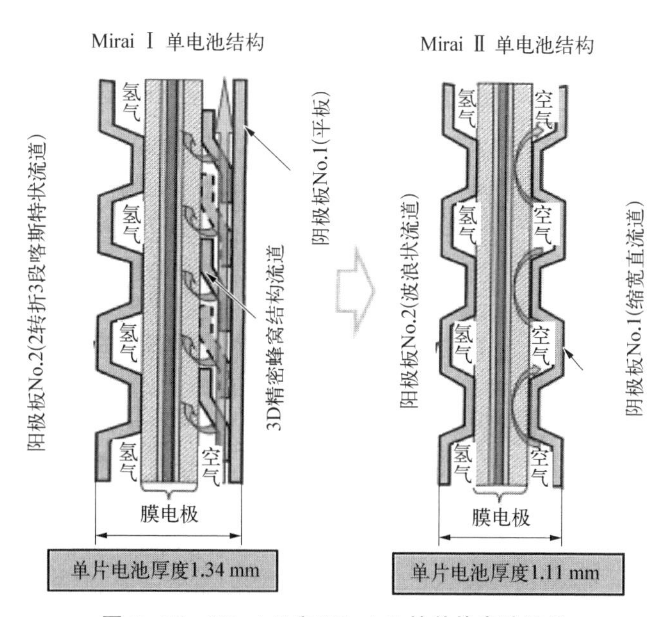

图 7-39　Mirai Ⅰ和 Mirai Ⅱ的单片电池结构

1.11 mm（双极板单板厚度从 0.13 mm 减小到 0.10 mm，极板数量从 3 枚减小到 2 枚），最大电流增加了 20%，单电池的数量也从 370 片减少到 330 片，从而减小了尺寸和重量，从 33 L/41 kg 减少到 24 L/24 kg（见图 7－40）。

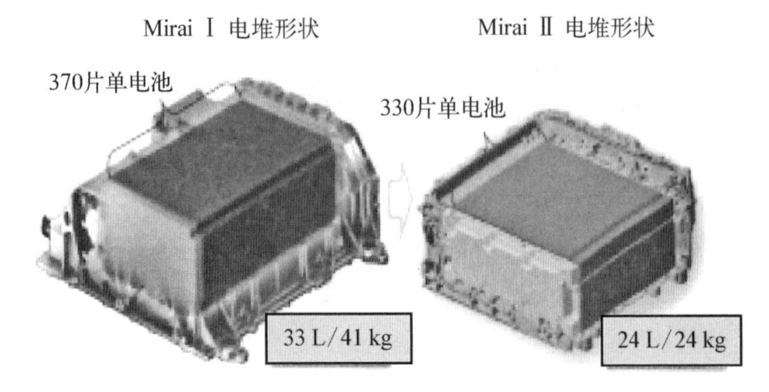

图 7－40　Mirai Ⅰ 和 Mirai Ⅱ 的电堆体积和重量

综上所述，在第二代 FC 电堆中，通过改进离子传导聚合物的结构和质子交换膜的传导率，通过催化剂的负载方法和载体结构的优化等，提高了膜电极性能，通过优化双极板的结构（缩宽流道）和改善表面涂层的亲水性能等，提高了膜电极大电流状态的排水能力，增强了氧气传输能力，通过双极板的结构优化和电堆的紧凑性设计，提高性能的同时减小了电堆尺寸和重量，电堆体积减小了 20%。已经实现了世界一流的体积输出密度（5.4 kW/L）和质量输出密度（5.4 kW/kg）。此外，通过提高工作状态下的电流密度，减薄电解质膜，减薄钛板厚度和减少电池枚数，特别是通过提高催化剂的活性和耐久性能等降低催化剂涂层的厚度，贵金属的使用量由 2008 版的 0.8 g/kW 降低到 0.16 g/kW，成本降低到 2008 版的 1/4（见图 7－41）。

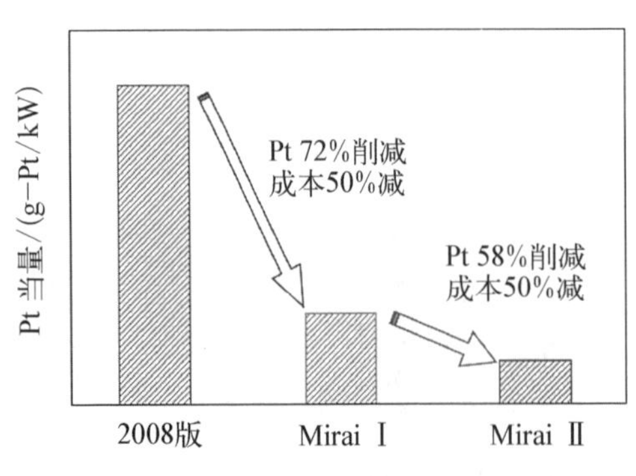

图 7－41　初代燃料电池到 Mirai Ⅰ 和 Mirai Ⅱ 的成本演变

【参考文献】

［1］豊田中央研究所，陣内亮典.燃料電池の原理と応用［M］.日本：朝倉書店，2022.
［2］燃料電池開発技術情報センター編.燃料電池技術［M］.日本：日刊工業新聞社，2014.

[3] 内田誠，柿沼克良，渡辺政廣.特集/電池の研究開発と高性能化の鍵を握る粉体技術[J].粉砕，2013，56：68-76.

[4] 王晓丽，张华民，张建鲁，等.质子交换膜燃料电池气体扩散层的研究进展[J].化学进展，2006，4：507-513.

[5] 万克创.超薄碳壳限域铂基燃料电池阴极催化构筑及性能研究[D].上海：同济大学，2024.

[6] 田村秀雄監修，内田裕之，池田宏之助，等.電子とイオンの機能化学シリーズ Vol.4 固体高分子形燃料電池のすべて[M].日本：エヌ・ティー・エス出版，2003.

[7] Wei X, Wang R Z, Chai M R, et al. Recent research progress in PEM fuel cell electrocatalyst degradation and mitigation strategies[J]. Enegy Chem. 2021, 3: 10061-10088.

[8] Kumano N, Kudo K, Suda A, et al. Controlling cracking formation in fuel cell catalyst layer[J], Journal of Power Sources, 2019, 419: 219-228.

[9] Kusano T, Hiroi T, Amemiya K, et al. Structural evolution of a catalyst ink for fuel cells during the drying process investigated by CV-SANS[J]. Polymer Journal, 2015, 47(8): 546-555.

[10] Taylor E J, Anderson E B, Vilambi N R K. Preparation of high-platinum-utilization gas diffusion electrodes for proton-exchange-membrane fuel cells [J]. Journal of the Electrochemical Society, 1992, L45: 139-147.

[11] Wilson M S, Valerio J A, Gottesfeld S. Low platinum loading electrodes for polymer electrolyte fuel cells fabricated using thermoplastic ionomers[J]. Electrochimica Acta, 1995, 40: 355-365.

[12] Uchida M, Aoyama Y, Eda N, et al. New preparation method for polymer-electrolyte fuel cells[J]. Journal of the Electrochemical Society, 1995, 142: 463-471.

[13] Uchida M, Aoyama Y, Eda N, et al. Investigation of the microstructure in the catalyst layer and effects of both perfluorosulfonate ionomer and PTFE-loaded carbon on the catalyst layer of polymer electrolyte fuel cells[J]. Journal of the Electrochemical Society, 1995, 142: 414-423.

[14] Uchida M, Fukuoka Y, Sugawara Y, et al. Effects of microstructure of carbon support in the catalyst layer on the performance of polymer-electrolyte fuel cells[J]. Journal of the Electrochemical Society, 1996, 143: 2245-2251.

[15] Takahashi S, Mashio T, Horibe N, et al. Analysis of the microstructure formation process and its influence on the performance of polymer electrolyte fuel cell catalyst layers[J]. Chem Electro Chem., 2015, 2: 1560-1567.

[16] Shinozaki K, Yamada H, Morimoto Y. Relative humidity dependence of Pt utilization in polymer electrolyte fuel cell electrodes elects of electrode thickness, ionomer-to-carbon ratio, ionomer equivalent weight, and carbon support[J]. Journal of the Electrochemical Society, 2011, 158: B467.

[17] Passalacqua E, Lufrano F, Squadrito G, et al. Nafion content in the catalyst layer of polymer electrolyte fuel cells: effects on structure and performance[J]. Electrochimica

Acta, 2001, 46: 799 - 810.
[18] Xu F, Zhang H, Ilavsky J, et al. Investigation of a catalyst ink dispersion using both ultra-small-angle X-ray scattering and cryogenic TEM[J]. Langmuir, 2010, 26(24): 19199 - 19208.
[19] Millington B, Whipple V, Pollet B G. A novel method for preparing proton exchange membrane fuel cell electrodes by the ultrasonic-spray technique[J]. Journal of Power Sources, 2001, 196(20): 8500 - 8508.
[20] Loppinet B, Gebel G, Williams C E. Small-angel scatering sutdy for perfluorosul-fonated ionomer solutions[J]. The Journal of Physical Chemistry B, 1997, 101(10): 1881 - 1892.
[21] Balu R, Choudhury N R, Mata J P, et al. Evolution of the interfacial structure of a catalyst ink with the quality of the dispersing solvent: a contrast variation small-angle and ultrasmall-angle neutron scattering investigation[J]. ACS Applied Materials & Interfaces, 2019, 11(10): 9934 - 9946.
[22] Kakinuma K, Uchida M, Chai M R, et al. Synthesis and electrochemical characterization of Pt catalyst supported on $Sn_{0.96}Sb_{0.04}O_{2-\delta}$ with a network structure[J]. Electrochimica Acta, 2011, 56: 2881 - 2889.
[23] Kakinuma K, Wakasugi Y, Uchida M, et al. Electrochemical activity and durability of platinum catalysts supported on nanometer-size titanium nitride particles for polymer electrolyte fuel cells[J]. Electrochemistry, 2011, 79: 399 - 408.
[24] Kakinuma K, Wakasugi Y, Uchida M, et al. Preparation of titanium nitride-supported platinum catalysts with well controlled morphology and their properties relevant to polymer electrolyte fuel cells[J]. Electrochimica Acta, 2012, 77: 279 - 287.
[25] Lee M, Uchida M, Tryk D A, et al. The effectiveness of platinum/carbon electrocatalysts: dependence on catalyst layer thickness and Pt alloy catalytic effects[J]. Electrochimica Acta, 2011, 56: 4783 - 4790.
[26] Nonoyama N, Okazaki S, Weber A Z, et al. Analysis of oxygen-transport diffusion resistance in proton-exchange-membrane fuel cells[J]. Journal of the Electrochemical Society, 2011, 158: B416.
[27] Yano H, Kataoka M, Yamashita H, et al. Oxygen reduction activity of carbon-supported Pt - M (M=V, Ni, Cr, Co, and Fe) alloys prepared by nanocapsule method [J]. Langmuir, 2007, 23: 6438 - 6449.
[28] Shukla S, Domican K, Karan K, et al. Analysis of low platinum loading thin polymer electrolyte fuel cell electrodes prepared by inkjet printing[J]. Electrochimica Acta, 2015, 156: 289 - 300.
[29] Mathias M F, Makharia R, Hubert A. et al. Two fuel cell cars in every georage[J]. The Electrochemical Society Interface, 2006.
[30] Taniguchi A, Akita T, Yasuda K, et al. Analysis of electro catalyst degradation ni PEMFC caused by cell reversal during fuel starvation[J]. Journal of Power Sources, 2004, 130: 42 - 49.

[31] Kocha S S. Electrochemical degradation: electrocatalyst and support durability[M]. Elsevier, 2012.

[32] Takeshita T, Murata H, Hatanaka T, et al. Analysis of Pt catalyst degradation of a PEFC cathode by TEM observation and macro model simulation[J]. ECS Transactions. 2008, 16: 367 - 375.

[33] Zaton M, Rozière I, Jones D J. Current understanding of chemical degradation mechanisms of perfluorosulfonic acid membranes and their mitigation strategies: a review[J]. Sustainable Energy Fuels, 2017, 1(3): 409 - 430.

[34] 遠藤栄治,川添仁郎,本村了.固体高分子形燃料電池用炭素系高温高耐久 MEAの開発[C]//第 13 回 FCDICシンポジウム,2006,日本.

[35] Yamaguchi M, Matsunaga T, Amemiya K, et al. Dispersion of rod-like particles of Nafion in salt-free water/1-propanol and water/ethanol solutions[J]. The Journal of Physical Chemistry B, 2014, 118(51): 14922 - 14928.

[36] Watanabe T, Shibata M, Fukaya N, et al. Setting development targets for fuel cells and systems for heavy-duty trucks using a comprehensive model-based approach[C]//242nd ECS Meeting, 2022.

[37] Mizukawa H, Kawaguchi M. Effects of perfuorosulfonic acid adsorption on the stability of carbon black suspensions[J]. Langmuir, 2009, 25 (20): 11984 - 11987.

[38] Kim S, Ahn C Y, Cho Y H, et al. High-performance fuel cell with stretched catalyst-coated membrane: one-step formation of cracked electrode[J]. Scientific Reports, 2016, 6: 26503 - 26511.

[39] LaConti A B, Hamdan M, McDonald R C. Mechnism of membrane degradation[J]. Handbook of Fuel Cells, 3, 2003.

[40] Inaba M, Kinumoto T, Kiriake T, et al. Gas crossover and membrane degradation in polymer electrolyte fuel cells[J]. Electrochimica Acta, 2006, 51: 5746 - 5753.

[41] 稲葉稔,山田裕久,徳永純子,等.PEFC 過酸化水素の副生と劣化に及ぼす影響[C]//第 12 回 FCDICシンポジウム,2005,日本.

[42] Inaba M, Yamada H, Umebayashi R, et al. Membrane degradation in polymer electrolyte fuel cells under low humidification conditions[J]. Electrochemistry, 2007, 75 (2): 207 - 212.

[43] Jeremy P M, Robert M D. Model of carbon corrosion in PEM fuel cells[J]. Journal of the Electrochemical Society, 2006, 153(8): A1432.

[44] Gu W B, Robert N, Carter R N, et al. Start / stop and local H_2 starvation mechanism of carbon corrosion model vs. experiment[J]. ECS Transactions, 2007, 1(1): 963 - 973.

[45] 中国汽车工程学会.世界氢能与燃料电池汽车产业发展报告[R].北京: 社会文献出版社,2018.

[46] 广东省新能源汽车技术创新路线图编委会.广东省新能源汽车技术创新路线图(第一册)[R].北京: 机械工业出版社,2022.

[47] 適康栄治,川添仁郎,本村了.PEC 用フッ素系高温・高耐久 MEAの開発[J].日本燃料電池,2007,7(3): 351 - 358.

[48] NEDO燃料電池・水素技術開発.弦巻：DSS対応長寿命電池技術の研究開発[C]//平成17年度成果報告要旨集,2006.
[49] Endoh E. Development of highly durable PFSA membrane and MEA for PEMFC under high temperature and low humidity conditions[J]. ECS Transactions, 2008, 16(2): 1229 - 1240.
[50] 三宅直人.低加湿・高温作動の竜解質膜開発の展望[C]//PEFCの高性能化・高耐久化への展望と今後の技術開発の重点課題,NEDOシンポジウム, 2018,日本.
[51] 宗内篤夫,Jochen B,Thomas J S.中温形PEFC用膜およびMEAの開発[J].燃料電池, 2017, 17 (1): 12 - 20.
[52] NEDO燃料電池・水素技術開発ロードマップ—FCV・HDV用燃料電池ロードマップ(解説書)[R].日本: NEDO, 2024.
[53] 渡辺政廣.一次世代型燃料電池プロジェクトー[C]//日本文部科学省リーディングプロジェクト, 2017.
[54] 谷口孝.炭化水素系電解質膜の耐久性向上[C]//PEFCの高性能化・高耐久化への展望と今後の技術開発の重点課題,NEDOシンポジウム,2018.
[55] 弗朗诺・巴尔伯,巴尔伯.PEM燃料电池[M].李东红,译.北京：机械工业出版社,2016.
[56] 衣宝廉.燃料电池：原理、技术、应用[M]. 北京：化学工业出版社, 2003.
[57] 詹姆斯,拉米尼,安德鲁,等.燃料电池系统：原理、设计、应用第2版[M].北京：科学出版社,2006.
[58] 王克勇,石伟玉,王仁芳,等.车用燃料电池系统耐久性研究[J].电化学,2018,(6): 12 - 15.
[59] 王诚,王树博,张剑波,等.车用燃料电池系统耐久性研究[J].化学进展,2017,(4): 1 - 12.
[60] 草川紀久.燃料電池の研究開発状況と自動車への応用[J].Hydrogen Energy Society 創刊号,2015,1: 18 - 25.
[61] 王洪卫,王伟国.质子交换膜燃料电池阳极燃料循环方法[J].电源技术,2007,7: 559 - 561.
[62] NEDO燃料電池・水素技術開発ロードマップ- FCV・HDV用燃料電池ロードマップ(解説書)[R].日本: NEDO, 2023.
[63] 宮田清蔵.燃料電池自動車開発と材料・部品[M].日本：シーエムシー出版,2022.
[64] 西川尚男.燃料電池の技術[M].日本：东京电机大学出版,2010.
[65] 丰田网站[R] https: //global.toyaota./jp/album/images/34799387/
[66] 弓田修,加熱裕康,川原周也,等.第2世代FCシステム開発[C]//TOYOTA Technical Review, 2021, 66: 2.
[67] 雨宮一樹,内本喜晴,今井英人,等.トヨタ新型MIRAI燃料電池の徹底調査一量子ビーム解析/シミュレーションで得られた新しい知見と今後の展望[C]//第8回FC - Cubic オープンシンポジウム,2022.

第 8 章　PEMEC 燃料电池动力系统

单独的燃料电池堆是不能发电作为动力直接用于汽车驱动的，它必须与燃料供给和循环系统、空气供给系统、水热管理系统和一个能使上述各系统协调工作的控制系统，组成燃料电池发电系统（简称燃料电池系统），来作为动力供应系统工作。燃料电池发动机的运作一般采用计算机进行控制，根据 FCEV 的运行工况，通过 CAN 总线系统进行信息传递和反馈，并经过计算机的处理，以保证燃料电池正常工作运行。在 PEMFC 发电系统中燃料电池控制器根据外需的电功率控制燃料电池组的燃料调节、电池的温度（冷却）和湿度调节从而控制发电功率，燃料电池发电后经单向 DC－DC 输出。根据不同的工作状态，燃料电池动力系统又分为气体供应系统、动力控制器件和软件控制系统、动力辅助系统等。本章逐一进行详细说明。

8.1　燃料电池动力辅助系统

燃料电池系统指用于车辆、游艇、航空航天及水下动力设备等作为驱动动力电源或辅助动力，通过电化学反应过程将反应物（燃料和氧化剂）的化学能转化为电能和热能的系统。对于氢燃料电池汽车而言，氢燃料电池系统是其动力系统的核心部件，关系到性能、安全及稳定。燃料电池系统为以燃料电池电堆为核心，利用各子系统供给燃料及氧化剂进入电堆进行反应产生电能和纯水，并通过冷却液循环维持电堆温度的发电系统。搭载燃料电池系统为主要动力源的车辆，相对传统内燃机车或纯电动汽车，具有无污染、高效率、加氢时间短、续驶里程长等特点，提升车辆的使用感受及环境友好性。

氢燃料电池系统主要包括如下内容：

（1）氢燃料电池电堆；

（2）气体供应和循环系统（包括空气压缩机及氢气循环泵）；

（3）氢燃料电池控制器；

(4) 其他辅助系统。

其中氢燃料电池电堆是氢燃料电池系统的核心，是进行氧化还原化学发电的装置。氢燃料电池电堆由多个燃料电池串联而成，每个单电池由双极板及膜电极组成。氢燃料电池电堆对氢燃料电池系统的综合性能及成本效益有至关重要的影响。氢燃料电池电堆已经在前节做了详细介绍，在此不再赘述。

燃料电池系统的主要部件架构如图 8-1 所示，包括燃料电池电堆、DC/DC 变换器，空气压缩机、中冷器，增湿器；氢气喷射器，氢循环泵、排氢阀；冷却器，散热器，排水阀，背压阀等组成。这些部件又可分为主控制系统(图中电堆上方)，氢气供给子系统(图中电堆左侧)，空气供给子系统(图中电堆右侧)，水热管理子系统(图中电堆下方)等。燃料电池系统从本质上是一套复杂的电化学反应装置，通过控制策略完成电堆的氢气、氧气供应，控制电堆内水热平衡及稳定的功率输出，实现氢气化学能向电能的转换。燃料电池系统控制技术对系统输出性能、可靠性及耐久性、环境适应能力、无故障安全运行均具有重要意义，是燃料电池系统高效、可靠、安全运行的核心[1-3]。

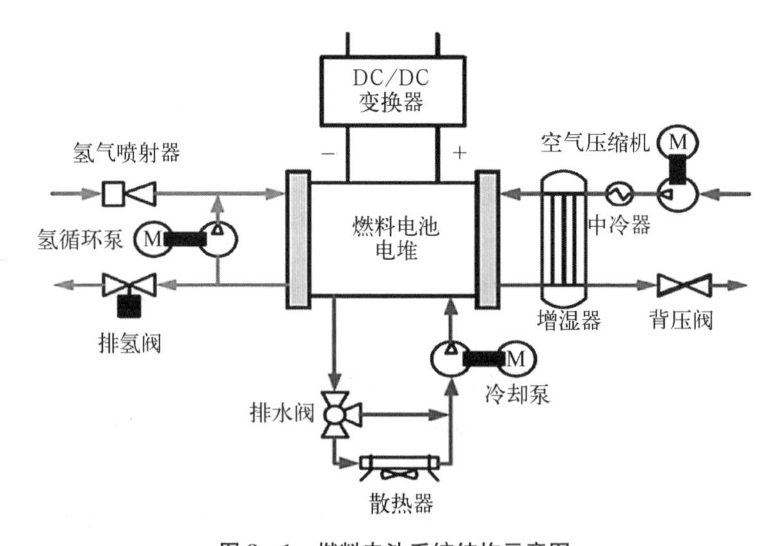

图 8-1 燃料电池系统结构示意图

燃料电池系统包括如下子系统。

(1) 氢气供给子系统，包括储氢装置、减压阀、氢气喷射器、引射器、氢气循环泵、汽水分离器、排水阀等。其燃料以高压氢气的形式进入氢气供给子系统，经过二级减压阀和氢气喷射器(比例阀、引射器)的控制，以一定的压力和流量进入燃料电池电堆的阳极腔，进行电池反应，排出的氢气经过汽水分离器，实现液态水的分离，通过氢气循环装置将剩余氢气进行循环利用，其中少部分尾排氢气与液态水同时脉冲排出系统外。

（2）空气供给子系统，包括空气滤清器、流量计、空气压缩机、中冷器、加湿器、背压阀等。工作原理是通过空气压缩机将环境中的空气压缩到一定的压力进入燃料电池电堆的阴极腔，通过控制空压机的转数实现对空气供给的压力和流量的精准控制，经过中冷器将压缩后的空气降温，而后再经过增湿器的反应气体通道进入电堆，经过电堆反应后，排出的空气进入增湿器的湿热回收通道，然后经背压阀压力调控后排出系统，背压阀用来协助调节系统的空气压力。另外有的系统设计不需要增湿器，典型例子如丰田 Mirai。

（3）水热管理子系统，包括水泵、颗粒过滤器、电子温控阀、散热器、去离子器、膨胀水箱等，作用是将电池产生的热量带走，避免因温度过高而烧坏电解质膜，造成膜干燃料电池失效。水热管理子系统的流动介质是冷却液，水泵将冷却液打入电堆的冷却腔，冷却液经过堆内热交换将电堆的反应热带出电堆，然后流经散热器，经过系统热交换将废热排出系统外，通过控制水泵的转速或者调整管路阻力来调节冷却液的流量，实现排热能力的调整控制，从而控制电堆的反应温度，为了满足电堆电气绝缘要求，冷却液的电导需要通过离子交换器从而将电导率降低到安全范围。

（4）控制子系统，系统控制部分对电堆和各子系统中传感器和零部件的反馈信号进行采集，对工作状态进行分析，根据控制策略进行计算处理，然后将操作参数反馈给各部件以执行受控的操作，从而实现各子系统协同工作。

（5）电子电器子系统，包括 DC/DC、低压配电、CVM 等，主要实现将燃料电池输出的低压直流源升压至不同平台的高压直流源，同时可以稳定向外部提供电能，可实现氢燃料电池与储能电池双电源同时输出，不仅可以灵活满足外部的功率需求，还能保证负载变化时输出电压的稳定性，从而实现动力输出的平顺性和快速响应。

8.2　燃料电池气体供应系统

燃料电池系统中大多零部件可以从传统汽车或化工行业进行选型匹配，而空气压缩机、氢气循环泵以及加湿器等既是关键零部件，也是专用零部件，通常需要专用匹配设计与开发[4-6]。

8.2.1 燃料电池空气供应系统

燃料电池空气供应系统主要是指空气压缩机(简称空压机)。空压机分为速度式压缩机和容积式压缩机,速度式压缩机通常借助于高速旋转的叶轮,使气体获得很高的速度,然后在扩压器中急剧降速,使气体的动能转变为压力能;容积式压缩机的工作原理是依靠工作腔容积的变化来压缩气体,因而它具有容积可周期变化的工作腔。速度式压缩机包括离心式、轴流式和混流式空压机;容积式压缩机有旋转式和往复式空压机,其中旋转式又分为罗茨式、螺杆式、滑片式、液环式、涡旋式,往复式又分为隔膜式和活塞式,如图 8-2 所示。

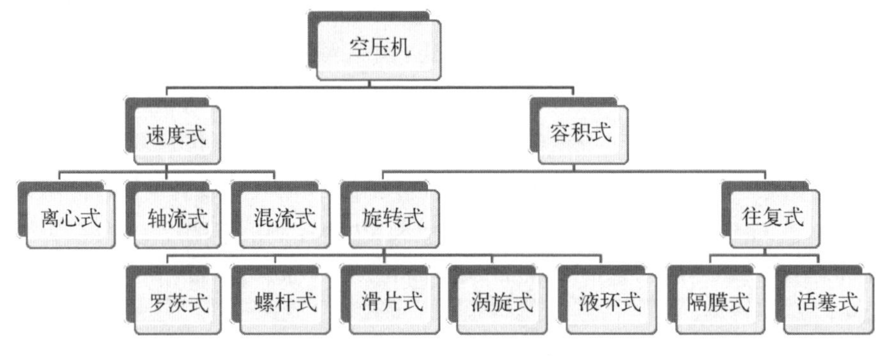

图 8-2 空压机的分类

空压机为燃料电池提供源源不断的高压空气,是燃料电池系统的重要组成部分,其工作效率直接影响燃料电池系统性能。随着燃料电池汽车的发展,国外空压机技术发展成熟,并形成配套生产能力,我国空压机技术也正在迎头赶上。

燃料电池用空压机目前主要应用的有罗茨式、离心式(见图 8-3)和螺杆式(见图 8-4)等三种。

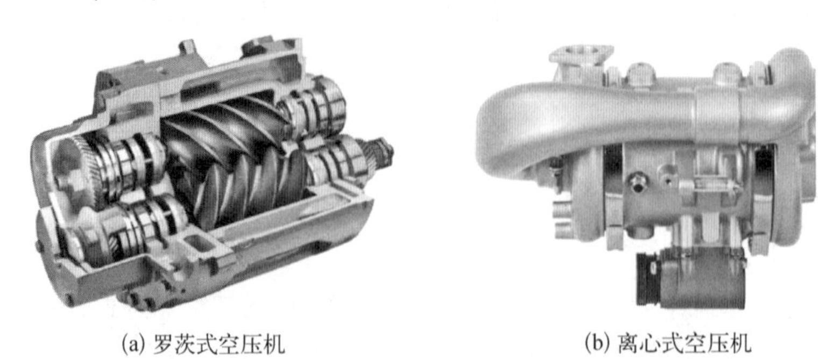

(a) 罗茨式空压机　　(b) 离心式空压机

图 8-3 罗茨式和离心式空压机

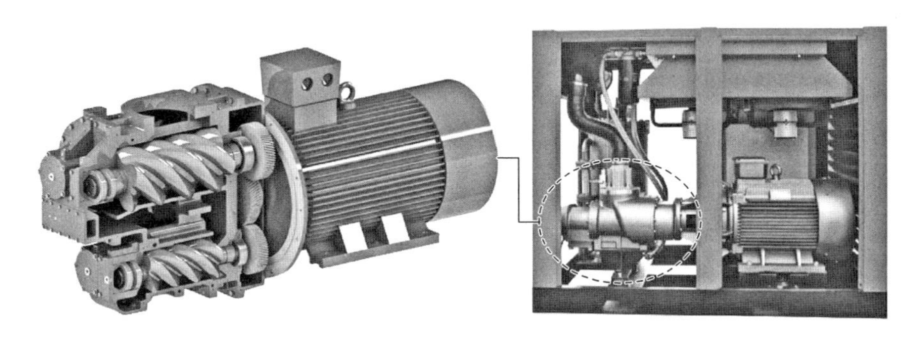

图 8-4　螺杆式空压机

8.2.1.1　离心式空气压缩机

离心式压缩机又称透平式压缩机[见图 8-3(b)]，其工作原理是当叶轮高速旋转时，在离心力作用下，气体被甩到后面的扩压器中去，而在叶轮处形成真空地带，这时外界的新鲜气体进入叶轮。叶轮不断旋转，气体不断地吸入并甩出，从而保持了气体的连续流动。

离心式空气压缩机结构简单可靠，能够适应较大范围的流量变化，参照图 8-5 的空压机 MAP 图，其主要有两个特点：高效率工作区比较狭窄，在定压缩

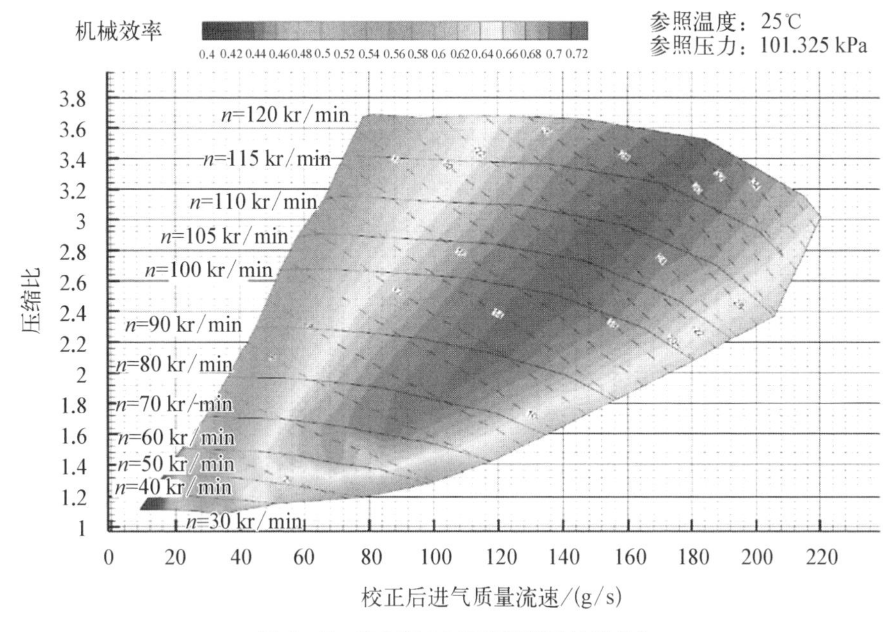

图 8-5　空压机 MAP 图(彩图见附录)

比下等效率线靠得非常近;空压机存在喘振区间,在喘振线左侧空压机将变得不稳定,故在低流量区工作时效率较低且不稳定。离心空气压缩机需要通过提高转速来满足输出流量和压缩比的要求,转速有时会超过每分钟 10 万转,因而轴承的润滑成为关键技术,关键要避免润滑油进入压缩空气中,目前较为主流的技术是采用空气轴承技术,从而规避润滑油的问题。

8.2.1.2 罗茨式空气压缩机

罗茨式空气压缩机[见图 8-3(a)]属于容积旋转式,转子之间互不接触,靠严密控制的间隙实现密封,故排出的气体不受润滑油污染。输送时介质不含油,结构简单、维修方便、使用寿命长、整机振动小。罗茨式空压机的主要零件包括转子、同步齿轮、机体、轴承密封件等。罗茨式空压机工作过程:由于转子不断旋转,被抽气体从进气口吸入转子与泵壳之间的空间内,再经排气口排出。由于周期性的吸、排气和等容压缩造成气流速度和压力的脉动,因而会产生较大的气体动力噪声。此外,转子之间和转子与气缸间的间隙会造成气体泄漏,使效率降低。罗茨式空压机最大的特点是运行时当压力在允许范围内变化时流量变动甚微,压力的选择范围很宽,具有强制输气的特点。罗茨式空压机工作范围宽广,结构简单、维修方便、使用寿命长、振动小,缺点是体积大,噪声很大,空气出口需要配备专门的消音装置。

8.2.1.3 螺杆式空气压缩机

螺杆式空气压缩机的优点是能够提供较大范围的压缩比,压缩比高,并且在较大的流量范围内有较高的效率;缺点是机械结构精密复杂,噪声大,需要润滑因而必须保证润滑油不会渗漏到输出的空气中。目前螺杆式空气压缩机主要分为单螺杆空气压缩机和双螺杆空气压缩机(见图 8-4)。

(1) 单螺杆空气压缩机:外部的电机仅仅驱动一个转子,第二个转子由第一个转子驱动,两个转子相对接触,所以必须有油脂润滑,少量的油随着空气被带出。这种空气压缩机广泛用于气动工具和其他工业应用,但存在油对入堆空气的污染,不能用作燃料电池空压机。

(2) 双螺杆空气压缩机:两个转子由一个同步齿轮相连接,其提供了从一个转子到另一个转子驱动的连接。虽然为了高效率使两个转子靠得很近,但相对旋转的螺杆并没有相互接触。这种空气压缩机没有油排出,正是燃料电池系统所需要的。

离心式、罗茨式、螺杆式三种空压机均能满足燃料电池需求，目前绝大部分燃料电池系统匹配的是离心式空压机。

国外燃料电池汽车开发历史较长，与之相应的配套供应商起步也较早。整体而言，国外空压机产品技术处于领先地位，在转子轴承、高速电机、控制机等方面都积累了相当多的经验和专利。同时，这些企业大多拥有丰富的汽车配件开发经验，能按汽车制造商的需求做针对性开发，产品的均一性较好。瑞典欧普康开发的螺杆压缩机，排气流量从 17 g/s 到 400 g/s，压缩比可达 3.2 倍，并且可以自由调节流量以匹配燃料电池车辆的不同工况，已广泛运用于丰田、本田、现代等企业燃料电池汽车产品，同时参与了众多燃料电池汽车示范项目。

美国盖瑞特开发的两级电动压缩机采用先进的轴承和电气系统设计，可提高性能，减小尺寸，降低质量和噪声，能在高达 20 kW 的功率下连续运行，供气压力可达 3 bar(1 bar＝100 kPa)。目前已被本田公司采用并装配在燃料电池汽车 Clarity 上。

丰田自动织机株式会旗下的压缩机事业部为丰田公司的燃料电池车 Mirai Ⅰ和 Mirai Ⅱ开发了空气压缩机，配合丰田公司开发的具有 3D 流场的金属双极板电堆和专利的膜电极，能达到高能量密度(3.1 kW/L)，Mirai Ⅱ通过改进膜电极性能和流道结构等，不用 3D 流场的情况下仍可达到高的能量密度(5.4 kW/L)，同时实现自增湿功能。

韩国韩昂自 2005 年起和现代合作开发车用燃料电池空压机，目前装配在现代量产燃料电池车 NEXO 上的是该公司的第二代产品，其自主研发的高速电机转速可达每分钟 10 万转，压缩比为 1.9。最新规划的新一代产品的电机转速将提高至每分钟达 12 万转，压缩比提升至 2.1～2.4。

燃料电池用空压机的技术要求比较高，包括如下要求：① 效率高，空压机的功率消耗是 BOP 功耗的主要组成部分，提高空压机效率是降低 BOP 功耗、提升系统效率的重要途径；② 工作范围宽，汽车应用条件的高动态特性决定了燃料电池系统具有较宽的功率输出范围，相应的空压机要具备较宽的流量和压缩比范围；③ 输出空气不含油，常见的有机润滑油若进入电堆会导致电堆污染，因而空压机输出的压缩空气需要无油；④ 低噪声，噪声水平是汽车应用的关键性能，燃料电池空压机通常具备高转速和气体强压缩等工作过程，容易产生较强的噪声，需要在设计中进行规避；⑤ 体积小、重量轻，空压机的体积和重量影响整个系统的功率密度，从而影响整车的集成性能，因而体积和重量越低越好。

未来空压机技术发展将重点围绕以下四个方面进行。

1）大流量和大压力

采用金属双极板的电堆具有接触电阻低、导热性能优、体积小、机械强度高、阻气性好、易于批量加工成型等优点。采用金属双极板的燃料电池电堆可以达到更高的功率密度，适用于乘用车用未来电堆发展趋势。与石墨双极板或复合双极板相比，金属双极板的流道往往比较狭窄，因此需要能克服流道阻力高压缩比的空压机。另外，双极板3D流场可以有效减小传质极化，是未来发展的趋势，但这种设计也会对通过的气体产生较大的阻力。所以未来高压缩比的压缩机将成为更多汽车厂商，特别是乘用车厂商的首选。乘用车对于燃料电池系统的动力性能要求更高，目前已经量产的几款燃料电池轿车所配备的燃料电池动力系统净输出功率普遍在80 kW以上，这就要求空压机能够提供更大的流量以保证充足的空气供应。

2）高集成度

燃料电池空气供应系统一般包含以下部分：空气过滤器、空压机（含电机）、电机控制器、中冷器、增湿器、消声器、温度流量传感器、连接管路等。在早期的燃料电池车辆上，由于上述部件往往是由不同供应商提供的非定制化产品，集成在系统内之后占用空间较大，外部接口较多，使用和维护都不方便。近年来，随着燃料电池汽车逐步实现批量化生产，通过和供应商联合开发深度定制化的产品，燃料电池空压机逐渐开始和空气系统内的其他部件以总成的方式呈现。例如丰田织机为Mirai开发的空压机上就集成了中冷器和消声器，同时电机控制器也集成在整车的多合一控制器上，在节省空间的同时也便于整车的生产装配和后期的维护保养。

3）节能高效

燃料电池空压机的动力来源于电堆产生的电能，属于系统的寄生功耗。目前，大多数压缩机消耗的能量占系统总功率的15%～20%。未来技术的发展，势必要求整个燃料电池系统降低各个部件的寄生功耗，以提高整体效率。戴姆勒公司在其开发的燃料电池系统中采用了集成透平的电动涡轮压缩机，使用从电堆排出的尾气驱动透平回收能量。欧普康公司与之类似，将螺杆膨胀机和螺杆压缩机集成，通过回收尾气中的能量，可以将压缩机功耗降低约15%。未来随着能量回收技术的成熟以及各个部件效率的提升，预计动力系统中空压机的寄生功耗占比将降低至10%～15%，甚至低于10%。

4）全工况下快速响应

燃料电池汽车，特别是在市区行驶时会频繁地在启动、怠速加速、巡航、减速等不同的工况之间切换，与之相对应的燃料电池动力系统需要根据不同的工况调节动力输出。目前，由于国内燃料电池电堆的性能、成本和寿命还不够理想，而我国动力电池产业较发达，国内绝大多数燃料电池动力系统采用的是“电电混合”的技术路线，即将动力电池和燃料电池并联，由锂电池提供车辆加减速等非稳态下所需的大功率，而燃料电池则用来提供稳定工况下的输出功率。这种方案不仅可以解决燃料电池动态响应速度慢的问题，同时还可大大延长燃料电池的寿命。但“电电混合”方案也有缺点，一是大容量的动力电池会增加整个系统的体积和重量，二是动力电池的充放电过程都会有一定的能量损失。

国外厂商已经开发出全功率的燃料电池动力系统，将燃料电池作为主要动力驱动，仅搭配极小容量的动力电池在启动和变工况的情况下提供辅助和缓冲功能。例如丰田公司生产的燃料电池轿车 Mirai，其燃料电池动力系统净输出功率为 93 kW，而与之搭配的仅仅是一组容量为 1.6 kW・h 的镍氢电池。

8.2.2　车载供氢系统

高压储氢是目前最简单和最常用的车载纯氢储存方法，因此大部分燃料电池汽车供氢系统都选择高压储氢方式。燃料电池大巴、物流车高压供氢的压力通常为 35 MPa，燃料电池乘用车高压供氢压力通常为 70 MPa。燃料电池工作时对氢气的流量和压力有很高的要求，储存的氢气需要经过一套压力和流量的调节系统调节后再输送到燃料电池内部。储氢瓶、供氢管路、加氢口、压力流量调整元件、氢泄漏传感器和相应控制系统组成了车载供氢系统。而氢气供应子系统的作用则是为满足电堆正常运行时对氢气的流量、压力与湿度等需求，将电堆阳极侧的氢气操作条件调节到适当范围内，是保证氢气供应安全可靠和系统运行稳定高效的关键子系统。其中氢气供应子系统主要由氢气供应比例阀、氢气循环泵和/或引射器、汽水分离器、泄压阀和尾排电磁阀等组成，其中氢气循环系统和引射器为关键部件。

氢气供应子系统基本结构如图 8-6 所示。

8.2.2.1　氢气循环泵

氢气循环泵的主要功能是将电堆出口未消耗完的氢气回送至电堆入口再次

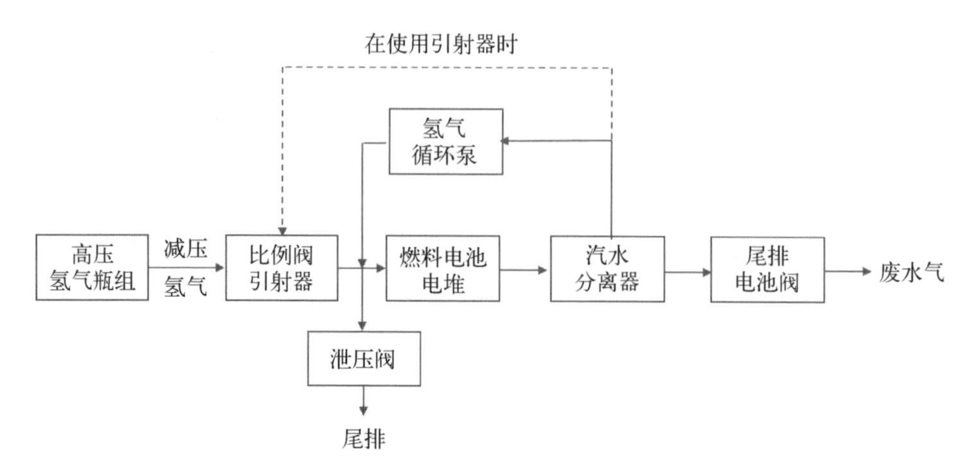

图 8-6　氢气供应子系统基本结构示意图

进行反应，并且可借此调节电堆内氢气的流量与压力、辅助排水或加湿以及预热新进入的氢气，具有提高燃料利用率、延长燃料电池寿命等重要作用，是燃料电池系统的重要零部件之一。氢气循环泵主要分为罗茨式、爪式、涡旋等结构。图 8-7 是爪式氢气循环泵的叶片示意图。

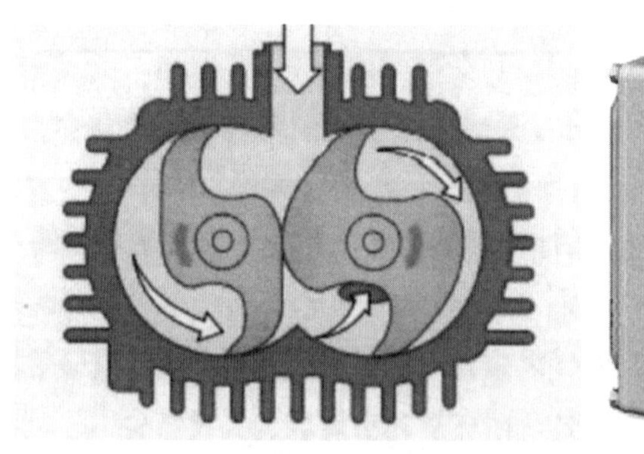

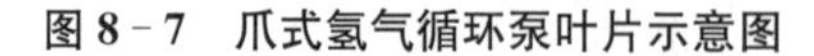

图 8-7　爪式氢气循环泵叶片示意图

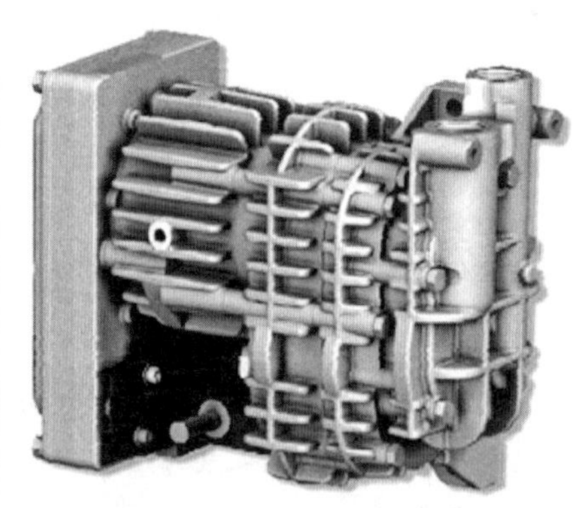

图 8-8　氢气循环泵实物图

氢气循环泵具有体积小、噪声低和功耗小等优点，但同时存在带液压缩困难、对密封部件和防爆功能要求高等缺点，其技术难点在于防腐蚀涂层材料、氢气密封、水汽腐蚀和冲击防爆。图 8-8 是氢气循环泵产品的图片，电动氢循环泵的吸气端与电堆的氢气尾排端相连，压缩出气端与电堆氢气入口端相连，通过泵压缩做功将尾排氢气循环至氢气进气端进行混合，实现氢气的增湿和循环利用功能。在电堆工作过程中，阴极侧空气中的一部分氮气会扩散至阳极侧，因而尾排氢气中含有一定比例的氮气以及电堆反应生成的水分，因此在氢气循环管路中要增加排气阀，通过一定的排放策略适时排出循环路中的氮气和水分。

8.2.2.2　氢气引射器

引射器依靠高速喷射工作流体造成的压差将被喷射气体不断吸入混合后再喷出的原理进行工作，它利用储氢瓶内的高压氢气流进入电堆入口时，将电堆出口端的低压、低流速氢气引射进来，形成具有一定压力和流速的混合气一起重新进入电堆进行工作。引射器包括工作喷嘴、接收室、混合室和扩散室等结构。技术参数包括压力、温度、质量流量和最大引射系数等。引射器具有体积小、结构简单、噪声低、维护成本低、密封性好等特点，但同时存在回氢量小、工作范围窄等缺点，其技术难点是在小流量以及复杂工况下效果差，控制困难，单独使用往往循环效果不佳，通常需要多个引射器组合或者是与氢气循环泵联合进行工作。

图 8－9 是典型的文丘里管氢气引射器的结构，其安装方式与电动氢循环泵类似，电堆的氢气尾排端与引射流体端相连，系统输入的氢气与喷嘴相连，扩压器后端的压缩流体出口与电堆氢气入口相连。文丘里管氢气引射器主要由喷嘴、接受室和扩压器组成，将从喷嘴出口喉管之间的一段定义为混合段，工作过程是系统导入的氢气高速流经喷嘴，在混合段处形成负压，电堆的氢气尾排连接到引射流体端，混合段处的负压会将氢气尾排引入引射器，新鲜氢气与氢气两股尾排流体在混合段充分混合后，形成压缩流体，从扩压器后段排出后进入电堆，从而完成整个氢气的循环过程。

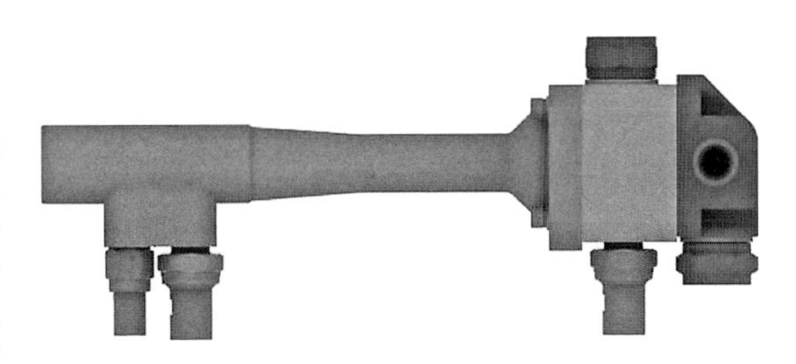

图 8－9　氢气引射器

8.2.2.3　储氢瓶

目前车载储气瓶主要是Ⅲ型瓶和Ⅳ型瓶，包括 35 MPa 的Ⅲ型瓶（它是由铝制内胆交叉全缠绕碳纤维材料的气瓶）和 70 MPa 的树脂内胆交叉缠绕的Ⅳ型瓶。我国目前以商用车为主，采用的主要是 35 MPa 的Ⅲ型瓶；而国外主要是乘用车，为了保证续航里程和节省有限的空间。丰田的 Mirai 和本田 Clarity 采用新型 70 MPa Ⅳ型瓶供氢系统（见图 8－10）。

Mirai储氢罐
60 L+62.5 L

Mirai储氢罐剖面图

图 8-10　丰田 Mirai Ⅰ使用的车载储氢瓶

8.2.2.4　国外车载供氢系统技术与产业化发展现状

国外目前多为 70 MPa 车载供氢系统，应用以乘用车为主。比较领先的是加拿大的 Dynetek 公司和美国的 Ouantum 公司。此外燃料电池汽车厂家对车载供氢系统也进行了详细研究和开发，其中丰田和本田是行业领先者。丰田 Mirai 的新型 70 MPa 高压储氢系统采用全缠绕Ⅳ型气瓶，铝合金主体的高压瓶口阀和高压调节器能通过表面处理大幅度提高铝合金硬度，优化密封结构提升压力控制的稳定性，调整不锈钢管道和接头的材料硬度，保证接口的密封可靠性。此外，表面处理后的压力传感器减少了氢环境对传感器的影响，通过改进通信方式和采用预冷加氢工艺，使得最大充装状态(SOC)达到 95%。本田 Clarity 采用新型 70 MPa 供氢系统，氢气加注时先通过加氢口，然后通过内置电磁阀，再充满两个高压储氢气瓶。储存在高压氢气瓶中的氢气在供应到燃料电池堆之前，通过内置电磁阀的调节降低其压力。集成止回阀和截止阀的内置式电磁阀可以减少系统重量和零件数量。内置电磁阀采用铝合金材料，可减轻重量并提高疲劳寿命。应用树脂密封技术将温度传感器与氢气隔离开来，减少氢对传感器的影响。树脂密封结构使得整体结构具有高机械强度和耐蠕变性。

在供氢系统的零部件供应方面，国外存在很多具有先进技术的供应商，提供的主要零部件有瓶口阀、减压阀、加氢口和供氢管路。

在瓶口阀方面，意大利 OMB 提供全系列的高压氢气阀门，涵盖 35 MPa 和 70 MPa 两个压力应用范围，而且可以选择在瓶口阀上集成减压器。OMB 与 Daimler AG 合作，开发了瓶口阀 OTV700，用于 70 MPa 供氢系统。加拿大 GF 开发的 70 MPa H-ITVR 瓶口阀同样提供可调的低压输出结构来简化系统。作为氢脆化的对策，多数高压部件与氢接触的部分使用铝合金或不锈钢。

在减压阀方面，Tescom 公司专门针对氢气和天然气开发了一系列减压阀，采用直动活塞式结构，最大进口压力分 5 000 psig（35 MPa）和 10 000 psig（70 MPa）两种，最大出口压力 500 pisg(3.5 MPa)。此外，美国 Swagelok 和韩国 DK－Lok 也有开发减压阀。意大利 OMB 和加拿大 GFI 的设计可以将减压元件集成在瓶口阀上。

在加氢组件方面，德国 WEH 是此类零部件的主要供应商，全球大多数最先进的加氢站依赖于 WEH 的加氢组件。WEH 主要提供高压加氢零件，其加氢口满足 25 MPa、35 MPa 和 70 MPa 的加注压力要求，流速可达到 100～120 g/s，还可以编码控制压力范围和气体类型，并具有集成的止回阀系统，其产品能用于公共汽车、卡车和乘用车的氢气加注。

在供氢管路方面：美国世伟洛克（Swagelok）公司开发有卡套接头、卡套管单向阀、过流阀、针阀、比例卸荷阀和过滤器等，一般采用 316 型不锈钢，具备抗氢脆性能。卡套接头的独特设计，在－20℃进行氦气检测时，氦气检漏率为 10^{-5} Ncm^3/s。此外，韩国 DK－Lok 公司也是供氢管路系统的主要供应商，其技术能力与世伟洛克的相当。

8.2.2.5 国内车载供氢系统技术与产业化发展现状

虽然国内 70 MPa 的燃料电池乘用车逐渐开始发展起来，但是目前还是以公交车和物流车为主，基本是 35 MPa 的车载供氢系统。在车载氢气供应系统的技术路线上，国内外基本一致，都是沿用天然气汽车供气系统的技术和标准。

目前，国内车载供氢系统主要生产厂商有张家港国富氢能、派瑞华氢、上海舜华等。国富氢能自主开发的 35 MPa 供氢系统，已开始小批量应用。北京天海、沈阳斯林达、北京科泰克、沈阳美托等公司主要集中在零部件的开发方面，均已具备生产复合气瓶的能力。沈阳斯林达还自主开发了 35 MPa 高压氢气瓶口阀。此外，上海瀚氢动力科技有限公司、上海百图低温阀门有限公司等企业也在积极开发供氢系统的集成式瓶口阀及零部件。

8.2.2.6 车载供氢系统的未来发展趋势

为了增加氢气储存量和供氢系统压力，提高燃料电池车辆里程数，就需要重点解决提高系统重量储氢密度和氢气气密性的问题，这也是相关技术未来发展的方向。具体包括阀及管路材料改进、密封材料改进、零部件集成。

在阀及管路材料改进方面，目前一般采用不锈钢，铝合金是发展趋势。如何在追求轻量化的同时保证材料的硬度和强度,是当今和未来必须研究的课题。

在密封材料改进方面,目前一般采用橡胶材料,而本田公司开发的聚酰胺基亚胺树脂材料瓶口阀不仅能满足 70 MPa 储氢的要求,同时还提高了气密耐压性。如何开发更可靠的密封方式也是未来研究的一个重点。

在零部件集成方面,各大公司都努力提高车载储氢系统的零部件集成度,如瓶口阀集成有 PRD、电磁阀、限流阀、传感器以及减压阀等。如何通过集成在减少零件数量、降低系统复杂性、提高系统安全性的同时降低系统重量,将是未来研究的重点。

8.3 燃料电池湿度管理系统

燃料电池在运行过程中需要依靠湿润的质子交换膜来传导质子,为了让质子交换膜维持在合适的湿度,避免其含水量过低而处于干燥状态,需要对进入燃料电池的反应气体进行增湿处理。

8.3.1 外增湿系统

燃料电池反应气体增湿技术主要分为外增湿和内增湿,外增湿包含鼓泡增湿、喷雾增湿、焓轮增湿和膜增湿,内增湿包含假电池增湿、膜电极自增湿等。由于膜增湿具有增湿量可控性强、增湿量大和性能稳定等特点,目前大功率质子交换膜燃料电池系统多利用膜增湿器对反应气进行加湿,另外,由于自增湿技术具有成本低、占用空间小等优势,也是一个重要趋势[7-8]。

8.3.1.1 鼓泡增湿

鼓泡增湿是在燃料电池进气口前加装一个鼓泡器,鼓泡器内装有液态水,进气管通到鼓泡器底部,气体通过液态水时会产生气泡,增加气体与水的接触表面积,使气体与液体间的热量和水分进行有效交换,气泡上升破裂将水分带至空气中,以达到增湿的效果(见图 8-11)。这种方法在小流量时能够得到较高的湿度,但是大流量时气体经过鼓泡后会带

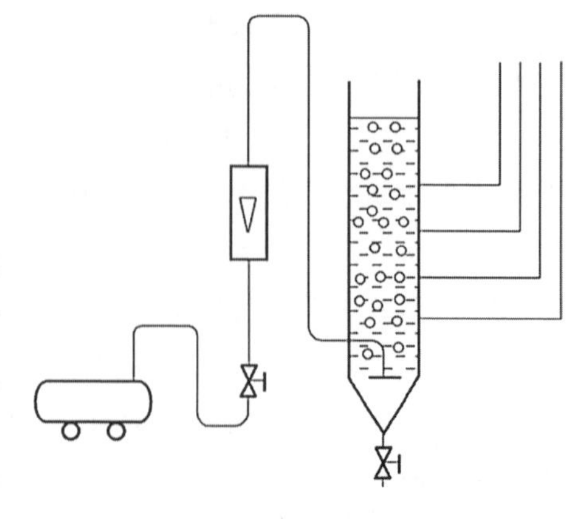

图 8-11 鼓泡增湿原理图

出过多的液态水，容易造成出口处的液态水聚集和流道内堵塞。

8.3.1.2 喷雾增湿

喷雾增湿(见图 8-12)是将液态水直接喷入燃料电池的进气管路中或气体倒流板中，喷雾增湿器的结构主要包括喷嘴和壳体，喷嘴将雾化后的水喷入空气中，经过压缩机后的空气有较高的温度，喷入的水受热蒸发为水蒸气与空气相混合，达到增湿的效果，其可以通过调节喷射压力来调节增湿的程度。

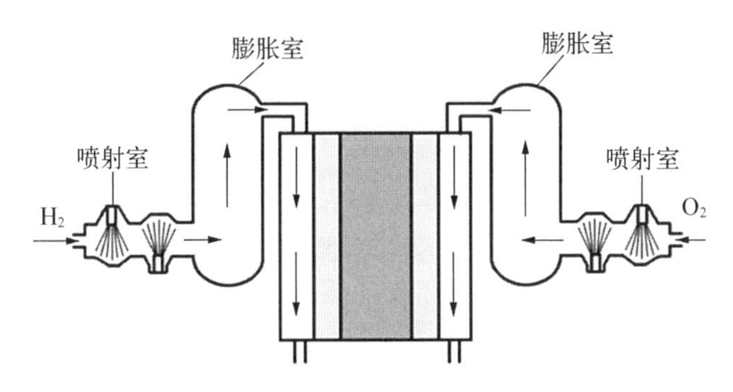

图 8-12　喷雾增湿示意图

喷雾增湿器的结构相对复杂，而且需要借助其他辅助设备来实现其功能，同时喷入的气体总会带有一定的液态水，可能会造成燃料电池水淹。

8.3.1.3 焓轮增湿

焓轮增湿器(见图 8-13)是通过旋转将干燥的气体通过流动传送到含水的固体上来增加气体的含水量，其工作的核心部件是多孔陶瓷转轮，在转轮表面覆盖有一层吸水材料。当增湿器工作时，电动机带动转轮进行转动，燃料电池的尾气通入增湿器的一侧，而干燥的空气通入另一侧，陶瓷转轮会吸收尾气中的水分并储存于表面，当转轮转动到增湿器的另一侧时，由于两侧气体的湿度和温度存在差异，干燥的空气就会将多孔陶瓷表面的水分和热量带走，完成对干燥空气的加湿。

焓轮增湿器的优点是它可以降低单个膜组件的数量和空间，以一个更低的压力来满足系统湿度的要求，增湿的效率较高，且其技术相对比较成熟，可以控制增湿量，成本也相对较低。但是由于它结构上的特点，其缺点也比较明显，核心部件陶瓷的密度比较大，造成增湿器整体的重量较大，陶瓷的抗震性能也不强，而且旋转的工作方式也对密封有更高的要求，容易导致两侧气体的窜漏，工

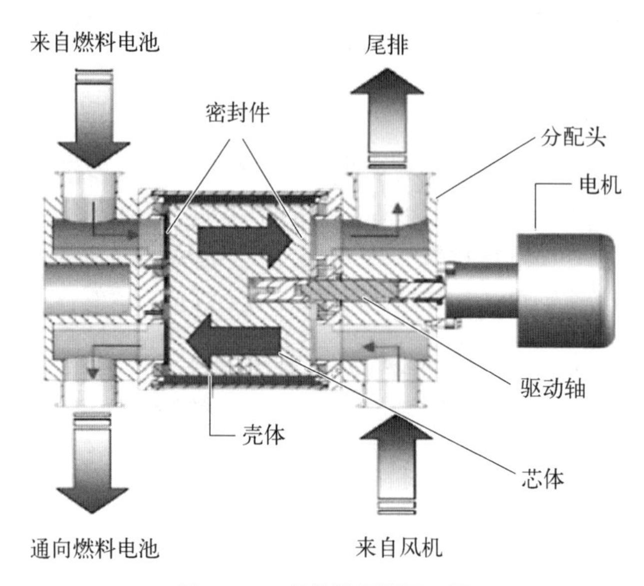

图 8-13 焓轮增湿器原理图

作时会导致热量的增加，增加气体的温度，同时需要外部提供额外的动力才能够旋转工作。

在常压型的燃料电池系统上，焓轮增湿器可能仍具有一定的优势，但是对于增压型燃料电池，空压机出口的空气温度较高，压力较大，更不容易密封，焓轮增湿器可能就不太适用了。

8.3.2 膜增湿器

膜增湿是在膜的两侧分别通入湿润和干燥的气体，这种膜具有透水不透气的特点，两侧的气体在膜表面进行湿热的交换，其过程类似于渗透蒸发，传热传质同时进行，水的传递主要依靠膜两侧存在的浓度梯度，按照溶解扩散模型，膜增湿的主要过程如下：

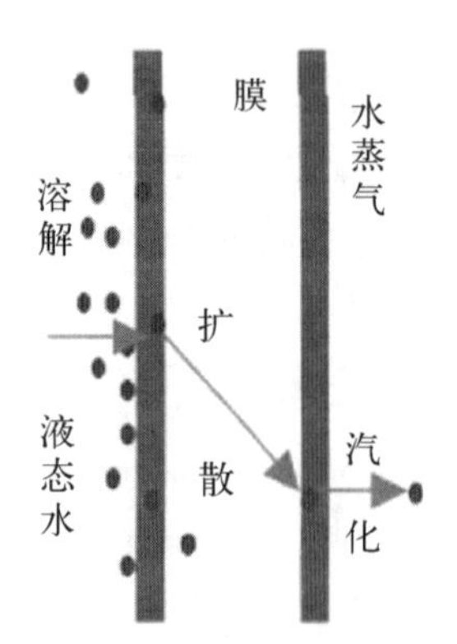

图 8-14 溶解扩散示意图

(1) 湿侧空气中的水分子在膜的表面溶解；

(2) 水分子在浓度梯度的作用下从湿侧渗透扩散到干侧；

(3) 水分子在透过膜后在膜表面被干侧气体吸收(见图 8-14)。

膜增湿器的结构相对简单，而且不需要额外的辅助设备,可以充分利用电堆尾气中的热量与水气对干燥空气进行增湿。膜增湿器属于被动部件没有运动组件,其运行相比其他增湿器更加稳定可靠,在实际燃料电池系统中应用时,一般将增湿器置于中冷器后电堆之前,增湿器通常有四个气体出入口,膜的一侧通入电堆阴极尾气的湿热空气,另一侧通入电堆入口的干空气。由于其本身无法自动调节增湿能力来响应燃料电池不同的运行工况,可以在系统中设计调节阀来对增湿能力进行调节,例如在膜增湿器干侧入口前增加一个旁通阀,绕过增湿器连接至其干侧出口后,这样可以通过调节阀门让一部分干空气进入增湿器进行增湿,一部分干空气通过旁通之路不进行增湿,然后两部分空气在增湿器的干侧出口处混合,完成增湿效果的调节。同样地,也可以在增湿器湿侧增加一支旁通支路,通过调节进入增湿器的湿气体流量来调节增湿效果(图 8-15)。

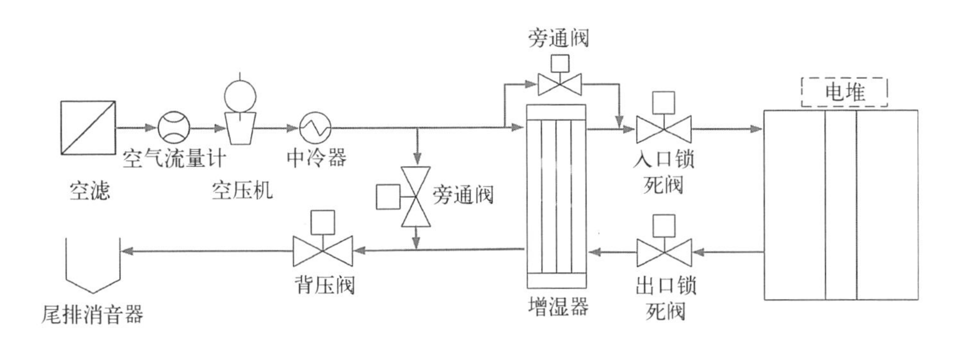

图 8-15　设置旁通阀调节湿度流程图

8.3.2.1　膜增湿器产品

膜增湿器目前主要有两类产品,分别为膜管式增湿器和平板膜增湿器,这两种增湿器工作的基本原理是相同的。管式膜增湿器的核心部件是中空纤维膜管,中空纤维膜管为人工及天然的高分子或无机物制成的膜,其材料主要包括聚砜、聚酰亚胺、聚亚苯基砜、Nafion 膜、e-PTFE 膜等,管式膜具有自支撑的结构,不需要另增加支撑结构,可以使膜组件加工简化,在相同体积下具有更大的表面积(见图 8-16)。膜管的内外形

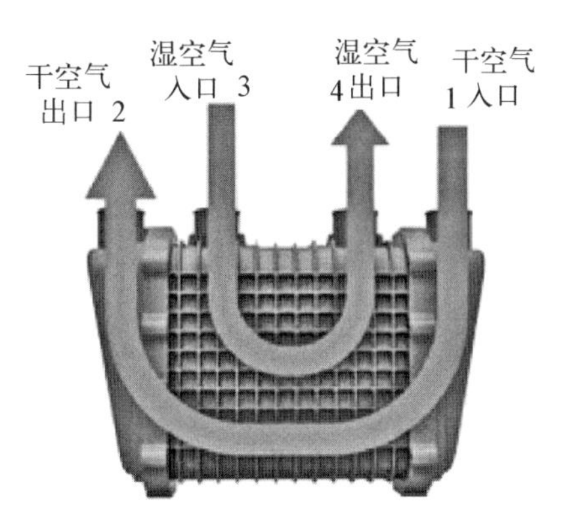

图 8-16　常见的管式膜增湿器结构

成独立的通道,需要被加湿的干燥空气流入膜管的内侧,而电堆反应后的阴极尾气流经膜管的外侧,在浓度梯度作用下,膜管外的水会扩散至膜管内,膜管内干燥的空气则会吸收管外气体中的热量与水汽,完成加湿的过程,经过在膜管内的充分吸收,加湿后的空气从另一侧流出。许多束这样的膜管组合在一起形成膜管束,再加上壳体就组成了管式膜增湿器(见图 8-17)。

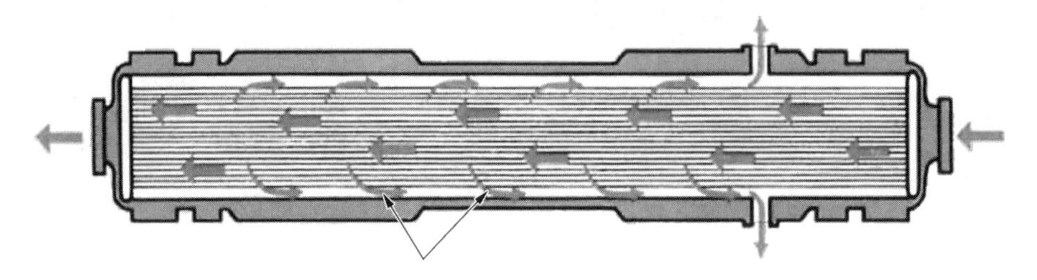

图 8-17　中空纤维膜管束结构图

中空纤维膜管制备的主要工艺有熔融纺丝法和溶液纺丝法。熔融纺丝法是将聚合物在高应力下熔融挤出进行拉伸,使聚合物材料中片晶结构在拉伸过程中被拉开形成微孔,然后通过热定型工艺固定结构。溶液纺丝法是一种较成熟的制备工艺,它将聚合物溶解在某种溶剂中,制成具有适合浓度的纺丝溶液,通过微细的喷丝头将溶液喷入凝固浴或热气体中,高聚物析出而凝固成丝条,再经拉伸、定型、洗涤、干燥等处理过程得到成品纤维,根据工艺的不同还分为干法纺丝、湿法纺丝和干-湿法纺丝(见图 8-18)。

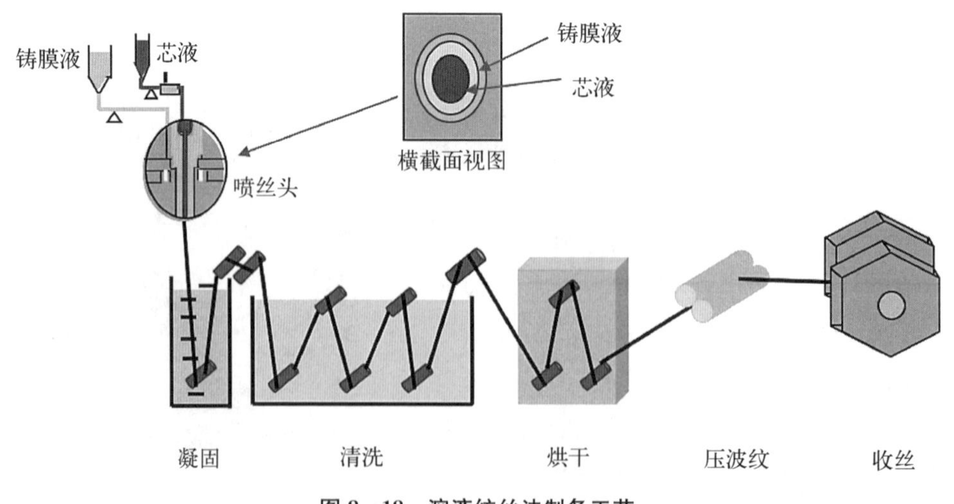

图 8-18　溶液纺丝法制备工艺

管式膜增湿器的生产封装工艺(见图8-19)大致为切丝、封堵、灌胶、切割，其具有以下几个优点：

(1) 采用加热新工艺，热封均匀、封堵效果好，膜面疏松有利于灌封；

(2) 工艺独特，减少密封胶用量，先用环氧树脂固定(较硬)，再用聚氨酯(PU)(较软)，在热变情况下保护膜管；

(3) 膜管的布置形态，膜管本身呈现螺旋状，夹杂水汽传导丝，可以提高膜的利用率。

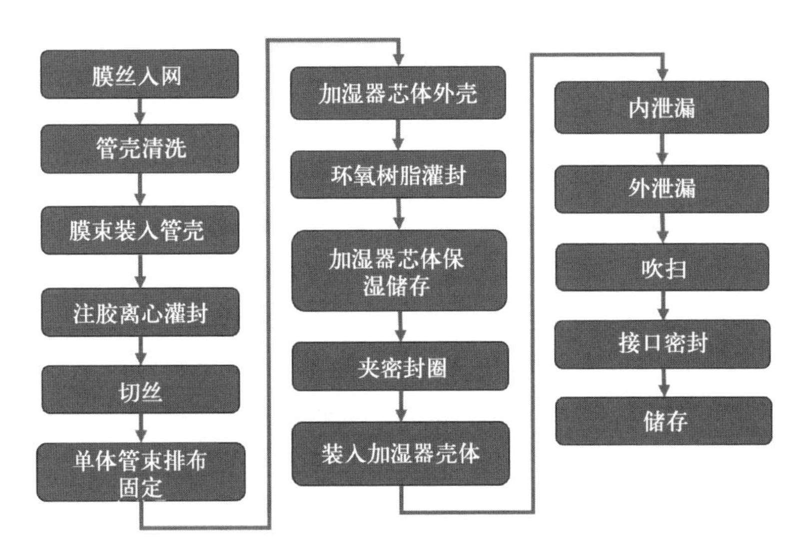

图8-19　管式膜增湿器的生产封装工艺

8.3.2.2　平板膜加湿器

平板膜加湿器结构相较管式膜增湿器更加简单，其结构类似于板式换热器(层叠式)，核心部件也是由可以渗透水的膜和支撑材料构成，膜与支撑材料均制成平板样式，平板膜本身的机械强度较差，需要通过支撑材料进行支撑与保护。其工作原理同样是膜的一侧通干燥气体，另一侧通湿气体，膜吸收水分后与干燥气体进行水分交换。

聚酯无纺布价格便宜，均匀性、热稳定性和一致性均比较好，经过表面光洁等处理后常用作支撑材料。平板膜可以采用流延法制备，一般将聚合物溶液直接在支撑材料上流延成膜，膜和支撑材料构成一体，生产时通过刮刀将聚合物溶液均匀涂在无纺布上，溶液中的溶剂逐渐汽化形成致密的表层，致密层同无纺布一起浸入凝固浴中，溶剂和非溶剂快速交换，形成连续的非对称膜(见图 8-20 和图 8-21)。

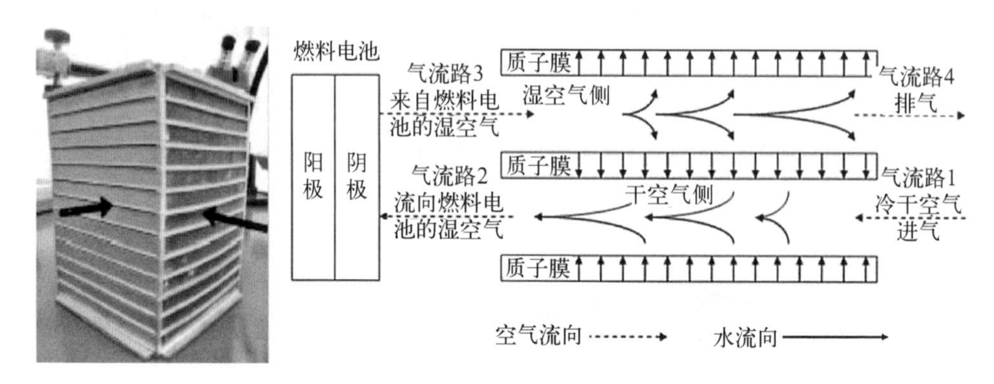

图 8-20　平板膜增湿器示意图

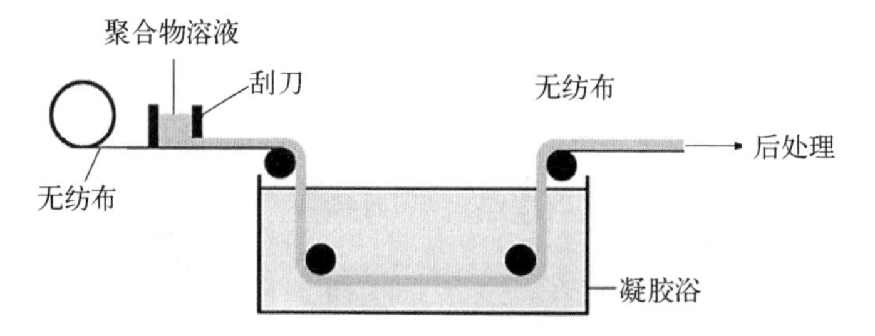

图 8-21　平板膜制备工艺示意图

8.3.2.3　膜增湿器传热传质特性

根据 Fick 定理可以对增湿器膜中水的一阶稳态扩散传质过程建立数学模型，膜中水的传递量 $m_{v,\ \mathrm{men}}$ 可以表示为

$$m_{v,\ \mathrm{men}}=D_{\mathrm{w}}\frac{c_1-c_2}{\delta_{\mathrm{m}}}M_vA \tag{8-1}$$

式中，M_v 为水的摩尔质量，A 为面积，c_1 和 c_2 分别为湿侧和干侧边界膜中水的浓度，δ_{m} 为膜的厚度，D_{w} 为水的扩散系数，与膜的温度相关。

对于膜增湿器的传热特性，可以将其等效成换热器来表示其传热性能：

$$Q=K\Delta T \tag{8-2}$$

式中，Q 为换热量，K 为等效换热系数，ΔT 为湿侧和干侧之间的对数平均温

差，在逆流时表示为

$$\Delta T=\frac{(T_{1,\mathrm{in}}-T_{2,\mathrm{out}})-(T_{1,\mathrm{out}}-T_{2,\mathrm{in}})}{\ln\frac{(T_{1,\mathrm{in}}-T_{2,\mathrm{out}})}{(T_{1,\mathrm{out}}-T_{2,\mathrm{in}})}} \tag{8-3}$$

8.3.2.4　膜增湿器工作参数及性能

膜增湿器的传热传质如图 8-22 所示。其合适的工作参数需满足燃料电池系统运行时的工作参数，要求温度为 -30～100℃，最大工作压力不小于 400 kPa。其增湿性能也会受到温度、压力等参数的影响。温度降低会导致水蒸气饱和蒸汽压降低，含湿量降低，膜干侧与湿侧的温度差会影响两侧的水蒸气浓度差，提高湿侧温度或降低干侧温度可以提高增湿效果。气体压力变化对增湿器内的传热过程影响较小，对增湿器内的水量传递有较为明显的影响：湿侧压力增加时，水蒸气分子渗透量增加；干侧压力增加时，水蒸气分子渗透量减少。对于增湿器的性能可以通过以下几个指标进行评估。

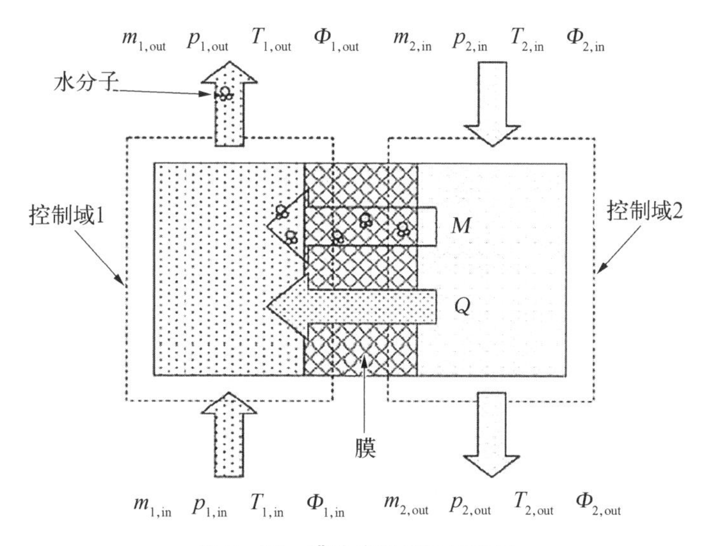

图 8-22　膜的传热传质示意图

(1) 膜增湿器的水交换率和接近露点是膜增湿器增湿能力的关键评估指标。类似于换热器的传热效率，可用水交换率来体现膜增湿器的水传输能力。水交换率指的是经过膜传递到干侧空气的水量占湿侧入口水量的比例，可以表示为

$$\mathrm{WTE}(\%)=\frac{m_{\text{dry out water}}}{m_{\text{wet in water}}}\times 100\% \tag{8-4}$$

式中，WTE 为水交换率，$m_{\text{dry out water}}$ 为干侧出水质量，$m_{\text{wet in water}}$ 为湿侧入口水质量。

接近露点温度是湿侧入口空气露点温度与干侧出口露点温度的差值，代表了尾排湿空气能把干空气湿度抬高的能力，可以表示为

$$\mathrm{ADT}=DewT_{\text{wet in}}-DewT_{\text{dry out}} \tag{8-5}$$

式中，ADT 为接近露点温度，$DewT_{\text{wet in}}$ 为湿侧入口露点温度，$DewT_{\text{dry out}}$ 为干侧出口露点温度，一般情况，保证增湿器的实际露点接近温度与电堆工况设计的需求增湿器露点温度差值在 2℃以内。

(2) 膜增湿器的流阻特性是应用评估的关键指标，主要应用整个空气管路中动力设备空压机的功耗，影响进入电堆空气的压力，增湿器的流阻过大会使入堆前空气的压力损失增大。为提高压力可能需要增加空压机转速，间接增加了系统的寄生功率，导致其净输出效率下降(见图 8-23)。

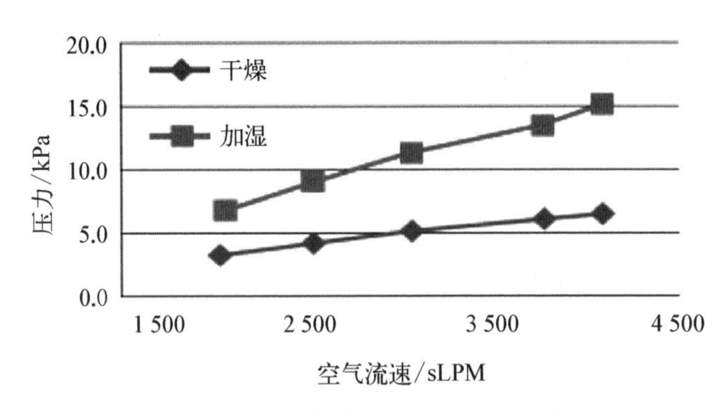

图 8-23 加湿前后空气流量与压降的关系

(注：sLPM 指常温常压状态下的每分钟标准/升流量值。)

(3) 泄漏率是增湿器的一个重要测试项，一般需要测试内漏与外漏，内漏值是增湿器干侧和湿侧相互窜漏的量，外漏是指增湿器内部气体泄漏到外部的量(见图 8-24)。因为高分子中空亲水膜管具有溶胀性，长期在 80℃水中浸泡其强度会减弱，其内漏率会相对较大(见图 8-25)。一般泄漏率测量主要有两种方式，压力衰减法和泄漏流量法，压力衰减法通过将增湿器与保压系统连接，将压力增加到一定值，记录一段时间内压力的下降值，流量法则还要连接外部流量计，记录泄漏流量值。

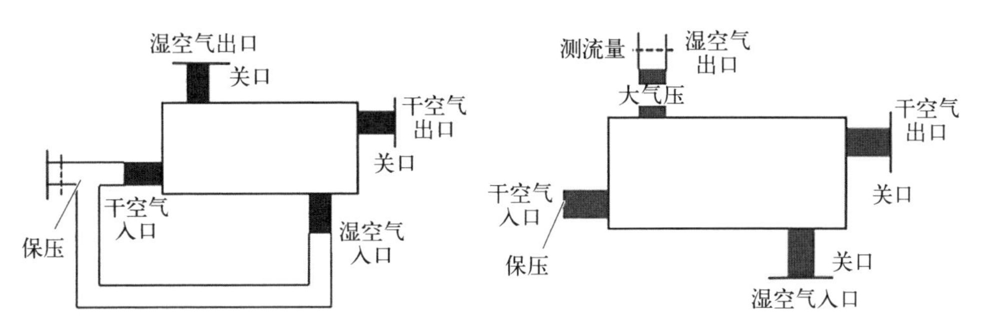

图 8－24　增湿器外漏测量示意图　　**图 8－25　增湿器内漏测量示意图**

(4) 结冰融冰泄漏率，是考察低温下结冰融冰对增湿器内泄漏量的影响。由于膜增湿器在燃料电池系统停机后，内部仍然有一定量的水分，在冬季零下低温环境下存在结冰现象，开机使用时存在融冰现象，结冰—融冰循环会对膜结构造成损伤，所以评估其使用寿命时需要进行“结冰融冰”试验，等实验结束后再测试其泄漏量。测试方案如图 8－26 所示，低温性能指在进行结冰—融冰循环 100 次后，200 kPa 下泄漏量小于 100 L/min。

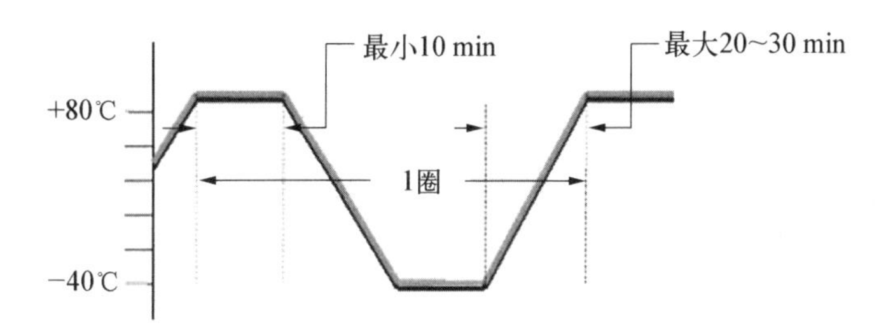

图 8－26　结冰—融冰循环测试方案

8.3.3　自增湿系统

自增湿质子交换膜燃料电池增湿所用水全部由燃料电池阴极生成水来提供，主要是通过温度控制、阳极水循环控制以及电堆结构改进等一些措施，合理管理电堆内反应生成的水来使质子膜的水含量保持在合适的范围。目前燃料电池自增湿技术的方式主要有以下几种。

8.3.3.1　自增湿膜电极

自增湿膜电极是通过改进材料特性，来实现膜电极的自增湿，是一种较新的技术。一种方法是在质子膜中加入亲水性的材料，例如 SiO_2、TiO_2、Al_2O_3 等。

通过保湿材料的添加，可以提高膜的吸水率和离子交换容量值。除了保湿材料，还可以往质子膜中加入铂颗粒，在膜内铂颗粒可以催化氢气和氧气生成水，从而直接湿润质子膜，同时膜中添加的保湿材料可以保持膜中的水维持湿度。尽管自增湿质子膜可以在一定程度上改善燃料电池的性能，但是自增湿质子膜的生产工艺复杂，亲水材料添加过多也会导致"水淹"，且其本身不导电会增加欧姆损耗，使导电性下降。

另一种方法是在催化层中添加亲水物质来实现膜电极的自增湿，但如果亲水物质只是简单采用物理掺杂在催化层中，那这些混合的亲水物质可能既不均匀也不稳定，在燃料电池长时间的工作过程中容易流失，从而降低燃料电池的耐久性。基于此，研究人员通过构成自增湿的催化剂来提高增湿性能，一些研究结果也表明在催化剂中引入氧化物可以提高膜电极的自增湿性能。

8.3.3.2 自增湿流道设计

除了改进膜电极，也可以依靠流场板的特殊设计来传递或保持部分生成水，为电池膜电极营造一个相对湿润的环境，保证其具有良好的质子通道。例如一种交指性流场，采用半封闭的流道结构，在流道末端，气体靠强制对流机制达到催化层参与反应(见图 8-27)。一部分水汽在剪切力的作用下随气流带出电堆，另一部分则被强制渗透到膜内湿润膜。还有一种双流道结构，其中一个流道的进口与另一个流道出口相邻，相邻流道流动方向相反，出口处气体携带的大量水汽可以对相邻流道入口的气体进行增湿，流道之间相互加湿(见图 8-28)。

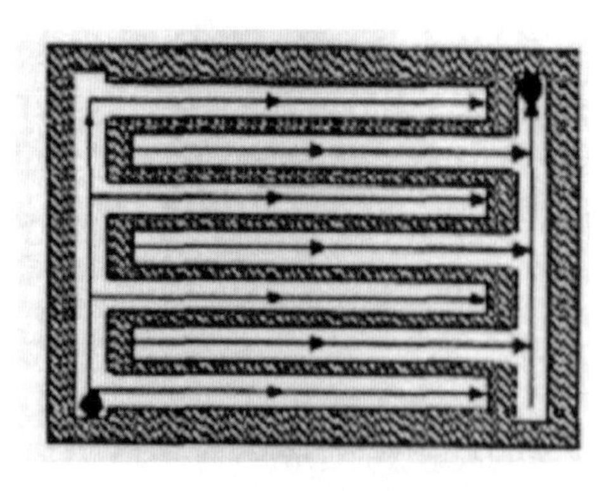

图 8-27 自增湿交指性流场

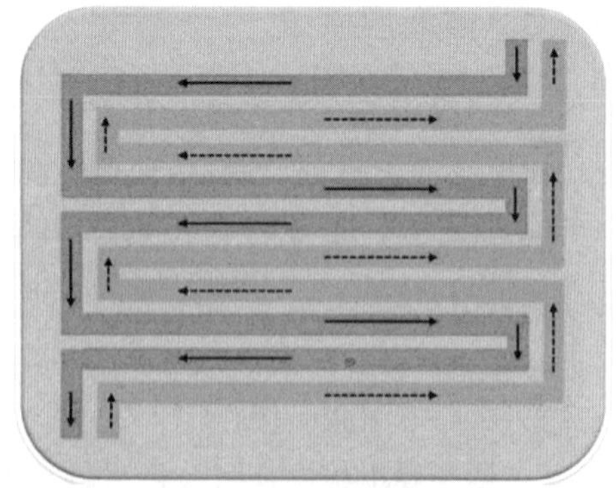

图 8-28 自增湿双流道流场

目前市场上的燃料电池系统增湿器大部分都是膜增湿器，技术相对成熟，国内也有越来越多的生产厂家能够制作，其成本下降很快。有些厂商通过将增湿器与中冷器集成来减小设备的整体体积。不过随着燃料电池技术的发展与进步，越来越多的厂商和研究者开始关注自增湿技术，希望通过应用自增湿技术可以降低燃料电池系统的成本，减小系统的体积。丰田的 Mirai 燃料电池汽车就采用了自增湿技术，取消了空气侧增湿器，通过优化电堆结构和阳极操作方式，将阴极产生的水迁移到阳极并均匀分布在 MEA 上，实现系统自增湿。其中电堆结构改进包括减小质子交换膜的厚度、采用氢/空逆流形式增加阴极侧生成的水向阳极的传递，并通过氢气循环增湿和电堆温度控制，实现电堆良好的水热管理。自增湿的实现一般对电堆有较高的要求，技术要求相对更高，可能会提高电堆的成本。

总体而言，质子交换膜燃料电池外增湿与自增湿技术各有优势，自增湿技术可以去掉庞大复杂的外部辅助增湿设备，简化燃料电池系统。

8.4　燃料电池热管理系统

燃料电池热管理系统的主要目的是将燃料电池发电过程所产生的热量散发出来，同时还具备在寒冷条件下对冷却回路进行加热的功能，以维持电堆正常运行所需要的温度，保障电堆内膜电极处于最佳工作温度区间。热管理子系统主要通过快速精确控制燃料电池电堆进出口冷却液的温度，来维持电堆的运行温度（通常为 75～90℃）。该系统主要由冷却液循环泵、主/辅散热器、电加热器、离子过滤器和节温器等部件构成，其基本结构如图 8－29 所示。热管理子系统还需要保证冷却液的电导率维持在较低水平，保证系统的电气安全性。其能耗约占燃料电池电堆发电功率的 8%左右，提高散热效率意义重大[9-10]。

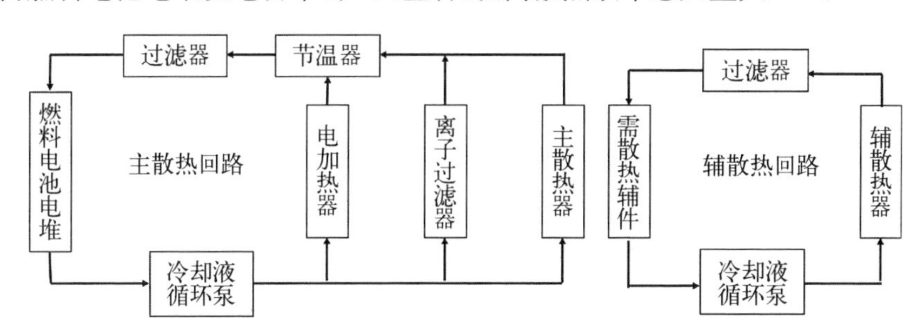

图 8－29　主散热回路和辅散热回路基本结构示意图

热管理子系统主要包括主散热回路(电堆提供热管理)和辅散热回路(为燃料电池系统辅件提供热管理)两个部分(见图 8－29),在不同的系统设计中,主散热回路和辅散热回路有共用散热器、部分共用散热器、不共用散热器等多种布局形式。通常热管理子系统回路在长时间运行后,冷却液(一般为去离子水和水/乙二醇的混合物)中会出现析出物,包括钙、镁、铁、铜、硅等金属离子化合物的析出物。这些不同的析出物会造成燃料电池电堆的绝缘电阻下降从而影响安全性,并且还恶化散热效果进而降低系统效率。因此,燃料电池系统冷却液需满足较低的电导率(<5 μS/cm)、较高的抗冻性(－40℃不结冰)、较低的腐蚀性(抑制冷却系统部件析出金属离子)等要求。冷却液循环泵方面,日本和美国处于领先地位。日本电装、美国亿姆匹(EMP)、美国戴纳林(Dynalene)等企业均有优秀产品推出。其中日本电装为丰田第二代 Mirai Ⅱ的燃料电池系统提供的低噪声冷却液循环泵使用内装式永磁同步电机,工作温度为－45～95°,最大流量为 180 L/min;美国 EMP 冷却液循环泵的运行温度为－40～95℃,最大流量为 180 L/min,功耗不大于 1.8 kW,效率均达到 95%以上。散热器方面,国内在体积、重量等方面仍有一定差距。离子析出物方面,日本、美国和德国在散热器等直接接触冷却液的零部件的表面处理方面处于领先地位,离子析出物较少,而国产的离子析出物较多。

目前国内的散热水箱均采用传统内燃发动机用散热器的铝合金结构,对内壁冷却液接触面的表面钝化处理不足以满足燃料电池系统的要求,需要针对散热器的选材进行优化,进行物理与化学钝化处理相结合的研究,开发新型低成本钝化工艺方案,显著降低接触面的化学活性,减少析出物的产生。热管理子系统中散热模块的发展趋势是小型化和高效化。因为氢燃料电池发动机工作温度较低,相比传统燃油发动机散热系统液气温差小,导致散热器需要更大的散热面积、所需风扇数量更多、热管理子系统尺寸更大,所以研发高效冷却器、高效低噪声风扇等高效小型化散热模块至关重要。

冷却液循环泵的发展方向是轻量化、降低功耗、减小体积和降低噪声。车用冷却液循环泵对功耗、体积、重量以及噪声要求较高,需要对泵头壳体与叶轮的材质选型、设计及加工工艺等技术问题进行研究,重点是提高加工精度与装配精度,才能够达到提升效率、降低功耗与噪声,以及减小体积与实现轻量化的目标。高精度、快速响应是热管理子系统控制技术的研究重点。燃料电池电堆在运行过程中对水温要求较为敏感,对进出水口的温度控制精度要求较高,由于受燃料电池电堆内部的温度分布不均匀性的影响,进出水口处的温度变化会造成电堆内部的温度分布不均匀性增加，在目前不断追求更高运行温度的潮流的影响下，控制系统受水泵、节温器、风扇等因素影响会导致温度控制滞后，还会进一步加剧这些不均匀性，乃至形成局部温控失控，出现烧干现象，所以需要更为先进的优化控制策略与算法。

燃料电池系统热管理需要和整车热管理进行融合设计。燃料电池热管理系统作为整车热管理的重要组成部分，在未来的设计过程中需要考虑与整体系统的深度融合。将燃料电池的热管理系统与整车热管理系统一体化设计有助于简化结构、减轻重量、减少功耗与降低成本。同时，如何将余热回收用于车厢内的采暖是寒冷地区用车的重要研究方向。

燃料电池汽车的整车热管理与综合热效率提升技术是一个技术难点，主要是由于当前车用质子交换膜燃料电池正常工作温度相较内燃机来说明显偏低（与环境温度相比温差较小），且正常工作温度区间较窄（50～90℃），但其工作过程会产生大量热量，故热负荷高，对整车散热技术提出更高要求，因此大功率燃料电池面临热管理技术方面的挑战。在零下冷起动方面，燃料电池系统冷起动次数对其寿命的影响也不容忽视，主要是由于关机吹扫后内部残余水分将使其在零度以下的环境温度静置时产生结冰现象，以及快速低温起动等操作易对电堆及内部核心部件造成不可逆损伤。此外，提升废热利用效率，减少由于废热导致的能量损失，有利于降低整车能量消耗，也是整车热管理与综合热效率提升的关键。

8.5　燃料电池系统主控制系统

燃料电池系统主要包含电堆、空压机、背压阀、氢气喷射阀、氢泵、汽水分离器、水泵、节温器等，如图 8－30 所示。上一节介绍了空压机、氢气供给子系统和加湿器、水热管理系统等辅助系统，本节介绍燃料电池主控制系统[11-13]。

8.5.1　燃料电池系统控制框架

燃料电池控制系统的设计遵循整体性、有序性和协同性的原则。燃料电池控制系统的控制状态整体上分为 6 个状态，分别为低压上电（low power up）、高压上电（high power up）、自检准备（ready）、启动（start up）、怠速（idle）、工作（enable）、关机（off），燃料电池系统正常情况下会在控制系统的控制下按照顺序依次进入 6 个状态，在遇到故障时燃料电池系统控制状态会直接跳转到关机状态（见图 8－31）。

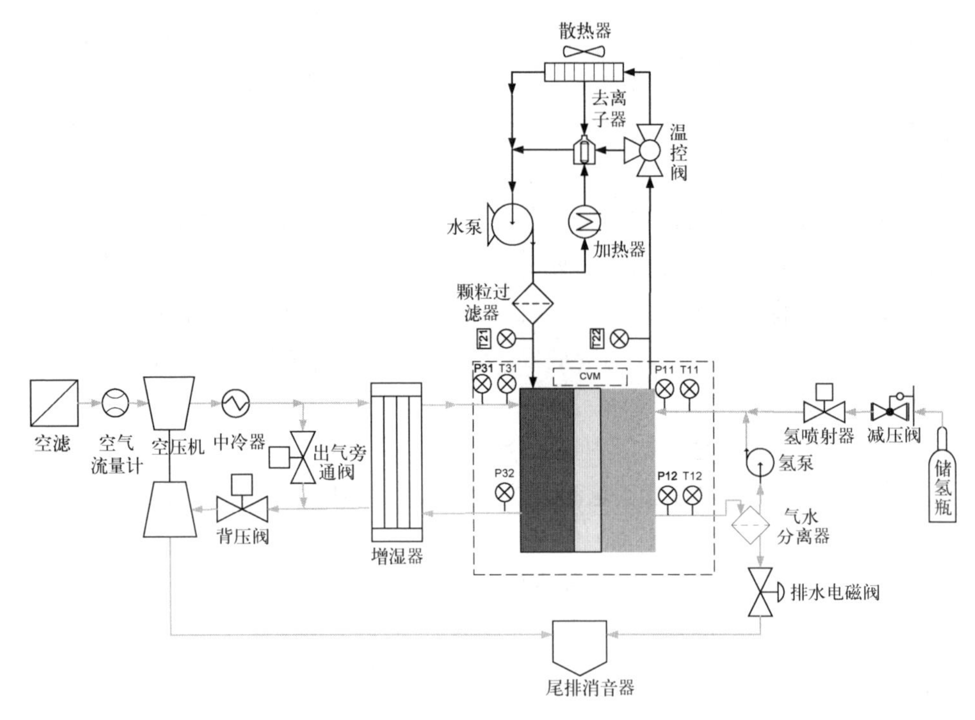

图 8-30　燃料电池系统构架图

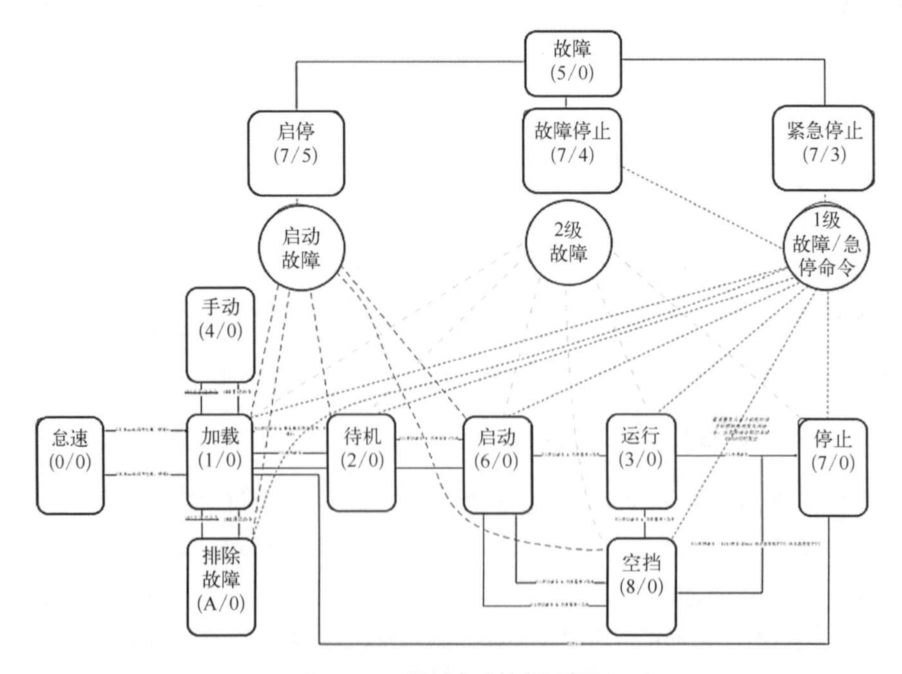

图 8-31　燃料电池控制逻辑图

燃料电池系统故障一般根据严重程度分成三到四级，依据不同故障等级执行不同的处理流程，与燃料电池系统控制的 6 个状态进行充分协同。

燃料电池系统的开机流程包含低压上电、高压上电、自检准备、启动共 4 个部分，当整车启动时，整车 VCU 发动唤醒信号给 FCU，FCU 唤醒后依次执行低压上电、高压上电、自检准备流程，在此过程中如果出现故障则无法启机，若自检准备完成则会进入启动阶段，在该阶段控制系统控制一定流量、压力的反应气体进入燃料电池内部，然后依次经过建立开路电压、闭合电路、梯度电流拉载过程，直到拉载电流达到怠速电流时结束。

在开机流程完成后燃料电池系统进入怠速状态，在该阶段燃料电池系统需要能够维持一定时间的稳定工作，保证燃料电池系统电化学反应进入稳定状态，此时燃料电池系统对外净输出功率较低，一般只需要满足燃料电池系统内部的空压机、水泵、氢气循环泵等零部件自身功耗。若整车对燃料电池系统有大于零的功率请求，则燃料电池系统会进入工作状态，一般会经历升载、稳定运行和降载流程，该阶段控制系统需要按照拉载电流大小控制供给反应气体的流量、压力、温度和湿度等(见图 8 - 32)。

燃料电池系统的关机流程一般分为正常关机和异常关机。当整车关机时，整车 VCU 发送停机指令给燃料电池系统控制器(FCU)，在接收到停机指令时，燃料电池系统会依次经历降载、低负载吹扫或开路吹扫、余氢放电、下高压电和下低压电的流程。而异常关机是指燃料电池系统遇到故障时不进行降载操作，直接打开电路、下高压电和下低压电，此时由于燃料电池系统电、气、热都处在一个较高的状态，存留的电—气—热释放过程可能对燃料电池系统造成一定的损害(见图 8 - 33)。燃料电池系统进行停机吹扫的原因是清除燃料电池系统内部残留的水分，防止下次燃料电池系统启动时内部过湿导致流道堵塞。余氢放电是指在电路断开后通过电阻或其他方式在一定时间内释放电堆内部余氢能量，有利于快速降低电堆电压并降低燃料电池的衰减。

故障诊断是燃料电池系统控制的重要组成部分。故障内容一般包含零部件功能故障、零部件性能故障、系统运行参数偏离、安全参数超限等。故障等级一般也按照故障严重程度进行划分，分成三到四级，如果出现严重故障可以执行立即停机。在软件上每一个故障都存在唯一故障码，并有确定的故障触发条件、执行动作、恢复条件等。

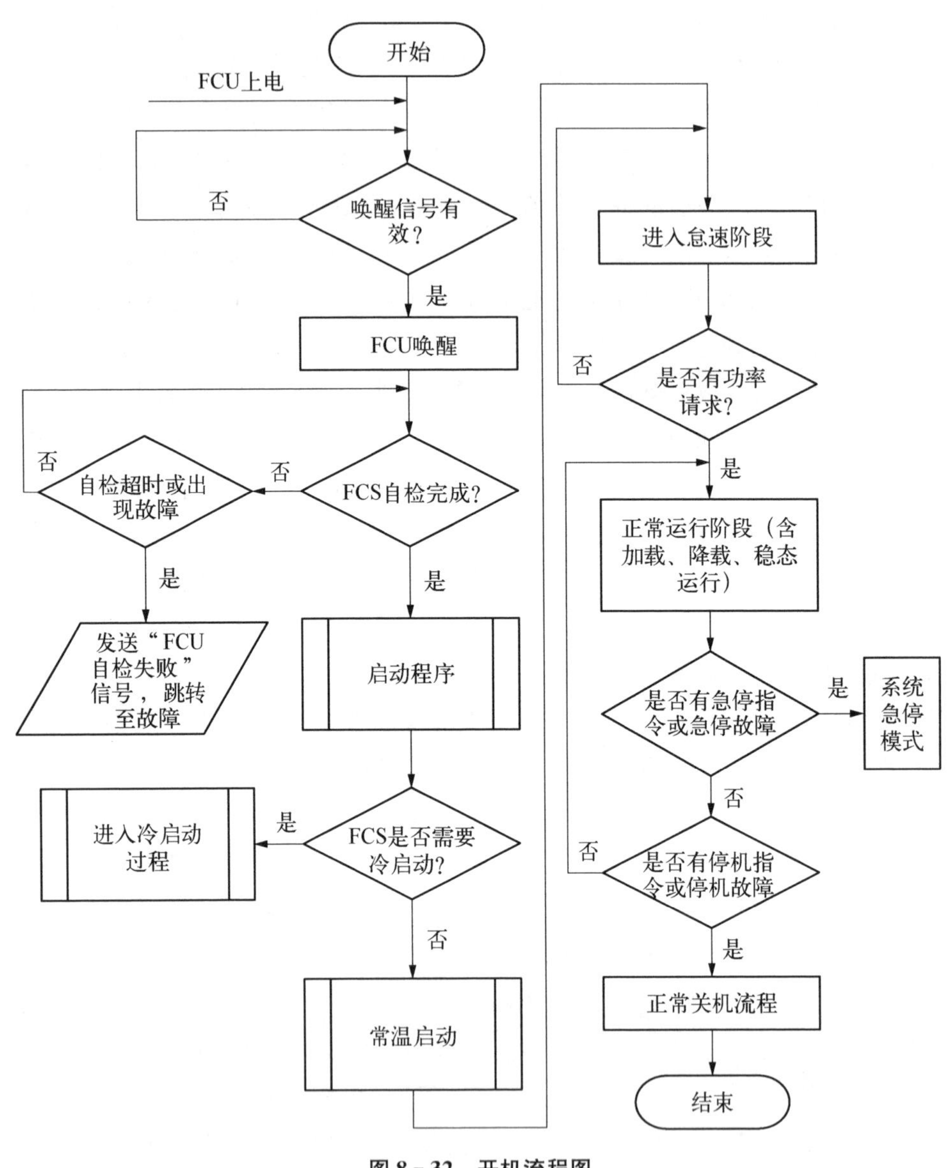

图 8-32　开机流程图

8.5.2　燃料电池系统控制内容

燃料电池系统的输出特性和动态响应特性受到反应气体的流量、压力、温度和湿度等影响，不当的控制方法可能会导致氢饥饿、质子交换膜脱水、温度失常等不良现象的出现，进而引起输出功率降低、使用寿命减短等不良影响。燃料电

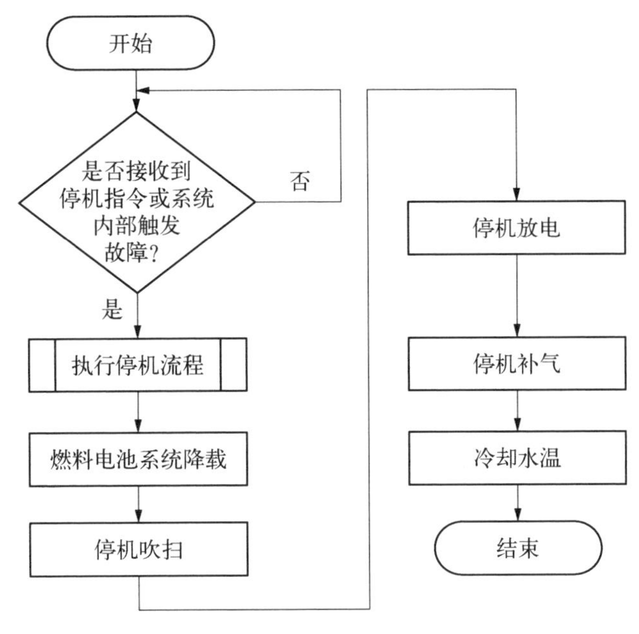

图 8 - 33　关机流程

池系统控制的主要内容包括空气流量和压力的闭环控制、氢气压力跟随控制、冷却液温度闭环控制、湿度控制等内容。

空气流量和压力闭环控制是指通过控制算法控制反应物空气的流量和压力在不同的外部环境条件下达到相同的目标值(见图 8 - 34)。精确的反应物空气压力和流量控制是电堆性能目标达成的关键,通过对空压机和背压阀两个执行器协同控制,在不同外部环境温度和压力下,通过解耦算法分解空压机的转速指令和背压阀的开

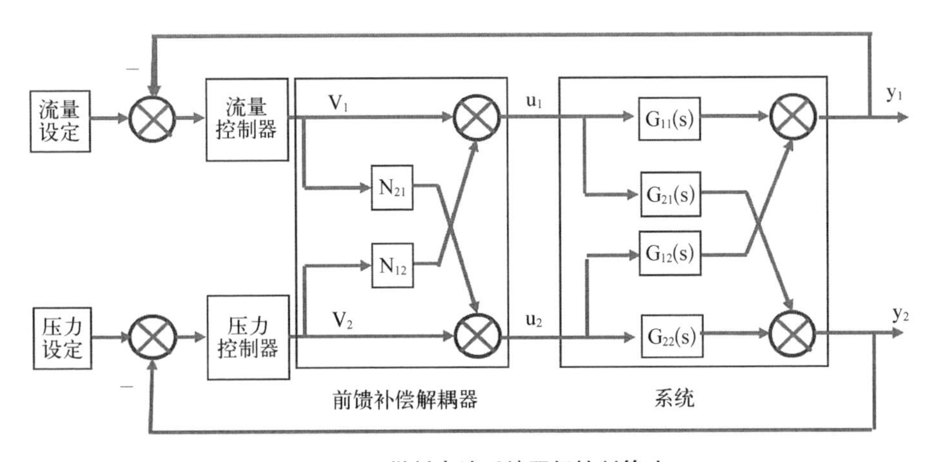

图 8 - 34　燃料电池系统阴极控制策略

度指令,通过闭环迭代空压机转速指令和背压阀开度指令,可以达成精确控制空气流量和压力的目的。一般采用开环标定和环境温度修正控制的方案容易实施,而采用串级 PID、模糊 PID、内膜算法和滑膜算法的具有对环境适应性更广的优势。

氢气压力跟随控制是指燃料电池系统工作在不同功率(电流)时控制氢气压力与空气压力保持一定的差值。一般通过多个氢气喷射器或者氢气比例电磁阀来控制氢气进入电堆,通过 PID 对氢气喷射器和氢气比例电磁阀的开关进行闭环控制,当氢气压力低于目标值时增大阀门开度,高于目标值时减小阀门开度。由于进入电堆阳极的氢气未完全反应,电堆阳极出口未反应的氢气会被氢气循环泵加压到电堆入口而循环使用,电堆阳极出口排出物中包含的液态水和氮气需要被排除,当电堆阳极出口排氮阀开启时,会造成电堆阳极氢气压力波动,因此,一般会根据排氮阀的开启情况对氢气喷射器和氢气比例电磁阀的开启开度进行前馈控制,保证电堆阳极压力稳定。前馈控制针对确定型扰动可提前补偿控制量,具有良好效果(见图 8-35)。

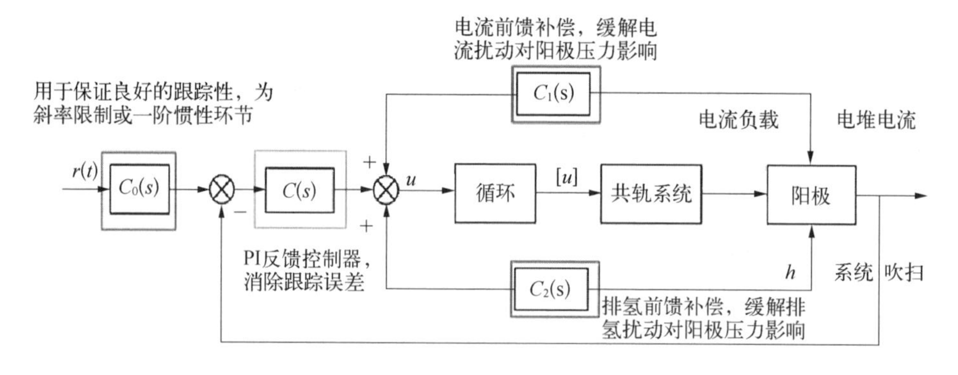

图 8-35　燃料电池系统阳极控制策略

冷却液温度闭环控制是指在燃料电池系统工作过程中控制冷却液温度在不同的目标值。燃料电池内部发生的化学反应会产生大量的热,一般通过控制散热量来控制冷却液温度,散热控制有两种方式,分别是控制散热器风扇转速和控制节温器开度。当采用控制散热器风扇转速进行冷却液温度控制时,节温器固定开度,以冷却液温度为控制目标,通过 PID 算法闭环控制风扇转速。当采用节温器控制冷却液温度时,风扇固定转速,以冷却液温度为控制目标,通过 PID 算法闭环控制节温器开度,控制冷态冷却液和热态冷却液的流量混合比例,从而达到温度控制目标。

8.5.3 燃料电池系统软件架构

燃料电池系统控制策略通过基于模型驱动的架构(MDA)来设计,这种设计方法能够实现控制算法以及被控物理对象的全数字化抽象。在架构层面增加可读性,通过仿真在功能层面验证设计的正确性,在实施阶段自动生成代码,部署到实际控制器和多种实时仿真平台进行实时闭环验证,可以避免烦琐的代码编写和调试过程,可以极大地提高项目开发效率,可以更好地保证V字形开发流程,提高整体功能的开发质量[13-15]。

对于控制策略模型开发来说最重要的是软件架构设计,而在汽车行业中有严格的标准要求,需要按照AUTOSAR来进行软件架构设计,燃料电池系统控制策略模型编写主要涉及应用层软件(见图8-36)。

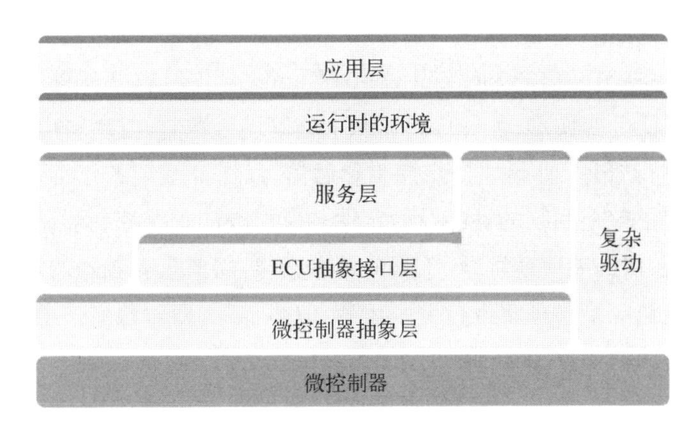

图8-36 AUTOSAR软件分层架构示意图

AUTOSAR软件基本架构包含微控制器(microcontroller,即控制器硬件)、基础软件层(basic software layer, BSW)、运行环境和应用软件。

(1) 微控制器抽象层(microcontroller abstraction layer, MCAL):是与硬件直接相关的驱动软件,例如对存储器、通信寄存器、IO口的操作等。

(2) ECU抽象层(ECU abstraction layer, ECUAL):是对控制器的基础功能和接口进行统一,比如CAN报文内容的解析、网关报文的转发、存储器读写流程的控制等。

(3) 服务层(services layer):为应用层提供各种后台服务,比如网络管理、存储器管理、总线通信管理服务以及操作系统等。

(4) 复杂设备驱动(complex device drivers, CDD):为用户提供了一个可以

自行编写特殊设备驱动软件的可能性。

运行环境(runtime environment, RTE):是 AUTOSAR 的核心,它将应用软件层与基础软件层剥离开来,为应用层软件提供运行环境,如进程时间片调度、应用层模块之间以及应用层与基础软件层之间的数据交换等(见图 8-36)。

应用软件层(application software layer, ASW):即实现具体应用功能的软件。它可以包含多个软件组件(software component, SWC)。

8.5.4 燃料电池系统硬件架构

燃料电池系统硬件由系统控制器(FCCU)、DC/DC 变换器以及集中式系统控制架构等模块组成,下面分别加以说明。

8.5.4.1 燃料电池系统控制器

燃料电池系统控制器(fuel cell control unit, FCCU)对空压机、氢循环泵、冷却水泵、DC/DC 变换器、各种传感器和电堆等进行控制,对燃料电池系统运行中的各环节进行管理、协调、监测、控制和通信,以保证系统的正常运行,其控制技术直接决定了整个系统的性能及稳定性。燃料电池系统控制器需要具备较强的计算能力、较快的响应速度、较丰富的资源接口,需要具有较强的智能化功能,能够对燃料电池电堆与系统进行健康诊断、故障预判、寿命预测。燃料电池发动机系统控制总体框图如图 8-37 所示[16-18]。

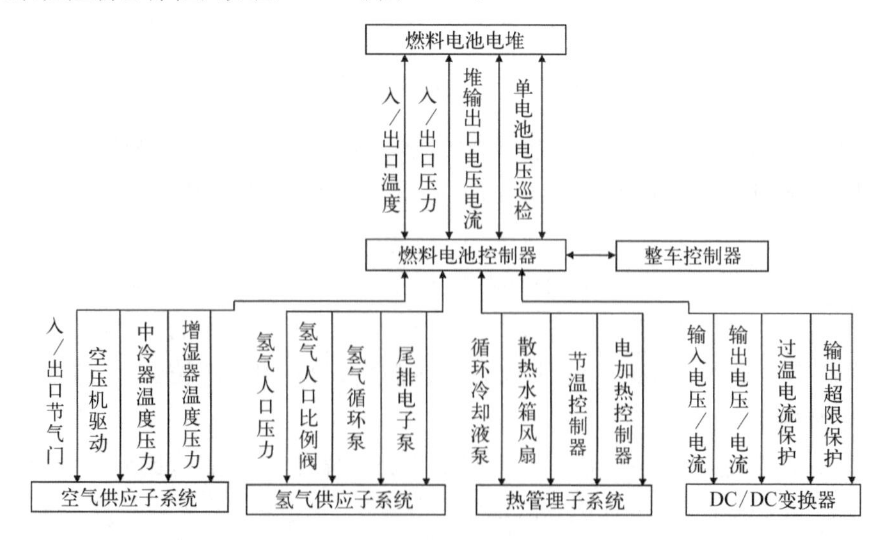

图 8-37 燃料电池发动机系统控制总体框图

燃料电池控制器(FCCU)是燃料电池系统的控制“大脑”,主要实现对燃料电池系统的在线监测、实时控制及故障诊断,确保系统稳定可靠工作,燃料电池控制器功能包括气路管理、水热管理、电气管理、通信功能和故障诊断等。燃料电池系统控制器的硬件设计包括控制核心模块、电源电路模块、模拟量采集模块、数字量采集模块以及通信模块等。

1) 控制核心模块

控制器的核心模块一般采用高性能微处理器,具备性能优异、功能强大、低功耗、高频率、大容量、高集成度的微控制器芯片。

2) 电源模块

控制器供电模块包含 2 部分:① 控制器外部供电输入,保证控制器正常运行,外部供电电压等级为 9～36 V;② 控制器对外供电功能,具备 5～12 V, 350 mA～2 A 的供电能力,用于压力传感器、节气门位置传感器、旁通阀位置传感器和温控阀位置传感器等设备的供电。对于通信模块则采用隔离电源供电,以避免控制器外部电平变化影响控制器正常工作。

3) 模拟量模块

模拟量模块是控制器内部芯片直接采集电压、NTC、电流等电量信号的模块。燃料电池系统中采用较多的电压信号,其采集管脚的外围电路设置上拉和下拉电阻,用于精确采集设备电压信号。NTC 信号采集管脚的外围电路设置为上拉电阻,用于精确采集 NTC 阻值信号。为提高 NTC 阻值的采集精度和范围,上拉电阻阻值一般不大于 5 kΩ,避免过度分压,保证输入端处于较高电位。此外,为提高信号采集精度,模拟信号采集管脚的内部还设置滤波电路。

4) 数字量模块

数字量模块是控制器内部芯片直接收发的布尔量、PWM 等信号的模块,数字量模块一般可以兼容 5 V、12 V 和 24 V 的信号,其内部一般采用齐纳二极管或者是限流电阻设计,防止信号电压过高或者电流超过芯片数字量接口最高允许电流,以提高使用寿命。

5) CAN 通信模块

燃料电池控制系统中的 CAN 总线物理长度比较长,通信频率高,CAN 信号容易对控制器内部尤其是数字核心造成干扰,因此 CAN 模块多采用隔离设计。使用光电耦合器将控制器芯片的 CAN 通信引脚与 CAN 模块电路相互隔离, CAN 信号通过光电耦合器和 CAN 收发器转换成 CANH 和 CANL 信号与 CAN 总线相连。

8.5.4.2 DC/DC 变换器

DC/DC 变换器的主要功能是调节燃料电池的输出电压，以满足整车电驱动系统的需求。根据不同的工况要求，通过 DC/DC 变换器控制燃料电池系统的工作点（伏安特性曲线上的特定点），再通过整车功率分配器（PDU）向整车的高压母线供电，进而驱动主驱动电机，实现能量的传递。燃料电池 DC/DC 变换器的主要性能指标包括输入/输出电流与电压范围、转换效率、电流/电压控制精度、动态响应特性、功率密度、输入/输出电流与电压纹波等。车载 DC/DC 变换器工作原理如图 8－38 所示。

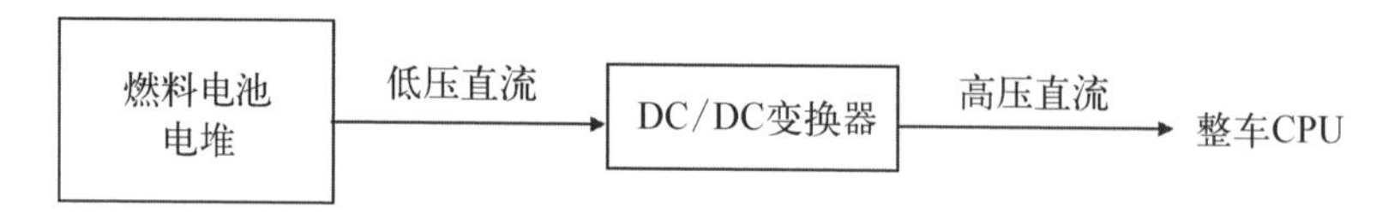

图 8－38 DC/DC 变换器工作原理示意图

从 DC/DC 变换器的工作原理来看，可分为电气隔离型与非隔离型两种。其中隔离型可以做到电气绝缘、安全性高，但体积大、成本高；非隔离型在转换效率、动态响应特性及大功率拓扑方面较隔离型的优，但不能隔离整车与燃料电池电气系统，会直接影响整车的绝缘性能，带来安全性隐患。燃料电池汽车用 DC/DC 变换器实物如图 8－39 所示。

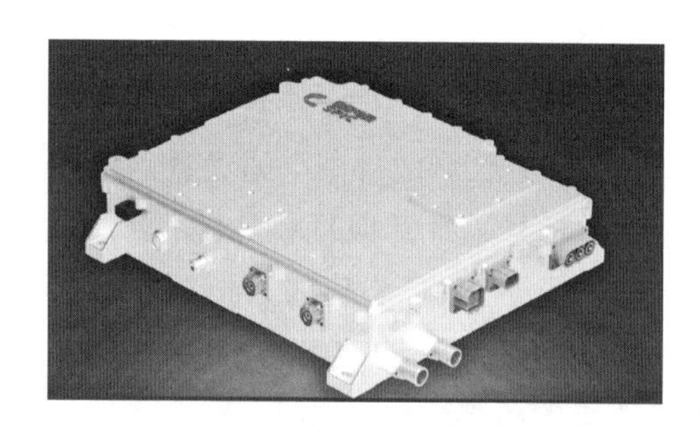

图 8－39 汽车用 DC/DC 变换器

在实际燃料电池系统中，控制技术主要由控制系统硬件架构和系统运行策略两部分组成。其中，控制系统硬件架构主要包含系统控制器、单片电压巡检仪、传感器与执行器以及信号采集与通信模块等，系统运行策略主要包含常温启停、变载、低温启动等工况运行逻辑以及全工况安全防护与故障诊断策略。

8.5.4.3 燃料电池系统控制架构

燃料电池系统控制架构主要分为集中式控制方案、分布式控制方案和半分布式控制方案。集中式控制方案［只有一个电控单元（electric control unit, ECU），见图 8－40］，由一个 ECU 采集氢气供给系统、空气供给系统、冷却系统和温度调节系统等反馈各系统的状态，控制器依据反馈计算出控制量，进行集中控制，并将系统工作状态通过控制协议（通常包括 CAN 总线和串行通信接口）传递至监控单元。集中式系统将所有设备运行任务集中管理，只需配置一个算力高的 ECU，其优点在于高集成度、低成本、轻量化。但由于控制器 ECU 接口相对固化，设计冗余量有限，不便于系统扩展与维护。

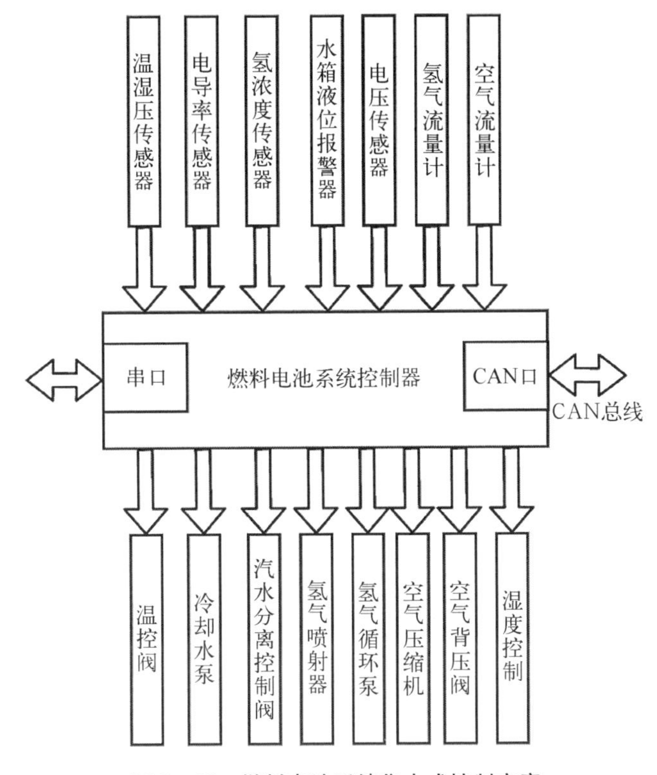

图 8-40　燃料电池系统集中式控制方案

分布式控制方案（1 个主控 ECU+子系统 ECU）如图 8-41 所示，主要是指氢

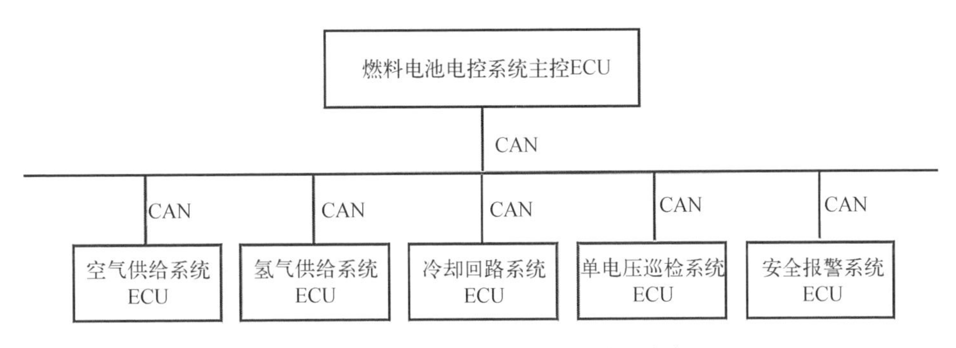

图 8-41　燃料电池系统分布式控制方案

气供给系统、空气供给系统和温度调节系统等分别由独立的 ECU 进行控制，各 ECU 通过 CAN 总线进行数据交换，并由一个主控 ECU 对各个 ECU 进行协调控制。

在分布式方案中，燃料电池系统主控 ECU 通过 CAN 网络总线和多个分系统 ECU 进行通信，各分系统 ECU 根据接收到的控制命令独立运行。分布式系统将所有任务模块化，每一个模块都有一个 ECU 进行管理，提高了系统运行的可靠性，便于扩展和维护。但分布式方案的缺点是 ECU 太多，一方面增加了成本，另一方面也促使系统的体积、重量增加。

半分布式控制方案(1 个主控 ECU+少量必要子 ECU)，集合了集中式和分布式的优点，功能上将电控系统划分为 CAN 通信、模拟量通信和数字量通信三个模块，如图 8-42 所示。在半分布式方案中，燃料电池主控 ECU 是通过 CAN 通信接口连接关键子系统 ECU，通过模拟量通信接口连接模拟量通信设备，通过数字量通信接口连接数字通信设备，实现了对各类子系统及设备相关状态信息的接收及控制命令的发布。半分布式系统可以最大化利用主控 ECU 模拟量与数字量通道，降低子系统 ECU 的使用，提升功能集成度。对算力要求大的子系统采用独立子 ECU，降低主 ECU 运行负担，有效控制系统成本。

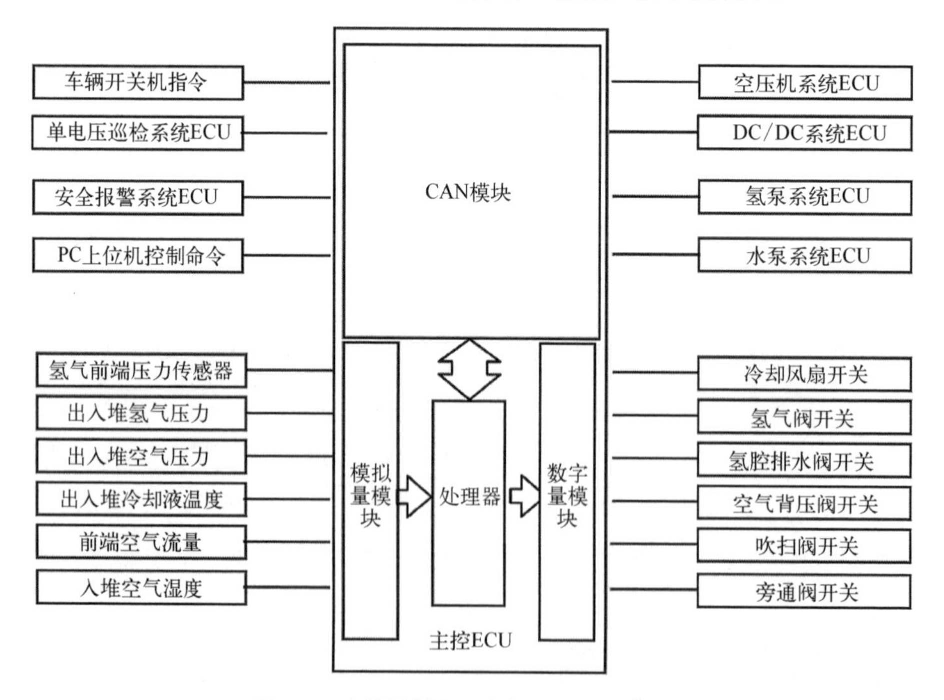

图 8-42 燃料电池系统半分布式设计方案

8.5.4.4　燃料电池系统控制策略

燃料电池系统控制策略是保证系统稳定运行的算法，是支配燃料电池系统内所有部件运行方式的规则，也是燃料电池系统的核心技术。燃料电池系统构成复杂，对供气流量、压力、运行温度及湿度等条件有严格要求。系统运行环境、输出功率、运行状态等不断变化，要保证系统安全、平稳、高效运行，使得燃料电池系统控制策略一般会十分复杂且差异较大，鉴于此，本节将基于作者理解，介绍常用、基础性燃料电池控制策略。

燃料电池系统控制策略包括启动、功率控制（稳态运行、动态载荷）、停机、安全及故障诊断，除满足运行功能外，还应重点考虑燃料电池系统的耐久性及低温启动。通常来讲，在燃料电池系统运行过程中，电极高电位、电化学反应供气不足（欠气）、氢氧界面的形成以及水热管理失衡（膜干燥或水淹）等被认为是影响燃料电池寿命的关键因素，而燃料电池系统启停及动态载荷循环是导致电池性能衰减的主要环节。

8.5.4.5　国外先进燃料电池控制系统介绍

自 1992 年以来，丰田汽车公司一直在不断推动燃料电池系统技术的发展。2008 年，丰田发布了“FCHV - adv”示范燃料电池汽车，取得了在冷启动、效率、续驶里程和耐久性等关键性能方面的显著进展。然而，为了推动燃料电池汽车在商业上的广泛应用，仍需要在性能上不断进行改进，并进一步减小燃料电池系统尺寸并降低成本[19-21]。

2014 年 12 月，丰田推出了世界上第一款量产的燃料电池汽车“Mirai”。相比于丰田 FCHV - adv，Mirai 的氢气储量较小，但通过在系统开发中采取一系列措施，如减少辅助系统功率损耗，提高空压机效率等，Mirai 成功实现了与传统汽油车相当的续航里程。

2020 年 12 月，丰田推出了第二代 Mirai，除了提高性能外，重点聚焦于大规模生产技术的发展。这一举措旨在进一步推动燃料电池汽车的可持续发展，以满足市场需求。

为了在各种商业应用中实现燃料电池系统的快速安装，第二代 Mirai 的燃料电池系统（FC 系统）进行了模块化设计，如图 8 - 43 所示。FC 模块包含 FC 电堆（系统的核心）、氢喷射器和氢气循环泵、包括空压机和中冷器的空气系统、为 FC 电堆和高压组件服务的冷却系统，以及控制输出电压的 FC 升压转换器（FDC）。

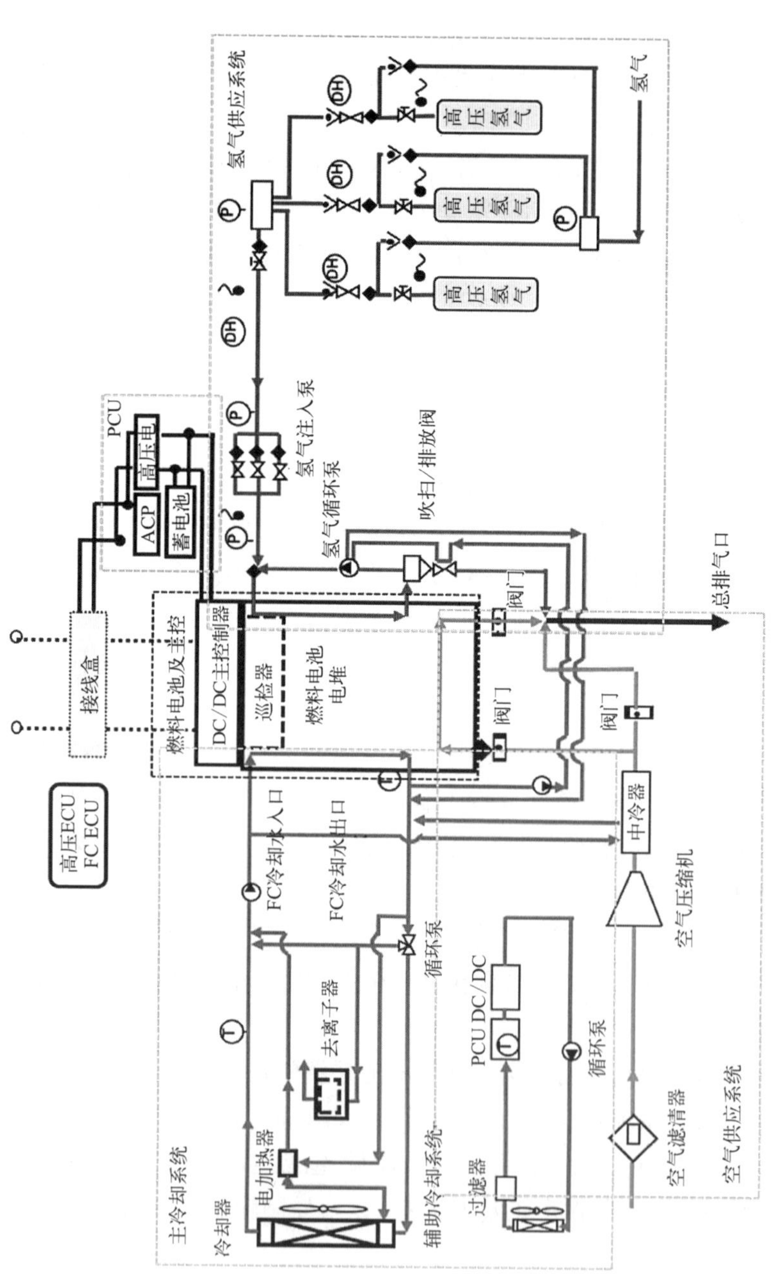

图 8-43　丰田第二代 Mirai 燃料电池系统完整架构原理图

在冷却液加注后，通过预定的路径供给氢气和空气，从而实现发电（见图8-44）。在许多竞争对手提供的系统中，燃料电池系统输出的电流是通过监控电压来控制的，因此，很难快速响应外部的功率请求。相比之下，丰田的燃料电池系统由于配备了执行功率控制功能的FDC，所以用户只需要提供所需的功率请求，燃料电池系统就可以快速响应。

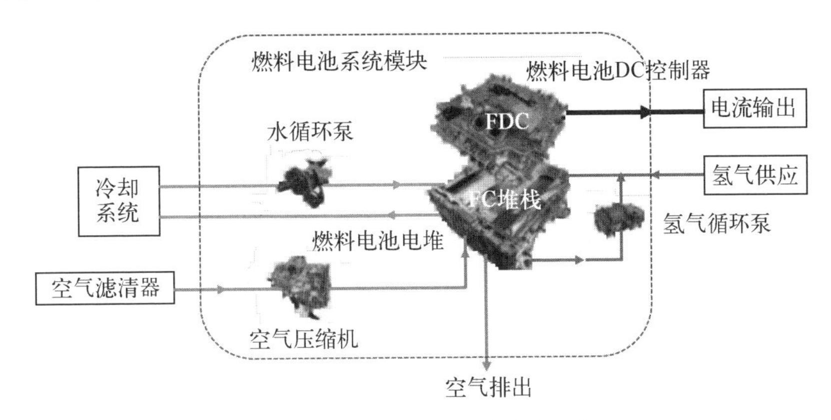

图8-44 燃料电池系统模块架构

此外，FDC采用了专为Mirai新开发的碳化硅（SiC）功率半导体元件，其功率损耗比传统元件低80%。同时，FDC还承担调整燃料电池系统电压至用户系统电压的角色。许多商业应用都是混动系统，将FC系统与高压电池相结合。FDC会根据高压电池电压（这个电压会随高压电池SOC的变化而变化）自动调整输出电压（见图8-45）。

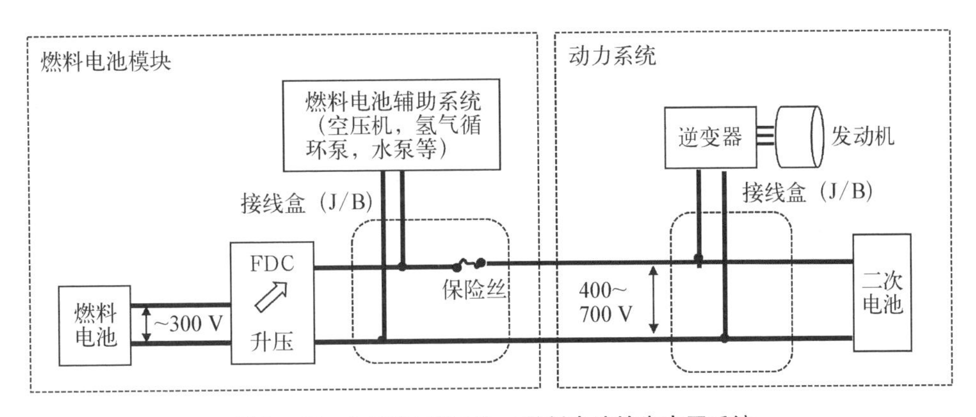

图8-45 丰田第二代Mirai燃料电池输出高压系统

最后，FDC还具备了一种可以在零下环境自主启动燃料电池系统，无须使用加热器或其他外部设备的功能。该功能利用了FC的快速预热控制来防止电化学反应生成的水结冰。此外,还包括一种车载控制器,用于测量FC的阻抗,并让FC始终保持最佳的发电状态(电解质膜润滑)。相比之下,许多竞争对手提供的FC模块没有内置的FDC。客户必须准备自己的FDC,并独立开发上述控制功能。但是这些功能的实现需要精确了解FC电堆和FDC的特性,因此,上述控制功能的开发对客户来说是一项艰巨的任务。

8.5.4.6 燃料电池系统的启动

燃料电池系统启动(包括冷启动及热启动)是指系统收到启动要求,运行至怠速功率(或最低连续运行功率)过程,通常持续数秒至数十秒,运行过程如图8-46所示。

系统接受启动指令后,第一步进行系统自检,检测系统设备及通信是否正常;第二步自检通过后,为避免局部热失效,冷却系统启动,氢气、空气通入并进行启动吹扫,直至开路电压稳定并满足加载要求;第三步系统进行升载升温,逐步增大燃料电池电流,并提高燃料电池系统运行温度,达到怠速功率(或最低连续运行功率),此时系统满足启动后可以加载的条件,表明系统启动成功。

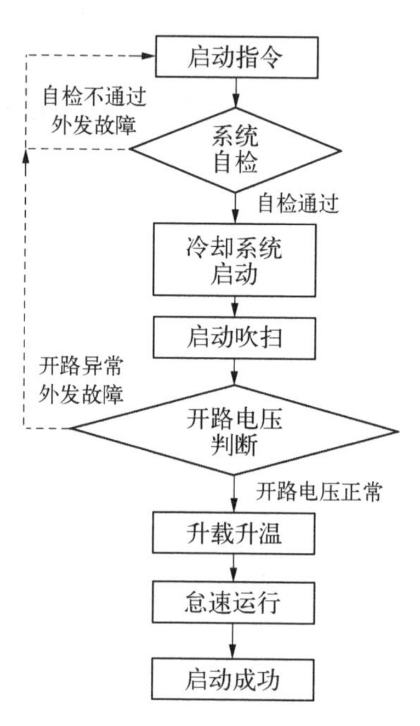

图8-46 燃料电池系统启动逻辑流程图

8.5.4.7 燃料电池系统的功率控制

燃料电池功率控制包含稳态运行及动态载荷控制。燃料电池系统稳态运行是指系统响应功率需求进行稳定功率输出过程,输出功率与运行参数保持不变。稳态运行条件下,通常会受到外部环境、阳极杂质排除等变化因素影响,控制过程需重点关注以下关键技术:阳极压力稳定控制、空压机的解耦技术以及水热平衡的管理。阳极压力稳定控制是指在系统稳定运行过程中,阳极杂质(水、氮气)排除过程中可能引起压力波动,通过氢气供气量控制抑制压力波动的过程。通常采用前馈、PID控制等手段调节供气阀门,维持阳极供气压力及氢气消耗的平衡,降低因阳极气体净化过程引入的压力波动;空压机解耦技术通常指离心式空压机压力—流量耦合,即在调节空压机输出压力和流量单一变量过程中,引起其他变量关联变动的技术问题，通常采用前馈、仿真解耦等技术，实现阴极气压—流量稳定运行；水热平衡管理指燃料电池系统的水平衡和热平衡控制过程，在运行过程中需通过含水量监测及水热平衡计算算法，保持燃料电池含水量处于正常水平，避免失水引起膜干燥或生成水无法排除引发燃料电池“水淹”。

燃料电池系统动态载荷控制指燃料电池输出功率随载荷需求的变化而跟随控制的过程。因功率响应特性快，压力—流量等特性响应慢，极易造成电化学供气不足及水热管理失衡，是造成燃料电池性能衰减的关键。目前，燃料电池系统通常采用前馈控制、系统延时、优化平衡控制算法等手段，提高动态过程中系统运行参数响应特性，增强鲁棒性，避免供气不足及功率过快等情况，减小或避免过程的水热平衡失效，从而保证燃料电池系统功率跟随特性，并减小动态载荷过程对燃料电池寿命的影响。

8.5.4.8　燃料电池系统的停机

燃料电池系统停机是指系统接到停机要求，停止对外输出并关闭系统的过程，通常会持续数十秒甚至数分钟，运行过程如图 8－47 所示。

系统接受停机指令后，第一步进行降载至怠速工况(或最低连续运行功率)；第二步断开继电器，系统停止对外输出，为排出燃料电池内残留液态水及杂质，通常对阴、阳极进行停机吹扫；第三步，完成吹扫后，为避免长周期电极高电位，系统执行锁气放电，关闭阴、阳极，采用放电方式消耗残留氧气；第四步利用冷却系统进行系统降温，待系统降温完成即系统完成停机。

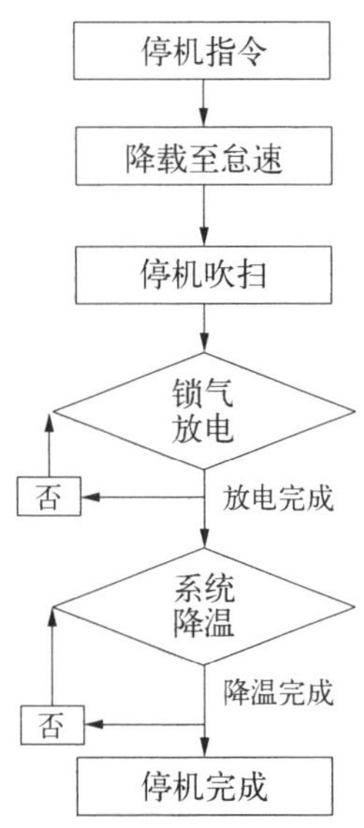

图 8－47　燃料电池系统停机逻辑流程图

8.5.4.9　燃料电池系统的耐久性控制

燃料电池的寿命耐久目前是制约其大规模应用的关键因素，在燃料电池系统控制技术中，电极高电位、电化学反应供气不足(欠气)、氢氧界面的形成以及水热管理失衡(膜干燥或水淹)等被认为是影响燃料电池寿命的关键因素。电极高电位指的是燃料电池在运行过程中单片电压超过 0.85 V，一般发生在启动(或停机)阶段、怠速及低载运行阶段。在这个电位下碳载体腐蚀与铂催化剂的氧化加剧从而直接导致电池的性能衰减，此外，高电位下也易造成金属双极板的腐蚀，间接导致电池寿命下降。针对高电位问题，在启动阶段常采用快速进气吹扫来降低高电位停留时间;在停机阶段可通过加入主动放电的模式来控制电位等方式来减小高电位的影响。电化学反应供气不足指的是燃料电池系统加载的瞬间,由于供气滞后于加载电信号,反应气不能满足当前输出电流所需要的气体,一般发生在系统快速升载过程。欠气一般会导致燃料电池出现短期“饥饿”状态,电池电压瞬间过低,严重情况下会造成膜电池反极失效。为了防止动态加载时欠气现象,一方面可通过能量管理策略来避免载荷大幅波动,另一方面可通过“前馈”控制策略,加载前提前供气来缓解反应供气不足。氢氧界面指的是氢气与氧气在阳极并存,导致阴极极高电位的产生(瞬间电压可高达 1.5 V 以上)导致碳腐蚀,直接导致电池性能下降。可通过启动时序设计和锁气耗氧停机来避免启停过程中氢氧界面形成。水热管理失衡指的是膜电极中生成水和排出水量不平衡,导致膜干燥或水淹没。膜干燥会导致质子传输受阻,易引发膜干涸;水淹会导致反应气的传输受阻,电堆性能大幅下降,甚至会失效。一般可通过对系统运行温度和加湿的联合控制来实现系统的水热管理平衡。总的来说,系统耐久是各方因素综合影响的结果,在系统耐久控制策略制订过程中,应充分利用仿真和在环验证等手段,实现各影响因素的解耦,最终确立合理的系统耐久控制策略。

8.5.4.10 燃料电池系统的低温启动

燃料电池系统工作过程也伴随着水的生成和输运,而在低温环境下(零度以下),电池内气态或液态水会结冰,从而造成以下问题:

(1) 冰覆盖在催化层表面,减缓电化学反应的发生,产生的热量不足,使得生成或增湿水进一步结冰,形成负反馈,导致系统无法正常启动;

(2) 催化层的结冰对电堆的相关材料会造成永久性结构损伤,如过度膨胀、破损和膜穿透。

目前国内外燃料电池系统一般均实现−30℃低温冷启动,目前常用的低温冷启动技术可分为工质加热、保温及电堆自启动,具体策略如图 8-48 所示。其中工质加热一般采用外部手段来满足低温冷启动过程快速升温的需求,但其外部加热或保温设备会占用额外空间,消耗能量,增加系统整体成本。浓差极化方法可降低系统复杂程度,并大幅缩减燃料电池系统低温启动时间,因而被广泛关注和采用。通常通过电堆低热容设计、MEA 容冰设计及浓差极化自产热控制实现电堆自加热启动。浓差极化指的是提高浓差极化过电势来提高电堆自产热过程。通过控制空气的过量系数来造成反应气“饥饿”,电极上将产生较高的过电位，导致电堆的内阻增加引起内部发热增加，从而达到系统的快速升温，实现系统的低温冷启动。

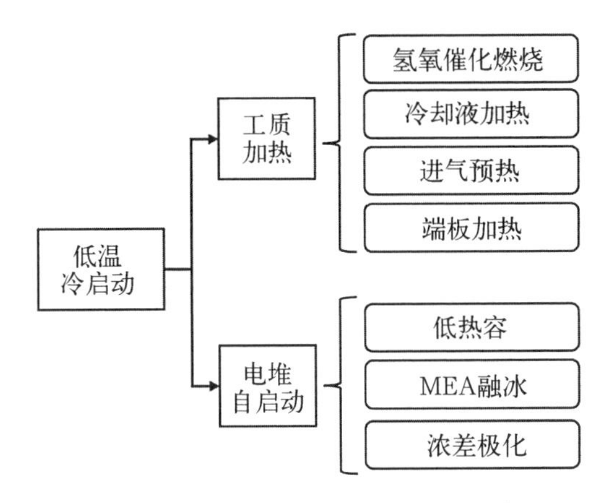

图 8－48　燃料电池系统低温冷启动常见策略简图

8.6　燃料电池和二次电池混合动力系统

单独的燃料电池堆是不能直接发电并用于汽车的，它必须与燃料供给和循环系统、氧化剂供给系统、水/热管理系统和一个能使上述各系统协调工作的控制系统，以及维持这个系统的启动、运行和能量回收等所组成的燃料电池发电系统进行协同工作。这个系统简称燃料电池动力系统[22-24]。

8.6.1　氢燃料电池动力系统简介

燃料电池动力系统的运行一般采用计算机进行控制，根据 FCEV 的运行工况，通过 CAN 总线系统进行信息传递和反馈，并经过计算机处理，以保证燃料电池正常运行。

在 PEMFC 发电系统中燃料电池控制器根据外需的电功率控制燃料电池组的燃料调节、电堆的温度调节（加热或冷却）、湿度调节从而控制发电功率以及燃料电池发电后的单向 DC－DC 输出。

FCEV 的电力系统和驱动系统。FCEV 是以燃料电池为主要电源和以电动机驱动为唯一的驱动模式的电动车辆，目前，因受到燃料电池起动较慢和燃料电池不能用充电来储存电能的限制，在 FCEV 上还需要增加辅助电源来加速

FCEY 的启动所需要的电能和储存车辆制动反馈的能量。FCEV 上的关键装备为 DC/DC 变换器、驱动电动机及传动系统、二次电池等。

以氢气为燃料的燃料电池发动机系统包括氢气供应系统、氢气循环泵、氧气供应系统(空压机)、加湿器、水循环系统(热管理系统)、电力管理系统(DC/DC)等。

8.6.2 氢电混合动力系统的动力架构

为了使燃料电池汽车具有与传统发动机汽车相同的使用方法,必须使其能够按照车辆系统的要求供电。为此,作为电源系统使用了燃料电池和二次电池组合的氢电混合系统架构。图 8-49 是燃料电池汽车氢电混合动力系统的动力传动系统架构图。被驱动轮全部由电动机驱动,供给电源部分使用二次电池和燃料电池的混合系统。利用二次电池,燃料电池怠速运行时的电力供给和燃料电池发电时的负荷分担成为可能。这样的电力负荷量的分担,避免了燃料电池和二次电池的高温化和劣化,同时满足了高负荷行驶时的动力性能。同时制动时的再生能源和燃料电池怠速状态下发出的电力可以储存在二次电池中,供加速启动中使用,从而有效地利用回收的能源以提高系统效率。

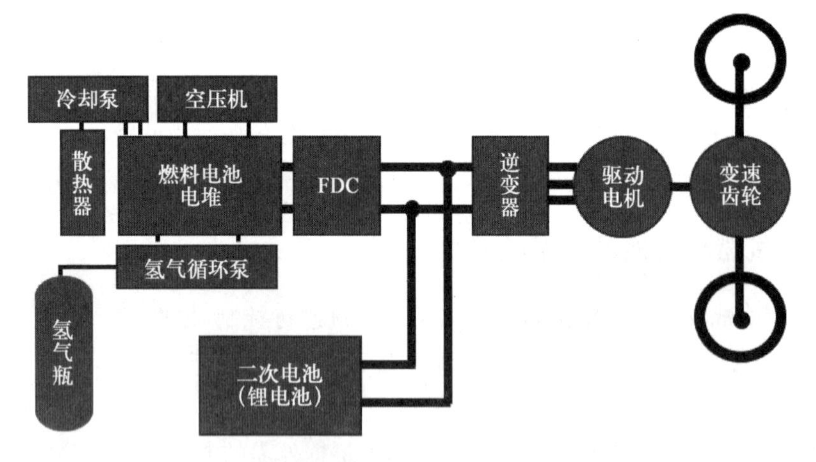

图 8-49 燃料电池与锂电池的氢电混动系统示意图

图 8-50 是燃料电池与二次电池混合系统的电路结构示意图。在燃料电池系统里配备有燃料电池用 DC/DC 转换器(FDC,FC 用 DC/DC 转换器)。FDC 控制着燃料电池的输出功率变化、启停、怠速等发电和非发电的发电量输出。通过这种燃料电池的输出功率控制,达到和二次电池进行分配耦合,输出到主电机

(MG)和辅助电机(ACP)等。二次电池也配备有 DC/DC 转换器(BDC,二次电池用 DC/DC 转换器)。BDC 的设置实现二次电池的电压比驱动电机转换器系统需要的电压低,从而实现了电压相对比较低的小容量二次电池的使用。除此之外,BDC 还可以回收包括电动机减速的能量,实现系统的能量消耗下降。

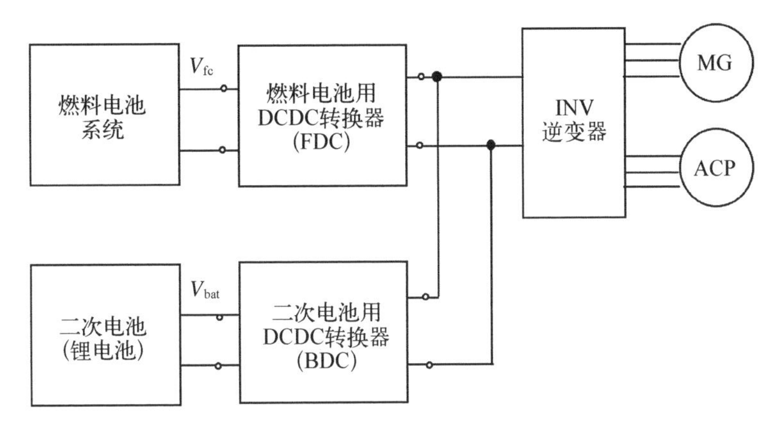

图 8－50　燃料电池与锂电池的氢电混动系统电路架构

8.6.3　FC 用 DC/DC 转换器

FDC 通过升降压逆变器,升高或者降低燃料电池系统端电压 V_{fc},用以控制燃料电池的输出功率大小。下面就升压转换器的情况说明 FDC 的功能。图 8－51(a)是升压转换器的电路结构图。

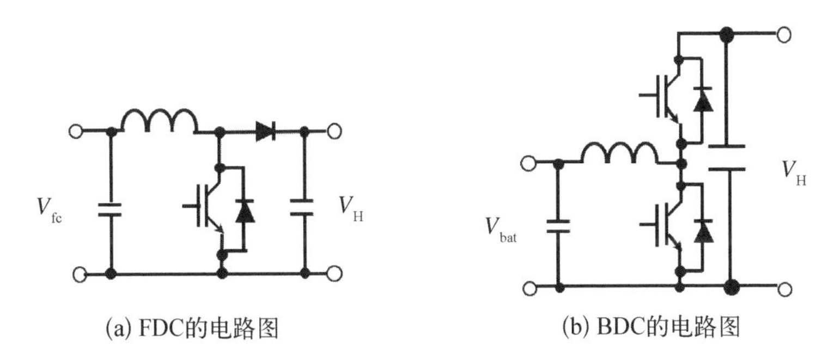

(a) FDC的电路图　(b) BDC的电路图

图 8－51　(a) FDC 线路图;(b) BDC 线路图

使用升压转换器时,将燃料电池的输出电压 V_{fc} 设定为低于驱动电机的输入电压 V_H。当 FDC 的开关处于关闭(OFF)状态时,$V_{fc} < V_H$,驱动电机无法从燃料电池系统获得输出电流,电机处于停机状态。与此相反,如果将开关设为 ON

状态，则电负载储存能量，产生起电压。通过反复使用 ON - OFF，可以将电负载的起电压部分用于升压操作，能够将输出端电压 V_{fc} 升压到 FDC 的输入端电压 V_H。开关开启时间为 t_{ON}。当开关关闭时间为 t_{OFF} 时，升压缩比可表示为

$$\frac{V_2}{V_1}=\frac{t_{ON}+t_{OFF}}{t_{OFF}} \tag{8-6}$$

式中，开关周期 $t=t_{ON}+t_{OFF}$ 必须设置为相对于升压电路的时间常数足够大。通过控制升压缩比，可以向逆变器提供驱动电机所需的电流。为了高效地利用 FDC，通常希望升压缩比在 2～3 的范围时使用[22]。升压缩比越大，电路损耗就越高，因此能够升压的比率就会受到限制。为了燃料电池电堆的小型化和降低成本，有尽量减少组件个数的设计需求，但在这种情况下。则需要加大升压缩比。此外，还需要考虑到燃料电池的 $I-V$ 特性会随着从初期到劣化后的性能降低和温度及温度比而变化。这里的氢空比是指供气量与发电反应所需的最小气量之比，包括氢气过量系数和空气过量系数。在上一节所述的急速暖机中，通过降低氢和氧的比例，降低 $I-V$ 特性，可以进行暖机运动，但必须有较高的升压缩比。因此，必须在考虑电堆性能（单片电压）和快速暖机等设备的工作条件的同时，合理设计升压缩比的控制范围和单电池片数。

8.6.4 二次电池用 DC/DC 变换器

二次电池根据表示充电状态的 SOC(state of charge)来调整输出电压 V_{bat}。现在所有的燃料电池汽车和油电混合动力汽车都设置有二次电池 DC/DC 变换系统。在设置 BDC 的结构中，通过 DC/DC 转换器，充电电池电压 V_{bat} 升压，可控制电机逆变器输入端电压 V_H。图 8 - 51(b)是 BDC 的电路结构示意图。V_H 对电机的可驱动范围和电机逆变器效率有影响。如果使用 BDC，就可以使电机逆变器在效率最大化的 V_H 时来启动电动机。但是，如果加上 BDC 的损失，设定为仅将电机逆变器效率最大化的动作条件就不能成为最佳。在设置了 BDC 的构成中，必须以将电机逆变器效率加上 BDC 效率的综合效率最大化的 V_H 条件下进行工作。

8.6.5 二次电池

二次电池的作用是，每隔一段时间，对于车辆所要求的驱动电力需求，在燃料电池发电电力不足时给予补充。例如为了使燃料电池系统达到能够发电的状态，必须驱动空压机等辅助设备，包括冷却器、氢气供应系统等。此外，照明、音

响、导航等电子设备也需要由低电压(12 V)二次电池供应。当车辆加速时,燃料电池在达到满功率之前需要由二次电池瞬态供电,迅速满足车辆的加速要求。在车辆制动和发电电力剩余时则可通过给二次电池充电回收能量,在车辆加速时的辅助和提高系统效率的最佳时机再放出回收积蓄的能量。与使用内燃机的高动力汽车一样,二次电池也具有调节能量的功能。因而,燃料电池氢电混动系统需要配备高倍率的快充锂电池或者镍氢电池。

在构筑具有以上作用的二次电池和燃料电池的电源结构时,必须考虑各要素的耐久性。特别是大型商用车,耐久距离和时间都比乘用车的长,燃料电池和二次电池的长时耐久性需要同步考虑。关于这一点,在设计时充分讨论也是很重要的。

8.6.6 能源效率管理

如前所述,二次电池在实现过渡性电力的辅助助力和能源回收方面是必须配备的。将此应用于 SOC 和根据行驶负荷有计划性地控制混合动力的两种电源的能量输出,实现能源高效率利用,对于车辆的燃料消耗节减是很重要的。这就是在适当的时机对二次电池进行充电,并在适当的时机进行利用,从而提高燃料电池的平均系统效率,减少氢气消耗量。燃料电池的系统效率在低输出(低电流密度)区域具有最大效率点(峰值)。因此,如果能长时间都在最大效率点(峰值点)附近发电,则燃料电池的发电效率就越高,平均氢耗就越低。但是如图 8-52 所示,行驶时的车辆要求的功率很少与峰值的输出功率相等。在大多数情况下,请求输出大于峰值。因此,如果在峰值持续发电,则二次电池持续放电,SOC 下降。在 SOC 较低的情况下,无法应对上述的电力辅助要求,无法满足汽车的性能要求。因此,要求设计燃料电池的额定功率比车辆需求的最大功率大,才能满足驱动功率和效率等要求。

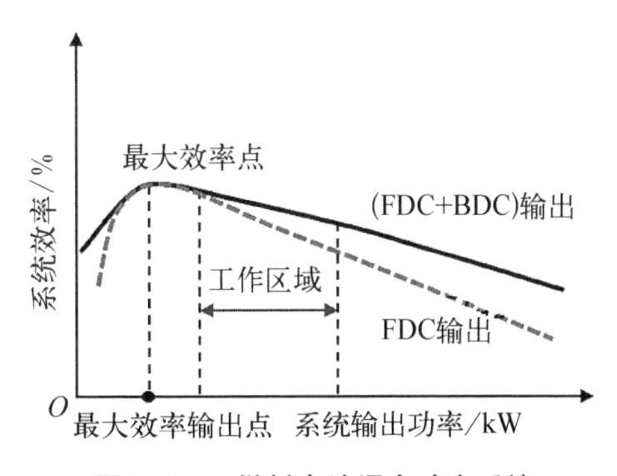

图 8-52 燃料电池混合动力系统效率特性示意图

要求满足性能,提高平均系统效率得出具体的动作点,取决于车辆的使用方法。包括对车辆使用情况的预测在内的工作点的设计有多种方法,但无论如何,都要尽可能在接近峰值的时候发电,电力剩余时充电,电力不足时放电,SOC 为在保证上下限内的同时满足汽车的性能要求而控制动作点成为基本要求。另外，将 SOC 保持在一定范围内，与使二次电池的充放电功能能够经常使用的状态相对应。这对于确保混合动力车辆的动力性能和提高燃效性能是必需的。这样，通过控制二次电池的充电状态以满足车辆性能要求，保持良好的燃料电池系统效率的能效管理制度，在混合动力车辆中是很重要的。

近年来，燃料电池在中重型卡车等高负荷、长距离、长时间的应用场景中受到的期待越来越高。在这种商业用车的应用中，提高燃料电池的系统效率以减少燃料消耗量的同时，提高燃料电池耐久性能尤为重要。提高耐久性，必须有效抑制燃料电池的劣化导致的性能下降，抑制 $I-V$ 特性降低和膜的破裂泄漏，在保证的工作年限内维持高性能，降低氢气的生涯消耗量。在这样的背景下，为了抑制燃料电池的劣化，有必要考虑利用二次电池进行能效管理控制，尽量避免大电流加载造成单电池电压过低工作引起的膜和催化剂的快速劣化。在下一节中，将根据不同车型使用不同的燃料电池的方法，阐述为了满足车辆性能要求而制造燃料电池的方法。

8.6.7 燃料电池乘用车系统应用

在燃料电池汽车有限的空间里，需要配备燃料电池电堆和系统，二次电池以及 FDC，BDC 等高压系统部件、空压机、供氢系统和氢气罐、冷却系统等。这些部件都会造成车辆的整体重量增加，从而引起行驶所需的能量增加，即导致氢气的消耗量增加。因此，系统构造部件需要实现轻量化、紧凑化、以最小的体积容量来完成。在系统构成的选定上，考虑到这样的体积和重量的制约，为了确保乘用车所必需的动力性能输出，对于燃料电池的功率、体积和二次电池的能量，以及氢气瓶的储氢量、压力和体积等都有一定的要求，而不是电池功率和载氢量(续航能力)越大越好。本章将叙述设想以燃料电池为主要动力源，搭载的较小容量的高倍率功率型二次电池作为辅助动力的强混动力系统时燃料电池的使用方法。

如 8.5.6 节所述，燃料电池具有在低功率(低电流密度)区域达到最大效率，而随着输出功率提高效率降低的特性。为了最大限度地利用燃料电池的高效率反应特性(由 $I-V$ 曲线获得)控制功率输出基本的考虑方法，设置市街地走行和高速公路巡行、启动、加速、减速等 5～6 种固定工况条件。市街地走行和高速公路巡行等固定速度下用燃料电池提供动力，启动和加速时需要很高的功率和很快的功率响应速度时采用二次电池为主、燃料电池为辅的动力配置。图8-53为由燃料电池提供主动力在正常运行中的功率分配的示意图。通过更详细的图8-54的$I-V$特性曲线上的工作点可以看出，燃料电池的功率输出集中在图8-54所示的低中电流密集区，从而使系统的效率良好。此外，汽车不仅需要在市区行驶或高速公路上行驶，还需要在山路上行驶，爬坡等高负载行驶时也需要有二次电池提供助力的必要。从二次电池的输出上限和燃料容量的极限来看，选用适当大一点功率的燃料电池，对于整车系统的稳定功率输出，提高耐久性能也是必要的，图8-54所示的高电流密度区域的工作点，大功率燃料电池能够有效地确保这种高负载运行时的动力输出需求。因为二次电池必须经常保持以上的能量调整能力，所以为了不使SOC偏向上下限，在一定的范围内，必须控制其一定的充放电工作范围。通过传感器预测电流密度，以及计算加减速时的二次电池的能量收支，并根据SOC反馈修正燃料电池的输出功率等，通过FDC和BDC耦合控制分担燃料电池和二次电池的输出平衡，可以有效控制燃料电池在系统效率良好的低、中电流密度区域的使用频度，同时在高负荷运行时也可以灵活运用高电流密度区域。从而使平均系统效率达到比较好的水平。

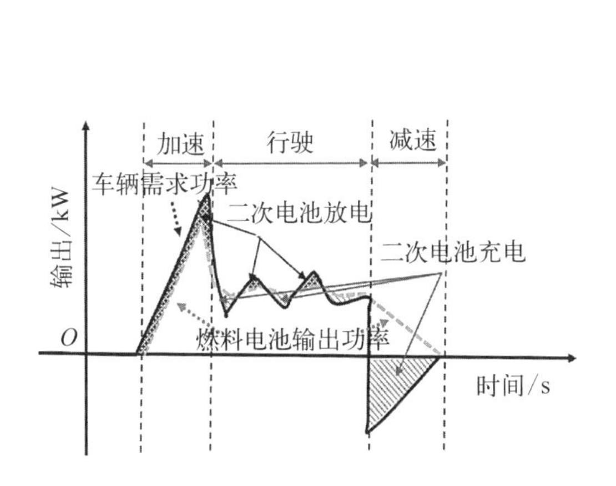

图8-53 燃料电池汽车运行中的功率分配

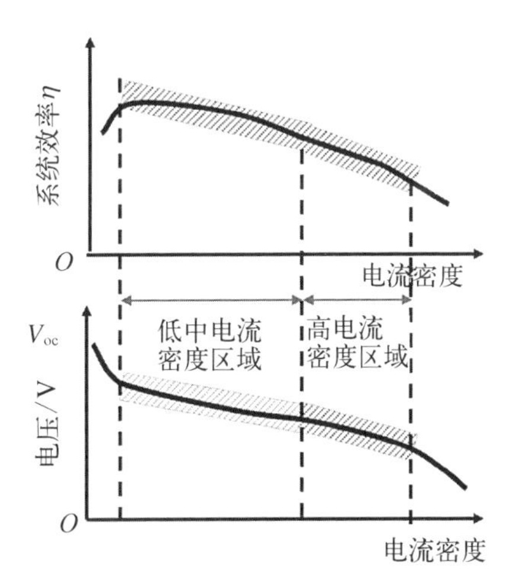

图8-54 系统效率与$I-V$曲线上的工作点

在早期的FCEV上多采用燃料电池+蓄电池的混合电源。现代FCEV上采用了燃料电池+锂电池+超级电容器的混合电源，超级电容器具有大电流的充电和放电特性，恰好弥补了锂电池的不足，可以避免在回收制动反馈的能量时，电流过大造成的锂电池的热失控和发生安全事故。

8.6.7.1 单、双向两 DC/DC 燃料电池混合动力系统结构

直驱燃料电池混合动力系统式结构中采用的电力电子装置只有电动机控制器，燃料电池和辅助动力装置都直接并接在电动机控制器的入口，也称功率混合型。辅助动力装置扩充了动力系统总的能量容量，增加了车辆一次加氢后的续驶里程；扩大了系统的输出功率范围，减轻了燃料电池承担的功率负荷。许多插电式混合动力的燃料电池汽车也经常采用这样的构建，将有效地减少氢燃料的消耗。另外，辅助动力装置锂电池组或超级电容的存在使得系统具备了回收制动能量的能力，增加了系统运行的可靠性。

在系统设计中，可以在辅助动力装置和动力系统直流母线之间添加一个双向 DC/DC 变换器。使得对辅助动力装置充放电的控制更加灵活、便于实现。由于双向 DC/DC 变换器可以较好地控制辅助动力装置的电压或电流，因此它还是系统控制策略的执行部件。燃料电池和辅助动力装置之间对负载功率的合理分配还可以提高燃料电池的总体运行效率，双 DC/DC 工作可使电动机的工作电压维持在高压，提高电动机的效率。

8.6.7.2 仅单向 DC/DC 燃料电池混合动力系统结构

这种构建通常在燃料电池和电动机控制器之间安装了一个单向 DC/DC 变换器，燃料电池的端电压通过 DC/DC 变换器的升压或降压来与系统直流母线的电压等级进行匹配。尽管系统直流母线的电压与燃料电池功率输出能力之间不再有耦合关系，但 DC/DC 变换器必须将系统直流母线的电压维持在最适宜电动机系统工作的电压点(或范围)。单向 DC/DC 属能量混合型，随着锂电池组在使用中电压下降，这时的能量主要由燃料电池来维持。

总之，对于燃料电池乘用车，选择适当的燃料电池，将二次电池的充电状态保持在一定范围内，保证预定的动力性能，最大限度地提高平均系统效率是有效的。一般燃料电池乘用车选取的燃料电池系统额定输出功率为 80～120 kW，锂电池的能量容量为 5～15 kW · h。氢气容量 5～6 kg 为比较好的选择。动力系统的设计是根据行驶模式和系统构成最终决定的。

8.6.8 现代 FCEV - 4 燃料电池系统介绍

现代 FCEV - 4 燃料电池汽车(见图 8 - 55)的燃料电池组(也称燃料电池发动机)、功率控制单元(本质是逆变器)和电动机安装在汽车前部，3 个高压储氢罐安装在后部地板下面、辅助锂电池安放在行李舱地板下面。

图 8-55　现代 FCEV-4 燃料电池汽车

(1) 燃料电池：采用高分子质子交换膜电解质燃料电池(PEFC),用纯氢作为燃料,燃料电池电堆最大功率为 95 kW(峰值)。

(2) 辅助电池：采用高比率锂电池,容量是 6.5 A・h@240 V,输出功率为 40 kW,冷却方式为强制风冷式。

(3) DC/DC 变换器：采用三相斩波器,降低波动电压。为提高转换效率,感应铁芯采用铁损低的多空合金。最大输出功率为 20 kW,载波频率为三相 10 kHz,冷却方式为水冷和风冷式。

(4) 空气压缩机：永磁电机作为空气压缩机的驱动电机,采用涡旋离心式压缩机,最大流量为 3 500 Nm^3/min。

(5) 功率控制单元(PCU)：高压部件和控制器装配在一起,可简化冷却系统和控制系统。逆变器最大电流为 44 A,转换方式为脉冲宽度调制(PWM),冷却方式为水冷式。

(6) 永磁电机：采用永磁电动机,最大功率为 120 kW,冷却方式为水冷式。

(7) 氢气瓶：156.6 L(52.2 L×3),70 MPa。

(8) FCEV-4 燃料电池系统。

FCEV-4 燃料电池系统输出功率设定为 90 kW,辅助电池的输出功率设定为 21 kW。燃料电池动力系统分为燃料电池系统和电力驱动系统(见图 8-56)两部分。燃料电池系统实现发电功能。电力驱动系统除了驱动汽车行驶的电动机外,还要驱动维持燃料电池系统正常工作的多个电动机。

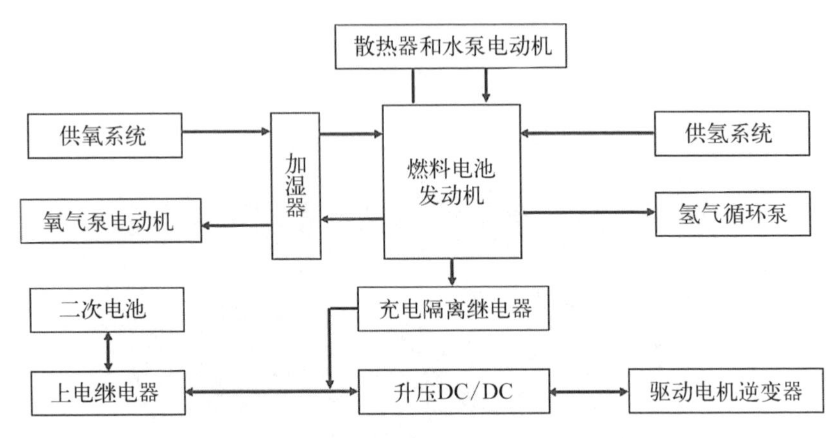

图 8-56　燃料电池系统和电力驱动系统

现代 FCEV-4 燃料电池系统包括燃料电池组、燃料供给系统部件和冷却系统部件。其中供氢系统中氢气经调节器从高压罐供到燃料电池组，氢气的最大压力为 70 MPa。为提高燃料电池的性能，燃料电池反应后剩余的氢气由循环泵送到燃料电池供给侧循环使用。空气由空气压缩机加压后经加湿器供到电池组。燃料电池也为空调等附件提供辅助动力。燃料电池与牵引逆变器和电动机的连接方式为串联，以便在汽车运行的大部分时间具有较高效率，辅助电池的功率比较低，与燃料电池并联，通过 DC/DC 逆变器实现电压转换，在燃料电池响应迟缓或汽车满负荷加速时提供辅助动力。辅助电池吸收制动再生能量，并在小负荷时用作纯电动车的动力源。通过控制 DC/DC 转换器的输出电压调节燃料电池和辅助电池之间的能量转换。能量变换如图 8-57 所示。

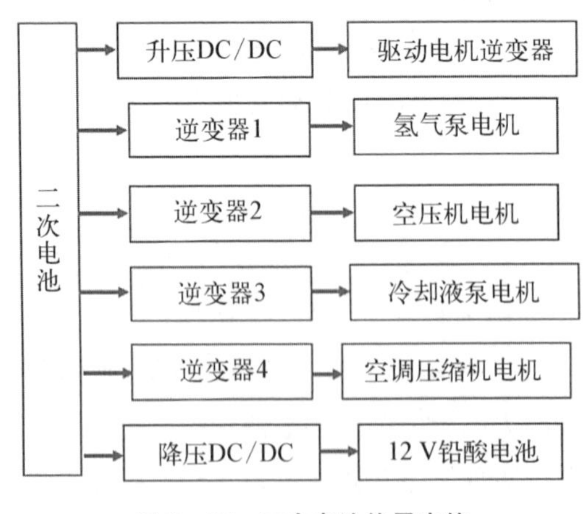

图 8-57　二次电池能量变换

现代 FCEV－4 燃料电池汽车的基本驱动力来自燃料电池，但当燃料电池的输出动力不充分时，如超车加速和满负荷时，需辅助二次电池提供额外动力。在低功率区，燃料电池系统效率低，因此，在低功率区燃料电池和附属设备（如空气压缩机）可以停止工作，汽车由辅助电池行驶。

8.7　燃料电池电堆与系统的测试及评价

目前国内对系统的体积功率密度的测定方法没有统一的定论，体积功率密度和质量功率密度的测定和计算方法分歧较大，为规范燃料电池汽车检测工作，工信部于 2022 年 10 月发布了《燃料电池汽车测试规范》，对燃料电池堆及系统功率密度、系统低温冷启动和 FCV 纯氢续驶里程的测试方法做出明确规范，要求各生产企业及检测机构在开展燃料电池汽车示范应用工作中实施。下面简单介绍该评价方法。

8.7.1　燃料电池堆体积功率密度测定

目前国内对系统的体积功率密度的测定方法没有统一的定论，特别是对电堆体积的测算方法意见分歧较大，有必要统一认识。本节建议在完成燃料电池系统性能试验后，测试机构应对被测的燃料电池系统进行必要拆解，以便对燃料电池堆的体积进行测量。燃料电池堆体积测量如图 8－58 所示，并根据以下公式计算，单位为 L。

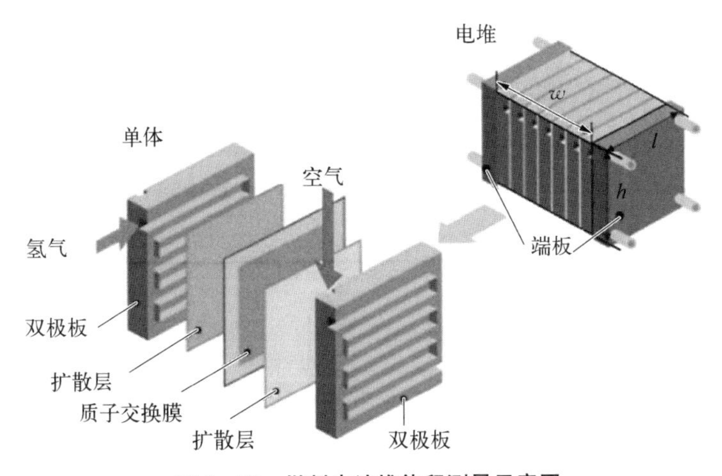

图 8－58　燃料电池堆体积测量示意图

$$V_{\text{stack}} = wlh \times 10^{-6} \tag{8-7}$$

式中，w 为两个端板之间的宽度(mm)，l 为双极板外廓长度(mm)，h 为双极板外廓高度(mm)。

注：① 宽度 w 不包括端板、绝缘板、集流板，但应该包括所有极板；② 拆解过程中不应拆解端板，防止因预紧力改变影响测量结果。

双极板长度应测量燃料电池堆双极板长度方向的最远外廓尺寸，单位为 mm；双极板高度应测量燃料电池堆双极板高度方向的最远外廓尺寸，单位为 mm。图 8-59 枚举了可能的测量场景，其他测量场景应参考执行。

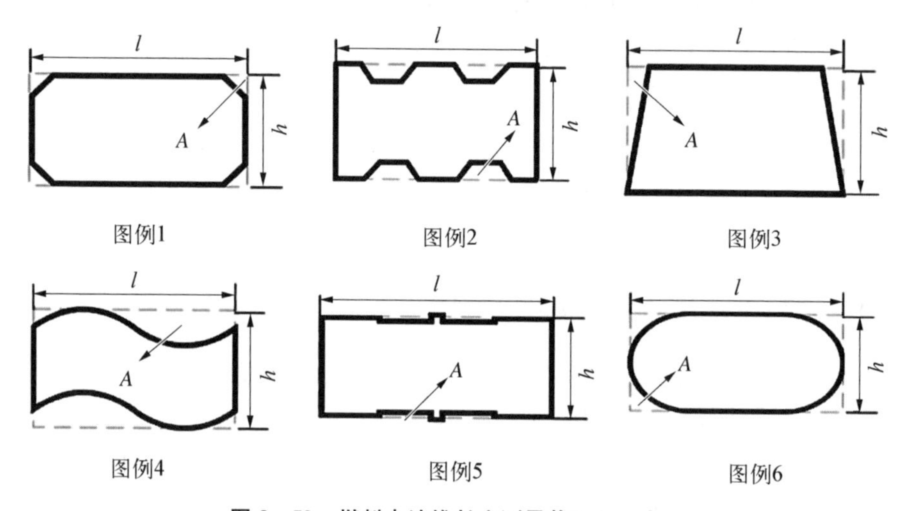

图 8-59 燃料电池堆长宽测量截面积示意图

其中，对于连续空白区域面积不小于双极板外廓面积(lh)4%的部分，计算双极板面积时应去除该部分面积(氢气、空气、水路通道除外)。连续空白区域面积的计算，应由第三方检测机构基于被测试对象的双极板实物进行测量计算。燃料电池堆体积功率密度 VSP_{stack} 按照下式计算，单位为 kW/L。

$$VSP_{\text{stack}} = P_{\text{stack}} / V_{\text{stack}} \tag{8-8}$$

8.7.2 燃料电池系统额定功率

按照 GB/T 24554—2009 中的 7.4 节的规定进行燃料电池系统的额定功率试验。测试平台按照规定的加载方法对系统进行加载，加载到制造商申报的系统额定功率后持续稳定运行 60 min，在此期间燃料电池系统应满足如下要求：

(1) 燃料电池系统的输出功率应始终处于 60 min 平均功率的 97%～103% 之间；

(2) 燃料电池系统输出的 60 min 平均功率应不低于申报值；

(3) 燃料电池系统持续稳定运行 60 min 内，其单电池平均电压应不低于 0.6 V，计算方式为 60 min 燃料电池堆的平均电压除以单电池节数。

以燃料电池系统输出的 60 min 平均功率作为燃料电池系统的额定功率 P_{FCE}，根据 GB/T 24554—2009 中的 8.3 节的规定计算电堆的功率 P_{stack}。

注：① 单电池节数采用双极板(含两端单流场极板)数减 1 的方式计算，包括空电池；② 计算质量功率密度和体积功率密度时，燃料电池系统额定功率测量值以 kW 为单位，保留三位小数，最终记录燃料电池系统额定功率标称值时，以 kW 为单位，向下圆整到整数。

8.7.3　燃料电池系统质量功率密度

按照 GB/T 24554—2009 中的 7.11 节的规定测量出燃料电池系统的质量 m，测量时应按照尽可能保证被测系统完整性的原则，应确保被称重的燃料电池系统在连接氢气源和散热器的条件下即可正常工作，称重范围包括燃料电池系统边界内的所有部分，如图 8-60 所示，单位为 kg，具体包括如下内容：

(1) 燃料电池模块，包括燃料电池堆、集成外壳、轧带、固定螺杆、CVM 等；

(2) 氢气供应系统，包括氢气循环泵和/或氢气引射器等；

(3) 空气供应系统，包括空气滤清器、消音装置、空气压缩机、中冷器、增湿器等；

(4) 水热管理系统，包括冷却泵、去离子器、PTC 等，不包括辅助散热组件、散热器总成、水箱、冷却液及加湿用水；

(5) 控制系统，包括控制器、传感器等；

(6) 组成燃料电池系统所必需的阀件、管路、线束、接头和框架等。

燃料电池系统质量功率密度 MS_{PFCE} 按照式(8-8)进行计算，单位为 W/kg。

$$MS_{PFCE} = \frac{1\,000 P_{FCE}}{m} \tag{8-9}$$

式中，m 为燃料电池系统的质量(kg)。

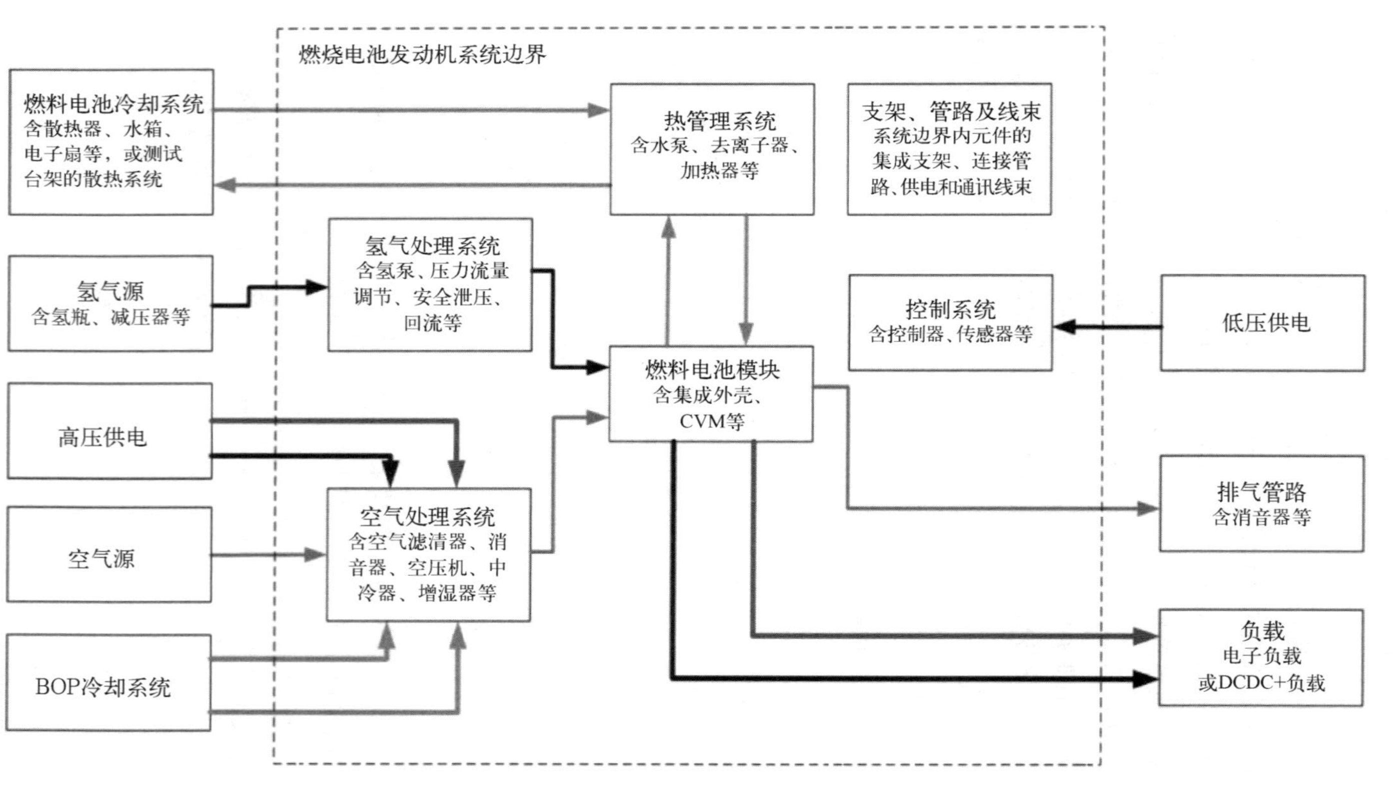

图 8-60 燃料电池系统边界示意图

【参考文献】

[1] 戴海峰,余卓平,袁浩.质子交换膜燃料电池系统及其控制[M].北京：机械工业出版社,2024.

[2] Jing F, Hou M, Shi W, et al. The effect of ambient contamination on PEMFC performance[J]. Journal of Power Sources, 2006, 12: 103 - 110.

[3] 詹姆斯・拉米尼.燃料电池系统：原理、设计、应用[M].朱红,译.北京：科学出版社,2006.

[4] 傅杰,侯明,俞红梅,等.空气 SO_2 杂质气体对 PEMFC 性能的影响[J].电源技术,2007,11：864 - 866.

[5] 迈克尔・艾克林,安德烈・库伊科夫斯基.聚合物电解质燃料电池：材料和运行物理原理[M].张明,万成安,文陈,等译.北京：化学工业出版社,2019.

[6] 陈凤翔,陈俊坚,许思传,等.高压燃料电池系统空气供应解耦控制器设计[J].同济大学学报(自然科学版),2014,42(7)：1096 - 1100.

[7] 蒋燕青.某燃料电池冷却模块设计研究[D].上海：同济大学,2018.

[8] 许思传,韩文艳,王桂,等.质子交换膜燃料电池引射器的设计及特性[J].同济大学学报(自然科学版),2013,(1)：128 - 134.

[9] 陈凤翔,陈兴.燃料电池系统空气供应内模解耦控制器设计[J].同济大学学报,2016,44(12)：1924 - 1930.

[10] 宮田清蔵.燃料電池自動車の開発者と材料[M].日本：シーエムシー出版,2022.

[11] 徐梁飞,卢兰光,李建秋,等.燃料电池混合动力系统建模及能量管理算法仿真[J].机械工程学报,2009(1)：141 - 147.

[12] 郭朋彦,宗贺辉,王一博,等.氢燃料电池汽车混合动力汽车能量管理系统建模与仿真分析[J].汽车电器,2020(1)：13 - 17.

[13] 杜爱民,步曦,陈礼璠,等.上海市公交车行驶工况的调查和研究[J].同济大学学报(自然科学版),2006,(7)：943 - 946.

[14] 廖晋杨.车用质子交换膜燃料电池建模与仿真研究[D].南宁：广西大学,2019.

[15] 黄晨东,范君.系统工程指导下的产品开发[M].北京：北京理工大学出版社,2014.

[16] 米罗斯拉夫・斯塔隆.汽车软件架构[M].陈驷通,欧阳紫洲,译.北京：机械工业出版社,2020.

[17] 金東海.パワースイッチング工学—パワーエレクトロニクスの基礎理論[M].日本：オーム社,2003.

[18] 野村弘,熊原志一郎,吉田正伸.PSIMで学ぶ基礎パワーエレクトロニクス[M].日本：電気書院,2016.

[19] Kodama K, Nagai T, Kuwaki A, et al. Challenges in applying highly active Pt-based nanostructured catalysts for oxygen reduction reactions ot fuel cell vehicles[J]. Nature Nanotechnology, 2021, 16: 140 - 147.

[20] 長沼良明,今西啓之,真鍋見太,等.氷点下環境での燃料池急速暖機制御の開発[J].自動車技術会論文集,2013,44(4)：1021 - 1026.

[21] Watanabe T, Shibata M, Fukaya N, et al. Setting development argets for fuel cells and

systems for heavy-duty trucks using a comprehensive model-based approach[C]//242nd ECS Meeting, 2022.

[22] 弓田修,加熱裕康,川原周也,等.第 2 世代 FCシステム開発[J].TOYOTA Technical Review, 2021, 66: 2 - 30.

[23] 赵振宁,柴茂荣.新能源汽车技术(第二版)[M].北京: 人民交通出版社,2017.

[24] 水素エネルギー協会.水素の本(第 2 版)[M].日本: 日刊工業新聞社,2017.

第 9 章　氢能在能源及交通领域的应用展开

人类对氢气的研究已有 300 多年的历史，大部分时间都是作为化工原料使用。氢气无论是从易得性、清洁零排放，还是从能量密度、可循环使用等方面都堪称完美的能源，人类对氢气作为能源的探索也是由来已久。但由于氢元素比较活跃，密度太小极易逃逸，管理难度非常高，所以这个几乎最理想的清洁能源一直都被束之高阁。规模化应用氢能源的提出则是近数十年来的事，是人类面临气候变化和能源安全做出的选择。即使这样，氢能的产业化路径也是一波三折。

从 20 世纪 70 年代能源危机开始，在过去 50 多年的氢能发展历程中，都是基于氢能应用端，如应急电源用氢燃料电池发电，到氢燃料电池汽车产业化的探索，并以燃料电池汽车为主导来构建核心零部件的供应链和供氢体系，氢气的来源包括化石能源制氢和工业副产氢，全球电解水制氢不到 1%，而其中绿电制氢更是微乎其微。最近 10 年，光伏和风电成本的下降为绿氢的供应创造了条件，与此同时，光伏和风电比例的不断攀升对电网的稳定性提出了挑战，绿电制绿氢又成为稳定能源系统的重要手段。可以说，氢能和光伏、风电是相互成就的清洁能源。到 2023 年，国内外电解槽行业几乎是同时爆发，至此，氢能的应用与绿氢的供给有了产业闭环的可能性。所以，氢能在能源结构中的比例不仅仅是由燃料电池汽车的推广决定的，也是由可再生能源发展力度和成本所决定的。

截至目前，全球已宣布的氢能项目共有 228 个，其中分布在欧洲和亚洲的项目数量占到总数的 75%，约 2/3 是工业和交通用氢项目。基于全球 30 多个国家制定国家氢能战略以及在运营项目判断，温控 2℃以内情景下，到 2050 年氢能在全球终端能源结构中的占比将达到 18%才有可能。虽然氢能正在成为绿色低碳的新型能源发展的共识，但各国的核心目的还是有所不同的，对欧洲、韩国、日本等能源短缺国来说，更加紧迫的是能源安全；而中国来说调整能源结构，降低碳排放已变得非常实际可行；欧洲则用高额的碳税来体现其对减少碳排放是认真的；韩国将燃料电池汽车作为其行业超车的一次契机，而那些氢气成本较低的国家和地区如中东、澳大利亚、俄罗斯则希望通过氢气的出口来替代传统石油天然气的贸易。各国对氢气的需求和目的如表 9-1 所示。

表 9-1　主要国家和地区发展氢能的核心驱动力(目的)

国家,地区	核心驱动力			模式/特点	发展目标
	深度脱碳	能源安全	发展经济		
德国,法国,英国,荷兰,欧盟,中国(中东部地区)	○	○	○	结合可再生能源制氢进行多场景示范应用,以能源结构清洁化转型,产业脱碳为核心目的	应对地球环境变化为主,快速推进项目示范
日本,韩国		○	○	开展国际氢能供应链贸易,进口氢气和氢基燃料在国内发电,交通应用,代替石油、天然气进口。日本还代替核能发电	从抢占能源到制造能源,保障国家能源安全
中东地区,澳大利亚,俄罗斯,中国(西部地区)			○	打造氢能产业集群,推动汽车能源的向氢能变革,发展氢能贸易	降低氢气成本,提升产品竞争力,发挥制氢成本优势

国家主席习近平在 2023 年 9 月提出新质生产力的新概念,作为战略新兴产业的氢能源,正在从资源产业变为科技制造业,对于资源缺乏的国家来说,相当于将原有进口能源变为利用当地丰富的可再生能源来“制造能源”,必然会增加新的产业发展的机会。光伏、风电以及由此耦合发展的氢能是摆脱传统资源约束的可再生能源,它将能源变为制造业,使得人类走出资源争夺的泥潭,将更多的智慧投入能源科技和能源制造。世界上第一个提出“氢经济”概念的美国教授约翰·欧·博基斯说,太阳能和氢能是拯救地球的动力。对于工业企业来说,也许你错过了光伏和风电,也错过了纯电动汽车,是否还要错过储能和氢能呢?相比储能,氢能具有更加复杂的产业链和更多用途,具有更大的经济带动性。

预计到 2030 年全球氢能投资累计将达到 3 000 亿美元,随着各国的产业政策以及技术进步将使得绿氢成本与蓝氢持平甚至低于蓝氢,到 2050 年绿氢成本将低于灰氢。因此,2030 年将是氢能产业发展史上步入绿氢时代的具有里程碑意义的一年[1]。

9.1 中国氢能产业的发展与布局

近年我国氢气产量规模逐年递增。《中国氢能源及燃料电池产业白皮书2020》(简称《白皮书》)数据显示，当前我国氢气产能约为4 100万吨/年，产量约为3 342万吨/年，是世界第一产氢国；到2030年，我国可再生能源制氢有望实现平价；在2060年碳中和情景下，可再生能源制氢规模有望达到1亿吨。从氢气来源看，化石燃料制氢是我国目前氢气的主要来源，占比超过3/4。与国外不同的是，我国煤制氢占比超60%，而国外则是天然气制氢超60%。理论上天然气制氢的单位碳排放量是煤制氢的一半，而电解水制氢只占1%。

从氢气的应用看，化工、石油炼制和冶金是最主要的应用领域，用氢量占总量的90%～95%，交通燃料用氢目前仅万吨左右。今后工业原料用氢还有增长空间，特别是在冶金领域。氢气用作冶金还原气及保护气可以有效提升冶金产品质量。中国钢铁企业普遍开始可再生能源制氢——氢能冶金立项，探寻循环经济的可行性[2-6]。

9.1.1 氢气作为能源正在终端消费领域全面铺开

截至2023年底我国有超过15 000辆燃料电池商务车进入示范运营，成为世界氢能车保有量最多的国家。这些车辆分布在北京、上海、广州、佛山、武汉等36个城市。车型结构也发生较大变化，2021年之前氢燃料车型以中轻型客车、公交车和中轻型物流车型为主。2022年后以重卡、轻卡、公交环卫车为主。燃料电池系统功率也从2021年以前平均不到40 kW，提高到以90 kW以上的为主，最大系统功率达240 kW。

2020年之后由于燃料电池发动机技术进步以及效率大幅改进，适应多种场景用途的氢燃料电池车开始投入使用，进一步扩大了应用领域。燃料电池汽车数量的增长带动相关加氢站布局。《白皮书》统计数据显示，2022年底国内已建成加氢站385座，是2018年的11倍。国内加氢站“东西南北中”布局框架已基本形成。

氢气能源属性的界定对氢能产业推广起到至关重要的推动作用。2021年11月国家能源局发布《中华人民共和国能源法(征求意见稿)》已将氢能列为能源范畴，这是认识的重大突破。2020年10月国家发改委发布《氢能产业发展规划(2021—2035年)》也明确提出到2035年实现燃料电池汽车商业化应用的发展愿景，进一步明确了氢能源的应用路径。

作为国内最大的能源化工企业之一，中国石化联合国内数家绿电企业，提出依托加油站分布优势，计划建立 1 000 个油电气氢能源站的规划目标。全球最大的清洁能源发电企业国家电投集团也早在 2016 年布局氢能产业，于 2017 年率先成立全国第一家央企二级单位国家电投氢能科技发展有限公司，从上游的氢能制造装备到燃料电池应用两条线布局，氢能从材料到零部件到电堆，从电解槽到系统的全产业链布局。按照目前各地氢规划的部署，以加氢站为代表的氢燃料消费终端布局预计很快会在全国大范围普及。目前最需要跨越的是成本障碍，国内煤制氢成本为 9～11 元/kg，工业副产气制氢成本为 10～16 元/kg，电解水制氢成本为 30～40 元/kg，电解水制氢成本最高。由于制氢成本较高，现阶段加氢站氢气售价远高于汽油和柴油售价，是导致加氢亏损的重要原因之一[7-8]。

9.1.2 我国未来的氢能产业发展路线展望

氢能产业发展的重点任务是持续推进供给侧改革与产业链系统优化，探索适合中国国情的科学的氢能发展模式，同时为未来的氢能产业发展奠定技术与商业发展基础。加氢站布局在全国铺开后，氢能终端需求开始发力，之后围绕上游资源供给的项目投资布局及产业化推进应该成为重点。基于中国当前氢能产业发展现状，预计氢能产业发展将经历两个重要时期。

9.1.2.1 灰、蓝(含工业副产氢)、绿氢“三氢并存”时期

当前至 2030 年是灰氢、蓝氢(含工业副产氢)、绿氢并行发展的多氢源扩张时期。这一时期全国氢气主要供应区域仍维持现有制氢(包括专门制氢企业以及副产氢企业)项目地域分布。在这一格局下，氢气的供应主要用于满足本地的工业原料需求，是在绿氢还没有大规模发展起来的形势下满足工业发展对氢原料刚需的现实格局；这一时期满足快速增长的交通氢燃料需求的氢源以灰氢为主，其积极意义在于依托灰氢探索氢能交通的商业经营模式。

国内的加氢站布局进入快速扩张期，将带动氢能交通燃料需求快速增长。风电、太阳能发电装机容量密集的“三北”地区由于存在一定程度的弃风、弃光、弃水现象，业界会考虑依托这些“废弃”电量发展一批小型绿电制氢示范项目。示范项目运营一方面可以部分替代产地附近的灰氢应用，另一方面也是为将来绿氢大规模推广应用做好技术和商业准备，属于“探路工程”。

考虑到这一时期的碱性电解槽等绿氢制备关键设备还不完全具备大规模量产的条件，故业界将发展重点聚焦在建设示范项目上比较稳妥。从地域分布看，

这一时期的氢能基本以“自给自足”式的就近供应为主。氢能项目虽然可能会“遍地开花”，但氢气的集输将限于小规模近距离。

9.1.2.2　建设水陆结合的绿电制氢工程

西北、华北和东北组成的“三北”地区横跨东西方向，同时具备丰富的风力、太阳能资源；太阳能资源除“三北”地区富集之外，在地理上呈南北纵向分布的东中部地区亦有大量分布。基于此资源分布格局，我国可构建三北与东部“纵横结合”的两大陆上绿氢经济带，这是未来中国绿氢产业的核心，目前甘肃、宁夏及吉林已有相关规划。山西和河北及其周边地处“纵横”交汇处，是两大绿氢带的交汇地，在未来中国陆上氢经济带中可以发挥重要影响。

此外西南水电、东部沿海地区海上风电制氢也是重要的制氢选项。未来海上风电输送至陆上电网具有一定难度，可考虑风电制氢。2020 年中国海上风电累计装机容量达 6.7 GW，占全球 23%。海上风电采用电解水方式，通过管道或船舶将氢气运输到用氢地，在成本和周期上都具备一定优势；若能利用天然气管道，成本还会进一步降低。目前英国、荷兰等部分欧洲国家都已经开始了海上风电制氢项目的探索。

9.1.2.3　依托天然气管网跨区域输氢工程

目前我国氢气拖车运输技术成熟，是普遍采用的运氢方式，但这种运输技术效率低，仅适用于小规模及 200 km 以内的短途运输。而 40 t 长管拖车一次只能运输 400 kg 氢气，不能满足大规模、长距离运氢需求。一旦产业发展规模扩大，管道输氢就成了首选，但专门的氢气管道建设成本巨大。

绿氢未来除产地自身消费之外，资源禀赋及发展水平差异导致的跨区域流动可能发生，具体包括北氢东输、西氢东输、海氢上岸以及东氢外送 4 个流向，形成全国范围的氢资源保障体系。北氢东输工程主要输送“三北”地区氢气至东中部地区，西氢东输工程主要输送西南的水电制氢至东中部，海氢上岸工程主要考虑海上风电制氢在东部发达地区直接消费。但是理论上讲上述输氢通道运输方向应该都是可逆的。如果外部条件发生变化，东部的氢气也有输送至中部、西部的可能。天然气西气东输工程运行至今，出现了南气北输。天然气管网输送方向变更的主因在于东部地区的气源随着国际市场变化供应变得更加充分，将来的氢气输送也存在类似动因。东部地区同样也有较为丰富的可再生能源，若再考虑天然气制氢以及海上风电制氢力度加大等因素，东部出现氢气供应富足的可能性存在。因此将氢气掺入天然气，组成掺氢天然气(HCNG)，再通过现有天然气管网输送至目的地之后再行分离的方式被认为是未来大规模输氢的最佳选择之一，这应该也是将来中国绿氢经济时代的主流氢气输送方式之一。

天然气管网的丰富和完善事实上为将来的输氢创造了条件。特别需要指出的是，国内的东北、西北、华北是重要天然气产地，也是天然气中亚管线、中俄东线以及未来可能建立的过境蒙古的中俄天然气管线的必经之地，是未来的绿氢富集地，应统筹地区天然气与氢气输送，按照输氢输气管网一体化要求建设天然气管网工程。

9.2 氢能作为未来能源的应用场景

碳中和代表着能源体系绿色低碳转型的大方向。终端电气化，电力零碳化，是碳中和的关键路径。能源消费将持续向以电为中心转变，基于可再生能源的绿电将成为终端能源消费的核心，去中心化、清洁化、智能化是未来电力系统发展的方向。预计到2050年，电能将占终端能源消费比重的50%以上，可再生能源供电比重将达到70%～85%。未来30年，中美欧等主要能源消费国将大力发展风电、光伏等可再生能源，并配备与之相适应的规模化储能系统。

在未来的电力系统中，氢气与电将深度融合。锂离子电池等电化学储能适用于以小时为单位的短期电能储存。考虑到地球的锂储量和成本，还须有相应的锂资源回收利用系统予以支持。相较之下，氢气可以电解水制取的方式实现规模化生产，并通过氢燃料电池或氢燃气轮机发电回网调峰，适应跨季储存、长距离输运，在大规模储能场景具有经济优势。因此，氢储能将成为构建以新能源为主体的新型电力系统的关键要素之一[9-12]。

9.2.1 绿氢应用是终端电气化的重要补充

在推行终端电气化的进程中，氢可结合燃料电池在分布式发电领域成为电力系统的延伸和补充。氢燃料电池还可作为备用电源，增强重要用户或设施的供电可靠性。通过氢—电之间的协同转换能够提高局部地区应对突发情况、极端天气、战争军事等特殊情况下的应急能源供应能力。例如，在以新能源为主体的新型电力系统背景下，偶遇连日无风无光极端天气，不能正常供电时，可通过氢能调峰电站、分布式发电、备用电源以及氢燃料电池车发电等方式，解决电能供应问题。

对于那些难以通过电网或蓄电池持续供能的场景，氢燃料电池是技术可行且经济性高的解决方案。随着氢能技术的成熟和规模化应用发展，其经济性逐步显现，在交通、工程机械、农业机械、有轨电车等领域，氢气将替代燃油作为动力燃料获得广泛应用。目前已有国家给出了燃油车的禁售计划，传统燃油车将逐渐被以纯电动汽车和燃料电池车为主的新能源汽车所替代。

纯电动汽车技术成熟，市场发展程度高，综合使用成本低，但基本已达到理论上的电池容量极限，续航较短、充电较慢、低温适应性差，适用于乘用车等小型车辆，用于市内及城际短途交通；燃料电池车相对纯电动车具有续航里程长、加注时间短、低温环境适应性强等特点，适用于商用车、特种车等大型车辆，用于城市公共交通、城际交通、市政环卫、城市物流等场景。此外，燃料电池还因其高能量密度、无污染、声热信号小等特性，在航空航天、海洋、军事等领域拥有广阔的发展前景。

9.2.2 氢能是未来能源体系的重要组成部分

碳中和背景下的未来能源体系将是由以新能源为主体的新型电力系统和以可再生能源制氢为主体的绿氢网络构成的绿色综合智慧能源体系。据国际氢能委员会预测，到2050年，全球氢能将占能源比重的18%左右。氢能将成为未来能源体系中打通电网、热网、气网之间壁垒的关键载体，氢能和电能在供应和应用时既相互独立，又可相互转换，从而实现不同能源网络之间的协同，能够基本解决未来社会不同形态的能源需求。

目前我国氢气用途主要用于化工领域，其中合成氨占30%，生产甲醇约占28%，焦炭副产氢利用约占15%，石油炼化占12%，煤化工占10%，其他占5%（见图9-1）。

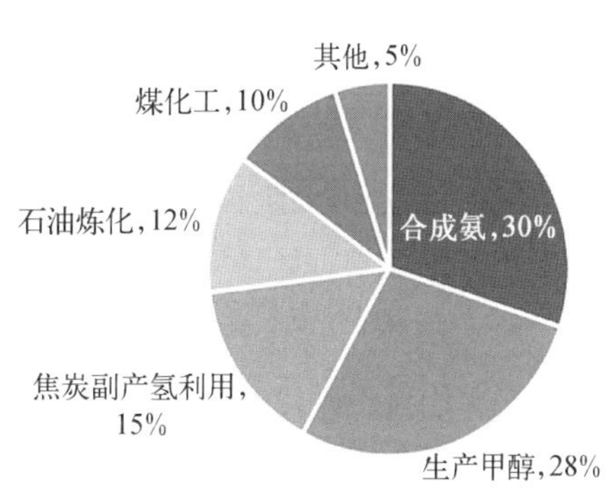

图9-1 中国市场氢气消费结构

（资料来源：国家电投集团氢能产业创新中心）

为实现双碳目标，未来40年内的氢气需求将快速增长。预计到2030年，全国氢气年需求量将从现阶段的3 300万吨增至3 700万吨，到2060年，氢气年需求量将达 1.21 亿吨，增量主要来自工业、交通运输、建筑供能及备用电源领域。

在工业领域，氢气主要用于氢冶金、石油炼化、合成氨及合成甲醇等方面。其中，氢冶金技术可有效降低钢铁行业的碳排放，因此成为工业用氢的主要增长点。现阶段我国粗钢产量约为 10.6 亿吨，预计到 2060 年将降至 6 亿吨。根据国际能源署的预测，到 2050 年，氢冶金在全球钢铁行业中的占比达 30%。预计到 2060 年，氢冶金在我国钢铁行业中的占比将达到 50%，氢气消耗量达 2 695 万吨，我国工业领域用氢量合计将达 4 774 万吨。

在交通运输领域，氢燃料电池车的广泛应用将加速交通行业的脱碳进程。现阶段全国汽车保有量约为 2.87 亿辆，预计到 2060 年，我国汽车保有量将达到 5.4 亿辆。其中，氢燃料电池车将达到 30%，约为 15 000 万辆。交通领域用氢量将超过 9 000 万吨。

在建筑领域，氢气主要用于热电联供装置及天然气掺氢，为建筑提供清洁能源。预计到 2030 年，国内家庭用燃料电池热电联供系统初步实现盈亏平衡，天然气掺氢开始在全国推广，此时的建筑用氢体量较小。到 2060 年，预计家庭用燃料电池热电联供系统应用达 1 150 万套，用氢量约为 376 万吨，同时天然气掺氢用量可达 173 万吨，故 2060 年的建筑用氢总量约为 549 万吨。

在备用电源领域，随着燃料电池技术的成熟，其在 UPS 市场中的占比逐步提高，预计到 2060 年将达到 15 万套，平均每台每年发电 1 000 kW·h，用氢量为 1.13 万吨。

以上这些都是传统工业领域对氢气的需求，是氢气的原料属性，属于存量市场，自 2015 年到 2021 年基本上没有大的变化，但我们看到一个现象是，在全球减碳目标和可再生能源消纳的驱动下，过去煤制氢、天然气制氢占比 80%以上的方式将逐渐被目前不到 1%的绿氢所替代，这便是目前欧洲和中国的电解槽热度上升的主要原因。

综上所述，到 2030 年碳达峰时，我国氢气年需求量将增至 3 700 万吨；到 2060 年碳中和时，我国氢气年需求量将增至 1.5～2.0 亿吨。根据国网能源研究院的预测，考虑到碳中和时能源利用效率显著提升，我国终端能源需求有望控制在 24 亿吨标准煤左右。因此，到 2060 年，氢能在我国能源体系中占比将达到 20%。

9.3　氢燃料电池在交通领域的主要应用

从 20 世纪 60—70 年代通用汽车将用于航天发射的燃料电池技术用于汽车动力开始，人们开启了对氢气替代能源的探索的产业化进程。针对 1973 年第一次中东危机引发的石油危机，美国的能源部开始了石油替代计划，同时期石油极度匮乏的日本也开始了石油替代的 Sunshine 计划，当时提出交通领域石油替代方案的方式不仅只有氢能，还有电动汽车。1976 年，美国颁布了关于电动汽车的研究、开发和应用的法律规范。美国三大汽车制造商通用、福特、克莱斯勒都开发了相应的电动汽车，欧洲、亚洲等各国也逐渐投入大量的人力、物力开始重新致力于电动汽车的开发和研究。继 1976 年推出世界第一辆燃料电池汽车后，1996 年通用汽车又推出现代第一辆电动车，更重要的是，2006 年，以资本驱动的电动汽车公司特斯拉成立并开始生产电动汽车，这成为锂离子电池超越燃料电池技术路线的关键历史性事件，大大提高了电动汽车的产业化进程。

9.3.1　氢燃料电池汽车发展现状

燃料电池在汽车领域的示范性应用开始于 20 世纪末，以丰田、本田、现代、通用和戴姆勒等为代表的各大汽车公司开始燃料电池电动汽车的研发，经历坚持不懈的努力，目前燃料电池系统技术已经满足汽车应用要求，逐步进入市场化发展阶段，总体来说可以分为三个阶段：2005 年以前的系统应用验证阶段，这个时期各汽车公司对于燃料电池系统在汽车动力系统的应用可行性进行了评估，尽管系统性能在寿命和功率密度方面仍有欠缺，但是在汽车上的应用可行性得到确认；2005—2015 年的系统性能提升阶段，这个时期各汽车公司纷纷自行开发电堆和系统，并且在寿命和功率密度方面取得了大幅提升，经过两轮开发后电堆功率密度超过 4 kW/L，系统功率密度也达到传统内燃机水平，系统耐久性超过 5 000 h，具备 −30℃下的启动能力，整车续驶里程达到传统燃油车的水准，技术上已经成熟并满足市场应用要求；2015 年之后的商业化推广阶段，这个时期主要是降低系统成本，同时通过各种示范应用拉动加氢基础设施的发展，从而满足燃料电池汽车大批量应用要求。

燃料电池汽车是氢能产业链中的关键环节，其技术的发展引领着整个产业链向前迈进的步伐。开展燃料电池汽车的商业化示范运营，是带动燃料电池汽车技术研发、推动加氢基础设施建设的关键举措。自 2014 年以来，以丰田、现代、本田等汽车公司陆续推出商业化的燃料电池汽车为标志，燃料电池汽车技术和产品基本成熟，示范推广不断加速，全球燃料电池汽车迎来产业化发展重要窗口期，氢能在交通领域的推广应用呈现全面提速的良好态势。

中国氢能汽车市场快速发展，截至 2023 年底保有量已达 13 000 多辆，主要面向大巴车、冷藏车、快递车、矿卡、重载货运等场景开展应用。我国乘用车的商业化运营刚刚起步，而美国、日本、韩国主推的是氢燃料电池乘用车。主要有三点原因，一是我国燃料电池技术尚不成熟，现阶段开发的电堆和系统的功率、快速响应和耐久等性能难以满足乘用车全功率燃料电池运行要求；二是与燃油车相比氢能汽车价格偏高；三是加氢站等配套设施不完善，大多数城市没有加氢站或者即便建有加氢站也没有氢气来源。与乘用车相比，商用车运营路线较固定，只需少量的加氢站就能满足需求。因此，目前合理的发展途径是以商用车的发展带动氢燃料电池技术提升，促进燃料电池成本下降和加氢设施网络健全，从而带动氢燃料电池乘用车的发展。

目前氢能整车动力架构主要有增程式、混合动力、全功率三种构型。增程式动力架构由大于 20 kW・h 的动力电池和小于 30 kW 的燃料电池系统组成。该车型通常由动力电池驱动电机，燃料电池给动力电池充电的充电宝模式，燃料电池工作模式为启动/停止。电电混合动力架构由大功率燃料电池和小容量动力电池组成，即以燃料电池为主，以动力电池为辅。燃料电池系统功率一般为 30～80 kW，动力电池为 10 kW・h 左右。燃料电池提供稳定功率驱动电机，当处于爬坡、加速工况时，由动力电池承担动态变载。燃料电池处于固定几种功率工作模式。全功率动力架构由燃料电池和更小的动力电池组成。乘用车燃料电池功率一般大于 80 kW，商用车燃料电池功率一般大于 200 kW，动力电池则小于 5 kW・h。燃料电池用于驱动电机，动力电池用于辅助车辆启动、制动能量回收、快速变载等工况，燃料电池处于响应电机需求的工作模式。

目前，我国氢能汽车动力架构处于从增程式到电电混合过渡阶段。未来，氢能汽车动力架构中燃料电池驱动功率占比逐步增大，燃料电池系统向大功率、单堆集成、更高运行温度、较高运行压力、无加湿的技术方向发展，动力系统控制技术向精细化水热管理及综合能量管理发展。

迄今为止，氢能汽车技术和规模有了突飞猛进的发展，但全球氢燃料电池汽车产业在技术、成本、基础设施、技术标准和政策方面存在的共性问题，亟须协同解决。一是关键技术性能指标有待提升。氢燃料电池系统体积功率密度、寿命、低温启动、储氢方式、制氢效率等技术还有很大提升空间；燃料电池发电特点与汽车动力系统频繁启动、功率密度变化大、环境恶劣等特点冲突的问题有待解决；基于燃料电池特点和汽车运行工况的配件及系统的高性能、高可靠性、长寿命的燃料电池组件或模板有待开发。二是燃料电池系统成本高。在保证安全性和效率的前提下降低成本，是全球氢能汽车的目标。三是氢能产业成本高，基础配套设施发展滞后。全球范围的氢能产业链“制氢—运氢—储氢—用氢”的配套设施还不够完善，目前全球加氢站的规模远不足以支撑燃料电池汽车行业的大规模发展；低成本、高安全性的全产业链技术还未发生根本性突破，氢能相关的建设和运行必须依靠政府的财政补贴，投入高、维护成本高、资金回收慢，无法实现自我盈利；未从氢能产业链的每个环节深入研究和分析，从全生命周期的氢能利用整体效益进行评价和控制。四是行业标准、全球性行业发展政策不统一。基于经济性、安全性、环境保护为前提的统一标准、法律法规，适用于燃料电池相关的标准、法律法规，碳排放有关的计算标准、制约方法及规定等有待统一。

在全球共性问题基础上，中国氢燃料电池中缺乏顶层产业规划、产业链的自主化问题还亟待解决。一是技术上发展起步晚，技术薄弱，技术生态差，没有形成氢能供应链和氢能应用端的有效衔接。只在制氢端发力，而对氢气供应最重要环节的氢气提纯、压缩、储氢瓶、加氢站等与应用端衔接的领域投资偏少；在燃料电池方面，我国与世界先进国家相比，工程化技术不足、整车技术积累相对薄弱；在整车层面对系统及辅助部件的投入较少，整车动力系统匹配、集成与控制、高功率燃料电池发动机等处于研发阶段，发动机可靠性、稳定性、耐久性等低于国际水平；在燃料电池汽车产业方面，少量企业进行了开发示范样车的尝试，但后续量产计划并未跟进，没有形成前后接续、有序推进的态势。二是地域性强，缺乏整体规划。我国的燃料电池相关产业集中在东南沿海地区，比如上海、广东等区域发展相对迅速，呈现出地域性明显的特征；国家层面的燃料电池产业规划布局并未出现，氢能布局及应用方面不明确。地方布局趋于同质化，以整车组装和示范运营为主，核心技术布局较少。三是产业链不完整。氢能在能源中位置未明确，缺乏产业化规范和法规；系统 BOP 配套部件技术不完整，相关技术更多由研究机构和高等院校掌握，工程化能力不足；制氢及加氢相关设备国产化率低，达到燃料电池汽车要求的纯氢生产规模小、提纯成本高。四是应用场景相对单一，只在商用车市场发力。我国已有宇通客车、福田客车等厂商对燃料电池商用车进行了多年的开发，研制了多代样车，并进行了示范应用，具备了一定的技术基础，但关键性指标如寿命、加氢压力、系统效率等，还有不小的差距。五是纯电动车早发展的商业背景。目前纯电动车是中国新能源汽车的主要战略方向，得到了大量的政策倾斜和资金投入，在市场已占据先发优势；处于前瞻研发阶段的燃料电池需获得区别于电动车的特殊政策支持，同时也需要政府给出清晰的定位和明确的方向[13-16]。

9.3.2 主要几款氢燃料电池汽车介绍

燃料电池汽车包括乘用车和商用车。1959 年，由 Harry Karl Ihrig 领导的一个团队为 Allis-Chalmers 制造了一台燃料电池系统功率为 15 kW 的燃料电池拖拉机，这是人类历史上第一台燃料电池车辆。1960 年，该公司又制造出世界第一台燃料电池叉车，1965 年制造了世界第一台燃料电池高尔夫球车。1966 年通用汽车推出了全球第一款燃料电池汽车 Electrovan，这辆车的动力系统由 32 个串联碱性燃料电池模块组成，每个模块功率约为 1 kW，可持续输出 32 kW 的功率。这是燃料电池汽车技术验证的一个起点，此后欧美各大车厂均纷纷展开燃料电池汽车的研究。丰田汽车公司经过 20 多年的技术积累，于 2014 年 12 月推出全球第一款商业化燃料电池汽车 Mirai Ⅰ，成为燃料电池汽车正式成熟走向应用的标志性事件。

从能源转换效率来看，一般汽油机的能源转换效率为 28%，柴油机为 38%，采用燃料电池发电的效率一般为 40%～60%，平均 50%，远高于内燃机的能源转换效率。而且氢气的能量密度高(见表 9－2)，1 kg 氢气发电相当于 6.9 L 的汽油，4.5 L 的柴油，19.6 kW・h 的锂离子电池的能量供应，而且整个做功过程只排放水，是非常理想的汽车用二次能源。

表 9－2 常用交通能源热值参数比较

参　数	氢	汽油	柴油	天然气	锂电池
低热值/(MJ/kg)	120	44.5	42.3	50	—
高热值/(MJ/kg)	142	48	46	55	—
发动机效率(低热值)/%	40～60	20～35	35～43	—	90

数据来源：国家电投集团氢能产业创新中心，李连荣主编.《氢能百问》.中国电力出版社，2022。

9.3.2.1 燃料电池乘用车

早在 20 世纪 90 年代，德国奔驰、日本丰田、日本本田、美国通用等企业就开展了燃料电池乘用车的开发。并将其作为下一代新能源汽车发展的重要方向。丰田、现代和本田开发的燃料电池乘用车率先迈入量产化阶段。丰田汽车公司经过 20 多年的技术积累，于 2014 年 12 月推出全球第一款商业化燃料电池汽车 Mirai Ⅰ(见表 9-3)，Mirai Ⅰ采用了丰田最新的燃料电池系统，燃料电池功率达 114 kW，功率密度达 3.1 kW/L(含端版)，可在−30℃快速启动，搭载两个总体积为 120 L、满充 5 kg 氢气的 70 MPa 高压气瓶，加氢 3 min，续航里程达 700 km(WLTC 工况)，最高速度达 170 km/h，从 0 到 100 km/h 的加速时间为 10 s。本田、韩国现代也分别于 2017 年和 2018 年陆续推出商业化燃料电池汽车 FCX Clarity 和 NEXO。

表 9-3　国外主要的几款市场销售的燃料电池汽车

车名	丰田 Mirai	本田 CLARITY	现代 NEXO
汽车图片			
车体质量/kg	1 850	1 890	1 800
最高速度/(km/h)	175	160	160
0～100 km/h 加速时间/s	10	10	9.5
最大功率/功率密度	113 kW/3.1 kW/L	130 kW/3.0 kW/L	95 kW/2.15 kW/L
续航距离/km	650～700	760	805
电池容量/(kW·h)	NiH：～2.0	Li-ion：～4	Li-ion：1.56 (40 kW)
储氢压力/MPa	70	70	70
加氢时间/min	3	3	5
价格(补贴前)	726 万日元(约合人民币 43 万元)	766 万日元(约合人民币 45 万元)	1 100 万日元(约合人民币 65 万元)
上市时间	2014 年	2017 年	2018 年

(资料来源：EXPO 东京氢能燃料电池展)

2021年，丰田又推出了第二代燃料电池汽车 Mirai Ⅱ。Mirai Ⅱ（见图9-2）不仅改善了 Mirai Ⅰ的不成熟之处，还极大地发挥了汽车的本来魅力。不仅实现了环保性能，而且在设计、外观、动力性能、操控性、安全性能以及降低噪声、加速性等各个方面都实现了发展和深化。首先最大功率提高到128 kW，功率密度提高到5.4 kW/L，电堆体积从 Mirai Ⅰ的36 L减少到 Mirai Ⅱ的24 L，设计更加紧凑，电堆和控制系统装载到了原来燃油车发动机的位置。气瓶从2个改为3个，布局更加合理（见图9-3），使车内的空间更加宽敞舒适。一次加氢的续航里程也提高到850 km。通过降低贵金属用量和提高膜电极耐久性能等，使电堆的成本下降了30%，整车成本下降了20%。

图9-2 Mirai Ⅱ车外观

图9-3 Mirai Ⅱ车气瓶布局

（资料来源：EXPO东京氢能燃料电池展）

9.3.2.2 燃料电池客车

燃料电池客车方面，早在1994年德国奔驰汽车公司和巴拉德就推出了燃料电池客车（见图9-4），该燃料电池系统由加拿大巴拉德公司提供的15个7 kW石墨双极板水冷电堆串并联组成的燃料电池系统，加满氢续航里程仅100 km左右。丰田汽车公司也于2016年推出了燃料电池公交车 SORA（见图9-5），搭载丰田公司114 kW Mirai Ⅰ燃料电池系统2套，配备10个70 MPa储氢瓶，装载

图9-4 1994年最早的燃料电池客车

图9-5 丰田氢燃料电池客车 SORA

在车顶。加氢 6 min，续航里程为 200 km。目前，SORA 已经向东京都政府交付了 30 套，并成功应用于 2021 年东京夏季奥运会作为运动员接驳车辆。准备向巴黎举办的 2024 年夏季奥运会投放包括乘用车、中巴、大巴在内的氢燃料电池车 500 辆。

我国燃料电池系统的实车运行验证是基于燃料电池/锂电池的电电混合动力客车平台进行的，如图 9－6 所示为参加示范的燃料电池客车，该客车在示范运营期间，参加了北京冬季奥运会及冬季残奥会相关活动，北京冬奥会期间，“氢腾”大巴在－25℃的持续性低温环境和海拔接近 2 000 m 的山地陡坡载人爬坡行驶，而且车辆的每日待命运行时间超过 20 h，平均单车行驶里程为 7 500 km/辆，实现了国产燃料电池系统在国际赛事的首次批量示范运行。

图 9－6　2022 年北京冬季奥运会期间保障运营的客车

（图片来源：国家电投集团氢能科技有限公司官网）

9.3.2.3　燃料电池中重卡车

1959 年，由 Harry Karl Ihrig 领导的一个团队为 Allis-Chalmers 制造了一台 15 kW 的燃料电池拖拉机，这是人类历史上第一台燃料电池车辆。1966 年通用汽车推出了全球第一款燃料电池轻型汽车 Electrovan。这辆车的动力系统由 32 个串联薄电极燃料电池模块组成，持续输出功率为 32 kW，峰值功率为 160 kW。这是燃料电池汽车技术验证的一个起点，此后欧美各大车厂均纷纷展开燃料电池汽车的研究。在美国加州“零碳法案”的刺激下，欧、美、日、韩品牌汽车企业纷纷投入燃料电池汽车的研发，并推出了迭代的燃料电池汽车，但这些汽车基本是燃料电池乘用车或燃料电池客车。燃料电池卡车的研究要晚得多。这是因为卡车需要较大的功率驱动，续航里程较远则需要携带大量的氢气，而且空间有限，不像客车那样具有比较大的空间来装载较多的氢气，也可以搭载大型锂电池作为混合动力来补充燃料电池功率的不足。我国优先发展中重卡的原因主要是乘用车领域电动车普及太快，希望用燃料电池汽车来补足电动汽车在长距离运输和远郊外基础设施不足的短板，而这正是氢能燃料电池汽车的优势所在。

我国商用车用燃料电池汽车技术已基本成熟。车载储氢，车载动力匹配，混合动力技术以及用氢安全等技术都已经逐步得到有效的解决。目前制约燃料电池重卡商业化发展的关键点，一是基础设施不足，二是成本过高。为了解决这些问题，前期推动力是以政策为主，成本为辅，催动市场快速启动，产业链上下游企业不断涌入，而当前以及长期的核心驱动力则主要为政策引导、技术升级以及规模化。随着“双碳”战略的持续推动和各地对氢能产业扶持政策的加速落地，燃料电池重卡产业发展如火如荼，终端市场销量节节攀升。如图 9－7 所示为燃料电池中重卡示范运行车辆。

图 9－7　部分燃料电池中重卡

（图片来源：国家电投集团氢能科技有限公司官网）

9.3.2.4　氢燃料电池在船舶领域中的应用

在氢能社会中，汽车、铁路、船舶、飞机等运输领域都将氢气作为推进燃料。燃料电池汽车已经在 2014 年末上市，并且每年都在增加。

汽车之后的最大交通排放源是船舶。船舶以重油为燃料，由柴油发动机等驱动，船舶领域的环境制约也越来越严格，要求燃料的清洁化。传统的船舶动力装置主要包括柴油机、汽轮机、燃气轮机等，采用价格低廉的重油作为燃料，运行过程中会产生硫氧化物、氮氧化物、颗粒物等大气污染物，污染较为严重，不符合绿色航运的大趋势。同时，船舶的应用也排放了大量二氧化碳，据克拉克森测算，2019 年航运业碳排放约 8.19 亿吨。近年来，国际公约法规对船舶碳排放要求日益严格。2018 年 4 月，国际海事组织（IMO）制定了海运温室气体减排初步战略要求：与 2008 相比，到 2030 年船舶二氧化碳排放量降低 40%，到 2050 年降低 50%以上[14-15]。我国交通运输部颁布的《船舶大气污染物排放控制区实施方案》等规定，对于船舶污染物排放提出了更高要求。

为了实现船舶的零碳和零污染，提出了多种零碳船动力技术路线。其中，燃料电池具有无污染、无排放、续航长等特点，用于船舶有着独特的优势，未来船舶用燃料电池拥有广阔的市场前景。相较于传统动力，燃料电池在船舶领域应用具有以下优势：

(1) 无污染，无排放。以氢气为能源的燃料电池的排放物仅为水，并没有高温燃烧过程，不排放碳、氮或硫的氧化物。同时，燃料电池船不会产生油污。

(2) 续航长，加注快。与锂电池船舶相比，燃料电池船舶在续航距离方面具有明显的优势，同时在加注时间方面也有着明显的优势。

(3) 效率高。与普通柴油机或燃气轮机 25%～40%的转换率相比，燃料电池的能效转换率为 40%～60%，远远高于传统动力系统的效率。

(4) 操作性能及运行可靠性高。燃料电池输出功率变化特性较好，启动迅速，可在数秒内实现启动，对负载变化响应快，非常适合需要功率范围宽而效率高的船舶动力装置。

燃料电池用于船舶领域的开发和应用仍处于起步阶段。对于较大型船舶，燃料电池通常用于与柴油发电机组成混合动力系统或是用于辅助动力系统；对于小型船舶，燃料电池系统已可以作为主推进动力，并拥有实船测试的成功案例。美国、日本、欧盟等国家和地区多家企业在氢燃料电池船舶上进行了研发投入，启动了多个运营良好的案例。

欧洲从 21 世纪初开始实施了搭载氢燃料电池的氢动力船的实证试验，2000 年，德国首次建造了氢燃料电池客船 Hydra，在波恩附近的莱茵河正式亮相，揭开了氢燃料电池在船舶领域应用的序幕（见图 9－8）。我国近年来也在各地实施了实证实验。2023 年 11 月，长江三峡集团的“氢舟一号”氢能示范船在湖北宜昌顺利下水，填补了国内空白（见图 9－9）。“氢舟一号”总长 49.9 m、型宽 10.4 m、型深 3.2 m，乘客定额 80 人，主要采用氢燃料电池动力系统，氢燃料电池额定输出功率 500 kW，最高航速 28 km/h，续航里程可达 200 km，交付后用于三峡库区及三峡和葛洲坝两坝间交通、巡查、应急等工作。氢能船与内燃机船相比，具有低振动、运动性强的优点，同时具有良好的环境特性和舒适性。

(a)

(b)

图 9－8 (a) 欧洲 ZEMSHIP 燃料电池客轮(2007 年)；(b) 西门子燃料电池动力船(2018 年)

图 9－9 长江三峡集团的“氢舟一号”

（图片来源：中国船舶第七一二研究所资料）

全球船舶用动力系统技术革新,涉及三个方面:能源技术、动力技术和环境保护。氢能及燃料电池技术作为船舶的推进主动力源,辅助电力源、清洁岸电等方面具有巨大的优势和潜力。特别是内河船运,目前的柴油动力船的污染问题严重,我国早在2018年就提出了电动长江、氢进长江的具体行动计划方案,以改善长江中下游流域的生态环境。随着氢能产业的推进,未来纯电、氢燃料、液化天然气等新能源动力船将成为我国建设内河绿色交通运输体系的重要发展方向。

9.3.2.5 燃料电池在无人机领域的应用

航空业的快速增长使其成为未来交通运输领域温室气体排放的主要来源之一,航空业对气候和环境的影响越来越显著,氢能航空被认为是航空业未来实现污染物零排放和可持续发展的关键。由于大型客机对于燃料电池能量密度、氢燃料储存和加注以及氢安全有着很高的要求,短时间内实现大型氢燃料电池飞机的应用难度很大。氢动力无人机是以氢燃料电池作为核心动力,将携带的氢气作为燃料与自然吸入的氧气在铂金催化剂的作用下发上化学反应产生电能驱动无人机飞行,真正意义上实现了零碳排放,同时具备超长续航、耐受低温等优点,可便捷、高效地采集输电线路通道情况,极大减轻作业人员巡视压力,及时发现线路通道外力破坏、森林火灾、超高树木等安全隐患,保障电网安全、稳定运行。

无人机燃料动力系统主要包括活塞式发动机、锂电池动力系统和燃料电池动力系统。与其他类型动力系统相比,燃料电池无人机主要有以下优势:

(1) 燃料电池无人机清洁、环保,无任何污染物以及二氧化碳排放,可以实现零排放。

(2) 与同为零排放的锂电池无人机相比,燃料电池续航时间长。在多旋翼无人机中,锂电池可持续20 min,而燃料电池可持续90 min或更长时间;在固定翼无人机中,锂电池可持续4 h,燃料电池则可持续12~15 h。

(3) 加注氢气时间短,生命周期内性能衰减小。

(4) 无震动和噪声,红外信号低,在军事领域有独特优势。

国内外已有较多的燃料电池无人机示范项目。国际上,英国Intelligent Energy公司已推出djim100平台燃料电池无人机和Jupiter-H_2燃料电池无人机产品;挪威Nordic Unmanned公司推出Staaker BG-200燃料电池无人机产品;美国海军的混合型老虎无人机也于2020年成功试飞。此外,德国、日本、韩国等国家也均在燃料电池无人机领域进行了实践。

从 2015 年开始，国内就已经有相关企业成功开发燃料电池无人机。近年来，国内许多院校、企业对燃料电池无人机开展了项目实践，燃料电池无人机得以在巡航、警用、救援、气象等领域取得了应用。截至 2023 年公开数据统计，国内已有数十家燃料电池企业提供无人机用燃料电池产品，研发的动力系统已广泛用于无人机上，续航时间超过以锂离子电池动力的无人机的 2 倍，极大地扩展了无人机的应用领域和使用范围(见图 9－10)。

图 9－10　北京冬奥会期间巡检用氢燃料电池无人机图

(图片来源：国家电投集团氢能科技有限公司官网)

2022 年冬奥会期间，搭载由国家电投集团氢能公司自主研发的“氢腾”千瓦级空冷燃料电池系统的 3 架无人机与氢能大巴“空地联合”，为延庆赛区提供冬奥期间电力系统巡检和运力保障。燃料电池的系统功率密度、使用循环寿命等指标处于国际先进水平。氢动力无人机具有重量轻、振动小、噪声低、零碳排放等优势，并且突破了低温、续航等瓶颈，固定翼状态运行时间可超过 24 h 续航，山高路远、严冬高寒都不在话下(见图 9－10)。历时 2 个月的冬奥会和冬残奥会期间运行情况良好，圆满地完成了冬奥会巡航保障任务。

2023 年 12 月 13 日，在位于哈尔滨市道外区长江路附近的 220 kV 东莫甲乙线输电杆塔下，国网哈尔滨供电公司输电运检中心智能巡检技术人员于洋正带领工作班成员姚远，开展氢动力无人机在输电线路巡检作业的应用测试，这也是氢动力无人机在高寒地区电网巡检中的首次应用。

美国波音公司的新型氢动力无人机“幻影眼”于 2012 年 6 月 1 日在加利福尼亚州爱德华兹空军基地进行第一次自主飞行。此次飞行持续了 28 min，飞行高度达到 4 080 ft(1 244 m)，巡航速度达到 62 kn(114 km/h)，最后在沙漠着陆。着陆时，“幻影眼”起落架陷入湖床并损坏。

“幻影眼”采用液态氢动力，能够在不补充燃料情况下在空中停留4天，飞行高度可达到6.5万英尺(约20 000 m)。在设计上，“幻影眼”用于在高空执行侦察和勘测任务。飞行时，“幻影眼”产生的唯一副产物就是水。“幻影眼”采用两台2.3 L 4缸发动机，每台发动机可产生150 hp(1 hp=745.7 W)。它的翼展为150 ft(约45 m)，能够以150 kn的速度巡航，可搭载450 lb(约204 kg)重物。“幻影眼”是一款具有开创性的无人机，将开启一个全新的数据收集和通信市场。“幻影眼”采用了一系列先进技术，可用于执行情报收集、侦察和勘测任务。

【参考文献】

[1] Wang M, Wang G, Sun Z, et al. Review of renewable energy-based hydrogen production processes for sustainable energy innovation[J]. Global Energy Interconnection, 2019, 2(5): 437-444.

[2] 杜升飞，余军，吴青.SPE水电解催化剂研究进展[J].电源技术，2014，38(9): 1771-1773.

[3] Du S F, Yu J, Wu Q. Progress of SPE water electrolysis catalyst technology[J]. Journal of Power Sources, 2014, 38(9): 1771-1773.

[4] 张景新，孟嘉乐，吕坤键，等，我国氢应用发展现状及趋势展望[J].新材料产业，2021(1): 36-39.

[5] 邢学韬，林今，宋永华，等.基于高温电解的大规模电力储能技术[J].全球能源互联网，2018，1(3): 303-312.

[6] Xing X T, Lin J, Song Y H, et al. Large scale energy storage technology based on high-temperature electrolysis[J]. Journal of Global Energy Interconnection, 2018, 1(3): 303-312.

[7] 常进法，肖瑶，罗兆艳，等.水电解制氢非贵金属催化剂的研究进展[J].物理化学学报，2016，32(7): 1556-1592.

[8] Chang J F, Xiao Y, Luo Z Y, et al. Recent progress of non-noble metal catalysts in water electrolysis for hydrogen production[J]. Acta Physico-Chimica Sinica, 2016, 32(7): 1556-1559.

[9] 徐靖，赵霞，罗映红.氢燃料电池并入微电网的改进虚拟同步机控制[J].电力系统保护与控制，2020，48(22): 165-172.

[10] Xu J, Zhao X, Luo Y H. Improved virtual synchronous generator control for hydrogen fuel cell integration into a microgrid[J]. Power System Protection and Control, 2020, 48(22): 165-172.

[11] 姜克隽，向翩翩，贺晨旻，等.零碳电力对中国工业部门布局影响分析[J].全球能源互联网，2021，4(1): 5-11.

[12] 赵雪莹，李根蒂，孙晓彤，等.中国氢能源及燃料电池产业白皮书[R].北京：中国氢能联盟，2020.

[13] 李连荣.氢能百问[M].北京：中国电力出版社，2022.
[14] 水素エネルギー協会.水素の本[M].日本：日刊工業社，2017.
[15] NEDO燃料電池・水技術開発ロードマップ：FC・HD用燃料電池ロードマップ[R].日本：国立研究開発法人　新エネルギー・産業技術総合開発機構，2023.
[16] 水素エネルギー協会.水素エネルギーの辞典[M].日本：朝倉書店出版，2019.

附录 1　专业名词中英对照表

第 1 章

碳达峰碳中和 carbon peak carbon neutral
氢能源 hydrogen energy
一次能源 primary energy
碳排放 carbon emission
清洁氢 clean hydrogen
氢能 hydrogen energy
储能 stored energy
绿氢 green hydrogen
对外依赖度 degree of external dependence
能源安全 energy security
氢气主要来源 main source of hydrogen
电解水制氢 electrolysis of water to produce hydrogen
低温液态储氢 low temperature liquid hydrogen storage

第 2 章

氢 hydrogen
氘 deuterium
氚 tritium
哈密顿算符 the Hamiltonian operator
氢分子轨道 hydrogen molecular orbital
正氢 orth ohydrogen
仲氢 para hydr ogen
氢的可燃性 the flammability of hydrogen
氢的还原性 the reducibility of hydrogen

质子 protons

氢离子 hydrogen ions

氢脆 hydrogen embrittlement

加氢催化重整 hydrocatalytic reforming

固态氢 solid hydrogen

液氢 liquid hydrogen

氢冶金 hydrogen metallurgy

燃料电池汽车 fuel cell vehicle

氢农业 hydrogen agriculture

氢医疗 hydrogen medicine

氢钨青铜相晶格 hydrogen tungsten bronze phase lattice

天然气水蒸气重整 steam reforming of natural gas

工业副产氢 industrial by-product hydrogen

灰氢 gray hydrogen

蓝氢 blue hydrogen

绿氢 green hydrogen

电解水制氢 electrolysis of water to produce hydrogen

碱性电解水制氢 alkaline water electrolysis to produce hydrogen

质子交换膜电解水制氢 proton exchange membrane electrolysis of water to produce hydrogen

电解槽 electrolytic cell

阴离子电解质膜 anionic electrolyte membrane

固体氧化物水电解制氢 hydrogen production by electrolysis of solid oxides

二氧化碳捕获和封存技术 carbon capture and storage，CCS

太阳能光解直接制氢技术 solar photolysis direct hydrogen production technology

半导体光催化 semiconductor photocatalysis

生物质制氢 hydrogen production from biomass

液氮冷屏液氢容器 liquid nitrogen cold screen liquid hydrogen container

高压气态储氢 high pressure gaseous hydrogen storage

高压储氢瓶 high-pressure hydrogen storage bottle

液态有机物储氢技术 hydrogen storage technology of liquid organic

compounds

储氢合金 hydrogen storage alloy

氢气泄漏 hydrogen leakage

天然气掺氢 hydrogen blending in natural gas pipeline

加氢站 hydrogen station

氢能储能 hydrogen energy storage

分布式发电 distributed generation

热电联供 combined heat and power

氢燃料发动机 hydrogen fuel engine

氢燃料电池船舶 hydrogen fuel cell ship

氢动力航空 hydrogen powered aviation

第 3 章

燃料电池 fuel cell

碱性燃料电池 alkaline fuel cell

质子交换膜燃料电池 proton exchange membrane fuel cell

磷酸燃料电池 phosphoric acid fuel cell

熔融碳酸盐燃料电池 molten carbonate fuel cell

固体氧化物燃料电池 solid oxide fuel cell

燃料电池电堆 fuel cell stack

膜电极 membrane electrode assembly

气体扩散层 gas diffusion layer

双极板 bipolar plate

阳极 anode

阴极 cathode

欧姆极化 ohmic polarization

电化学极化 electrochemical polarization

浓差极化 concentration polarization

阻隔层 barrier layer

钙钛矿结构 perovskite structure

质子导体材料 proton conductor material

萤石结构 fluorite texture

高温固相法 high temperature solid phase method
溶胶凝胶法 sol-gel method
柠檬酸络合法 citric acid EDTA complex method
平板式 SOFC flat SOFC
管式 SOFC tubular SOFC
平管式 SOFC flat tube SOFC

第 4 章

电催化剂 electrocatalyst
氧气还原反应 oxygen reduction reaction，ORR
铂碳催化剂 platinum-carbon catalyst
Pt 基合金催化剂 Pt-base alloy catalyst
电催化反应 electrocatalytic reaction
Pt 基核壳结构催化剂 Pt-based core-shell catalyst
碳纳米管 carbon nanotube
碳载体 carbon carrier
介孔碳 mesoporous carbon
单原子层催化剂 single atomic layer catalyst
非贵金属催化剂 non-precious metal catalyst
高耐久性催化剂 high durability catalyst
催化剂碳载体腐蚀 catalyst carbon carrier corrosion
催化剂毒化 catalyst poisoning
金属元素掺杂 metal element doping
高石墨化碳载体 high graphitized carbon carrier
抗反极催化剂 anti-reverse catalyst
耐氨催化剂 ammonia resistant catalyst
氧化物电极催化剂 oxide electrode catalyst
电化学活性面积 electrochemical active area
质量比活性 mass activity

第 5 章

固体高分子质子交换膜 proton exchange membrane，PEM

全氟磺酸树脂 perfluorosulfonic acid，PFSA
膨体聚四氟乙烯 expanded teflon，ePTFE
长侧链质子膜 long side chain proton membrane
中长侧链质子膜 medium long side chain proton membrane
短侧链质子膜 short side chain proton membrane
熔融挤出成膜法 melt extrusion film process
溶液流延成膜法 solution casting film forming method
质子传导率 proton conductivity
膜的最大拉伸强度 the maximum tensile strength of the film
膜的溶胀性能 swelling properties of the film
气体渗透率 gas permeability
膜的机械损伤 mechanical damage to the membrane
自由基攻击 free radical attack
增强型复合质子交换膜 enhanced composite proton exchange membrane

第 6 章

气体扩散层 gas diffusion layer，GDL
碳纤维纸 carbon fiber paper
碳毡 carbon felt
微孔层 microporous layer
石墨双极板 graphite bipolar plate
金属双极板 metal bipolar plate
复合双极板 composite bipolar plate
冲压成型 stamping
激光焊接 laser welding
物理气相沉积 physical vapor deposition
化学气相沉积 chemical vapor deposition
非晶碳涂层 amorphous carbon coating
磁控溅射沉积 magnetron sputtering deposition
真空多弧沉积 vacuum multi-arc deposition
恒电位极化曲线 constant potential polarization curve

第 7 章

膜电极 membrane electrode assembly，MEA
催化剂涂层 catalyst coated membrane，CCM
转印法 transfer process
直接喷涂法 direct spraying process
有序化膜电极 ordered membrane electrode
离聚物 ionomer
渗氢电流 hydrogen permeation current
贵金属粒径增大 noble metal particle size increase
碳载体腐蚀 corrosion of carbon carrier
催化剂电化学比表面积 electrochemical specific surface area of catalyst，ECSA
无加载电流 OCV 电压 none loading current OCV voltage
恒电流加载试验 constant current loading test
氢气欠气 hydrogen undergas
过氧化氢导致碳载体腐蚀 corrosion of carbon carrier caused by hydrogen peroxide
金属氧化物载体 metal oxide carrier
高温质子膜 high-temperature proton membrane
燃料电池的裸堆 bare stack of fuel cells
端板 end plate
绝缘板 insulating plate
集流板 collecting plate
紧固件 fastener
密封圈 sealing ring
巡检器 inspection device
电堆歧管 the stack manifold
传感器探测器 sensor detector

第 8 章

燃料电池动力系统 fuel cell power system

气体循环系统 gas circulation system
空气压缩机 air compressor
氢气循环泵 hydrogen circulating pump
氢气引射器 hydrogen ejector
外增湿系统 external humidification system
膜增湿器 membrane humidifier
自增湿系统 self-humidifying system
主散热回路 main cooling circuit
辅散热回路 auxiliary cooling circuit
冷却液循环泵 coolant circulation pump
燃料电池系统控制框架 fuel cell system control framework
燃料电池控制逻辑 fuel cell control logic
故障诊断 fault diagnosis
系统输出特性 system output characteristic
系统动态响应 system dynamic response
系统控制策略 system control strategy
系统软件架构 system software architecture
系统硬件架构 system hardware architecture
DC/DC 变换器 DC/DC converter
燃料电池功率控制 fuel cell power control
燃料电池系统停机 fuel cell system down
燃料电池系统启动 fuel cell system starts
燃料电池系统的耐久性控制 durability control of fuel cell systems
氢电混合动力系统 hydrogen electric hybrid system
二次电池 secondary battery
能源效率管理 energy efficiency management
体积功率密度 volume power density
质量功率密度 mass power density

第 9 章

氢能项目 hydrogen energy project
替代石油天然气 alternative oil and gas

氢气能源属性 hydrogen energy properties

天然气管网跨区域输氢 the natural gas network transports hydrogen across regions

规模化氢储能 large-scale hydrogen energy storage

绿氢应用 green hydrogen application

氢燃料电池汽车 hydrogen fuel cell vehicles

燃料电池乘用车 fuel cell passenger cars

燃料电池客车 fuel cell bus

燃料电池中重卡车 fuel cell medium heavy truck

附录 2　彩　图

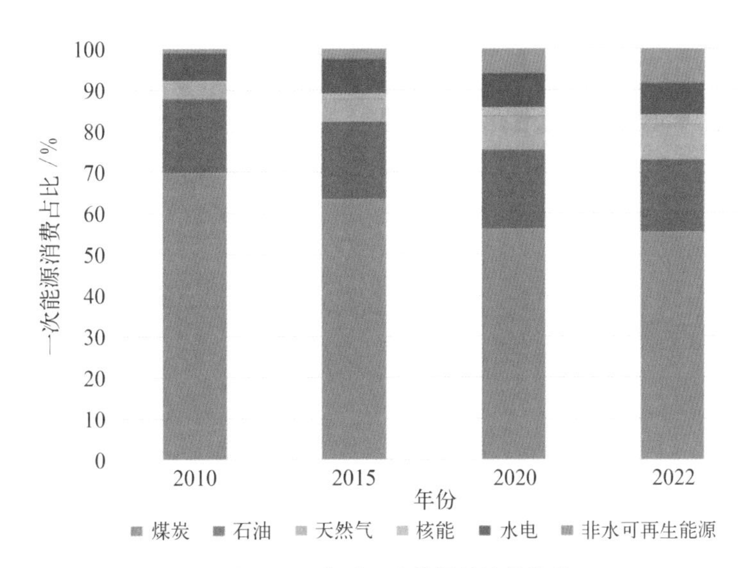

图 1 - 1　我国一次能源的消费结构

IEA

国际能源署
- 《2050 年净零排放：全球能源路线图》，2021
- 2050 年绿氢需求 528 兆吨，占比 12%~18%
- 氢动力装置占比将达到 2/3

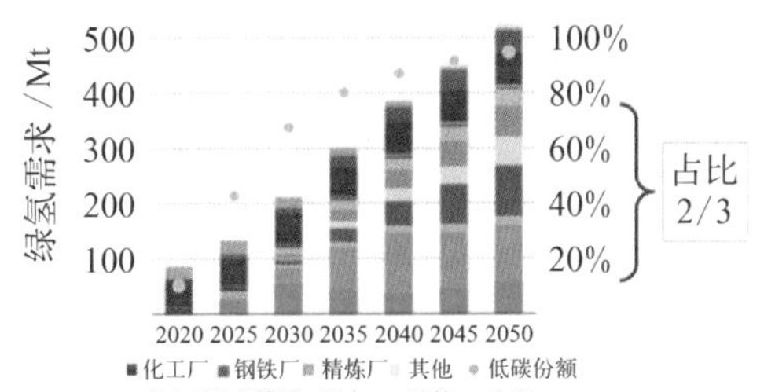

美国
- 《美国氢能经济路线图》，2020
- 2050 年氢能占比 24%
- 至 2030 年投入 210 亿美元

欧洲
- 《欧洲氢能路线图》，2019
- 2050 年氢能占比 24%
- 至 2030 年投入 800 亿欧元

日本
- 《2025 碳中和战略》，2020
- 2050 年氢能占比 12%~15%
- 至 2030 年投入 30 万亿日元

图 1 - 5　主要国家地区氢能的战略和政策

（数据来源：中国工程院院刊）

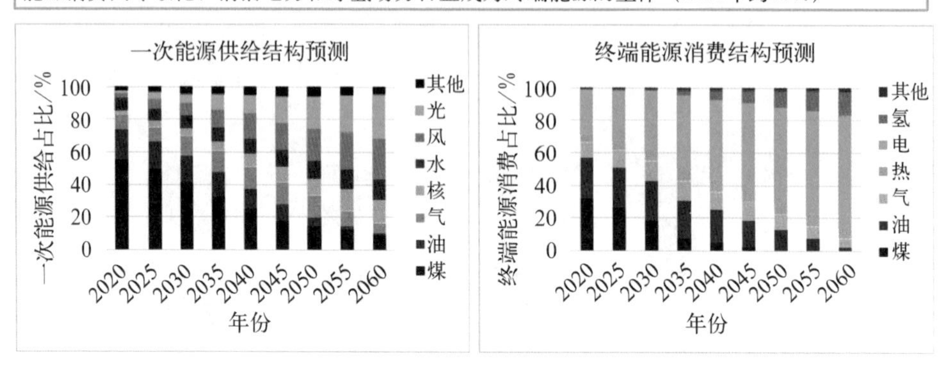

图 1-7　我国未来一次能源中可再生能源的占比以及终端能源消费中氢能的占比预测

（数据来源：中国电机工程学会《电力行业碳达峰碳中和实施路径研究》,2021）

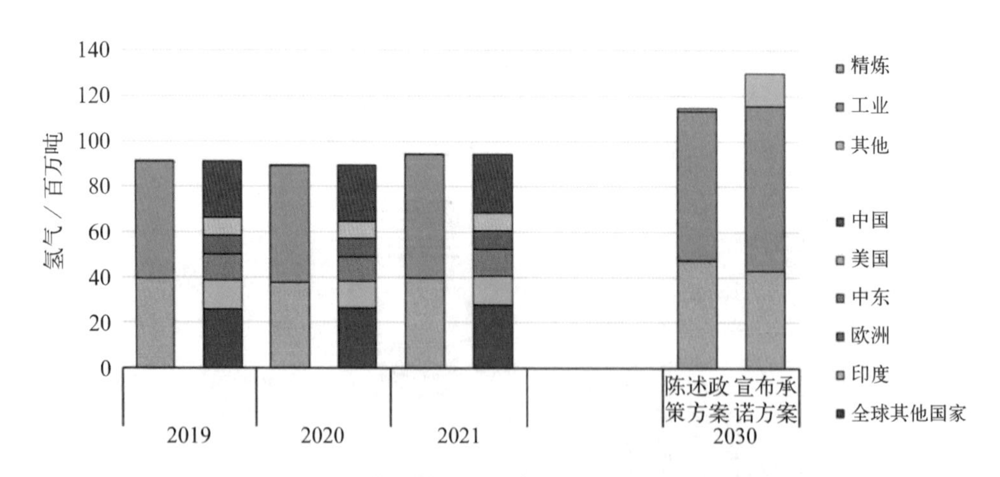

图 2-3　2019—2030 年政策和承诺情景中按行业和地区划分的氢需求

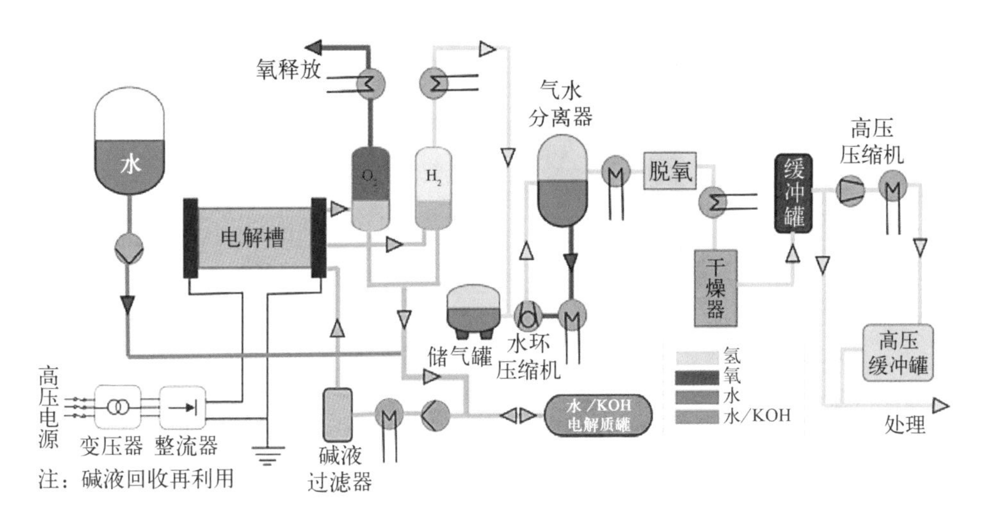

图 2-11　碱式电解槽制氢工艺图

（资料来源：国氢科技）

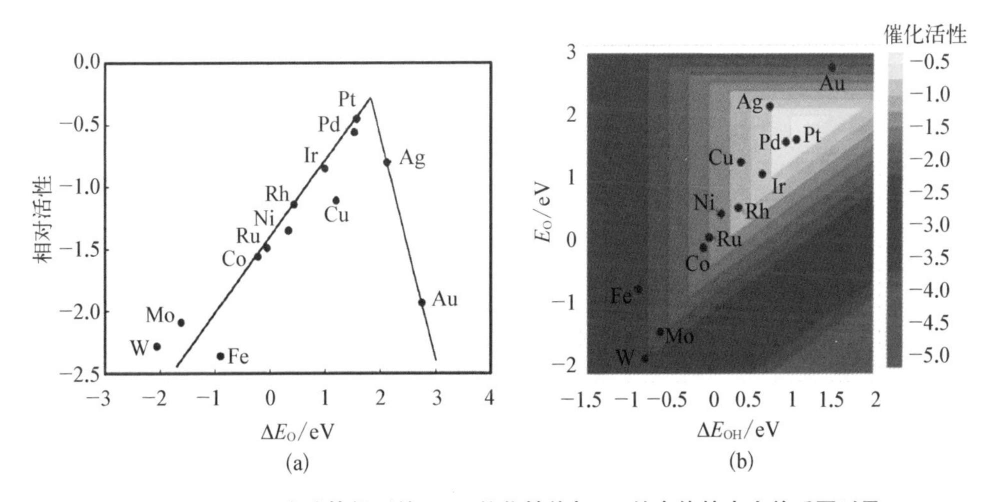

图 4-2　(a) 理论计算得到的 ORR 催化性能与 O* 结合能的火山关系图以及 (b) ORR 催化性能与 OOH*、O*、OH* 结合能的关系图[5]

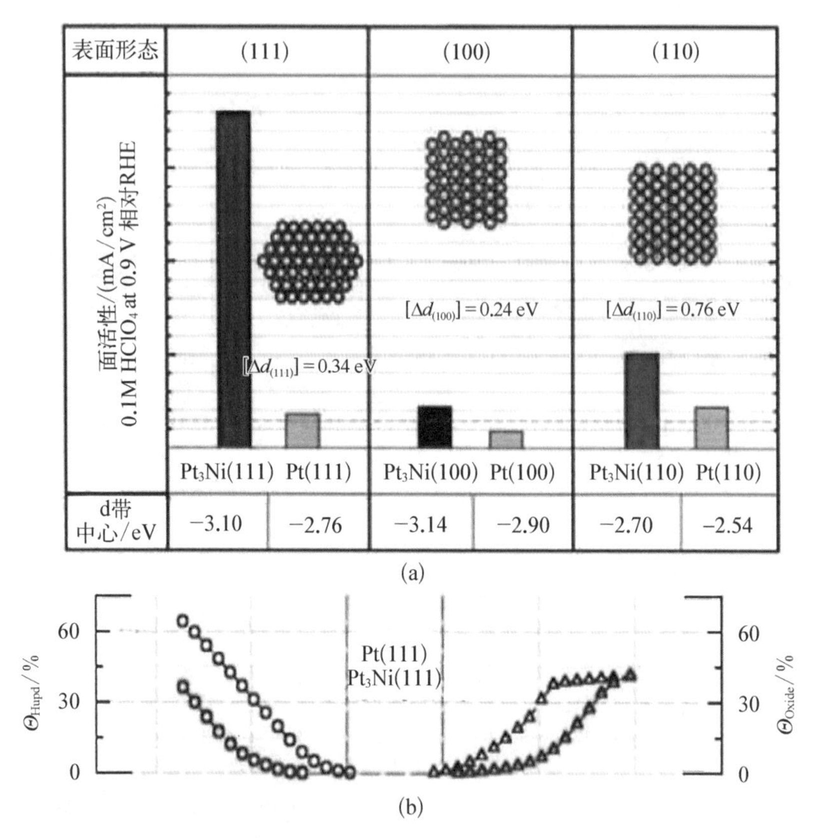

图 4-7　(a) 表面形貌和电子状态对 ORR 动力学的影响；(b) 通过循环伏安法计算的 $Pt_3Ni(111)$（红色曲线）和 Pt(111)（蓝色曲线）的吸附物覆盖率图[21]

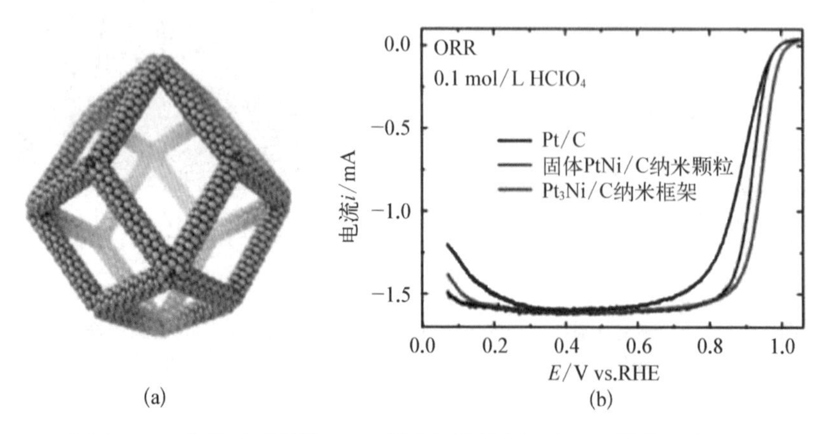

图 4-8　(a) 热处理后的 Pt_3Ni 纳米框架暴露 Pt(111) 晶面；(b) Pt_3Ni 纳米框架的线性扫描伏安法（LSV）曲线[23]

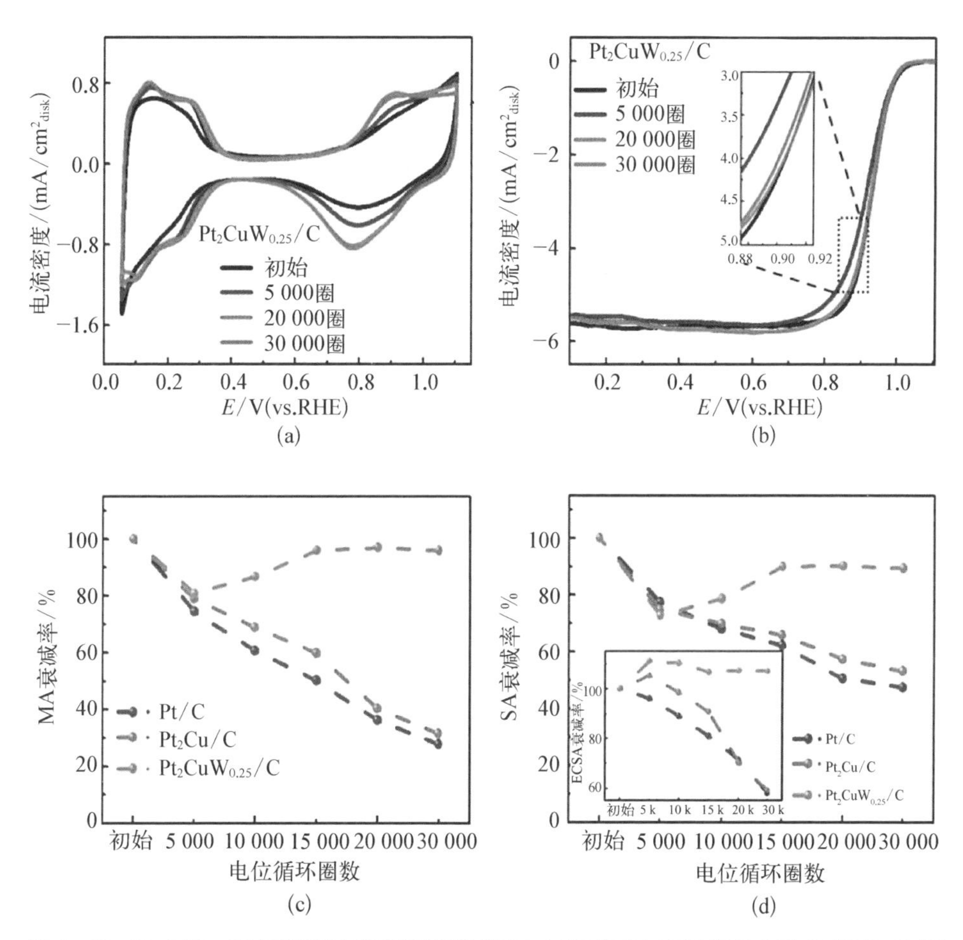

图 4-13　$Pt_2CuW_{0.25}$/C 催化剂在不同循环圈数后的(a) CV 和(b) ORR 极化曲线；Pt/C、Pt_2Cu/C 和 $Pt_2CuW_{0.25}$/C 不同循环圈数后的(c) MA 及(d) SA 衰减演变曲线

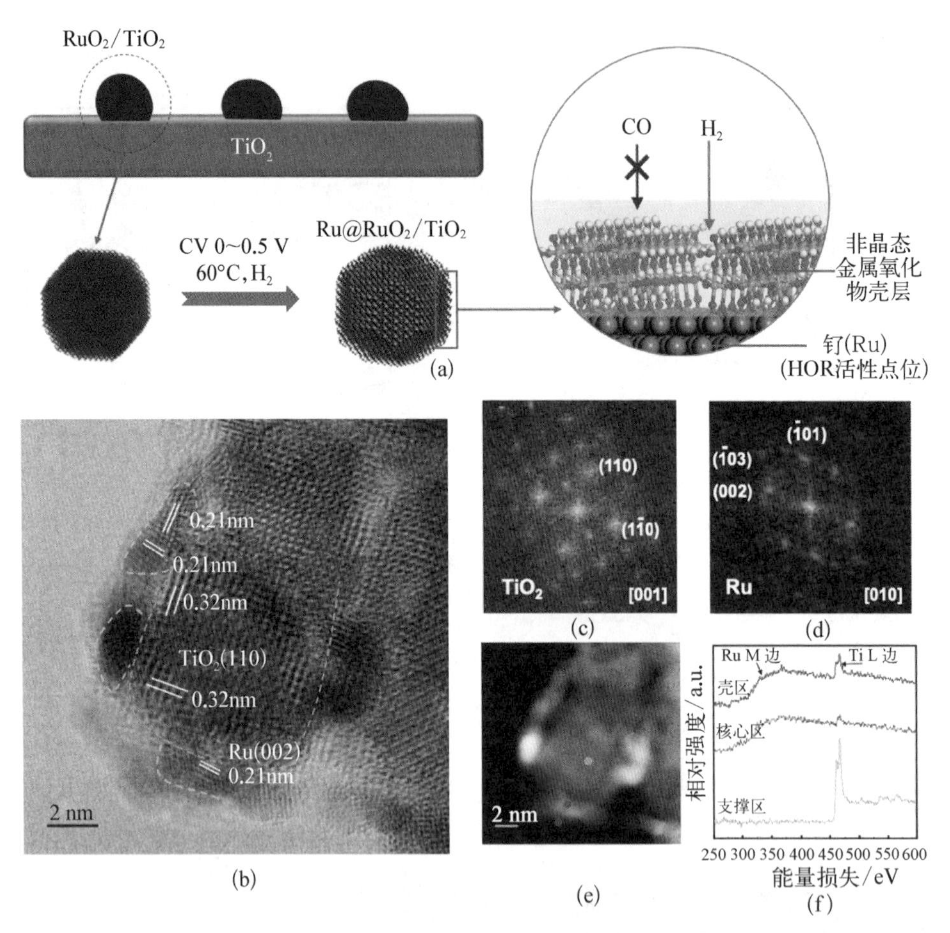

图 4-14 $Ru@RuO_2/TiO_2$ 催化剂的制备及结构表征。(a) $Ru@RuO_2/TiO_2$ 界面构建方案；(b) $Ru@RuO_2/TiO_2$ 的 HRTEM 图像。黄线区域为 TiO_2，绿线区域为金属 Ru 芯线；(c, d) Ru 核(c)和 TiO_2(d)的选定区域 FFT 图；(e) $Ru@RuO_2/TiO_2$ 的 HAADF-STEM 图像；(f) Ru M 边和 Ti L 边在壳区(红色)、Ru 核心区(蓝色)和支撑区(黄色)的 EELS 信号，用(e)表示

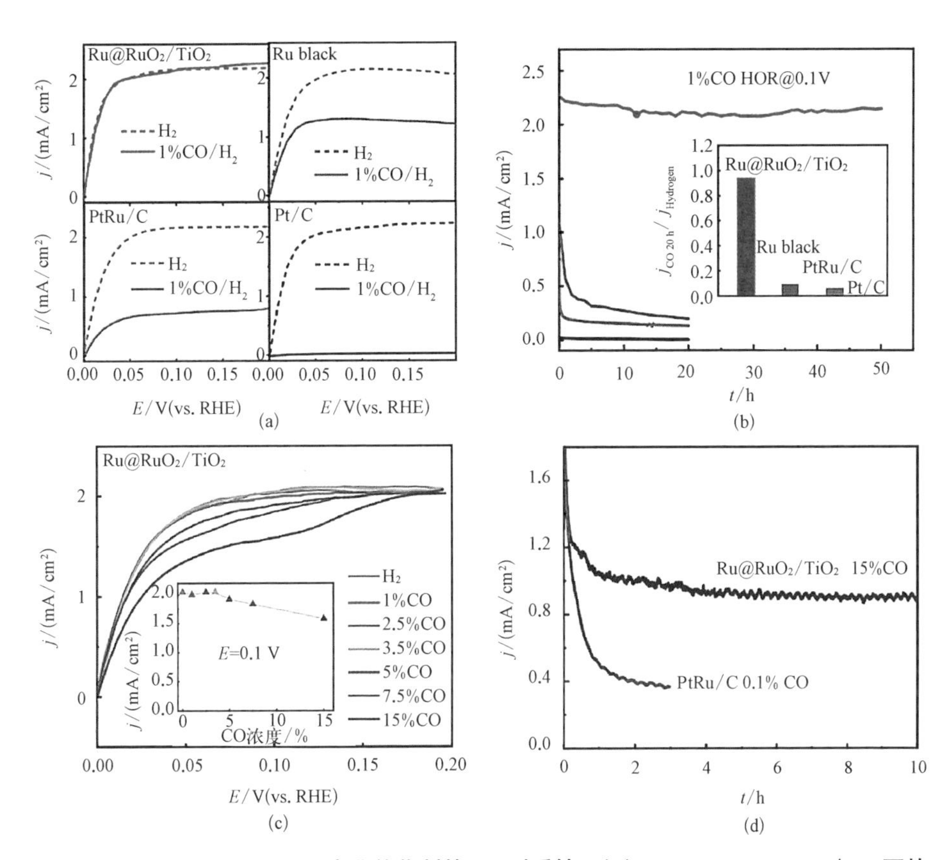

图 4-15　$Ru@RuO_2/TiO_2$ 和商业催化剂的 CO 耐受性。(a) 0.1 M H_2SO_4、900 r/min 下的 HOR 极化曲线；(b) 在 0.1 V 和含 1%CO 的 H_2 条件下的稳定性测试；(c) $Ru@RuO_2/TiO_2$ 在不同 CO 浓度下的 HOR 极化曲线；(d) $Ru@RuO_2/TiO_2$ 在 15%CO 浓度下与 PtRu/C 在 0.1%CO 浓度下的稳定性对比

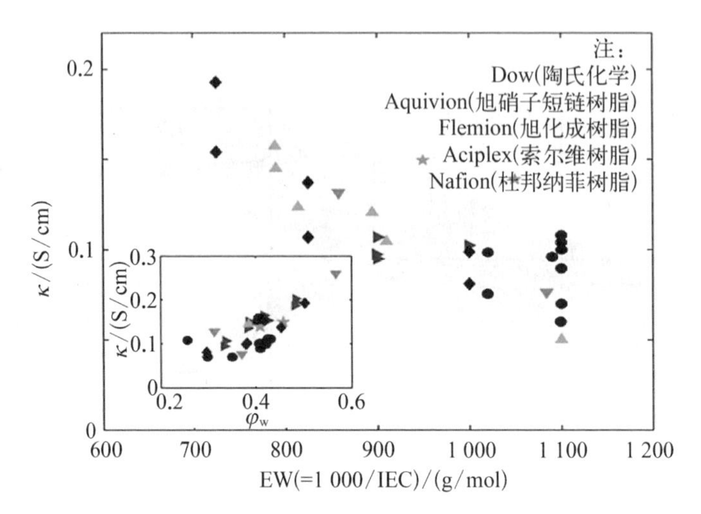

图 5-9　水合状态下 PFSA 膜的导电性[15]

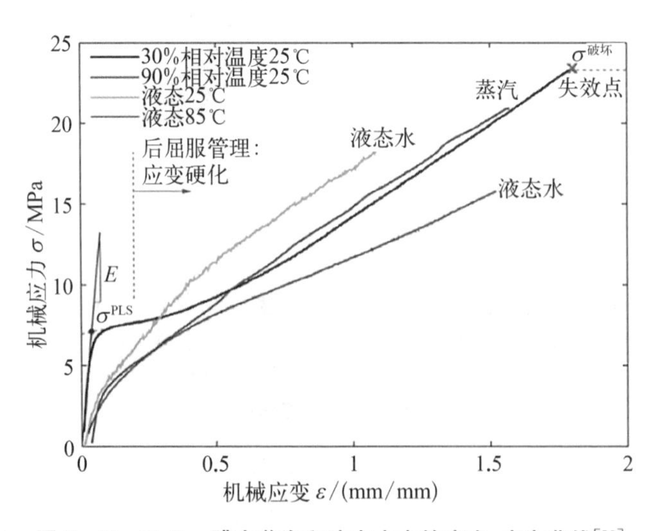

图 5-10　Nafion 膜在蒸汽和液态水中的应力-应变曲线[30]

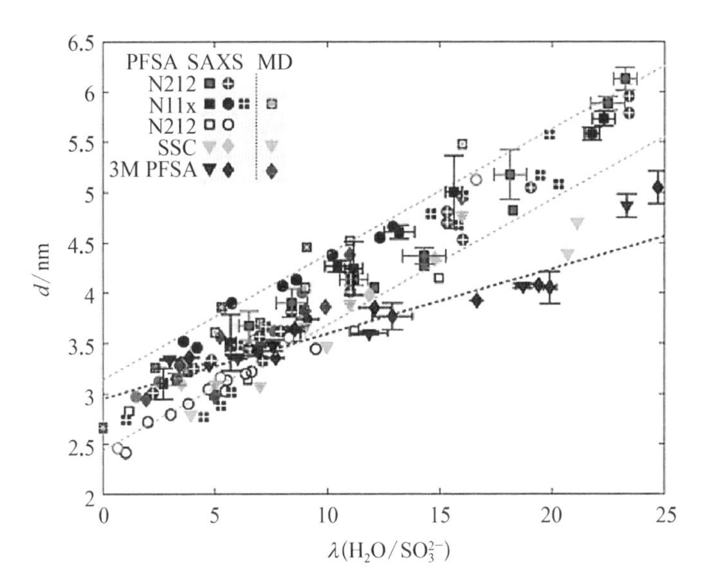

图 5－11　PFSA 膜的水合间距 d 与含水量 λ 的关系[36]

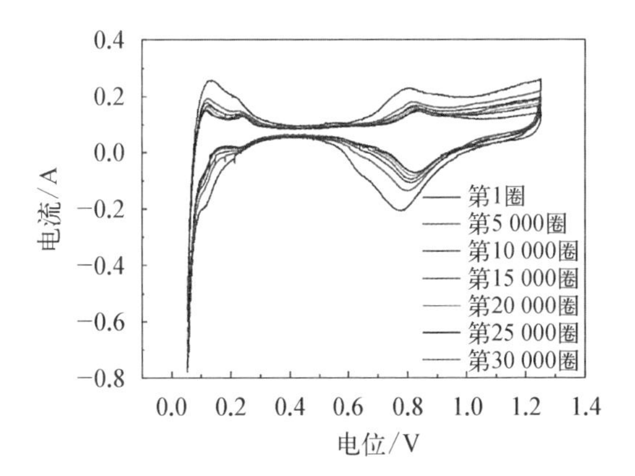

图 7－13　氮气气氛下膜电极的循环测试

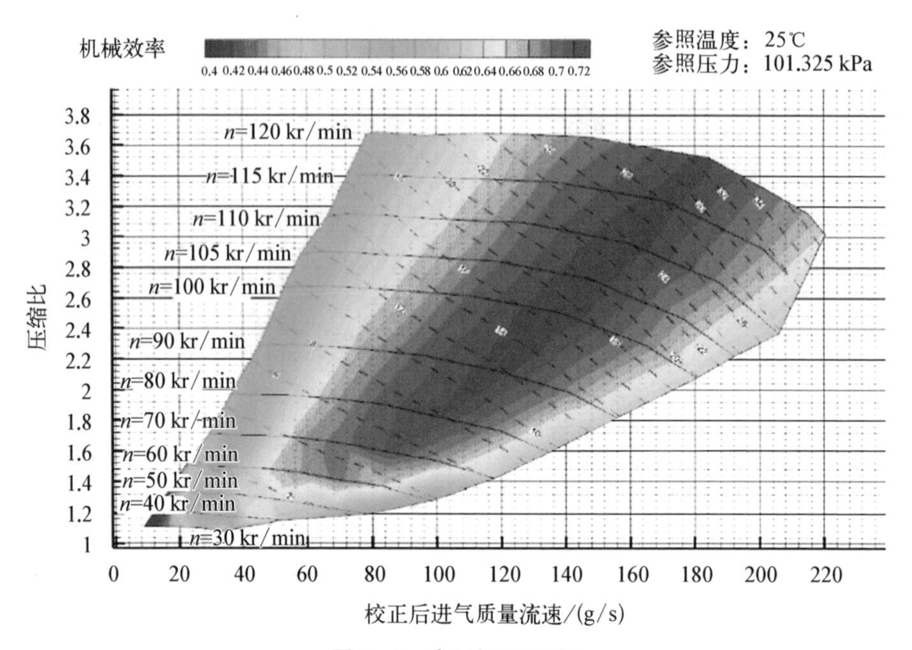
机械效率
0.4 0.42 0.44 0.46 0.48 0.5 0.52 0.54 0.56 0.58 0.6 0.62 0.64 0.66 0.68 0.7 0.72
参照温度：25℃
参照压力：101.325 kPa
n=120 kr/min
n=115 kr/min
n=110 kr/min
n=105 kr/min
n=100 kr/min
n=90 kr/min
n=80 kr/min
n=70 kr/min
n=60 kr/min
n=50 kr/min
n=40 kr/min
n=30 kr/min
3.8
3.6
3.4
3.2
3
2.8
2.6
2.4
2.2
2
1.8
1.6
1.4
1.2
1
压缩比
0 20 40 60 80 100 120 140 160 180 200 220
校正后进气质量流速/(g/s)

图 8-5　空压机 MAP 图